核能用合金管件的冷加工成形与防氚渗透涂层技术

陶　杰　徐　江
李　鸣　刘红兵　著

原子能出版社

图书在版编目(CIP)数据

核能用合金管件的冷加工成形与防氚渗透涂层技术/陶杰等著.
—北京:原子能出版社,2009.12
ISBN 978-7-5022-4704-1

Ⅰ.核… Ⅱ.陶… Ⅲ.① 原子能工业—合金—管件—冷成形—技术
② 原子能工业—氚—渗透作用—涂层—技术 Ⅳ.TL

中国版本图书馆 CIP 数据核字(2009)第 175151 号

内 容 简 介

本书从金属塑性成形基本原理出发,论述了金属材料管件冷成形工艺和数值模拟方法,结合著者多年的研究实践,介绍了不锈钢、低活性马氏体钢管件冷成形过程中的关键技术、组织变化和尺寸控制,分析了影响产品质量的因素。同时,本书还阐明了防氚及氢同位素渗透玻璃质壁垒层的配方设计、制备方法以及双层辉光等离子渗制备防氚渗透涂层技术。

本书可供从事核电工程、核能材料、材料加工、机械、化工、轻工等行业的工程技术人员、科技人员和大专院校的师生参考。

核能用合金管件的冷加工成形与防氚渗透涂层技术

总 编 辑 杨树录
责任编辑 谭 俊
责任校对 冯莲凤
责任印制 丁怀兰 潘玉玲
印 刷 保定市中画美凯印刷有限公司
出版发行 原子能出版社(北京市海淀区阜成路 43 号 100048)
经 销 全国新华书店
开 本 787 mm×1092 mm 1/16
印 张 17 **字 数** 424 千字
版 次 2009 年 12 月第 1 版 2009 年 12 月第 1 次印刷
书 号 ISBN 978-7-5022-4704-1 **定 价** **58.00 元**

网址:http://www.aep.com.cn **E-mail:atomep123@126.com**
发行电话:010-68452845

致　　谢

衷心感谢江苏省重大成果转化专项基金“核电用不锈钢和钛合金管配件冷挤压成形及产业化”(BA2006067)和国家自然科学基金“不锈钢表面制备 Al_2O_3/SiC 防氚渗透陶瓷及其阻氚机理研究”(50571045)对本项研究工作的资助。

前　　言

《国家中长期科学和技术发展规划纲要(2006—2020年)》明确提出将大力发展核电产业,并将大型压水堆及高温气冷堆等核电站项目列入国家16个重大科技专项。2007年发布的《国务院关于加快振兴装备制造业的若干意见》将百万千瓦级核电机组作为重点支持和发展的新型能源装备之一。按照国家积极发展核电的方针,我国将进一步加大第二代核电项目的自主化力度和设备国产化率,实现自主设计、自主制造、自主建设和自主运营的战略目标。同时,我国已开始致力于研究国际先进的第三代核电技术。按照国家《核电中长期发展规划(2005—2020年)》,到2020年,我国核电装机容量将达到4000万千瓦,设备全部国产化。

核电管道连接着反应堆中众多回路系统,对保证反应堆的正常稳定运行及安全停堆起着重要作用,是直接关系到核电安全的关键部件。由于奥氏体不锈钢具有抗蚀能力强、成形焊接性能好以及去污、残余吸附放射元素最低的优点,因此在具有放射性介质管系统中被优先选用。目前奥氏体不锈钢无缝管占核电无缝管市场份额的大部分,已被广泛地应用于各种堆型的核电设施。1座100万千瓦的核电站需钢管12万米,其中ϕ10 mm×1 mm～ϕ950 mm×82 mm的不锈钢和合金钢管约1万米。我国在核岛用管的制造方面比较薄弱。据估计,核电用钢管平均年需求量为1.5万～2万吨,目前我国核级管道用管总量的47%依赖进口。国内还不能生产核电站的蒸汽发生器需求(核1级)的锻轧大直径厚壁主管道和U型镍基合金管。这“一大一小”的特种管材是核电用钢管生产技术水平的重要标志。

由南京航空航天大学和江苏华阳金属管件有限公司承担的江苏省重大成果转化专项基金“核电用不锈钢和钛合金管配件冷挤压成形及产业化”(BA2006067),经过多年的攻关和生产实践,建立了弯头、正/

斜三通等异形管件推弯及液压胀形的成形数值模拟方法，获得了液压胀形的轴向进给速度与内压的匹配关系，实现了管件内部内应力的合理分布，为不锈钢、低活性马氏体钢等材料的异形管件加工提供了有效的工艺指导。发明了一种专门用于冷挤压成形金属制品的新型润滑涂层配方及制备方法，能够满足挤压成形的润滑要求。由南京航空航天大学承担的国家自然科学基金“不锈钢表面制备 Al_2O_3/SiC 防氚渗透陶瓷及其阻氚机理研究”(50571045)，通过双层辉光离子渗金属技术在不锈钢表面制备了防氚渗透涂层以及利用涂覆的方法在 316L 不锈钢表面和钛及其合金表面制备玻璃质壁垒层。主要内容包括：1) 阻氢和氢同位素渗透玻璃质壁垒层的制备及性能研究；2) 双层辉光等离子渗技术制备 Al_2O_3 防氚渗透涂层；3) 316L 不锈钢表面 Cr_2O_3 涂层的制备及其性能研究；4) 防氚渗透涂层阻氚机理研究。

本书由南京航空航天大学陶杰教授、徐江教授和刘红兵博士以及江苏华阳金属管件有限公司李鸣工程师著。博士生郭训忠、黄镇东和硕士生高强、李转利、孙显俊、张立伍以及江苏华阳金属管件有限公司的丁月霞、胡立兵、任卫栋、陈小宝和罗先兵等参与了大量的研究和实验工作。南京航空航天大学机电学院高霖教授、徐九华教授和李泷杲讲师、以及材料科学与技术学院汪涛教授、张平则副教授和骆心怡副教授以及安徽合力股份有限公司新技术研究所袁正对本项研究工作给予了积极帮助和有力支持，作者在此谨致诚挚的谢意。

由于作者水平有限，书中难免存在错误，敬请读者批评指正。

作者
2009 年 7 月于南京

目　录

第 1 章　核电用管件发展概况 ……………………………… (1)

1.1　世界核电的发展 ……………………………… (1)

1.2　核电在我国的发展 ……………………………… (2)

1.2.1　我国发展核电的基本方针 ……………………………… (4)

1.2.2　中国核电建设进入批量建设阶段 ……………………………… (4)

1.3　核能的未来发展 ……………………………… (5)

1.3.1　第三代反应堆 ……………………………… (6)

1.3.2　第四代反应堆 ……………………………… (7)

1.3.3　聚变堆 ……………………………… (13)

1.4　核能应用对金属管道与管件的要求 ……………………………… (14)

1.4.1　裂变堆材料 ……………………………… (14)

1.4.2　聚变堆材料 ……………………………… (15)

第 2 章　管件冷成形原理 ……………………………… (18)

2.1　金属塑性成形基础 ……………………………… (18)

2.2　管材弯曲加工 ……………………………… (19)

2.2.1　管材弯曲成形工艺分类 ……………………………… (19)

2.2.2　弯曲加工原理 ……………………………… (21)

2.2.3　弯管成形过程 ……………………………… (24)

2.2.4　影响管材弯曲成形的主要因素 ……………………………… (24)

2.2.5　管材弯曲主要参数计算设计 ……………………………… (25)

2.2.6　管材弯曲成形工艺研究现状 ……………………………… (29)

2.3　管材胀形加工 ……………………………… (31)

2.3.1　胀形方法分类 ……………………………… (31)

2.3.2　液压胀形三通管件的特点 ……………………………… (33)

2.3.3　胀形加工原理(自由胀形、轴向压缩胀形、复合胀形) ……………………………… (34)

2.3.4　管材胀形成形过程 ……………………………… (38)

2.3.5　影响管材胀形成形的主要因素 ……………………………… (39)

2.3.6 胀形工艺的研究进展 …………………………………………………… (41)
第3章 管件冷成形数值模拟 …………………………………………… (45)
3.1 有限元数值模拟技术…………………………………………………… (45)
3.1.1 有限元数值模拟技术的提出和发展 ………………………………… (45)
3.1.2 塑性有限元的基本概念 ……………………………………………… (46)
3.1.3 弹塑性有限元和刚塑性有限元的基本理论………………………… (46)
3.1.4 有限元的一般解题步骤 ……………………………………………… (47)
3.1.5 有限元软件简介 ……………………………………………………… (52)
3.2 弯管冷成形数值模拟…………………………………………………… (54)
3.2.1 弯管有限元模型 ……………………………………………………… (54)
3.2.2 模具参数对弯管成形质量的影响 …………………………………… (56)
3.2.3 工艺参数对成形质量的影响………………………………………… (58)
3.2.4 小结 …………………………………………………………………… (61)
3.3 三通管冷成形数值模拟………………………………………………… (62)
3.3.1 三通管有限元模型 …………………………………………………… (62)
3.3.2 成形力对三通管成形质量的影响 …………………………………… (65)
3.3.3 工艺参数对成形质量的影响………………………………………… (71)
3.3.4 小结 …………………………………………………………………… (72)
第4章 核电用不锈钢管件冷成形加工 ……………………………… (75)
4.1 核电用不锈钢管坯铸/锻加工 ……………………………………… (75)
4.2 冷轧加工………………………………………………………………… (76)
4.2.1 冷轧工艺原理 ………………………………………………………… (77)
4.2.2 冷轧工艺实施 ………………………………………………………… (77)
4.2.3 冷轧工艺关键控制技术 ……………………………………………… (78)
4.3 核电用不锈钢薄壁管件的冷成形……………………………………… (78)
4.3.1 薄壁不锈钢三通管件的成形技术 …………………………………… (79)
4.3.2 不锈钢异径接头的成形 ……………………………………………… (80)
4.4 核能用不锈钢为基材的复合管件成形工艺………………………… (81)
4.4.1 试验装置及工艺原理 ………………………………………………… (82)
4.4.2 有限元模型 …………………………………………………………… (82)
4.4.3 有限元模拟结果 ……………………………………………………… (83)
4.4.4 316L/Al 复合管实际成形…………………………………………… (86)
4.5 核电用不锈钢管件的其他加工工艺………………………………… (87)
4.5.1 超大型三通加工方法 ………………………………………………… (87)
4.5.2 弯管的无模成形方法 ………………………………………………… (88)

4.5.3　弯管的激光成形方法 …… (89)
4.5.4　矩形方管的变曲率推弯方法 …… (89)
4.6　核电管件冷成形残余应力及热处理 …… (90)
4.7　核电用不锈钢管件酸洗处理 …… (90)
4.7.1　不锈钢氧化皮的特性 …… (90)
4.7.2　清除核电不锈钢表面氧化皮的方法 …… (91)
4.7.3　酸洗钝化方法及有害元素的控制 …… (91)
4.8　核电用不锈钢管件质量控制手段与措施 …… (92)
4.8.1　核电用不锈钢管材制备的控制与检测 …… (92)
4.8.2　核电用不锈钢管件质量检测 …… (92)
4.9　本章小结与展望 …… (94)
第5章　低活性马氏体钢管件冷成形技术 …… (98)
5.1　低活性马氏体钢的研究进展 …… (98)
5.1.1　国际研究综述 …… (98)
5.1.2　国内研究综述 …… (99)
5.2　CLAM 钢的力学性能特点 …… (100)
5.2.1　成分特点 …… (100)
5.2.2　组织结构与热处理工艺 …… (100)
5.2.3　机械性能 …… (101)
5.2.4　变形加工性能特点 …… (103)
5.3　CLAM 钢管件的冷成形加工关键技术与数值模拟 …… (103)
5.3.1　冷成形加工关键技术 …… (104)
5.3.2　数值模拟 …… (105)
5.3.3　弯头冷成形数值模拟 …… (105)
5.3.4　正三通冷成形数值模拟 …… (110)
5.3.5　斜三通冷成形数值模拟 …… (117)
5.4　CLAM 钢管件冷成形加工过程的组织变化与尺寸控制 …… (123)
5.4.1　冷成形加工过程的组织变化分析 …… (123)
5.4.2　弯头的尺寸控制技术 …… (123)
5.4.3　三通的尺寸控制技术 …… (124)
5.5　CLAM 钢管件的实际冷加工工艺 …… (125)
5.5.1　弯头冷成形工艺 …… (125)
5.5.2　正/斜三通冷成形工艺 …… (125)
5.5.3　CLAM 钢管件质量控制与检验 …… (126)
5.6　本章小结与展望 …… (127)

5.6.1 小结 …… (127)
5.6.2 研究展望 …… (128)
第6章 防氚及氢同位素渗透玻璃质壁垒层的制备技术 …… (130)
6.1 玻璃质壁垒层在防氚及氢同位素渗透技术中的应用及意义 …… (130)
6.1.1 现有壁垒层存在的问题 …… (131)
6.1.2 玻璃质陶瓷涂层 …… (131)
6.1.3 玻璃质陶瓷涂层的主要应用领域 …… (132)
6.1.4 玻璃质陶瓷涂层在阻止氢和氢同位素渗透领域的新应用 …… (132)
6.2 防氚及氢同位素渗透玻璃质壁垒层用玻璃熔块成分设计 …… (133)
6.2.1 设计原则 …… (133)
6.2.2 涂层成分设计的方法 …… (134)
6.3 防氚及氢同位素渗透玻璃质壁垒层的制备 …… (137)
6.3.1 原材料的选择 …… (137)
6.3.2 防氚及氢同位素渗透玻璃质壁垒层的制备工艺 …… (137)
6.4 影响防氚及氢同位素渗透玻璃质壁垒层制备质量的因素及改善方法 …… (140)
6.4.1 水溶性高分子化合物M及釉浆pH值对玻璃质壁垒层制备质量的影响 …… (140)
6.4.2 涂层与基体的润湿性对玻璃质壁垒层制备质量的影响 …… (143)
6.5 玻璃质壁垒层作为防氚及氢同位素渗透壁垒层的实际应用及性能评价 …… (147)
6.5.1 涂层的显微分析 …… (147)
6.5.2 涂层与基体的结合性能试验与分析 …… (151)
6.5.3 涂层阻氢性能评价及其阻氢机制探讨 …… (153)
6.5.4 搪瓷壁垒层阻氢机理的探讨 …… (159)
6.6 本章小结与展望 …… (160)
6.6.1 小结 …… (160)
6.6.2 玻璃质陶瓷壁垒层研究展望 …… (161)
第7章 双辉等离子表面冶金技术 …… (165)
7.1 双辉技术的形成 …… (165)
7.2 双辉等离子表面冶金技术原理 …… (165)
7.2.1 双辉的物理基础 …… (166)
7.2.2 双层辉光离子渗金属技术优缺点 …… (169)
7.3 双辉等离子渗金属技术的研究进展 …… (170)
7.3.1 单元渗 …… (170)
7.3.2 两元渗 …… (177)
7.3.3 双辉多元共渗技术 …… (179)
7.3.4 复合镀渗层 …… (185)

7.3.5　复合镀渗层耐蚀性能 …… (190)
7.4　双辉等离子金属—非金属共渗技术研究现状 …… (190)
7.4.1　Ti-N 共渗工艺研究 …… (190)
7.4.2　氮化钛渗镀复合层的组织结构 …… (193)
7.5　基于双阴极放电低温沉积技术研究的初探 …… (195)
7.5.1　Al-Mg 合金层 …… (195)
7.5.2　Al-Cr-Fe 表面合金层 …… (198)
7.5.3　镁合金表面形成 Ni-Cr-Mo-Cu 合金层 …… (202)
第 8 章　双层辉光等离子渗技术制备 Al_2O_3 防氚渗透涂层 …… (208)
8.1　氧化铝涂层概述 …… (208)
8.2　试验设备、材料及方法 …… (208)
8.2.1　试验设备 …… (208)
8.2.2　试验材料 …… (209)
8.2.3　涂层制备方法 …… (209)
8.3　316L 不锈钢表面渗铝层的制备及性能表征 …… (210)
8.3.1　渗铝层的制备 …… (210)
8.3.2　渗铝层显微观察及能谱分析 …… (210)
8.3.3　渗铝层与 316L 不锈钢基体的界面结合 …… (211)
8.3.4　渗铝层相结构分析 …… (212)
8.3.5　工艺参数对渗铝层的影响 …… (213)
8.4　316L 不锈钢表面 Al_2O_3 涂层的制备及表征 …… (214)
8.4.1　显微组织 …… (214)
8.4.2　Al_2O_3 涂层与基体界面的结合 …… (217)
8.4.3　Al_2O_3 涂层相结构分析 …… (217)
8.4.4　氧化机理分析与讨论 …… (220)
8.5　Al_2O_3 涂层性能表征 …… (222)
8.5.1　划痕试验 …… (222)
8.5.2　抗热震性能测试 …… (225)
8.5.3　耐腐蚀性能表征 …… (226)
8.5.4　摩擦学性能表征 …… (227)
8.6　本章小结 …… (229)
第 9 章　双层辉光等离子渗技术制备 Cr_2O_3 防氚渗透涂层 …… (233)
9.1　概述 …… (233)
9.1.1　Cr_2O_3 涂层简介 …… (233)
9.1.2　渗铬、渗氧技术概述 …… (233)

9.2 双层辉光离子渗铬及渗氧工艺设计 …… (234)
9.2.1 实验材料及设备 …… (234)
9.2.2 工艺参数的选择 …… (234)
9.3 渗铬层组织结构与结合性能研究 …… (234)
9.3.1 渗铬层的形貌 …… (235)
9.3.2 渗铬层的铬浓度分布 …… (235)
9.3.3 渗铬层的物相分析 …… (237)
9.4 Cr_2O_3 涂层的制备及表征 …… (237)
9.4.1 Cr_2O_3涂层的形貌 …… (238)
9.4.2 Cr_2O_3涂层的铬氧浓度分布 …… (241)
9.4.3 Cr_2O_3涂层的物相分析 …… (242)
9.4.4 Cr_2O_3涂层表面微观结构分析 …… (243)
9.4.5 双层辉光离子渗氧机理研究 …… (243)
9.5 Cr_2O_3涂层的性能研究 …… (244)
9.5.1 不同氧流量下 Cr_2O_3涂层的电化学腐蚀性能研究 …… (244)
9.5.2 不同氧流量下 Cr_2O_3涂层的抗热震性能研究 …… (246)
9.5.3 不同氧流量下 Cr_2O_3涂层的划痕性能研究 …… (247)
9.5.4 不同氧流量下 Cr_2O_3涂层的摩擦磨损性能研究 …… (247)
9.6 本章小结 …… (249)
第 10 章 防氚渗透涂层阻氚机理研究 …… (253)
10.1 氚同位素分子的扩散渗透模型 …… (253)
10.1.1 氚同位素分子在金属中的扩散渗透模型 …… (253)
10.1.2 氚同位素分子在防氚渗透涂层中的扩散渗透模型 …… (253)
10.1.3 防氚渗透涂层的阻氚机理模型 …… (254)
10.2 防氚渗透涂层的阻氚机理 …… (254)
10.2.1 不同材料体系防氚渗透涂层的阻氚机理 …… (254)
10.2.2 不同表面结构涂层的阻氚机理 …… (255)
10.2.3 不同表面质量涂层的阻氚机理 …… (256)
10.2.4 具有不同表面吸附系数和解析系数涂层的阻氚机理 …… (257)
10.2.5 复合涂层的阻氚机理 …… (257)
10.3 总结和展望 …… (258)

第1章 核电用管件发展概况

1.1 世界核电的发展

人类对核能的认识利用始于战争。核能的战争用途在于通过原子弹的巨大威力损坏敌方人员和物资，达到制胜或结束战争的目的，目前人类对核能的利用主要用于核电，相对于其他能源，核能优势明显[1,2]。

首先，相对于传统能源，核能是资源丰富、高效、环保、安全的能源。根据《2004年BP世界能源统计》，截止到2003年底，全世界剩余石油探明可采储量为1 565.8亿吨，2003年世界石油产量为36.97亿吨，即可供开采年限大约42年。煤炭剩余可采储量为9 844.5亿吨，可供192年。天然气剩余可采储量为175.78万亿立方米，可供67年。而从资源供应角度看，现有的铀矿资源在技术支持下可供人类使用3 000年，今后氘氚聚变能开发的资源使用年限在100亿年以上，人类再无能源之忧。

其次，核能不仅资源丰富，而且是高效能源。1 kg铀-235裂变产生的能量相当于2 200 t标准煤。与传统能源相比其发电成本优势明显。

第三，核电是各种能源中温室气体排放量最小的发电方式。随着世界能源消费量的增大，二氧化碳、氮氧化物、灰尘颗粒物等环境污染物的排放量逐年增大，化石能源对环境的污染和全球气候的影响将日趋严重。以中国的大亚湾核电站为例，与同等容量的燃煤电站相比，大亚湾核电站每年可减少排放二氧化碳1 350万吨、二氧化硫10万吨、氮氧化物6万吨、烟尘1.8万吨、灰渣90万吨。

第四，与传统能源发电相比，核电也是相对安全的。核电反应堆一般采用低浓度裂变物质作燃料，这些燃料分散布置在反应堆内，反应堆有各种安全控制手段，以实现受控的链式裂变反应。从理论上说，在任何情况下，核电反应堆都不会像原子弹那样发生核爆炸。

最后，与其他新型能源相比，核能技术成熟，经济高效，实现了标准化、批量化的建设和发展。21世纪，面对化石能源的枯竭以及化石能源的利用产生温室效应、污染环境等困境，世界大部分国家都对发展能源的战略决策给予了极大的重视。各种形式的新能源逐渐被开发和利用，形成了目前以化石燃料为主和可再生能源、新能源并存的能源结构格局。新型能源主要有水能、风能、太阳能、生物质能、地热能、潮汐能、海洋热能等。水能是目前唯一大规模利用的可再生能源，但水电资源的开发取决于长远生态影响的评估和科学论证，国际上普遍认为大型水电工程建设需要斟酌环境破坏、生态系统损害的巨大代价；风能的推广利用受困于持续供应问题；太阳能的广泛利用受到原材料和技术的屏障；高成本、高价格制约了生物质能技术商业化和推广应用；地热能、潮汐能、海洋热能等成本、价格偏高，不具经济诱因，普及应用有困难，必须借由政府非经济手段（如奖励补助）来推广。因此，最近20～30年里，核能将是人类解决能源与环境问题的最佳选择，其发展规模和速度取决于新型能源成本和技术的发展，也取决于各国政府对于资源与环境问题的博弈。

第二次世界大战后期，在芝加哥大学足球场西看台下的一个网球室里建造了一座人工核反应堆。费米和他的同事们将石墨块堆砌起来，用 10 t 金属铀和 40 t 氧化铀(都是天然铀)做成的棒插在 385 t 石墨砖块中，外面用 1.5 m 混凝土墙包围，形成了一个 10 m(长)×9 m(宽)×6 m(高)的庞然大物，里面还插着 10 根控制棒(包镉青铜棒)。1942 年 12 月 2 日，就在这个简陋的反应堆上，实现了世界上第一次受控自持链式反应。这次反应进行了 28 min，它的功率最高只达到 200 W，但是它的意义十分巨大。1951 年，美国建成了世界上第一个核发电装置。1954 年 6 月，苏联建成世界上第一座核电站，电功率 5 MW。

自 20 世纪 50 年代中期第一座商业核电站投产以来，核电发展已历经 50 年。根据国际原子能机构 2005 年 10 月发表的数据，全世界正在运行的核电机组共有 442 台，其中：压水堆占 60%，沸水堆占 21%，重水堆占 9%，石墨堆等其他堆型占 10%。这些核电机组已累计运行超过 1 万堆年。全世界核电总装机容量为 3.69 亿 kW，分布在 31 个国家和地区，核电年发电量占世界发电总量的 17%。核电发电量超过 20%的国家和地区共 16 个，其中包括美、法、德、日等发达国家[3,4]。

其中，法国核电工业起步于 20 世纪 50 年代，当时兴建的核电机组都是石墨气冷堆。60 年代开始采用压水堆核电机组。由于近几十年来核电发展思想明确，政策适当，投资充分，使得法国核电发展十分迅速。截至 2007 年底，法国共拥有 19 座核电站，58 台机组，从 CP0 系列、CP1 系列、CP2 系列、P4 系列、P′4 系列到目前改进型的 N4 系列，共计有 6 个系列的机组采用压水堆技术。其中，共有 34 台 90 万 kW 功率 CP1 和 CP2 型机组，20 台 130 万 kWP4 和 P′4 型机组，以及 4 台功率为 145 万 kW 的 N4 机组，总装机容量为 6304 万 kW。目前法国在役核电机组数量和总装机容量仅次于美国，列世界第二位，分别占到了全球总数的 14%及全球总量的 17.6%。

20 世纪 60 年代，美国核电技术成功地进行了商品化。70 年代末，反应堆建造的数量逐渐下降，特别是受切尔诺贝利事故等核安全事故的影响，美国的核电发展处于停滞状态，自 1996 年以来，美国就没有新建核电站。进入 21 世纪以来，由于天然气价格快速上涨、现行运行的反应堆状态良好、核电的燃料价格相对稳定等原因，美国的核电发展又开始了新一轮的发展阶段。目前，美国运行中的反应堆共有 103 座，总净装机容量 97 924 MW；在建反应堆 1 台。其中，35%的机组为沸水堆(BWR)，65%的机组为压水堆(PWR)。核电在美国能源结构中占据较高的战略地位，核电发电量占总发电量的比重基本维持在 20%左右。

1.2 核电在我国的发展

我国是世界上少数几个拥有比较完整核工业体系的国家之一。经过 50 余年的发展，我国已经形成了完整的核工业体系，包括地质勘探、铀矿采冶、铀转化与同位素分离、元件制造和后处理等。为推进核能的和平利用，20 世纪 70 年代国务院做出了发展核电的决定，经过 30 多年的努力，我国核电从无到有，得到了很大的发展。自 1983 年确定压水堆核电技术路线以来，目前在压水堆核电站设计、设备制造、工程建设和运行管理等方面已经初步形成了一定的能力，为实现规模化发展奠定了基础。目前，我国已形成广东、浙江、江苏 3 个核电基地。表 1.1 是我国已经建成和正在运行的核电机组；表 1.2 是我国正在建设和即将开工的核电机组[5]。

表 1.1　正在运行的核电机组[5]

机组名称	堆型	所在地	额度功率/万 kW	并网时间
秦山核电站	压水堆	浙江海盐	30	1991-12-15
大亚湾核电站 1 号机组	压水堆	广东深圳	90	1993-08-31
大亚湾核电站 2 号机组	压水堆	广东深圳	90	1994-02-07
秦山二期 1 号机组	压水堆	浙江海盐	60	2002-02-01
岭澳核电站 1 号机组	压水堆	广东深圳	98.4	2002-04-05
岭澳核电站 2 号机组	压水堆	广东深圳	98.4	2002-12-15
秦山三期 1 号机组	重水堆	浙江海盐	72.8	2002-11-10
秦山三期 2 号机组	重水堆	浙江海盐	72.8	2003-06-12
秦山二期 2 号机组	压水堆	浙江海盐	60	2004-03-11
田湾核电站 1 号机组	压水堆	江苏连云港	100	2006-05-12
田湾核电站 2 号机组	压水堆	江苏连云港	100	2006-05-14

表 1.2　在建和即将开工的核电机组[5]

机组名称	所在地	额度功率/万 kW
岭澳核电站二期 1 号和 2 号机组	广东深圳	各 100
秦山二期 3 号和 4 号机组	浙江海盐	各 60
三门核电站 1 号和 2 号机组	浙江三门	各 100
宁德核电站 1 号和 2 号机组	福建宁德	各 100
阳江核电站 1 号和 2 号机组	广东阳江	各 100
海阳核电站 1 号和 2 号机组	山东海阳	各 100
红沿河核电站 1 号和 2 号机组	辽宁大连	各 100

我国核电自运行以来始终保持着良好的运行状况，运行业绩逐年提高。我国在核电技术的研究开发、工程设计、设备制造、工程建设、运营管理等方面，形成了一支具有丰富实践经验的技术与管理人才队伍，能够自主设计、建造和运行 30 万 kW 和 60 万 kW 压水堆核电机组，也具备了以我为主、适当引进国外技术、建设百万千瓦级压水堆核电机组的能力。

其中，秦山一期核电厂是我国首座自行设计、建造、调试、运行的国产 30 万 kW 核电厂。在 2003 年世界核营运协会（WANO）评比中，在 257 台压水堆中，其性能指标排列在第 92 位；机组能力因子已达到 89.15％，非计划自动停堆次数为零。

大亚湾核电站是我国第一次引进建设的百万千瓦级大型商用核电站，安全稳定运行 10 年，在 2003 年 WANO 的 8 项关键指标评比中，有一项位居世界先进水平，其余超过世界中间水平；在 1999—2003 年与法国 53 台同类核电机组评比中，4 次共夺得 6 项第一；1 号和 2 号机组能力因子分别达到 90.13％和 84.79％，非计划自动停堆次数均为零。

岭澳核电站已在大亚湾核电站引进国外技术的基础上，实现了 52 项改进，并实现了国产化率为核岛 11%，常规岛 23%，辅助系统 50%。2002 年国际原子能机构评审团评审后认为，“岭澳核电站大部分指标可与新的 IAEA 国际安全标准相媲美，岭澳核电站将成为全球核工业界极有价值的参照”。2003 年岭澳一期机组能力因子 1 号和 2 号机组分别为 80.86% 和 90.44%。在 2003 年 WANO 评比中，5 项超过中值水平，2 项达到先进水平。

秦山二核 2003 年 1 号机组能力因子为 81.2%，秦山三核（重水堆）1 号和 2 号机组能力因子分别为 90.39% 和 87.67%。我国已开始致力于研究国际先进的第三代技术核电机组，该工程已纳入 2006 年起的国家第十一个五年计划。第三代压水堆核电技术的安全性相当高，能有效防止和预防类似切尔诺贝利核电站那样的爆炸泄漏严重事故。

1.2.1 我国发展核电的基本方针

在核电发展方面，贯彻“积极推进核电建设”的电力发展基本方针，统一核电发展技术路线，注重核电的安全性和经济性，坚持以我为主，中外合作，以市场换技术，引进国外先进技术，国内统一组织消化吸收，并再创新，实现先进压水堆核电站工程设计、设备制造、工程建设和运营管理的自主化。形成批量化建设中国品牌先进核电站的综合能力，提高核电所占比重，实现核电技术的跨越式发展，迎头赶上世界核电先进水平。

1.2.2 中国核电建设进入批量建设阶段

2002 年，党中央明确提出“科学发展观”的指导思想，提出实现能源、环境可持续发展的目标要求；2005 年 10 月 11 日，党的十六届五中全会在“十一五”国民经济发展规划的建议中，提出了我国积极发展核电的方针；2006 年 3 月 22 日，国务院常务会议原则通过了《核电中长期发展规划（2005—2020 年）》。规划到 2020 年我国大陆核电装机容量将达 4 000 万 kW，在建容量 1 800 万 kW。其中“十五”末和“十一五”期间开工的约有 16～18 套机组，分布在浙江、广东、辽宁、山东、福建等省，现正在建设的广东岭澳二期和浙江秦山二期扩建，将于“十一五”期内建成投产。其余机组将于“十二五”期间陆续投产。这些机组的厂址均在沿海地带。“十二五”期间除了继续在沿海地带建设核电站外，将开始在湖北、湖南、江西等省的内陆厂址建设核电站。截至目前，我国共新核准核电项目 8 个、共 24 台核电机组，总装机容量为 2 540 万 kW，已开工建设的新核电机组数达 14 台，占全世界在建核电机组的 30%左右。我国的核电建设正进入批量化、规模化发展的新阶段。在各地方政府的投资计划中，能源建设继续成为投资重点，而核电是重中之重，图 1.1 为中国大陆核电厂分布图[6,7]。

据了解，岭澳核电站扩建工程采用具有自主品牌的中国改进型压水堆核电技术路线 CPR1000，装机容量 2×100 万 kW。目前工程已从土建施工全面转向设备安装阶段。预计两台机组于 2010 年至 2011 年建成投入商业运行。

秦山二期扩建工程建设规模为 2×65 万 kW 压水堆核电机组，工程于 2006 年开工建设。目前两台机组的工程建设按照计划进展顺利，将分别于 2010 年 12 月和 2011 年建成投产，扩建工程设备本地化率将达到 70%以上。

辽宁红沿河核电工程是“十一五”期间首个批准开工建设的核电项目。4 台百万千瓦级核电机组计划于 2012 年至 2014 年建成投入商业运行。

福建宁德核电站位于福建省宁德市辖区内，规划建设 6 台百万千瓦级压水堆核电机组，首台机组计划于 2012 年投产。

此外，广东阳江、福建福清、浙江方家山等项目也获得核准，并在年内开始第一台机组建设。在国家核能开发科研经费和专项资金的支持下，我国核能领域技术研发工作不断进展，一些关键技术取得突破，基础能力持续提升。

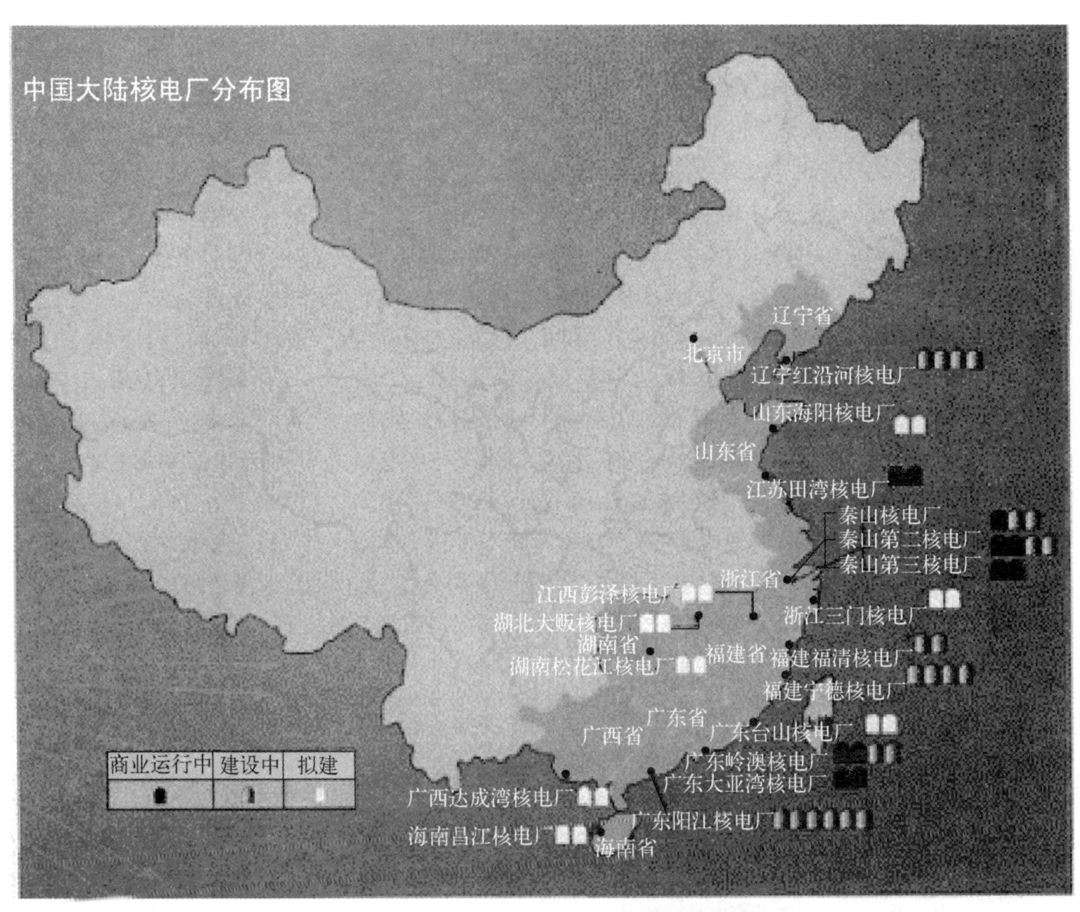

图 1.1　中国大陆核电厂分布图[6]

1.3　核能的未来发展

世界上核能的进一步发展，面临着三个需要解决的关键问题。

一是要研究与发展更先进的核反应堆。所谓更先进的反应堆，就是更安全、更经济的反应堆，因此，核反应堆的未来发展方向，就是进一步提高反应堆的安全性与经济性。

二是逐步解决高放废物的最终处置问题。反应堆用的核燃料产生的高放废物，放射性强，毒性大，寿命长，目前的处理办法是通过核燃料后处理把有用的核燃料钚、铀分离提纯出来，再把剩余的高放废液大大减容后，转变成玻璃状态的固体深埋在与生物圈隔离的地下。目前科学家正致力于开发一种先进的最终处理办法，叫分离-嬗变法，即首先通过化学分离的方法将钚、铀、次要锕系元素变成短半衰期的核素或稳定的核素，由于元素变了，毒性也就不存在了，而且短半衰期的核素不会对人类构成严重的威胁。

三是要解决防止核扩散的问题。钚有多种同位素,其中钚-239、钚-241是易裂变核素,而钚-240、钚-242不发生裂变。有的核反应堆如天然铀重水反应堆、天然铀石墨反应堆容易生产制造原子弹的良好材料——钚-239。另外一些核反应堆如压水型动力反应堆燃耗高,会使相当一部分钚-239生成钚-240,钚中的钚-240含量高就不能制造原子弹,而钚-239与钚-240又很难分开,这对于防止易制成原子弹的核裂变材料落入恐怖分子手中是很有意义的。采用钍燃料的反应堆可以更好地解决这个问题。

核电技术和应用的发展将经历几个阶段,如图1.2所示。最初的第一阶段,主要是实验阶段,只有一些早期的反应堆模型。在第二阶段,核电工业已经进入了商业应用阶段,技术趋于成熟。主要的技术是轻水反应堆、压水反应堆、沸水堆和加拿大重水铀反应堆及石墨水冷反应堆等。在这个阶段,全球的核电装机容量稳步增长,但各地区增长速度不同,增长主要集中在亚洲的新兴国家。在第三阶段是核电发展的阶段,在这个阶段,每年核电新增装机容量将达到20亿瓦,而且增长将继续几十年。第三代核反应堆的早期是先进轻水反应堆时期,主要的技术为先进沸水反应堆、欧洲压水堆、System 80+和AP600等,而到了第三代核反应堆后期,将会继续提升核电站的经济效益。目前全球使用的反应堆主要是第二代的反应堆和部分第三代早期反应堆的试点。未来第四代核反应堆发展的方向包括:更好的经济性、更高的安全性、更少的废弃物和防止扩散技术。另外,聚变堆的发展也逐步向前推进。

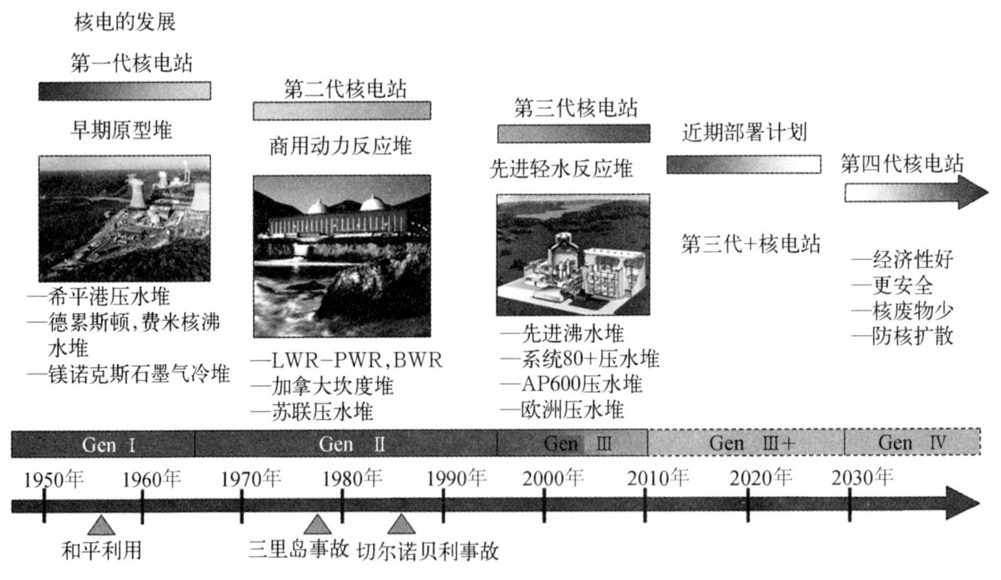

图1.2　核反应堆的发展历程[10]

1.3.1　第三代反应堆

为了提高安全性能,第三代反应堆一方面提高了安全冗余系统的性能,以减少事故发生的概率;另一方面设计了事故状态下非能动安全保护系统[8]。

其中,EPR 是 Framtome 和 Siemens 联合开发的新一代改进型压水堆核电技术,其安全系统的设计采用简单性、实体隔离、多样性和冗余原则(采用 4 个系列的系统设置),并着重考虑了严重事故的预防和缓解措施,将在实际上消除早期放射性大剂量释放的风险,把现场外的应急措施限制在电站十分有限的范围内。EPR 采用双层安全壳,安全厂房分区布置,实体隔离。EPR 的堆芯损坏频率大大降低,在考虑功率运行和停堆状态的内部事件情况下约为 6.3×10^{-7}/堆年。

AP1000 是美国西屋公司开发的第三代非能动压水堆核电技术。西屋公司在开发 AP600 时首次将“非能动”理念引入压水反应堆设计,使得设计大大简化、安全性提高、投资降低、设计与性能特点满足用户要求文件(URD)的要求,对世界核电未来发展另辟新径,引起国际核能界的广泛关注。堆芯熔化概率为:2.41×10^{-7}/堆年,严重事故下大量放射性物资向环境释放概率为:1.95×10^{-8}/堆年,远低于 URD 要求的 1.0×10^{-5}/堆年。

1.3.2　第四代反应堆

近年来,世界各国提出了许多新概念的反应堆设计和燃料循环方案。2000 年 1 月,在美国能源部的倡议下,10 个有意发展核能利用的国家派专家联合组成了“第四代国际核能论坛”(GIF),于 2001 年 7 月签署了合约(Charter),约定共同合作研究开发第四代核能系统(Gen Ⅳ)。这 10 个国家是:美国、英国、瑞士、南非、日本、法国、加拿大、巴西、韩国和阿根廷。第四代核能系统开发的目标是要在 2030 年左右创新地开发出新一代核能系统,使其在安全性、经济性、可持续发展性、防核扩散和防恐怖袭击等方面都有显著的先进性和竞争能力;它不仅要考虑用于发电或制氢等的核反应堆装置,还应把核燃料循环也包括在内,组成完整的核能利用系统[9,10]。

GIF 主要是由各国政府部门支持的科研院所、高等院校和工业界的专家所组成,自 2000 年至 2002 年三年中,先后有 100 多名专家开过八次研讨会,提出了第四代核能系统的具体技术目标,主要是:

(1) 核电机组比投资不大于 1 000 美元/kW,发电成本不大于 3 美分/kW·h,建设周期不超过三年;

(2) 非常低的堆芯熔化概率和燃料破损率,人为错误不会导致严重事故,不需要厂外应急措施;

(3) 尽可能减少核从业人员的职业剂量,尽可能减少核废物产生量,对核废物要有一个完整的处理和处置方案,其安全性要能为公众所接受;

(4) 核电站本身要有很强的防核扩散能力,核电和核燃料技术难于被恐怖主义组织所利用,这些措施要能用科学方法进行评估;

(5) 要有全寿期和全环节的管理系统;

(6) 要有国际合作的开发机制。

GIF 在 2002 年 5 月在巴黎举行的研讨会上,选定了六种反应堆型的概念设计,作为第四代核能系统的优先研究开发对象。这六种堆型中,有三种是热中子堆,有三种是快中子堆。

1.3.2.1　超临界水冷堆(SCWR)

如图 1.3 所示,水是超临界水冷堆的工作介质,其工作温度压力超过水的热力学临界点,

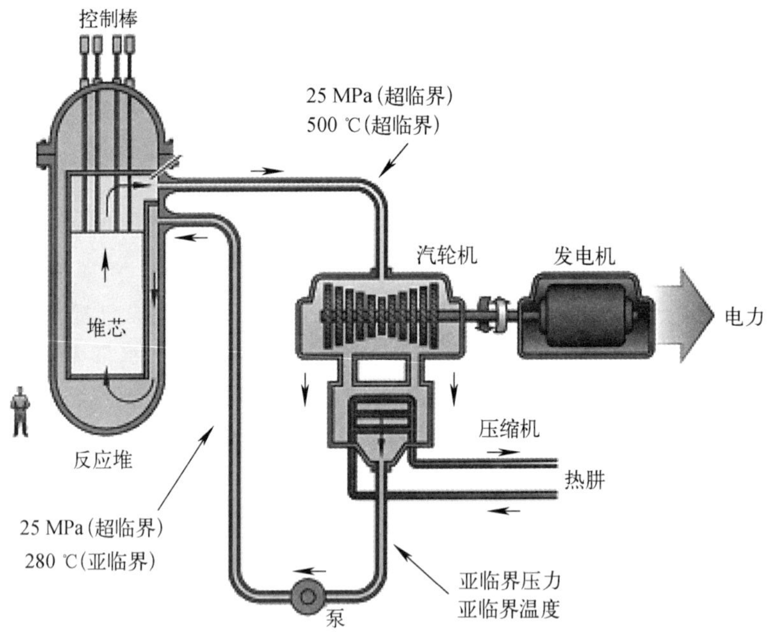

图 1.3 超临界水冷堆[10]

即温度 374 ℃、压力 22.1 MPa。超临界水冷堆可使电站热效率高达 44%～45%,并简化了配套系统和设施。因其反应堆冷却剂也就是汽轮机的工作介质,不改变相状,故无“压水堆”、“沸水堆”之分。工作时水压力约 25 MPa,进堆温度约 280 ℃,出堆温度 510～550 ℃,最高可达 550 ℃,单机组电功率可达 170 万 kW。与压水堆比较,它不需要蒸汽发生器等;与沸水堆比较,它不需要汽水分离器。

与目前的轻水堆(压水堆、沸水堆)比较,超临界水冷堆有如下优异的特性:

(1) 效率高。目前轻水堆的热效率为 33%～36%,SCWR 的热效率可以达到 44%～45%;

(2) 对于相同的功率,超临界水冷堆的焓升高、流量低,因此一回路泵和管道尺寸小,泵的功率消耗低;

(3) 由于直接热力循环,没有蒸汽发生器,流体的密度也低等因素,使一回路系统冷却剂的总存量较小,因此安全壳的尺寸也较小;

(4) 由于反应堆的冷却剂就是汽轮机的工作介质,不改变相状即不存在相变过程,因此不会发生燃料元件表面膜态沸腾而引起元件包壳过热破损;

(5) 与常规压水堆比较,可以省去蒸汽发生器,与沸水堆比较,可省去汽水分离器、再循环泵等设备,系统大为简化。

1.3.2.2 超高温气冷堆(VHTR)

超高温气冷堆是在高温气冷堆(HTGR)的基础上发展起来的,如图 1.4 所示。在 20 世纪 70 年代,美国、德国已建成电功率为 20～30 万 kW 的高温气冷堆核电站,但因其经济性不如轻水堆和技术不成熟等原因,未能达到商业化应用。20 世纪 80 年代,德国推出了模块式高温

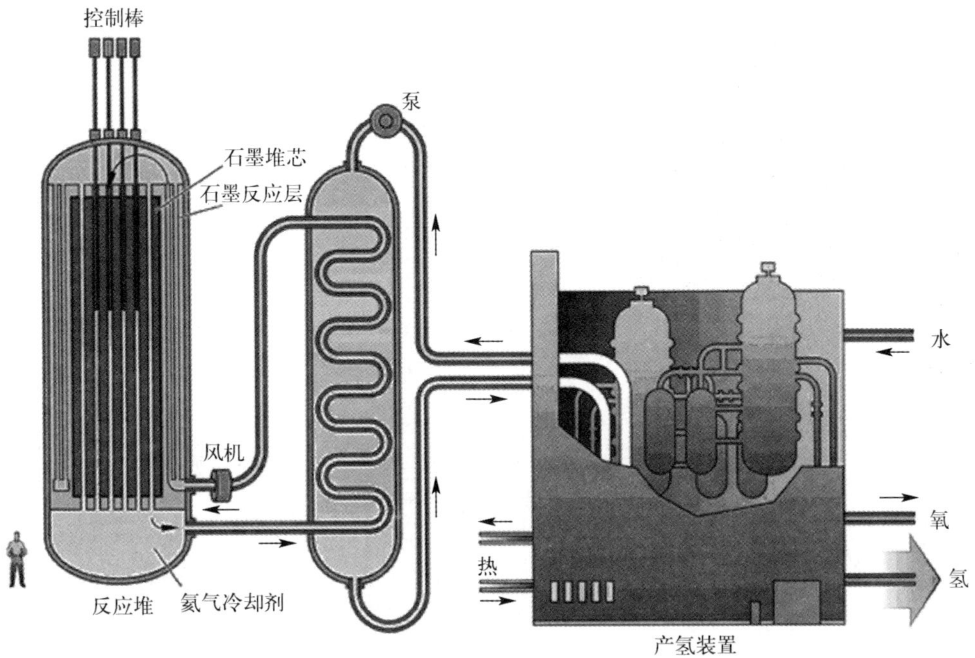

图1.4　超高温气冷堆[10]

气冷堆的设计概念，以模块式小型化和具有固有安全性为特征，成为国际上高温气冷堆技术发展走向。

VHTR是以氦作为载热剂，石墨作为慢化剂的热中子反应堆，采用包覆颗粒燃料，全陶瓷材料的反应堆堆芯。VHTR的堆芯有两种主要的类型，一种是采用球形石墨燃料元件堆积成球床堆芯，另一种采用石墨柱形燃料元件，构成石墨柱形堆芯。

1.3.2.3　熔盐堆(MSR)

熔盐堆用铀、钚、钠、锆的氟化盐在高温熔融的液态下既做核燃料，又做载热剂，当熔盐核燃料流入堆芯时产生裂变反应释热，流出堆芯时载热出堆，经过热交换器传出使用，故不需要专门制作燃料组件，如图1.5所示。

熔盐反应堆系统有如下突出的优点：

(1) 由于燃料和冷却剂是合二为一的，而且在高温下熔盐在化学上是很稳定的，这样就简化了传热系统，并可以达到相当高的热效率；

(2) MSR具有很好的中子经济性，通过化工后处理可以去除裂变产物，加入新燃料，能获得很高的转化比，也可用于锕系元素的焚烧；

(3) 采用了高温耐熔盐腐蚀的结构材料，熔盐出口温度可以提高到850 ℃，可采用热力化学方法制氢；

(4) 氟化物熔盐具有非常低的蒸汽压，一回路压力壳和管道的设计压力较低；

(5) 在堆芯的底部设置有一个事故泄放罐，以一段用水冷却的冷冻熔盐管段与堆芯相连接，一旦发生事故，自动切除冷却水源，冷冻熔盐解冻后，堆芯的熔盐即靠自重排泄到泄放罐

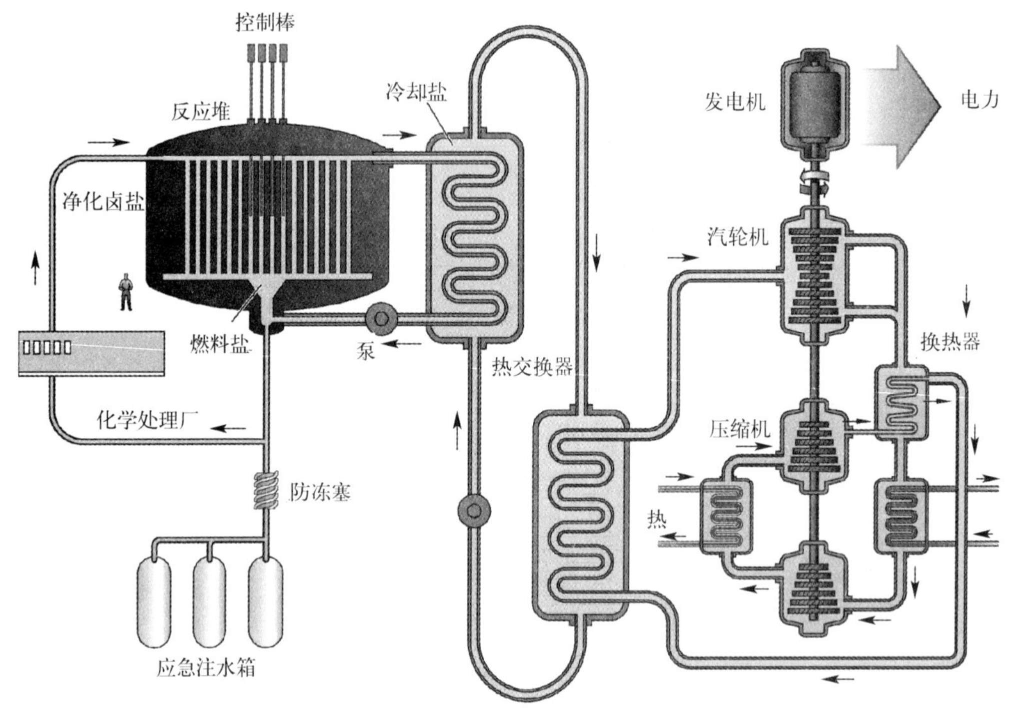

图 1.5　熔盐堆[10]

中,并采用非能动的衰变热载出。由于熔盐中气态裂变的存量较小,衰变热也较小。

1.3.2.4　钠冷快中子堆系统(SFR)

钠冷快中子堆具有快中子谱,可以实现核燃料的高效利用和锕系元素的嬗变,如图 1.6 所示。锕系元素嬗变的燃料循环可以采用两种方案:(1) 中等容量的钠冷快堆(电功率为 150～500 MW),采用 U-Pu-Am-Zr 的合金燃料,进行就地的火法后处理和元件制造;(2) 中等容量到大容量的钠冷快中子堆(电功率为 500～1 500 MW),采用 U/Pu 氧化物燃料,进行集中后处理,一个后处理厂为几座快中子堆进行后处理。

一回路钠的出口温度为 530～550 ℃,有两种堆芯布置方案:(1) 池式的方案,反应堆堆芯和一回路的泵和热交换器均设置在一个钠池壳内;(2) 紧凑的回路布置方案。无论是哪种方案,一回路冷却剂的热容量都相当大,距离钠的沸腾有相当大的安全裕量,这是钠冷快堆的主要安全特性。另一个安全特点是一回路运行在基本为常压的气氛条件下,一回路的工作压力为大气压加上钠的流动压头。钠冷反应堆的主要安全问题是,钠与空气和水均会发生强烈的化学反应,因此设计上应尽可能避免钠与空气和水的接触,并降低化学反应产生的后果。为此在一回路和水蒸气回路之间加入中间钠回路系统,以避免一旦一回路带放射性的钠发生泄漏时直接与发电回路的水蒸气发生化学反应,防止由此造成的放射性向环境的释放。在第四代系统中优选的 6 个方案中,钠冷快中子堆系统是技术上最为成熟的。但其发电经济性还不能与轻水堆相竞争。

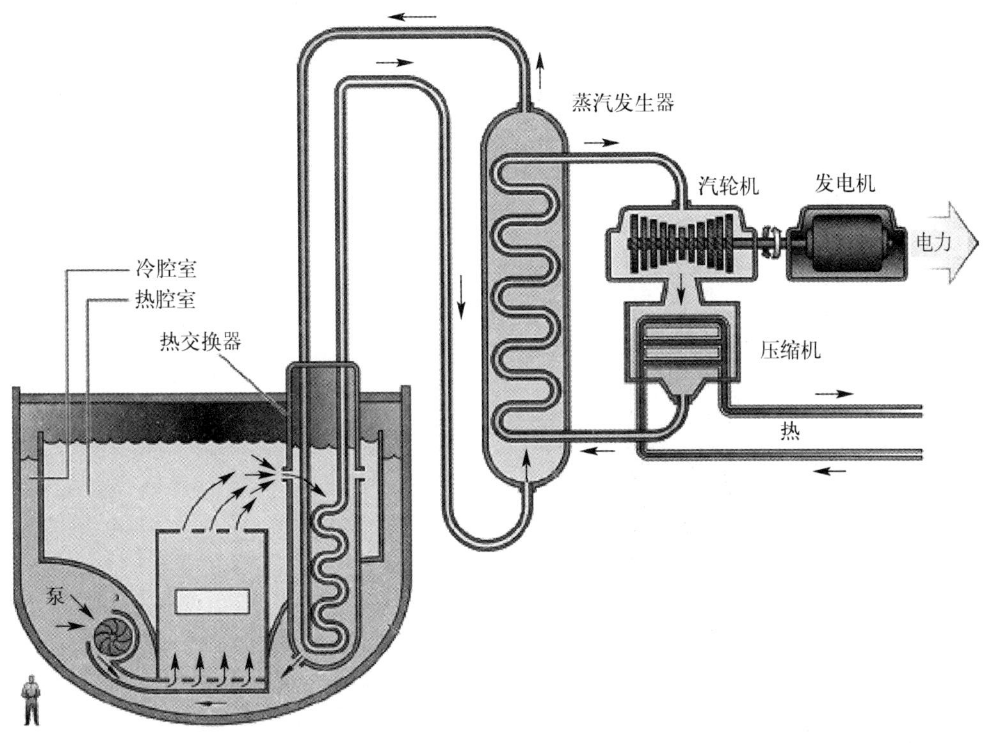

图1.6　钠冷快中子堆系统[10]

1.3.2.5　气冷快中子堆系统(GFR)

气冷快中子堆是以氦气作为冷却剂,具有快中子谱的反应堆,如图1.7所示。氦气作为冷却剂替代液态钠作冷却剂,可以消除钠的可燃性所带来的安全性问题以及钠系统的复杂性。燃料元件需要在很高的运行温度下保证对裂变产物具有极好的滞留能力,有几种燃料可以考虑选用,包括:复合陶瓷燃料、改进的颗粒燃料、锕系元素的陶瓷包覆燃料等。其燃料元件的形式也有几种可能的选择,包括棒束燃料组件、板状燃料组件、柱形块状燃料元件。

由于采用快中子谱,中子的经济性好,具有良好的核材料的增殖能力,能实现裂变材料的持续利用,并且对长寿命锕系核素通过嬗变成为短半衰变或稳定的核素。气冷快中子堆系统采用闭式燃料循环,甚至有望发展成为具有就地燃料循环设施的全闭式燃料循环系统,这样可以避免核材料运输带来的核扩散风险性,提高铀资源的利用率,可极大地减少核废物量。

气冷快中子堆主要用于发电,以及长寿命锕系核素的嬗变,其850 ℃高温的氦工艺热也可用于制氢。气冷快中子堆系统在可持续性方面有突出的优势,安全性、经济性,以及防核扩散和实体保护方面等也均满足第四代核电技术的发展目标。

1.3.2.6　铅冷快中子堆系统(LFR)

铅冷快中子堆是采用液态金属铅或者铅铋合金作为冷却剂的快中子堆,它用液态金属铅代替常规快中子的钠冷却剂,以消除采用易燃性钠带来的安全性和系统复杂性的问题,如图1.8所示。

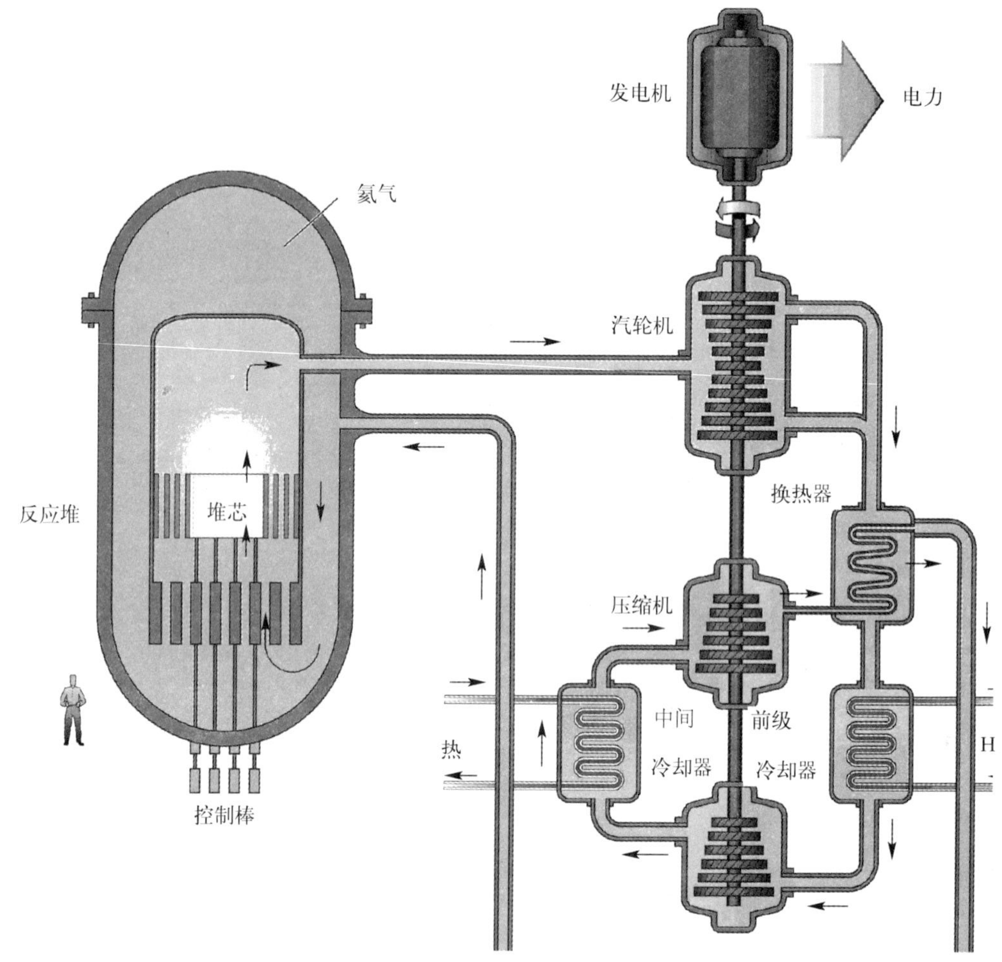

图 1.7　气冷快中子堆系统[10]

相对目前的钠冷快中子堆，铅冷快中子堆有以下的优点：

(1) 反应堆是池式一体化的布置，蒸汽发生器和提升泵均布置在反应堆压力壳内，在热功率为 120～400 MW 范围内，可实现全功率的自然循环将堆功率带出。液态铅堆芯出口温度为 550 ℃时，二回路采用亚临界蒸汽透平循环。若将堆芯出口温度升高到 750～800 ℃，二回路可采用超临界蒸汽透平循环，或者采用 CO_2 气体透平的 Brayton 循环；也可用作工艺热的应用，用于制氢和海水淡化。

(2) 对于小功率组件式方案，由于 Pb 和 Pb-Bi 冷却剂优异的中子学特性，可以采用低功率密度的堆芯，实现全功率的自然循环，并实现核燃料的近自持的增殖，使堆芯换料期达到 15～20年。对于模块化和大功率的方案，采用比常规快堆更高的堆芯功率密度，采用较短的换料周期。

(3) 中期方案的目标是增强固有安全性，实现闭式的燃料循环。

(4) 长期方案的目标是利用 Pb 冷却剂和氮化物燃料耐高温特性，在新的耐高温、耐辐照的结构材料取得进展的条件下，将冷却剂的温度提高到 750～800 ℃。

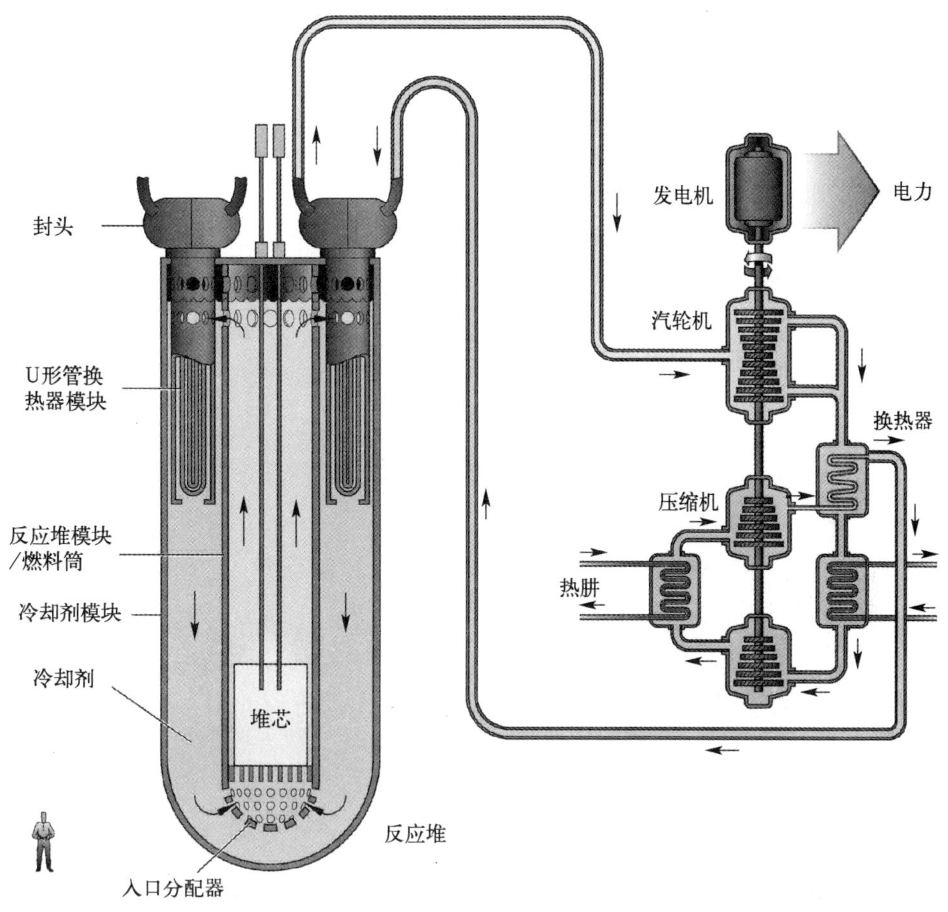

图 1.8　铅冷快中子堆系统[10]

1.3.3　聚变堆

上述核电站堆型都是以裂变核能为基础，是通过重的原子核分裂放出核能。相反在两个轻的原子核融合在一起形成重的原子核时，可以放出比裂变能更多的核能，形成重原子核的过程称为核聚变，放出的核能称为聚变能。聚变能将是人类用之不尽的能源。聚变堆是利用氢的同位素氘、氚等聚变成氦而释放核能的反应堆，氘即重水中的“重氢”，而地球上的水中有1/7 000是重水，总计含氘量有 40 万亿吨，故聚变反应堆成功后，水中氘足以满足人类几十亿年对能源的需求[11]。然而，实现持续的可控聚变，难度非常大。关键问题是要把氘、氚原子核加温到至少几千万摄氏度乃至上亿摄氏度(已是等离子体)，并把它们稳定地约束在一起。目前主要研究的有磁约束、激光惯性约束和 μ 介子催化等途径实现可控聚变。各国已建造多种类型的试验装置共 200 多台，向可控聚变目标探索，已露出胜利的曙光。中国已建成的新一代受控聚变研究装置 HL-2A 和低温超导磁约束聚变装置 EAST 标志着我国聚变研究进入大规模装置试验阶段，具备了在高层次上参与国际合作的基础。国际上的磁约束聚变试验装置已得到了输出功率大于输入功率的成果，原则上证实了可控聚变堆的科学可行性。为此，美国、俄罗斯、日本、欧共体等联合开发的国际热核聚变实验堆(ITER，International Thermo fusion

Experimental Reactor)(见图 1.9)已完成设计，决定在法国卡达拉舍(Catalache)建设，计划在 2015 年左右建成。专家估计，到 2050 年前后人类有可能实现原型示范的可控聚变堆核电站发电。核聚变堆要发展到经济实用的阶段还有一段相当长的艰辛的道路，但它的前景是光明的。我国中长期科技发展规划已将磁约束核聚变列为前沿技术项目，并已决定参加 ITER 项目的建设和运行，在科技前沿上与国际合作，与国内的可控聚变研究紧密结合，推动聚变核能利用的发展。

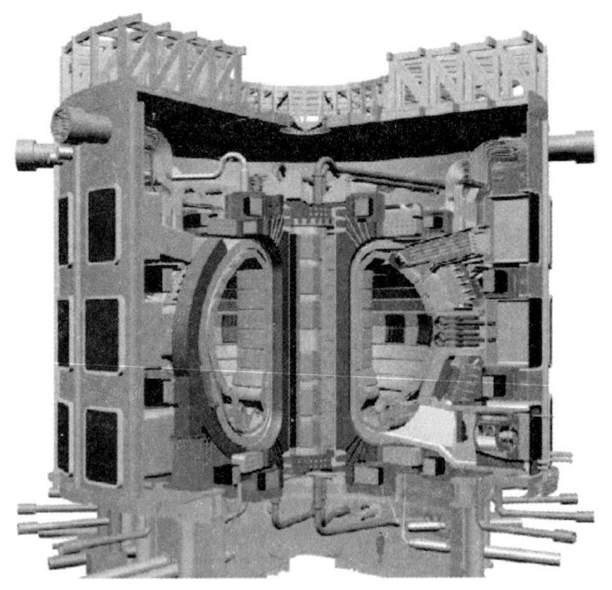

图 1.9　ITER 示意图[15]

核能利用是解决能源问题的必由之路，它在能源中的比例必将逐步加大，从而改善能源结构，并有希望在将来彻底解决人类对能源的需求。然而，核能的开发利用是一个循序渐进的长期进程，按其科技难度和实现产业化的前景展望，我国的核能发展道路大致可分为三个阶段：第一阶段是热中子反应堆；第二阶段是快中子增殖堆；第三阶段是可控聚变堆。这三个阶段需要互相衔接，逐步进入实用，实现产业化。

1.4　核能应用对金属管道与管件的要求

目前使用的核电站是利用原子核裂变反应放出的能量来发电的发电厂。它通常由一回路系统和二回路系统两大部分组成。核电站的核心是反应堆。反应堆工作时放出的核能主要以热能的形式由一回路系统的冷却剂带出并以此产生蒸汽。由蒸汽驱动汽轮发电机组进行发电的二回路系统则与常规火电厂的汽轮发电机系统基本相同。在整套核电设备中核电用管占很大比例。保证核电站安全的重点在于防止核辐射泄漏，因此世界各国对核岛系统设备的设计、制造、检查等各环节都有很严格的要求，特别是针对管道的连接方面。目前，常用的核电设施用连接管件主要类型有：弯头，三通，异径管(大小头)，等。其主要作用有：(1) 直管的连接；(2) 改变管路的走向(流体方向)；(3) 流体的分流或汇集；(4) 不同管径管子的连接；(5) 管端的封闭；(6) 仪表、阀门等的安装支座；(7) 缓解管路的膨胀、收缩等；(8) 管子的铰接或旋转，等等。

对于正在研究的聚变堆实验堆，内部也存在多个管道，所以其面临的管道连接问题也是一样的。但是由于裂变和聚变反应所处环境不同，对所用材料的要求也不一样，以下主要介绍两种反应堆对管道材料的具体要求。

1.4.1　裂变堆材料

核裂变反应堆的结构材料在高温、强辐射和腐蚀条件下工作，要求苛刻，材料应具有良好的力学性能、辐射稳定性、与核燃料的相容性、高的热导率等。在任何情况下不允许容器破坏和泄漏[12-15]。因此，用钢的技术要求如下：

——较高的强度、韧性。在较高的压力和温度环境下，要求钢具有较高的屈服强度和高强度，其持久强度要高，在任何情况下不允许发生脆性破坏，否则要发生重大事故，所以对钢的韧性要求很高。

——较高的抗氧化、抗腐蚀性能。应用时安全可靠性要求高。

——较高的导热性能和抗辐射性能。核规范要求，钢经长期中子辐射后，寿命(其服役期为 40 年左右)末期的韧性，即临界无塑性转变温度不得高于 90 ℃。抗辐射稳定性要好。

——具有良好的组织稳定性，能保证钢管长期在高温下工作。

——严格控制残余元素含量(如 Co、Cu、B、S、P)。用钢不允许选用吸收中子截面大的元素，如钢中硼、钴、铜含量不得过高。

——几何尺寸精度要求高，直径与壁厚要均匀，长期供货质量要稳定。

——核电站用管的材料还应耐冲刷腐蚀、侵蚀腐蚀。使用的材料主要分为碳(锰)钢、低合金钢、合金钢、不锈钢(双相不锈钢)、镍基合金等。

一座 100 万 kW 的核电站需用钢管牌号(合金钢)主要规格见表 1.3。从中可以看出 316L 不锈钢管已经得到广泛的应用。

表 1.3　主要规格和牌号[12]

名称	牌号
燃料包套管	Zirealoy-4
堆内结构管	AISI316
控制棒用管	AISI410
蒸发器用管	Inconel-600
主管道用管	Inconel-800
冷却水管	STPT49
冷却水管	SISI304
冷却水加热器	STPT42
辅助热交换器	AISI304

1.4.2　聚变堆材料

在以氘、氚作燃料的聚变堆和混合堆系统，面临着腐蚀、脆化、渗透和滞留等严重的材料科学问题。氚在大多数金属材料中具有强的渗透性，氚泄漏不仅造成严重的经济损失，而且可能对环境造成污染。为了防止氚的无谓漏失也为了避免环境的放射性污染，有必要强化对防氚渗透材料的开发。20 世纪中期这一问题已被提出，而从 70 年代开始，随着聚变堆的工程设计和聚变堆材料研究的进展，更加明确了这一问题的迫切性。

防氚渗透材料为防止氚资源无谓漏失提供基本保证，同时也为了安全实施氚的各项实践活动，特别是为含氚物质各种操作装置设施的安全运行提供了物质基础。因此，防氚渗透材料的性能应满足下列要求：

——对氚的渗透率低。材料对含氚物质应保持尽可能低的渗透率，以阻挡氚因扩散渗透而产生的漏失与扩散，确保人员安全和避免环境污染。

——机械性能好。防氚渗透材料除了负担阻挡氚的扩散渗透任务外，一般还具有包容含氚物质的功能，因此要求有一定的机械强度。从这层意义上说，防氚渗透材料也是一种结构材料。

——耐射线辐照。凡与氚接触的材料都不可避免地受到氚核 β 射线的辐照。这种辐照有可能对材料的防氚渗透性能产生影响。

——抗腐蚀。在涉及含氚物质的操作处理过程中都可能存在腐蚀性化合物。这些化合物的腐蚀作用有可能对材料的防氚渗透性能产生不良的影响。

——抗热冲击性好。防氚渗透材料有时须在极大的温度梯度条件下工作，有时还须承受反复热循环的长期考验。

——相容性好。这里材料的相容性指防氚渗透材料与氚及其他含氚物质之间的相容性，防氚渗透材料与其他相关材料之间的相容性，以及防氚渗透材料用作防护用品与人体之间的相容性。

——加工性能好。良好的加工性能是防氚渗透材料获得工程应用的基本前提。

——材料来源丰富。工程上应用的防氚渗透材料应来源丰富，原料易于获得。

——价格适中。防氚渗透材料的加工制造成本应具有市场竞争力，这样才能保证氚工程的总体造价可为市场所接受。

氚在金属中以间隙原子形式扩散，有很高的渗透能力，而在陶瓷材料中类似分子扩散，具有较低的渗透能力。在一些陶瓷材料中形成的氚阻挡层渗透能力比在金属中的低几个数量级，但陶瓷的脆性及非致密性限制了它的应用。为了减少乃至阻止氚的渗透而又不牺牲结构材料的整体性质，最实际的方法是在材料表面加上一薄层氚扩散系数低、表面复合常数低的物质，即所谓渗透阻挡层（TPB）。经过多年的研究，目前世界上开展聚变堆研究的国家均认为比较可行的方案是在堆用金属结构材料表面形成防氚渗透阻挡层，因此，在低渗透率不锈钢表面建立陶瓷防氚渗透层成为国际上公认的储氚容器解决方案，既可保证材料结构性能，同时又抑制了氚的渗透。

对于聚变堆材料而言，由于堆用材料在聚变反应中会受到高温、高压、强中子辐照、热应力和腐蚀等因素的作用，因此，结构材料要有较强的抗高温氧化性和抗辐射性、低的氚渗透率和高度的可靠性等，同时又要选择使用或开发那些低活性材料，保证使用过程中反应堆具有低的放射性和衰变余热，以减少有害的生物效应和废物处理及其对环境的影响。聚变材料的工程可行性时限决定着聚变能源商业化时限。目前现有的材料很难满足未来聚变堆高温、高压和强种子辐照的苛刻条件，所以聚变堆材料研究面临的任务是开发高性能的新型材料，探索大大提高现有材料性能的途径以及聚变材料设计到结构材料（包括防氚渗透涂层）、面对等离子体材料、中子倍增材料、氚增殖材料、绝缘材料等。在使用寿命期限内结构材料应保持化学稳定性和尺寸稳定性，即与氚增殖剂、冷却剂、中子倍增剂和面对等离子体材料兼容，并抗中子辐射。IEA 聚变材料执行委员会最新确定的候选结构材料：铁素体/马氏体钢，近期目标可行性更大；钒合金，中期目标性较好；碳化硅/碳化硅复合材料，长远目标更为适宜，这些候选结构材料的总体性能的比较列于表 1.4[16]。

表 1.4 候选结构材料总体性能比较

材料	有利因素	不利因素
奥氏体不锈钢 （亦为首批候选材料 PCA）	丰富的核应用数据库 好的制造和焊接性能 抗氧化性能好 可优化的抗辐照肿胀性能	低热应力因子 抗液态金属腐蚀性能不好 运行温度较低 抗辐照蠕变性能差，存在水应力腐蚀效应

续表

材料	有利因素	不利因素
铁素体/马氏体钢	较好的热应力因子 较好的液态金属相容性 较好的抗辐照肿胀性能	缺乏辐照性能数据库 焊接要求高，铁磁效应 延-脆转换温度高于室温度，运行温度亦不高
钒合金	较高的运行温度 好的热应力因子 好的液态金属相容性 好的中子特性	缺乏辐照性能数据库 制造和焊接困难 易氧化 经济性不好
碳化硅/碳化硅复合材料	较高的运行温度 高强度，热稳定性好 低电磁载荷 更好的中子特性	缺乏数据库 制造和加工困难 连接、密封问题 热导率低，经济性差

通过对大量金属以及各种牌号不锈钢比较发现，316L 型奥氏体不锈钢具有塑性好、强度高、耐腐蚀，抗辐照性等。其丰富的核应用数据库，良好的制造和焊接性能，抗氧化性能好以及可优化的抗辐照肿胀性能而使其成为核聚变堆首批候选材料。

因此，我们开展了不锈钢管材的成形研究工作，提出通过双层辉光离子渗金属技术在不锈钢表面制备了防氚渗透涂层以及利用涂覆的方法在 316L 不锈钢表面和钛及其合金表面制备玻璃质壁垒层，以改善阻氚渗透的效果。

参考文献

[1]　喻雪红. 核电:人类可持续发展的现实选择[J]. 前沿，2008，9:152-155.

[2]　史永谦. 核能发电的优点及世界核电发展动向[J]. 能源工程，2007，(10):1.

[3]　欧阳予，汪达升. 国际核能应用及其前景展望与我国核电的发展[J]. 华北电力大学学报，2007，(5):1.

[4]　周全之. 世界核电发展概况及趋势[J]. 大众用电，2009，4:47-48.

[5]　杨旭红，叶建华，钱虹. 我国核电产业的现状及发展[J]. 上海电力学院学报，2008，24(3):218-235.

[6]　欧阳予. 世界核电国家的发展战略历程与我国核电发展[J]. 中国核电，2008，1(3): 194-201.

[7]　史永谦，曹健. 解析中国的核能战略[J]. 能源工程，2007，5:1-9.

[8]　欧阳予. 国际核能应用及其前景展望与我国核电的发展[J]. 物理通报，2007，1: 5-10.

[9]　欧阳予. 国外核电技术发展趋势(下)[J]. 中国核工业，2006，3:16-20.

[10]　Tim Abram, SueIon, Generation-IV nuclear power: A review of the state of the science[J]. Energy Policy, 2008, 36: 4323 - 4330.

[11]　田杰棠. 借鉴国外经验发展内陆核电[J]. 国防科技工业，2006，4.

[12]　马栩泉. 核能开发与应用[M]. 北京:化学工业出版社，2005.

[13]　王佩璇，宋家树. 材料中的氦及氚渗透[M]. 北京:国防工业出版社，2002.

[14]　钱家溥. 中国聚变堆材料研究. 见:96 中国材料研讨会论文集[C]. 北京: 化学工业出版社，1998:215-222.

[15]　许增裕. 聚变材料的现状和展望[J]. 原子能科学技术，2003，37: 105-109.

[16]　丁厚昌，黄锦华. 受控核聚变研究的进展和展望[J]. 自然杂志，2006，28(3):143-149.

第 2 章　管件冷成形原理

2.1　金属塑性成形基础

金属材料在一定的外力作用下，利用其塑性而使其成形并获得一定力学性能的加工方法称为塑性成形，也称塑性加工或压力加工。与其他加工方法（如金属的切削加工、铸造、焊接等）相比，金属塑性成形有如下特点：

（1）组织、性能好。金属材料在塑性成形过程中，其内部组织发生显著的变化。例如钢锭，其内部组织疏松多孔、晶粒粗大且不均匀等许多缺陷，经塑性成形使其结构致密、组织改善、性能提高。因此，90%以上的铸钢都要经过塑性加工，制成各部门所需的坯料或零件。

（2）材料利用率高。金属塑性成形主要是靠金属在塑性状态下的体积转移来实现的产生切屑，因此只有少量的工艺废料，并且流线分布合理。

（3）尺寸精度高。不少成形方法已达到少或无切削的要求（运用通用模具）。例如，精密模锻的锥齿轮，其齿形部分可不经切削加工而直接使用；精锻叶片的复杂曲面可达到只需磨削的精度。

（4）生产效率高，适于大批量生产。这是由于随着塑性加工工具和设备的改进及机械化、自动化程度的提高，生产率也相应得到提高。

由于金属塑性成形具有上述特点，因而它在冶金工业、机械制造工业等部门中得到广泛应用，在国民经济中占有十分重要的地位。

塑性加工按成形时工件的温度可以分为热成形、冷成形两类。热成形是在充分进行再结晶的温度以上所完成的加工，如热轧、热锻、热挤压等；冷成形是在不产生回复和再结晶的温度以下进行的加工，如冷轧、冷冲压、冷挤压、冷锻等[1-3]。

其中热加工与冷加工的主要区别在于：金属在热加工时，硬化（加工硬比）和软化（回复与再结晶）两种对抗过程同时出现。在热加工中，由于软化作用可以抵消和超过硬化作用，故无加工硬化效应，而冷加工则与此相反，有明显的加工硬化效应。与热加工相比，冷加工具有以下优点：

（1）热加工需要加热，不如冷加工简单易行；

（2）热加工制品的组织与性能不如冷加工均匀和易于控制；

（3）热加工制品不如冷加工制品尺寸精确、表面光洁；

（4）薄或细的加工制品，由于温降快，尺寸精度差，不易采用热加工。

管塑性弯曲成形及液压胀形是管塑性冷成形技术的重要组成部分，与其他成形方法（特别是切削加工）相比较具有明显的特点。相应的产品如图 2.1 所示。

图 2.1　金属冷成形加工管件

2.2　管材弯曲加工

用管材制造的弯曲零件(即弯管),无论是平面弯曲件,还是空间弯曲件,在航空、航天、汽车、石油化工工业中作为气体、液体的输送管路和结构件,得到了广泛应用,比如英国军用飞机用的斯贝发动机上的导管有 1 000 多根,为尽可能节省导管占用空间,必须将导管弯曲成各种各样的形状,以避免在有限的空间互相干涉,这又直接导致了弯管形状相当的复杂。同时,弯管制造精度要求较高,尤其是在航空工业上,弯管尺寸公差和形位公差控制相当严格,因此必须要有新的工艺方法来满足这些精度的要求。

弯管成形作为塑性加工的一方面,具有广阔的发展前景。管材弯曲成形工艺的开发以及管材弯曲成形设备的研制,为管材弯制提供了可靠的基础。

2.2.1　管材弯曲成形工艺分类

管材弯曲方法很多[4]。按弯曲方式可分为压弯、拉弯、绕弯、推弯、滚弯;按弯曲时管的受限方式可分为管件内部受限、管件外部受限和管件内外受限;按弯曲时有无填充可分为有芯(填料)弯管和无芯(填料)弯管。有时为满足管件的特定形状要求,或为减轻弯曲加工工艺难度,也采用其他的特殊弯管方法,如振动冲击弯曲、锥形芯棒扩管弯曲、起皱弯曲、塌角弯曲、反变形法弯曲。以下就生产中主要采用的几种管材弯曲工艺方法作简要的介绍。

2.2.1.1　压弯

如图 2.2 所示,压弯是由滑块推动凸模对管材施加推力产生弯矩,管材在两个可以摆动的凹模支撑下而弯曲。此装置由于简单且价廉而得到了广泛的使用,但制件的形状不够理想,常常在模具压制成形后管件弯曲部位严重塌瘪。此外,弯曲角也是有限的(大致为 120°)。

2.2.1.2　推弯

推弯是管材弯曲加工中较为常见的弯管方法,主要用于弯制弯头。冷推弯管是在普通液压机或曲柄压力机上借助弯管装置对管坯进行推弯的工艺方法,即是利用金属的塑性,在常温状态下将直管坯压入带有弯曲型腔的型模中,从而形成管弯头。如图 2.3 所示,推弯装置主要由凸模1、导套2、芯棒4和凹模5组成。弯曲型模由对中的两块拼成，以方便其型腔加工。弯管时把管坯3放在导向套中定位后，压柱下行，对管坯端口施加轴向推力，强迫管坯进入弯曲型腔，从而产生弯曲变形。由此易见，管坯在弯曲过程中，除受弯曲力矩作用外，还受到轴向推力和与轴向推力方向相反的摩擦力作用。在这样的受力条件下弯管，可使弯曲中性层向弯曲外侧偏移，有利于减少弯曲外侧的壁厚减薄量，从而保证弯头的成形质量。

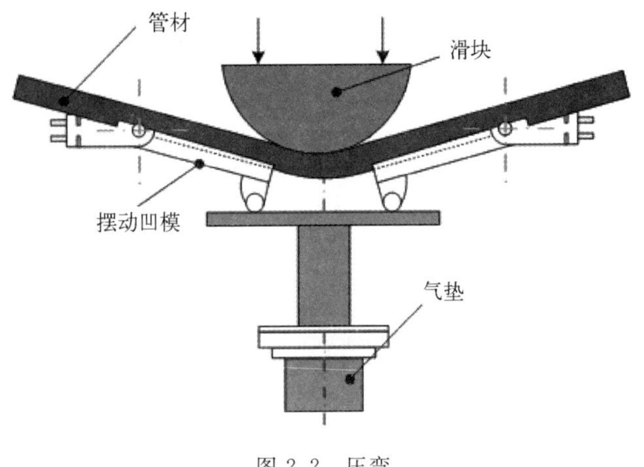

图 2.2 压弯

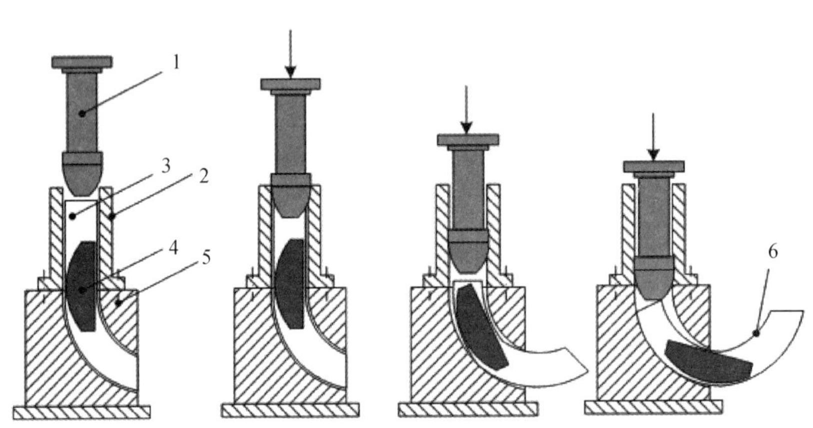

图 2.3 冷推弯管

1—凸模；2—导套；3—管件毛坯；4—芯棒；5—凹模；6—弯曲管件

2.2.1.3 滚弯

如图2.4所示，滚弯按滚轮的配置方式分为角锥式与加紧式，是用3个或4个驱动辊轮对材料进行弯曲。可以通过变化辊轮之间的间距，来改变管材的弯曲率。如果在出口端设置一组辊轮，相对于弯曲面作垂直弯曲，则可实现螺旋线特征的空间弯曲，但这种方法仅适用于曲率半径较大管件的成形。

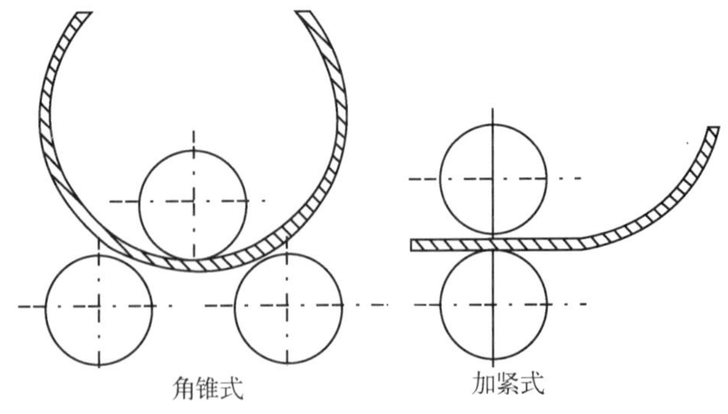

图 2.4 滚弯

2.2.1.4　拉弯

如图 2.5 所示，拉弯是将管材压靠在固定的凸模上，对管材两端同时施加弯矩，使管材沿着凸模成形的方法。改变固定凸模的形状，在一般的拉弯成形中最大弯曲角约为 180°。这种弯曲方法难以维持弯曲毛坯的截面形状，主要适用于有受力支撑部位的开口截面型材，该方法不适用于中空制件成形，尤其是薄壁管件。

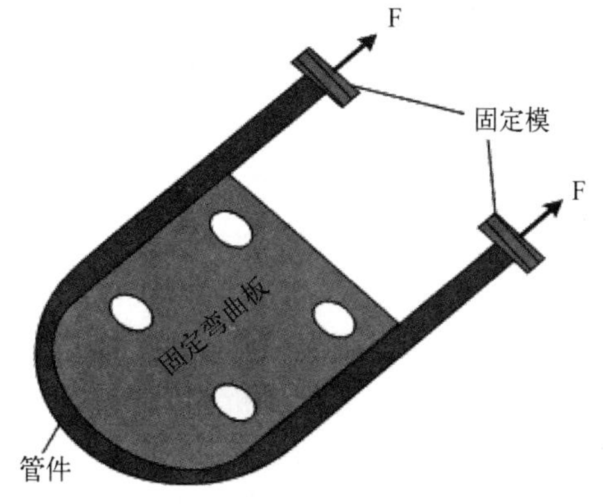

图 2.5　拉弯

2.2.1.5　绕弯

绕弯成形是在弯曲力矩作用下使管材绕弯曲模转动逐渐弯曲成形。由于该技术具有成形精度高、效率高、弯曲质量好、易于实现自动化等优点而被广泛地应用于航空、航天、无线电通信等领域的管材加工中。

薄壁矩形管绕弯成形是多因素作用下的复杂非线性成形过程，需要多种模具的协同作用和严格配合，如图 2.6 所示。弯曲前管件头部被夹持在夹块和镶块之间，镶块固定在弯曲模上与弯曲模成为一体，尾部处于压块和防皱块之间，内部由芯棒支撑。弯曲时，夹块牵引管件绕弯曲模一起转动到设定的弯曲角度，管件与弯曲模的贴合使得管件达到需要的弯曲半径，然后夹块和压块松开，芯棒抽出，取出管件，弯曲模和夹块复位，完成一次弯曲动作。

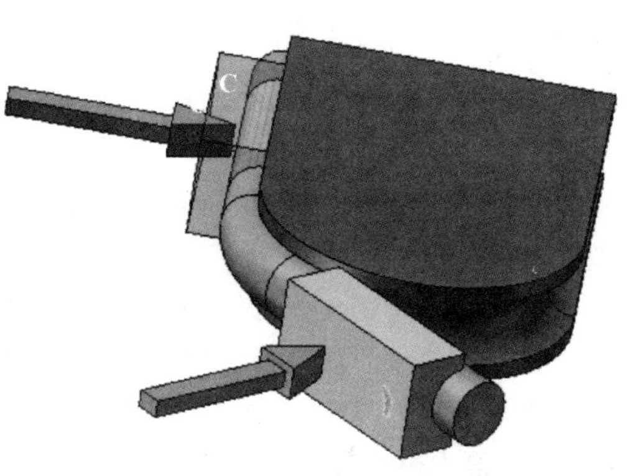

图 2.6　绕弯

2.2.2　弯曲加工原理

2.2.2.1　弯曲变形特点[5]

管材在外力矩 M 作用下弯曲时，弯曲变形区的外侧材料受到切向拉伸而伸长，内侧材料受到切向压缩而缩短。由于切向应力 σ_θ 和应变 ε_θ 沿管材断面的分布是连续的，故当弯曲过程结束，由拉伸区过渡到压缩区，在其交界处一定存在着一层纤维，它的长度等于管坯的原始长度，即该层纤维的应变 $\varepsilon_\theta = 0$，此纤维层称为应变中性层，它在断面中的位置可用曲率半径 ρ_ε 表示。切向应力沿断面的分布，由弯曲外侧的拉应力转变为内侧的压应力，其断面内也一定存在着一层纤维，该纤维层上的应力 $\sigma_\theta = 0$，此纤维层称为应力中性层，它在断面中的位置可用曲率半径 ρ_σ 表示。

由金属塑性成形原理可知，任一变形过程，其变形区的应力应变状态都与变形条件有关。在此仅对管材的均匀弯曲（只承受弯曲力矩 M）进行分析讨论。假定均匀弯曲过程中，材料纤

维之间没有相对错动，弯曲变形区的应力应变状态如图 2.7 所示，其中 A 点表示弯曲外区（拉伸区）的应力应变状态，B 点表示弯曲内区（压缩区）的应力应变状态。当弯曲变形程度较小时，仅在切向产生较大的应力 σ_θ，而管壁厚度方向和圆周方向产生的应力 σ_t、σ_D 都很小，理论分析时可以忽略不计，应力中性层可视为与应变中性层重合，并通过断面重心。随弯曲变形程度增大，塑性变形区由断面的外缘和内缘逐渐向中间扩展，立体的应力状态逐渐显管材弯曲变形时，主要是依靠中性层内、外纤维的缩短与伸长，故切向应变 ε_θ 即为绝对值最大的主应变。根据塑性变形体积不变条件，另两个方向上必然产生与 ε_θ 符号相反的应变。假定弯曲过程中管径不发生变化（即周向应变 ε_D 为零），则可视为平面应变状态，即 $|\varepsilon_\theta|=|\varepsilon_t|$。

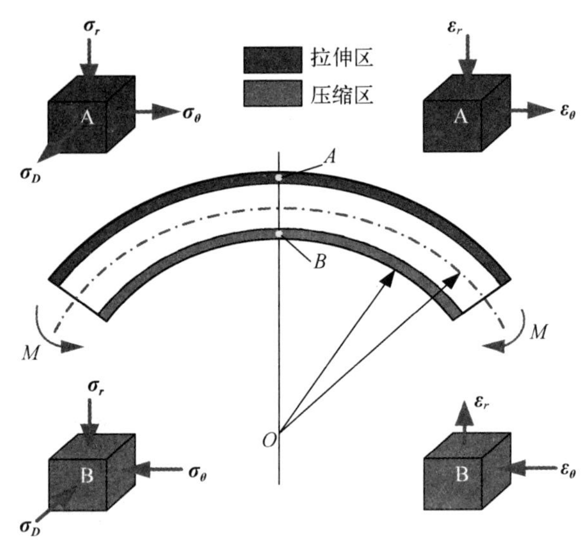

图 2.7　管材弯曲时的受力及其应力应变状态[5]

由上述应力应变分析可知，在中性层外侧的材料受切向拉伸应力，使管壁减薄；中性层内侧的材料受切向压缩应力，使管壁增厚。由于位于弯曲变形区最外侧和最内侧的材料受切向应力最大，故其管壁厚度的变化也最大。当变形程度过大时，最外侧管壁会产生裂纹（图 2.8a），最内侧管壁会出现皱褶（图 2.8b），弯曲后断面也易发生畸变而成为近似椭圆形（图 2.8c）。

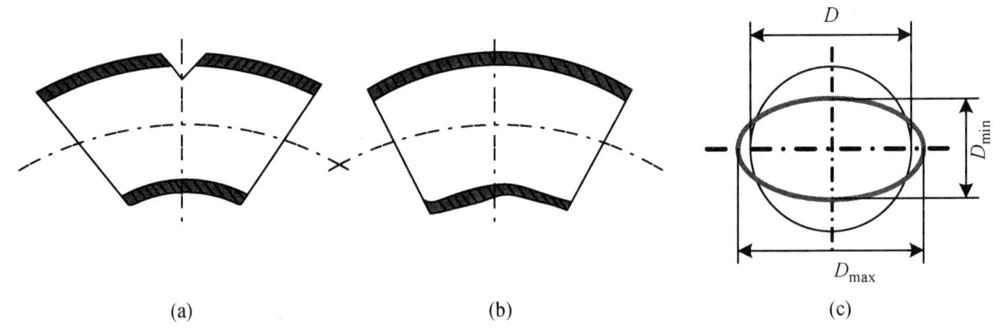

图 2.8　管材弯曲缺陷[5]

(a)外侧破裂；(b)内侧起皱；(c)断面畸变

2.2.2.2　横断面形状的变化[4]

对于管材的弯曲加工，除非弯曲工艺中采取必要的措施（如在管内放填料或由芯棒支撑等），否则，弯曲时会因变形程度的不同，或大或小地都将发生断面形状的畸变现象。下面分析

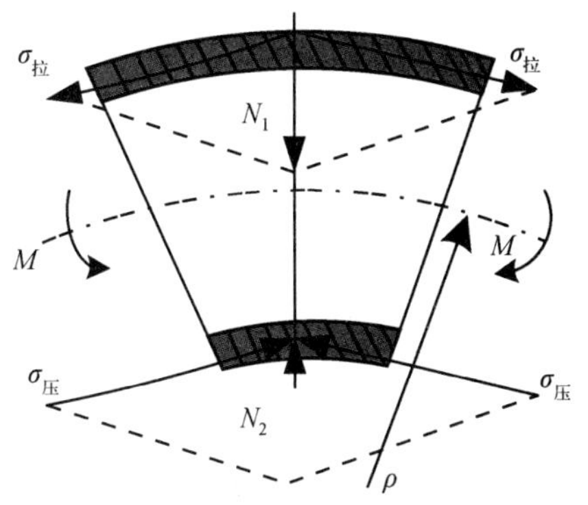

图 2.9　横截面形状的变化[4]

讨论空心管坯弯曲加工时，其横断面形状的变化情况。如图 2.9 所示，管坯在弯矩 M 作用下弯曲时，弯曲变形区的中性层外侧受切向拉应力，内侧受切向压应力。由于弯曲内、外侧管壁上切向应力在法向的合力（外侧切向拉应力的合力 N_1 向下，内侧切向压应力的合力 N_2 向上）的作用，使弯曲变形区的圆管横断面在法向受压而产生畸变，即法向直径减小、横向直径增大，而成为近似椭圆形。变形程度越大，畸变现象越严重。

管材弯曲件断面形状的畸变，一方面可能引起断面积的减小，从而增大流体流动的阻力；另一方面也影响管件在结构中的功能效果。因此，管材弯曲加工时，必须采取各种措施防止断面形状的畸变，将畸变量控制在尽可能小的范围内。

2.2.2.3　管壁厚度的变化

由应力应变状态分析可知，在弯曲中性层外侧由于切向拉应力作用而使壁厚减薄，在中性层内侧由于切向压应力作用而使壁厚增厚，且位于最外侧和最内侧的管壁，其壁厚的变化最大。因此，导致了壁厚不均现象。

管壁厚度的变薄，必然降低管件承受内压的能力，影响管件的使用性能。因此，常常需采取各种措施，以使壁厚变薄量尽可能小。

综上所述，与实心的板材弯曲相比，由于管材是空心薄壁结构的断面形状，因此弯曲时易引起以下几种不良现象：

（1）管材弯曲外侧易过度变薄，甚至导致开裂；

（2）管材弯曲内侧易发生失稳起皱；

（3）管材截面易产生畸变（近似椭圆形）。

以上这些问题，虽然有一些办法可以在一定程度上避免和减少对管材成形质量的影响，但是还没有找到从根本上控制的方法。对于管壁厚度的变薄现象，从目前的弯曲工艺来看，还没有找到完全控制管壁变薄的理想方法，生产上采取的若干工艺措施，大都是以能保证管件允许的最小壁厚为前提，以便最大限度地将壁厚变薄量控制在尽可能小的范围内。对于管材弯曲时内侧的起皱和断面产生的畸变现象，尚难用理论分析的方法进行定量计算，只能在工艺上采取一些措施尽量预防起皱和减少断面畸变。为了获得弯管断面的正确形状，生产中也往往在弯后采用校形的工艺方法。常用的校形工艺有：在弯管内通以高压液体的液压校形法；将钢球压入管内，并使之通过的钢球校形法等。另外还应指出，管材弯曲与任何一种塑性变形一样，都伴随有弹性变形，当载荷卸去后，弯曲中性层外侧的纤维因弹性恢复而缩短，内侧纤维因弹性恢复而伸长，故使弯曲率和弯曲角发生变化，这种现象称为回弹[6,7]。

对于管材弯曲的回弹问题，虽然有些文献根据塑性完全理论导出了计算回弹量的表达式，但往往与实际生产情况相差较大，不便使用，故目前大都是依靠生产现场的经验数据，通过试验修正，达到消除回弹影响的目的。总之，为提高管材弯曲成形的质量，还有待于做进一步的理论与实验研究工作。

2.2.3 弯管成形过程

推挤弯曲的优点在于：改变弯曲模与导管的相对位置，即可改变弯曲角；弯曲模对管子有约束作用，可防止管子横断面形状发生变化；推挤力的作用，可以减少或避免外弧侧壁厚的减薄；有利于椭圆度的减少；可以使弯曲角不限于 180°范围内，而可达到 270°；控制弯曲模与导管相对位置，使管子的弯曲半径与弯曲角连续变化。具体的成形过程如图 2.10 所示。

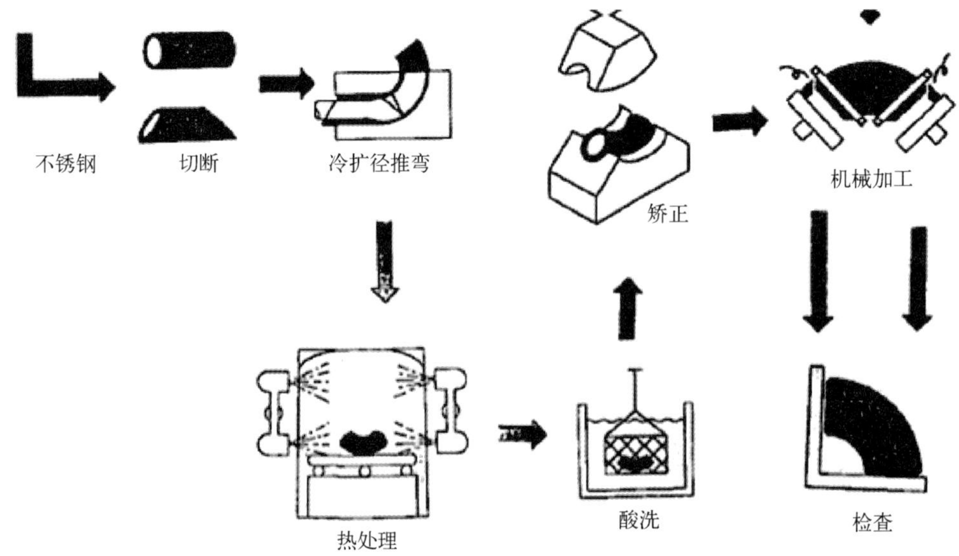

图 2.10 冷推弯管成形过程

对于冷推弯管工艺，应注意以下几点：

(1) 为了减少摩擦阻力，延长弯曲型模的使用寿命，提高弯头的表面质量，必须对管坯进行润滑处理。

(2) 考虑到冷推弯管的工艺特点，其推进速度不宜太高。

(3) 对于薄壁弯头，为了防止推弯过程中失稳起皱，应考虑在管坯内放置芯棒。

2.2.4 影响管材弯曲成形的主要因素

推制弯头几何形状的主参数有曲率半径、与曲率半径圆垂直的截面不圆度（如图 2.11 所示，实际截面直径 D_s — 标准截面直径及壁厚 D_b ）。影响推制弯头几何形状的工艺参数有：推制用坯料的材质、壁厚和外径、芯棒头的材质及形状、加热温度及其分布以及推进速度。相对管径越大壁厚减薄率越大，相对弯曲半径越大薄厚减薄率越大；弯曲角度越大，壁厚减薄率越大，当大于一定角度后，壁厚减薄率变化不大。弯曲速度越大，壁厚变化率越大，因此生产中在满足一定生产效率的前提下尽量采用较低的弯曲速度，这样有利于提高管件弯曲成形质量。摩擦力在不产生失稳起皱的范围内变化对壁厚减薄影响较小。

实际生产中的管材弯曲加工常出现的质量缺陷：横截面形状畸变；弯曲变形区外侧壁产生

壁厚变薄；弯曲变形区内侧壁产生壁厚增大、起皱；弯管外侧破裂、断裂等。应针对不同类型的缺陷具体分析其产生原因，并根据不同情况采取对应的预防措施从而减轻直至消除缺陷的产生，获得较好的弯制管件。

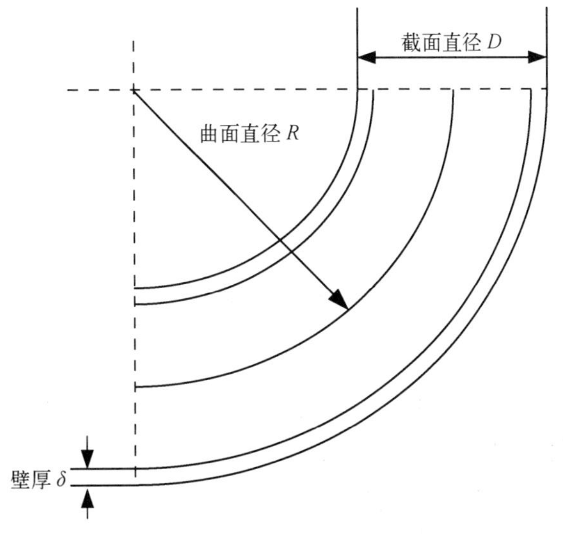

图 2.11　弯头几何形状

对于横截面形状畸变严重的管件，在进行无芯弯管时可将压紧模（轮）设计成具有反变形槽的结构形式，以减轻弯曲式的变扁程度。对于有芯弯管，应及时检查芯棒的磨损情况，防止芯棒与管坯内壁的单边间距过大。

圆弧外侧减薄量过大的情况，常见的预防措施是使用侧面带有助推装置和尾部带有顶推装置的弯管机。工作时助推或顶推机构推动管子向前抵消管子弯制时的部分阻力，改善管子剖面上的应力分布状态，使中性层外移，从而达到减小圆弧外侧减薄量的目的。助推和顶推速度根据弯管实际情况确定，使其和弯管速度相匹配。

对于弯管外侧破裂、断裂的情况，解决办法为管道退火，降低硬度。同时严格控制管子表面质量；调整助推速度或者旋转速度；检查芯轴尺寸或者位置是否合适；检查夹模和压模表面是否有油，清洁表面；检查压模与防皱模、轮模间隙是否合适，适当调整；检查压模和夹模压力是否合适，适当调整；若调整压力和间隙后，夹模仍夹持不住，可加辅助芯棒，或者将夹模型腔表面变粗糙；润滑芯轴或用金刚砂抛光，同时检查芯轴材料和润滑剂是否与管子材料相配。

对于弯曲变形区内侧壁产生壁厚增大、起皱的缺陷，应根据起皱点位置采取相应的措施，若是前切点起皱，应向前调整芯棒位置，使芯棒提前适当，以达到弯管时对管子的合理支撑；若是后切点起皱，应加装防皱块，还要调整压紧模（轮）压力使压力适当；若圆弧内侧全起皱，除调整压紧模（轮）使压力适当外，还要检查芯棒直径，直径太小或磨损严重时应更换芯棒。

2.2.5　管材弯曲主要参数计算设计

2.2.5.1　最小弯曲半径[5]

(1) 受延伸率约束的最小相对弯曲半径

管材弯曲过程中，弯管外侧材料在切向拉应力作用下产生伸长变形 δ，变形量沿管横截面向弯曲内侧逐渐减小，经过应变中性层后转变为切向压缩变形。大量试验和生产经验证明，弯管外侧伸长变形量超过某一数值时，由于管侧壁材料局部变形失稳而产生某些缺陷使管材弯曲质量受到影响。尽管对管型状态材料的力学性能还缺乏足够的理解，但在管材弯曲设计和工艺分析时，往往还是需要根据材料的塑性伸长性能来判断管材弯曲的成形极限。假设管材弯曲前原始管壁长度为 l_0，弯曲产生伸长变形后最外侧的管壁长度为

$$l = \left[R + \frac{d_0}{2} - (t_0 - t)\right] \cdot \theta \tag{2-1}$$

式中,θ——弯曲角(°)。

管材所受弯曲拉伸变形与单向拉伸有所区别,但仅考虑材料伸长变形量时,应使平均延伸率满足 $(l - l_0)/l_0 \leqslant [\delta]$(管材单向拉伸时的极限延伸率)的约束。因此有

$$\frac{d_0 - 2(t_0 - t)}{2R} \leqslant [\delta] \tag{2-2}$$

将管材弯曲后外侧平均壁厚 t 代入后,可以得到

$$\left[\frac{R}{d_0}\right]_{min} \geqslant \frac{1}{2[\delta]} - \frac{1}{[\delta]+1} \cdot \frac{t_0}{d_0} \tag{2-3}$$

式(2-3)即为弯管外侧壁材料伸长变形不超过材料极限延伸率时的最小相对弯曲半径的近似计算公式。可以看出,$(R/d_0)_{min}$ 值随$[\delta]$ 增大而减小,也就是说,管材固有的塑性变形性能越好,承受的弯曲变形加工程度越高。管材的相对壁厚 t_0/d_0 越大,抗弯曲变形的能力越强,$(R/d_0)_{min}$ 值也相应减小。应该注意,多数弯曲用管材都经过一次塑性加工和退火处理,因此,为了提高$(R/d_0)_{min}$ 的近似程度,式中的$[\delta]$ 应该采用管材的真实许用延伸率。

(2) 考虑壁厚减薄率的最小弯曲半径

管壁厚度的变薄,降低了管件承受内压的能力。因此,生产中常用壁厚减薄率。作为衡量壁厚变化大小的技术指标,以满足管件的使用性能。

$$\text{厚度减薄率} = \frac{t - t_{min}}{t} \times 100\% \tag{2-4}$$

式中,t——管材原始壁厚(mm);

t_{min}——管材弯曲后最小壁厚(mm)。

在实际生产中,弯曲外侧的最小壁厚 t_{min} 和内侧的最大壁厚 t_{max},通常用以下两式作近似估算:

$$t_{min} = t\left(1 - \frac{1 - t/D}{2R/D}\right) \tag{2-5}$$

$$t_{max} = t\left(1 + \frac{1 - t/D}{2R/D}\right) \tag{2-6}$$

式中,t—— 管材原始厚度(mm);

D—— 管材外径(mm);

R—— 中心层弯曲半径(mm)。

2.2.5.2 弯曲力矩[3]

管材弯曲力矩的计算是决定弯管机力能参数的基础。下面根据塑性力学理论,分析导出管材均匀弯曲时所需弯矩的理论表达式。尽管它是近似的,不可能把诸多影响因素都准确地反映到计算公式中,但仍不失为有一定的参考价值。管材在均匀弯曲变形中,变形区横剖面上的应力分布如图 2.12 所示。

为便于理论计算,并假定:

(1) 弯曲后,变形区的横剖面仍保持平剖面(见图 2.13);

(2) 管材圆周方向的变形忽略不计,即假定弯曲时管径不变,变形区视为平面应变状态,$\varepsilon_2 = 0$;

(3) 应力中性层位置不变,在此视为仍在管材横剖面中心。

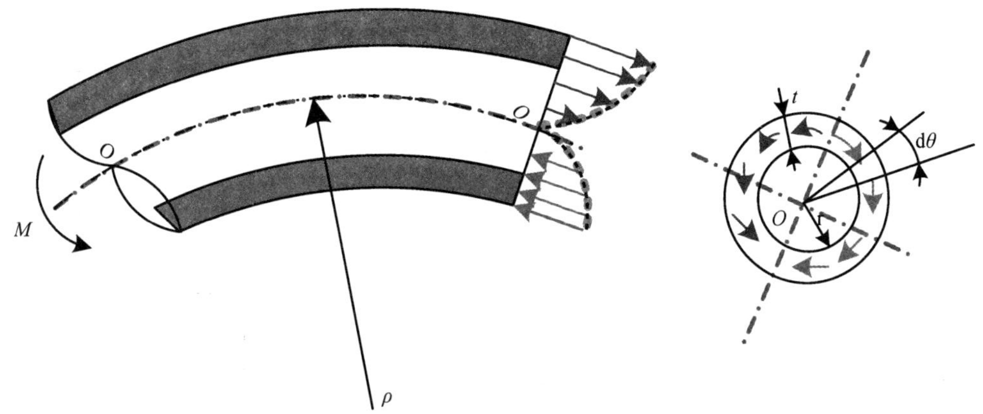

图 2.12　管材弯曲时的应力分布

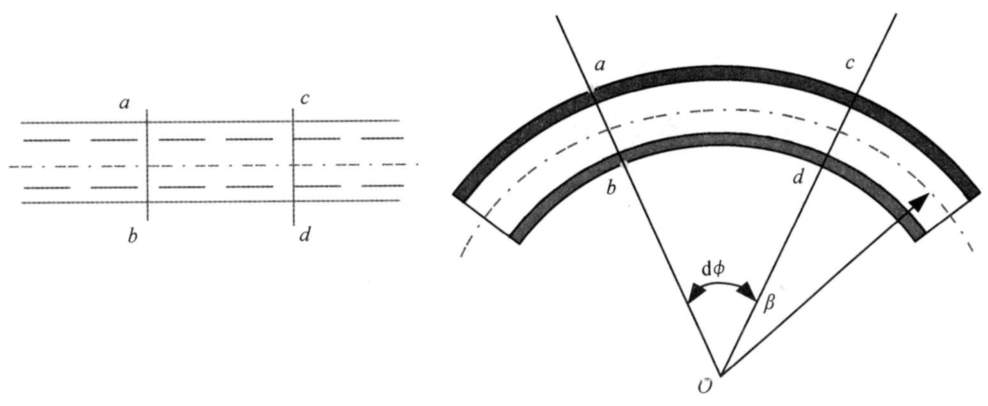

图 2.13　管材平剖面弯曲

通过以上假定,其弯矩可用式(2-7)表示:

$$M = 2\int_0^{\pi} \sigma_1 tyr\,\mathrm{d}\theta \tag{2-7}$$

为求 M 值,应先确定 σ_1 值。为此,可利用塑性变形的应力与应变关系。对于薄壁管,各层纤维之间的径向压力可以忽略,即 $\sigma_3 = 0$,故应力与应变关系为

$$\begin{aligned} \varepsilon_1 &= \frac{\varepsilon_i}{\sigma_i}\left(\sigma_1 - \frac{1}{2}\sigma_2\right) \\ \varepsilon_2 &= \frac{\varepsilon_i}{\sigma_i}\left(\sigma_2 - \frac{1}{2}\sigma_1\right) \end{aligned} \tag{2-8}$$

由于是平面应变状态,$\varepsilon_2 = 0$,故由式(2-8)的第二式得

$$\sigma_2 = \frac{1}{2}\sigma_1 \tag{2-9}$$

这样,应力强度为

$$\sigma_i = \sqrt{\sigma_1^2 - \sigma_1\sigma_2 + \sigma_2^2} = \frac{\sqrt{3}}{2}\sigma_1 \tag{2-10}$$

对于应力强度与应变强度之间的关系，可用简化的直线关系，即

$$\sigma_i = \sigma_s + B\varepsilon_i \tag{2-11}$$

式中，σ_s 也常写成 σ_0，因其是直线或应变刚曲线的补插屈服点，并非材料的实际屈服应力，其值大于实际屈服点，接近于假象极限应力 σ_b。B 为应变刚模数。如图 2.14 所示。

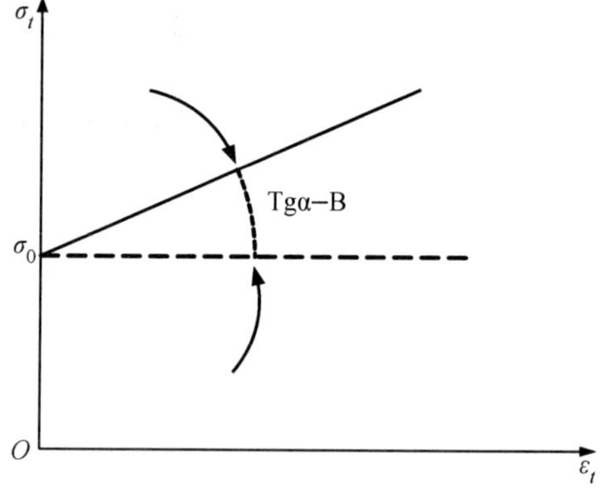

图 2.14 应力应变关系

因而，由上式得

$$\varepsilon_i = \frac{\sigma_i - \sigma_s}{B} \tag{2-12}$$

又据塑性变形体积不变条件，$\varepsilon_1 + \varepsilon_2 + \varepsilon_3 = 0$，对该平面应变状态，$\varepsilon_2 = 0$，故 $\varepsilon_3 = -\varepsilon_1$，所以，应变强度为

$$\varepsilon_i = \frac{2}{\sqrt{3}}\varepsilon_1 \tag{2-13}$$

由式(2-10)、式(2-12)和式(2-13)，得

$$\sigma_1 = \frac{2}{\sqrt{3}}\sigma_i = \frac{2}{\sqrt{3}}\sigma_s + \frac{2}{\sqrt{3}}B\sigma_i = \frac{2}{\sqrt{3}}\sigma_s + \frac{4}{3}B\varepsilon_1 \tag{2-14}$$

由于

$$y = r\sin\theta \tag{2-15}$$

和

$$\varepsilon_1 = \frac{y}{\rho} \tag{2-16}$$

式(2-14)可写成

$$\sigma_1 = \frac{2}{\sqrt{3}}\sigma_s + \frac{4}{3}B\frac{r\sin\theta}{\rho} \tag{2-17}$$

为了求得使管材弯曲到半径 ρ 所需要的弯矩，可将式(2-17)中的 σ_1 和式(2-15)中的 y 代入式(2-7)，得

$$M = 2\int_0^{\pi}\left[\frac{2}{\sqrt{3}}\sigma_s + \frac{4}{3}B\frac{r\sin\theta}{\rho}\right]tr^2\sin\theta\mathrm{d}\theta = \frac{4\sigma_s tr^2}{\sqrt{3}}\int_0^{\pi}\sin\theta\mathrm{d}\theta + \frac{8Btr^3}{3\rho}\int_0^{\pi}\sin^2\theta\mathrm{d}\theta \tag{2-18}$$

由于

$$\int_0^{\pi}\sin\theta\mathrm{d}\theta = 2,\ \int_0^{\pi}\sin^2\theta\mathrm{d}\theta = \frac{\pi}{2} \tag{2-19}$$

因而

$$M = \frac{8\sigma_s tr^2}{\sqrt{3}} + \frac{4\pi Btr^3}{3\rho} \tag{2-20}$$

实际上，管材弯曲时的弯矩，不仅取决于管材的材料性能、断面形状与尺寸以及弯曲半径等基本参数，同时也与弯曲方法、使用的模具结构等有很大关系。因此，目前还不可能把这么多的因素都准确地用计算公式表示出来，在生产中只能做出估算。管材弯曲时所需的弯矩，也

可用下式做近似估算

$$M = \mu\omega\sigma_b^3\sqrt{\frac{D}{\rho}} \tag{2-21}$$

式中，D—— 管材外径；

ρ—— 弯曲中性层的曲率半径；

σ_b—— 材料抗拉强度；

ω—— 抗弯断面系数；

μ—— 考虑因摩擦而使弯矩增大的系数。

系数 μ 不是摩擦系数，其值不仅取决于管材的表面状态，而且取决于弯曲方法，尤其是取决于是否采用芯棒，采用芯棒的类型及形状，甚至于芯棒的位置等各种因素。一般来说，采用刚性芯棒，不用润滑时，可取 $\mu = 5 \sim 8$；采用刚性的铰链式活动芯棒时，可取 $\mu = 3$。

2.2.6　管材弯曲成形工艺研究现状

在管材弯曲过程中，外侧壁的减薄、破裂，内侧壁的增厚、起皱和横截面畸变及其演化过程，以及卸载后的回弹及其控制，一直是包括管材弯曲成形在内的工程界未能有效解决的技术难题，也是当今国内外塑性加工学科研究的难点和热点。随着大口径薄壁管小弯曲半径件和难变形材料（钛合金）管的应用推广，上述问题日益严重。针对管材弯曲过程，国内外学者对主要从理论分析、实验研究、有限元数值模拟等方面开展研究。

2.2.6.1　管材弯曲理论研究

Tnag N C[8]利用塑性变形理论研究了管弯曲的塑性变形，通过推导出管弯曲过程中的相关理论公式，包括弯曲过程中的应力、壁厚变化率、管截面收缩率、中性层内移量、管弯曲的预置长度、弯曲力矩以及扁平化极限这七个问题的理论解，并进行了相关试验验证。作者采用的塑性理论不同于弹性或弹塑性理论，在处理纯塑性问题时显得简单明了。但作者在理论分析时忽略了径向压力的影响，做了大量的简化和估计，因此仅在管坯变形前壁厚很小的情况下吻合较好，并且相关理论公式中仅仅包含了材料参数、弯曲角和弯曲半径，而实际生产过程中工艺参数、模具参数对成形质量影响不能忽略。张立玲[9]对管材弯曲条件下的应力应变进行分析，忽略径向应变及管件壁厚变化，求出弯曲力矩，然后把卸载看成是施加反向弯矩，在中性层长度不变的假设下得出回弹角的近似计算公式。作者推导公式时采用了以下一些假设：①弯曲后变形区横截面仍为平面；②管材周向变形不计，即应变为平面应变状态；③应力中性层和应变中性层重合，位于管件截面中心；④真实应力应变服从幂指数关系；⑤塑性变形体积不变。虽然推导过程中采用了较多的假设，使得计算公式与实际情况有一定的误差，但公式具有一定的指导意义。鹿晓阳等对中频热推弯管工艺进行了多年的研究，建立了热推弯管成形过程材料本构模型[10]，阐明了热弯管成形过程力学原理及分析求解方法[11]，揭示了弯管成形过程中金属流动规律、塑性变形机理及其区别等，在此基础上提出了中频热推弯管工艺加热温度与推制速度两个工艺参数的自动控制方案。该方案采用两个单片机协同完成管坯推制成形过程中的感应加热温度检测和中频电源整流逆变控制；采用一个单片机完成热推弯管机液压系统推制速度控制。因此，使这两个工艺参数在给定的优化域内自动实现合理匹配，对研究数控弯管工艺参数的优化具有一定的启发意义。但是，理论解析法一般只能求解一些特殊问题或者经过一定程度简化的问题,即使在这样的情况下求近似解也不是很容易,对复杂问题的分析就更难以满足精度方面的要求。

2.2.6.2 管材弯曲有限元数值模拟研究

有限元法与其他模拟方法相比,模拟精度高,信息丰富,并能考虑多因素的影响,是一种可靠性高的工艺设计方法,适用于对成形过程的精密模拟。近年来,随着计算机技术和有限元技术的逐步发展,有限元法在管材塑性弯曲成形中逐步得到应用。

胡忠、李家庆[12,13]基于 ANSYS 软件平台,建立了中频感应局部加热小弯曲半径厚壁弯管工艺的计算机模拟分析系统,并对相对弯曲半径 1.5 的管材自由推弯和施加反弯矩控制推弯过程进行了分析,获得了壁厚变化率、截面椭圆率、推力、阻力矩和回弹角随弯曲角度的变化关系,并认为阻力矩有助于减小壁厚减薄和回弹。在模拟过程中,管坯采用的是三维六面体等参元,夹头、夹臂、导辊及推臂挡板也采用三维实体单元建模,因此比较耗时。文献[14]采用有限元软件 ANSYS 对缠绕式厚壁圆管材弯曲工艺进行了数值模拟分析,获得了外壁减薄率和内壁增厚率、应力应变分布等信息,并比较了不同的相对弯曲半径对壁厚减薄的影响,认为绕弯工艺不适合弯制相对弯曲半径小于 1.57 的管件。在模拟过程中,管坯采用的是三维六面体等参元,弯曲模和夹块也采用三维实体单元建模,因此也比较耗时。并且未考虑压块的助推作用和芯棒的作用、工模具间的摩擦,以及工模具与管坯的配合等因素的影响,因此所得结果缺乏普适性,只能算一次初步的尝试研究而已。Welo T 和 Paulsen F 等[15]采用弹塑性有限元软件隐式 ANSYS5.0 分析了铝合金单双室矩形管的绕弯过程,研究了弯曲半径和摩擦对外侧翼板的塌陷和回弹的影响,模拟过程中认为压块随管坯以相同速度运动,二者之间无摩擦,这与实际的管材弯曲过程差别较大。他们还采用有限元软件 MARC 对挤压铝合金单、双室矩形管绕弯和拉弯过程进行了三维弹塑性数值模拟[16],研究了材料、工艺及模具参数对成形过程的影响,其中弯曲模的转动是通过嵌入作者自编的程序实现的。结果表明,采用内部芯棒能有效地防止起皱的波纹高度和外侧翼板的塌陷,翼板的等效宽厚比是影响截面局部变形程度的重要因素,采用预拉工艺能减少起皱和回弹,减小应变硬化指数和增大轴向力有助于回弹的减小。模拟过程中,管坯采用的是计算效率较低的八节点六面体单元,并且为提高该单元的弯曲性能,还采用了假设应变公式,这又进一步降低了计算的效率。Yang J B 和 Jeon B H 等[17]采用软件 PAM-STRAMP 对一汽车用管材零件拉杆的绕弯和压弯过程进行了三维弹塑性有限元模拟,获得了横截面形状变化和壁厚变薄率与成形参数之间的关系。模拟过程中采用的是库仑摩擦模型,并将材料视为各向同性。研究发现管材和防皱块之间的间隙是影响起皱的主要因素,随着弯曲半径的减小,截面畸变和壁厚减薄率将会增大。

2.2.6.3 管材弯曲实验研究

实验研究是管材弯曲研究中的一个重要组成部分。不但可以验证各种管材弯曲理论及有限元模拟结果的有效性,而且还可进一步研究各种因素对管材弯曲成形的影响规律。

Frode Paulsen 和 Torgeir Welo[18]对 3 种壁厚的单、双室铝合金 A6060 挤压管材纯弯曲过程中的横截面变形进行了实验研究。结果表明:弯曲开始阶段沿整个管长出现均匀凹陷的截面畸变形式,直到内侧压缩区起皱至几个波纹;影响起皱临界点的主要因素有翼板的宽厚比和材料的应变强化特性;而预变形和后变形的程度却直接与翼板的实际宽度有关而不跟其宽厚比有关。起皱发生后,随着弯曲过程的继续进行,材料的应力应变关系对横截面畸变的影响逐渐增大,对低硬化材料,横截面的集中变形更剧烈。坂木修次和藤院琢磨等[19]对铝合金A6063S-O 和 A6061S-O 方管绕弯过程的变形和成形极限进行了实验研究,主要研究刚性弧式芯棒在抑制起皱和横截面畸变、提高成形极限方面的作用,结果表明横截面的畸变主要表现为受拉侧及受压侧翼板的塌陷和侧壁处辐板的膨大。村田真和横内康人等[20]对圆管无芯绕弯过程进行了实验研究,并与压缩弯曲进行了比较。研究表明:绕弯的成形极限较压弯的大,绕弯过程中易于出现起皱和颈缩,而压弯过程中则主要是起皱;在绕弯过程中,回弹与弯曲半径无关,而压弯过程中,回弹随弯曲半径增大而增加;在绕弯过程中,扁化因子以及最大和最小壁厚差随壁厚和弯曲半径增大而增大。锄木己信和田口裕一等[21]对 6063 铝合金圆管绕弯过程中的横截面变形(壁厚变化和截面扁化)进行了实验研究。研究表明:助推速度的影响最大,压块力和弯曲速度影响较小,夹块力和助推力几乎无影响。

2.3　管材胀形加工

管材胀形是在压力作用下使管材沿径向扩张的成形工艺,属于管材深加工技术的范畴。根据管件的形状要求,胀形既可完成管坯的局部扩张,也可完成管坯的整体扩张。管材胀形可以在通用机械压力机、液压机或专用胀形压力机及专用装置上完成,所获管件已广泛用于机械、电力、航空航天、交通运输、石油化工、轻工等工业部门中[22]。

管材胀形是在管件内部胀形介质的压力作用下使管材沿径向扩张的成形工艺,是一种无切削加工及精确(半精确)成形技术,属于先进制造技术范畴。根据管件的形状要求,胀形既可完成管坯的局部扩张,也可完成管坯的整体扩张。管材胀形可以在通用机械压力机、液压机、或专用胀形压力机及专用装置上完成。

2.3.1　胀形方法分类

三通管塑性成形过程是不对称的空间三维变形过程,成形工艺较为复杂。在成形过程中,最为重要的成形力是作用在管坯内部的内压力。根据内压力的产生方法不同,三通管件的成形方法主要分为以下三种:挤胀复合式成形方法、挤胀分离式成形方法和液压成形方法。[23]

2.3.1.1　挤胀复合式成形

挤胀复合式成形工艺如图 2.15 所示。成形介质充满管坯的内部,作用在管坯的两端的挤压冲头将介质密闭于管坯内腔中。成形时,挤压冲头挤压成形介质时其体积发生改变产生内压力 q。因此,内压力 q 的大小完全取决于挤压冲头的运动。

这种方法在成形过程中,型腔密闭后无法补充介质或清除多余介质,因此只适用于具有一定几何特征的三通管件。但是,这种成形方法除具有冲头结构简单、所需设备和装置较少、操作便利等优点外,还具有制件的壁厚比较均匀稳定、变化幅度不大的优点,因为型腔密闭后,压力和体积间具有负反馈效果;若介质的体积压缩量相对增大,即内压增大,管壁就会变薄,介质的外径增大,体积压缩量减小,内压值降低;弱体积压缩量相对减小,即内压减小,管壁就会增厚,介质的外径减小,体积压缩量增大,内压值增大。这种反馈效果较强,直接取决于介质的体积压缩特性参数。

对于挤胀复合式成形，挤压冲头、凹模、管坯及胀形介质的尺寸关系，决定着成形的初始压力。在成形过程中，成形压力的调整较为困难，只能在一定范围内进行，主要是通过改变挤压冲头的结构实现。

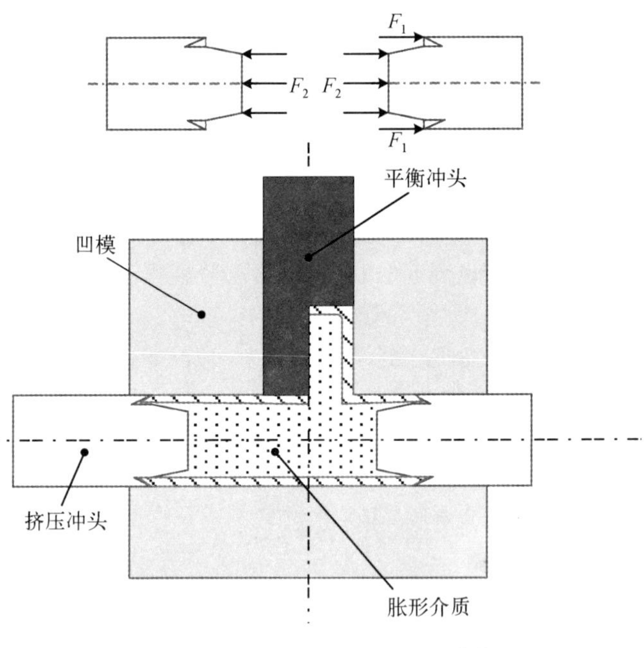

图 2.15 挤胀复合式成形示意图[23]

2.3.1.2 挤胀分离式成形

挤胀分离式成形工艺如图 2.16 所示。与挤胀复合式成形工艺相比，该种成形工艺的模具中多了一对成形冲头，内压力 q 由专门的胀形冲头挤压成形介质产生，其数值大小与挤压冲头无关而是由成形冲头的运动决定的。

这种成形工艺内压力的产生机制与挤胀复合式成形相似，二者的区别在于挤压冲头与成形冲头是否为一体。在这种成形方法中，挤压冲头与成形冲头是通过复合油缸驱动。与挤胀复合成形相比较，该工艺中冲头的结构和运动较为复杂，模具寿命较低，但是成形中的内压力 q 的产生及调整较为容易，成形介质的密封要求也较低。

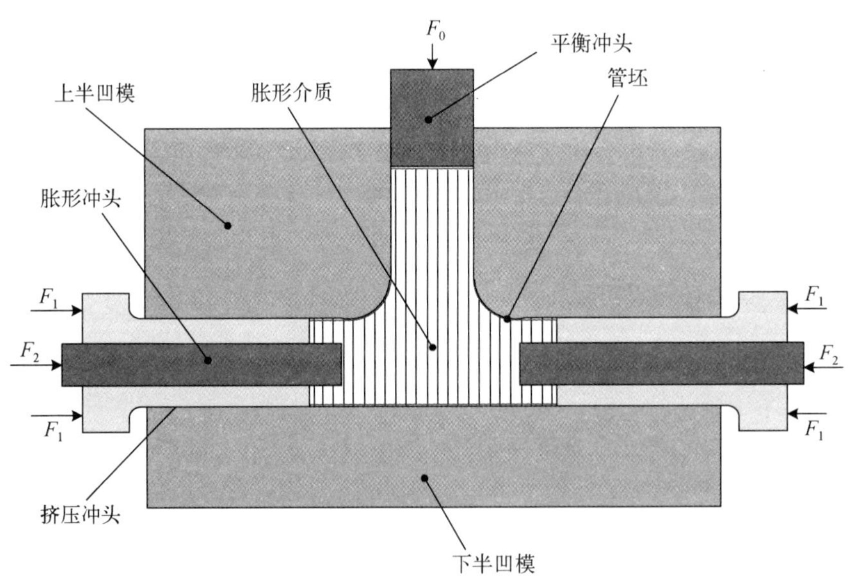

图 2.16 挤胀分离式成形示意图[23]

2.3.1.3 液压成形

液压成形方法的原理与以上两种成形方法截然不同，主要差别在于成形所需的内压力 q 与冲头的速度无关，是由专门的液压系统提供，比如三级增压系统。液压成形三通管件的模具结构如图 2.17 所示。

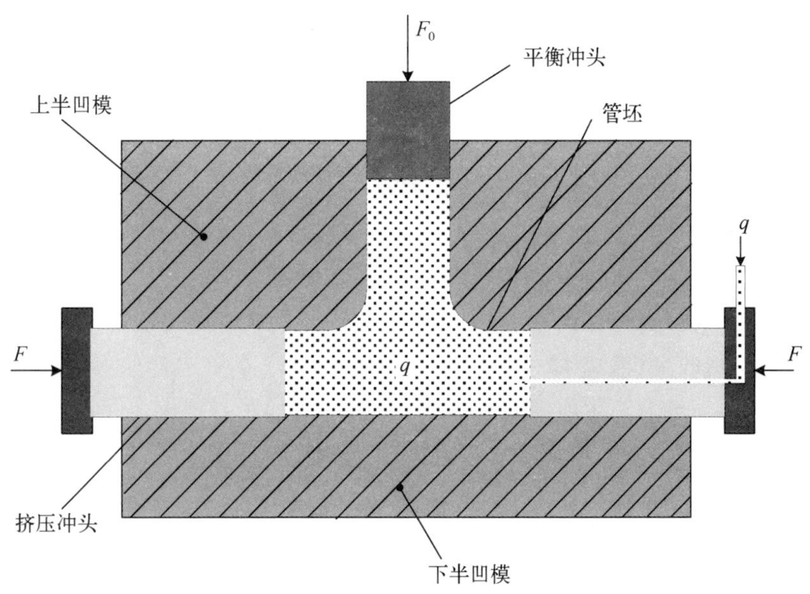

图 2.17　液压成形通管件的模具结构图[23]

该方法由于成形立场分布均匀稳定，所成形的产品质量较好，在冷成形中应用范围最广，美、德、日、俄等国的科研机构和大型企业广泛采用这种方法。

2.3.2 液压胀形三通管件的特点

2.3.2.1 三通管管壁增厚

胀形三通管件在胀形过程中，主管受两边轴向挤压力和径向压缩力的作用，使管壁增厚，支管受径向压缩力和轴向拉伸力的作用，使金属从主管向支管方向流动，并使 R 处增厚。图 2.18 是液压胀形三通管件示意图，当流体介质在管道中流动时，三通部位最易形成涡流、紊流和冲击，是管道中最薄弱的环节。若流体从主管流向支管，则在支管 R 处形成紊流腐蚀或破损；若流体从支管流向主管，则在支管

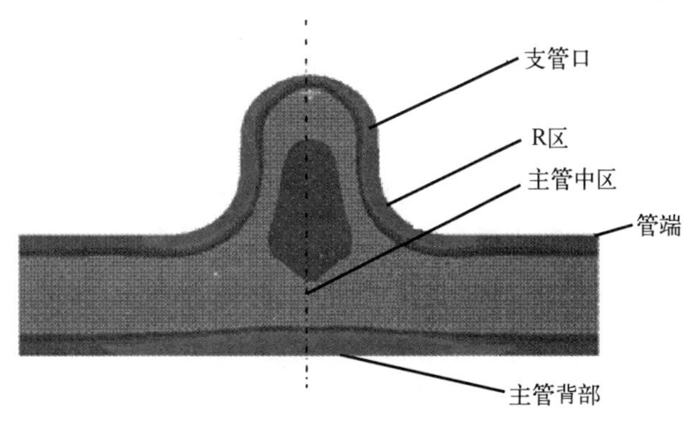

图 2.18　三通管各部位示意图

对面的主管背部发生冲击腐蚀或破损。而液压胀形三通恰恰在这些部位增厚最大，其产品质量比用其他成形方法制造的三通管件优异，因而延长了管系整体的使用寿命。

2.3.2.2　组织致密性能好

管道是输送液流的载体，在流速较高时，管道的腐蚀破坏特征主要为冲刷腐蚀，而冲刷腐蚀又随管材强度的提高而减轻。三通管件在冷成形后，硬度明显提高，冷成形后进行再结晶退火时，选择较低的再结晶退火温度，则可获得强度高、塑性好、能耐冲刷腐蚀的三通管件。液压胀形三通在成形过程中，受到冲头挤压和液体胀压的作用，因而使其组织变得更致密，故提高了三通的内在质量。

2.3.3　胀形加工原理(自由胀形、轴向压缩胀形、复合胀形)

根据胀形时变形条件的不同，可将上述各种胀形方法分为三类：自然胀形、轴向压缩胀形、复合胀形[5]。

在胀形过程中，若仅对管坯内壁施加径向压力(内胀力)，其胀形成形主要靠管壁厚度的局部变薄和轴向的自由收缩(缩短)来完成，则称为自然胀形。若在自然胀形的基础上，同时又对管坯轴向施加压力，使轴向产生压缩变形，以补充胀形变形区材料的不足，则称为轴向压缩胀形。复合胀形是在轴向压缩胀形基础上发展起来的新的工艺方法。当在轴向压缩胀形的同时，又对管坯胀形区施加径向反压力，可称为“反压—轴压胀形工艺”；轴向压缩胀形若与缩口或扩口成形同时进行时，则可分别称为“缩口—轴压胀形工艺”、“扩口—轴压胀形工艺”。总之，凡在轴向压缩胀形的基础上，又另外施加其他变形力或与其他成形工序同时进行的胀形工艺，都可称为复合胀形。

2.3.3.1　胀形变形特点

(1) 自然胀形变形特点

管坯在内压力 P 作用的自然胀形过程中零件的成形主要靠管坯壁厚的变薄和轴向的自然收缩(缩短)来完成(如图 2.19 所示)。其胀形变形区主要承受双向拉伸的平面应力状态(忽略料厚力一向的应力)和两向拉伸、一向压缩的应变状态。由于胀形区材料处于双向受拉的不利变形条件，零件极易严重变薄或破裂。所以，控制胀形变形区材料的过分变薄和防止破裂，是自然胀形加工需要解决的重要问题。

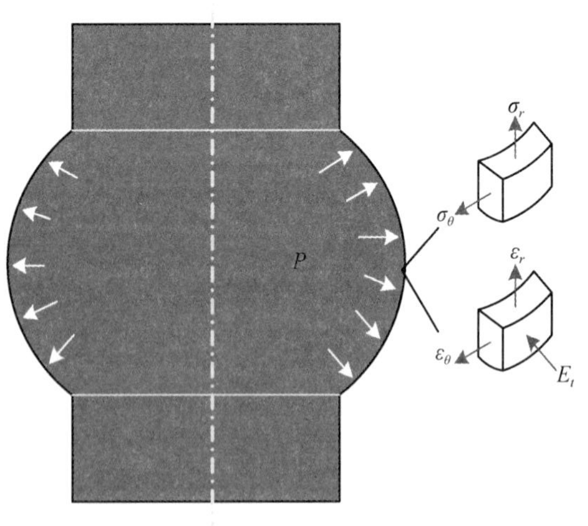

图 2.19　自然胀形成形原理示意图[5]

自然胀形的变形情况较为复杂，其极限变形程度的大小与胀形过程中轴向有无自然收缩及其收缩量的多少有关。同时，随着胀形零件的形状和胀形部位的不同，胀形的极限变形程度差别也很大。

当胀形部位完全靠管坯壁厚的局部变薄而成形时，由于管坯轴向无收缩或收缩量极小，其变形性质为局部成形，故胀形极限变形程度（极限胀形系数 k_{max}）主要取决于材料的允许伸长率。

在胀形部位局部变薄的同时，还伴随着管坯轴向的自然收缩时，由于轴向缩短部分的材料补充到成形部分，因此其极限变形程度要比轴向无收缩的自然胀形大一些。极限变形程度增加的多少与轴向收缩量的大小有关。一般来说，当胀形区形状为轴对称时，胀形部位愈靠近管坯端部，轴向收缩量就愈大。所以，对同一材料形状不同的胀形件，它们的胀形成形极限显然是不同的，不能一概而论。

(2) 轴向压缩胀形变形特点

管坯在内压力 P 和轴向压力 F 共同作用下的胀形，称为轴向压缩胀形。施加轴向压力的结果，不仅使管坯在胀形过程中产生轴向压缩变形，以补偿胀形区材料的不足，而且使胀形区的应力应变状态得到了改善。当施加的轴向压力足够大时，胀形区母线方向的拉应力变为压应力，成为一拉一压的平面应力状态。变形也由一向拉伸、一向压缩变为一向拉伸、两向压缩的应变状态。这种应力应变状态的变化，有利于材料的塑性变形，不仅可以减少胀形区材料的变薄量，使胀形区壁厚较均匀，而且可以显著提高胀形成形极限的大小。当然，要施加对管坯的轴向压缩，只有在管坯壁厚较大时才易于实现。如图 2.20 所示为轴向压缩胀形原理示意图。

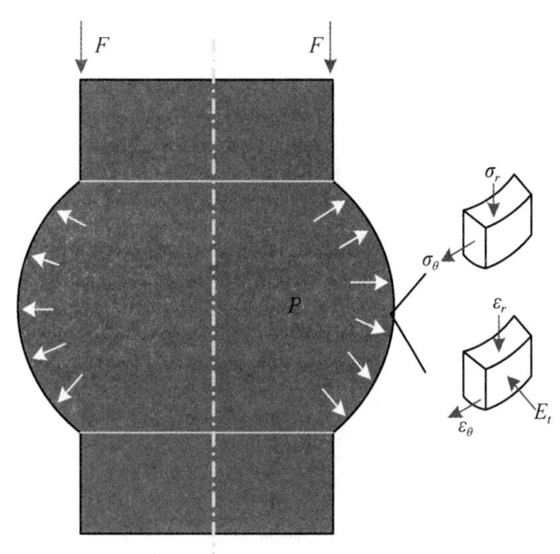

图 2.20　轴向压缩胀形原理示意图[5]

轴向压缩胀形的成败，主要取决于施加的轴向压力 F 和内压力 P 的大小及其两者的比值。若施加的轴向压力不足，或轴向压力与内压力的比值过小，则母线方向压应力也可能成为拉应力，压应变也可能成为拉应变，这在本质上与自然胀形是一样的，因此达不到提高成形极限的目的。若施加的轴向压力过大或两者的比值过大，胀形过程中管坯将受压失稳，产生折皱。因此，控制轴向压力的大小及其与内压力的比值，是轴向压缩胀形工艺必须解决的技术关键。

(3) 内高压成形变形特点

内高压成形是在自然胀形和轴向压缩胀形的基础上发展起来的新工艺，近年来已开始在生产中推广应用。

由于内高压成形是在轴向压缩胀形的基础上，又另外施加其他变形力或与其他胀形工序同时进行的胀形工艺，其成形原理示意图如图 2.21 所示。它是在轴向压缩胀形的同时，另外对胀形区施加径向反压力，即支管平衡力 F_1。胀形过程中，胀形介质所产生的内压力 P 作用在管坯内表面，用以提供使管坯金属流向凹模支管空腔所需的径向扩张力；F_3 施加在管坯端面上，提供轴向挤压力；F_1 作用在胀形支管的端部，以平衡支管内胀形介质所产生的胀形力。因

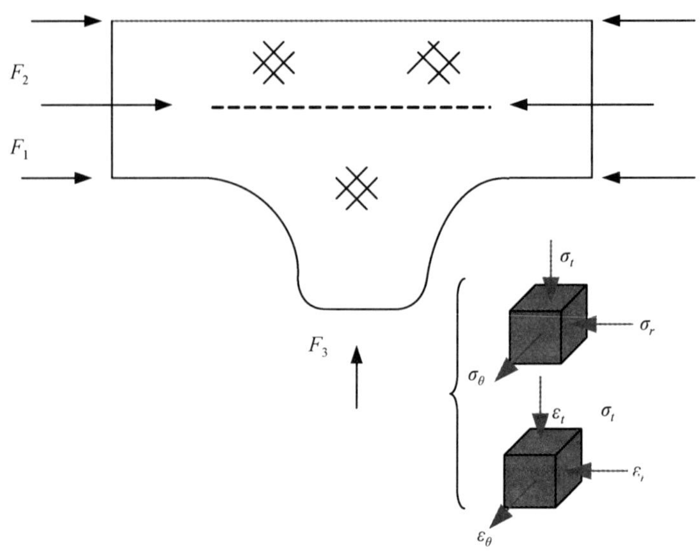

图 2.21 内高压成形原理示意图[5]

此,与轴向压缩胀形工艺相比,由于径向反压力的作用,使胀形区最大变形处的应力状态得到了明显的改善,这就为进一步发挥材料的塑性提供了有利的变形条件。

内高压成形工艺的技术关键,除了需要保证轴向压力与内压力的比值合适外,施加反向压力的大小无疑是重要的影响因素。反向压力过小,不能有效地抑制胀形区减薄;反向压力过大,不仅使胀形内压力和轴向压力相应地增大,从而导致凹模圆角处壁厚显著增加,甚至会因为较大压缩应力的作用,导致主管直壁失稳起皱,甚至损坏模具。因此,施加的反向压力的大小,应以能维持平衡支管内的胀形力为依据。理论与实验的研究表明,这种内高压成形工艺可以有效地抑制胀形区壁厚的减薄量,显著提高胀形成形极限及成形质量。当然,为减小弯曲变形抗力,在管件使用要求允许的条件下,尽量增大凹模圆角半径,以使金属容易流向凹模支管空腔,也是提高成形极限的重要因素。

2.3.3.2 胀形区壁厚的变化[23]

(1) 自然胀形壁厚变化

自然胀形时,由于胀形变形区通常局限于管坯的某一局部,胀形件主要是靠变形区材料局部拉伸而形成的,难以从外部补充材料,故胀形区壁厚一般都要变薄。变薄量最大的部位一般在最大胀形尺寸处,胀形破裂总是发生在材料厚度减薄最大的部位。

自然胀形后胀形区壁厚的变化可按塑性变形体积不变条件计算。当胀形区位于管坯中部时,由于最大变形区的材料沿切向(圆周方向)延伸时较难获得沿母线方向材料的补充,因此根据塑性变形体积不变条件

$$\pi D t = \pi D_i t_i \tag{2-22}$$

所以

$$t_i = t\frac{D}{D_i} \tag{2-23}$$

式中，D—— 管坯直径；

t—— 管坯壁厚；

D_i—— 胀形后胀形区任一胀形直径；

t_i—— 胀形后对应于 D_i 处的壁厚。

同理，在最大胀形直径处，其最小壁厚为

$$t_{min} = t \frac{D}{D_{max}} \tag{2-24}$$

式中，D_{max}—— 胀形后的最大直径；

t_{min}—— 最大胀形直径处的最小壁厚。

当胀形区靠近管坯端部时，胀形变形区材料的切向延伸较易得到母线方向材料的补充，故其壁厚减薄量相应小些。

根据文献资料可知，管材自然胀形的最大变薄量约为 0.3 t。因此，对胀形件的壁厚均匀性不能要求过高。

(2) 压缩胀形壁厚变化

轴向压缩胀形时，由于胀形过程中使管坯产生轴向压缩变形，完全或部分补偿了胀形区材料的不足，故可大大减少胀形区壁厚的减薄量。若轴向压缩变形补给胀形区的材料与胀形区缺少的材料相同时，从理论上讲，胀形区壁厚不会发生减薄，但在实际生产中由于诸多因素的影响，这一过程很难实现，因此在轴向压缩胀形中，成形管件胀形区的壁厚减薄现象也是在所难免的。若压缩程度不够，补充的材料过少，则变形实质与自然胀形时一样，会产生明显的变薄现象。

(3) 内高压成形壁厚变化

通过增加平衡冲头反向压力的作用，可以改善轴向压缩胀形时变形区的应力状态。当通过主冲头压力、平衡反向压力和内压力的综合作用，在变形区内形成较大静水压力的三向压应力状态下变形时，金属的塑性明显提高，管坯可在轴向材料补给及时的情况下实现稳定变形，极限变形程度有较大提高。从理论上讲，可使管件壁厚保持不变，实现无极限胀形，但在实际应用中，当内压力 P 与轴向挤压力 F_z 保持合理比值时，若平衡力 F_x 较小，则出现类似于轴向压缩胀形的情况，变形区壁厚仍会减薄甚至破裂；若平衡力 F_x 过大，变形区金属壁厚会增加，并造成凹模圆角处管壁显著增厚，甚至会因为较大压缩应力的作用，导致主管直壁失稳起皱。因此寻求挤压力、平衡力和胀形力三者合理的比例关系，对胀形加工的成败以及胀形件的成形质量至关重要。

综上所述，由于管材胀形固有的变形特点，无论是自然胀形，还是轴向压缩胀形，胀形变形区均有壁厚减薄现象，且减薄最大的部位均位于最大胀形变形处。自然胀形时壁厚的减薄是不可避免的，而轴向压缩胀形时，胀形区壁厚减薄量的大小，与轴向压缩变形补充材料的多少有关。采用内高压成形方法，可从根本上改善胀形变形区的壁厚减薄问题，并使极限胀形程度得到提高，但在内高压成形过程中，必须使主冲头挤压力、平衡冲头反向压力和内压力三者处在一个合理的比例范围内。另外，对于轴向压缩胀形和内高压成形，胀形件靠近两主管端部的直管部分在胀形过程中处在胀形传力区，当胀形的内压力不足时，过大的轴向压力会使传力区因轻微失稳而导致壁厚略有增加，尤其是对于非轴对称零件，其传力区管壁增厚现象较为明显。

2.3.3.3 胀形变形程度[23]

胀形变形程度用胀形系数 k 表示：

$$k = \frac{D_{max}}{D} \tag{2-25}$$

式中：D_{max}—— 胀形后的最大直径；

D—— 胀形前的管坯直径。

由式(2-25)可知，胀形系数 k 值越大，则表示胀形变形程度越大。显然，当胀形系数过大时，胀形变形区的变形就会超过变形极限而导致破裂。因此，胀形后的直径 D_{max} 不可能任意大，其成形极限可用极限胀形系数 k_{max} 表示：

$$k_{max} = \frac{D'_{max}}{D} \tag{2-26}$$

式中：D'_{max}——零件胀破前允许的最大胀形直径。

由于胀形的主要特点是变形区材料受切向和母线方向的拉伸，因此其极限变形程度受材料允许伸长率 δ 的限制。若胀形管坯切向的许用伸长率为 δ_{max}，则 δ_{max} 与极限胀形系数 k_{max} 的关系为：

$$\delta_{max} = \frac{\pi D_{max} - \pi D}{\pi D} \tag{2-27}$$

或写成：

$$k_{max} = 1 + \delta_{max} \tag{2-28}$$

由式(2-28)可知，只要知道管坯材料的切向许用伸长率，便可求出它的极限胀形系数。在此应当特别指出，由于胀形时材料的变形条件和应力应变状态与单向拉伸不完全相同，所以式(2-28)中的 δ_{max} 不能简单地用单向拉伸时的许用伸长率 δ 代入，而应由专门的工艺试验确定。

由于胀形成形极限通常以零件是否发生破裂进行判别，因此影响极限胀形系数的主要因素是材料允许伸长率 δ 和应变硬化指数 n。一般来说，延伸率 δ 越大，破裂前允许的变形程度越大，则极限胀形系数越大。n 值越大，应变硬化能力越强，可促时变形区应变分布趋于均匀化，同时还能提高材料的局部变形能力，故极限胀形系数越大。另外，材料厚度对极限胀形系数也有影响，一般来讲，材料厚度越大，极限胀形系数也会相应的增大。

2.3.4 管材胀形成形过程

管材液压成形过程如图 2.22 所示，管材液压成形法是将管坯卧放在下模具上之后，利用合模压力机 1 的活塞将上模具落下压紧管坯 3 与下模具。移动侧向压力机 2 的活塞 4 端部顶靠管坯端部之后，向管坯空腔内送高压油的同时侧向活塞对管坯进行轴向压缩。在内液压的作用下发生臌凸成形支管。当支管顶与推压活塞端部接触以及支管高 h_B 达到要求之后，合模压力机的活塞及侧向压力机的活塞回到原先位置，这时可将制成的三通管取出。

三通管的液压胀形成形过程，按力学特性可分为两个阶段，分别是自由胀形阶段和稳定变形阶段。

2.3.4.1 自由胀形阶段

从管坯开始发生塑性变形直到平衡冲头顶端与管坯端部接触为止。在挤压冲头与内压的

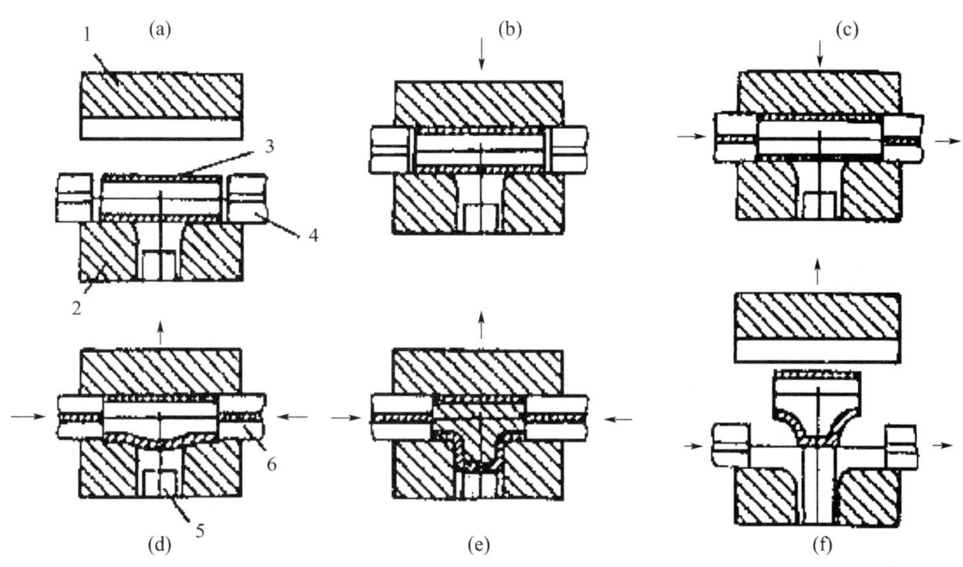

图 2.22　管材液压成形过程

1—上模具；2—下模具；3—管坯；4—侧向活塞；5—推压活塞

双重作用下，管坯从弹性变形阶段进入塑性变形阶段，并在模具、挤压冲头与内压的约束下，在主管型腔的过渡区域产生凸起直至凸起部分接触到平衡冲头。这个阶段管坯的最大变形量是由金属允许的管壁减薄量和自由状态下管坯能承受的压缩量所决定的，此时如果内压不足，管坯就会失稳起皱，反之管坯就会变薄甚至破裂。

2.3.4.2　稳定变形阶段

从支管端部与平衡冲头接触开始，直至成形结束。此时，管件受到三种力的作用，即内部胀形力、挤压力和平衡力。当这三个力保持合理的比例关系时，变形金属处于高静水压力和有利于塑性变形的偏应力状态下，能够按理想的状况变形。

从管材液压成形过程中可得知，成形过程中的内压力与轴向进给加工路径，为决定液压成形管件品质的重要因素，此加工路径会随着管材材料性质、厚度、几何形状、模具入模角与摩擦关系的不同而改变。一般管材液压成形加工路径如图 2.23 所示，可知压力和轴向进给的关系影响整个过程的优异性，若实施不当的加工路径会使成形过程发生缺陷，如内压力增压过快，轴向进给过缓，会因材料无法适时流入模穴内，而导致变形区之管材过薄，进而产生破裂。反之，若内压力增压过慢，轴向进给过快，则会导致管材和模壁无法紧密贴紧，发生褶皱机会就更高。

2.3.5　影响管材胀形成形的主要因素

对于三通管的内高压成形过程，其影响因素比较多，主要有以下主要因素。

2.3.5.1　工艺力加载曲线

在管件液压成形技术中，常因为加载路径的控制不当而发生管材破裂或褶皱。因此，成形

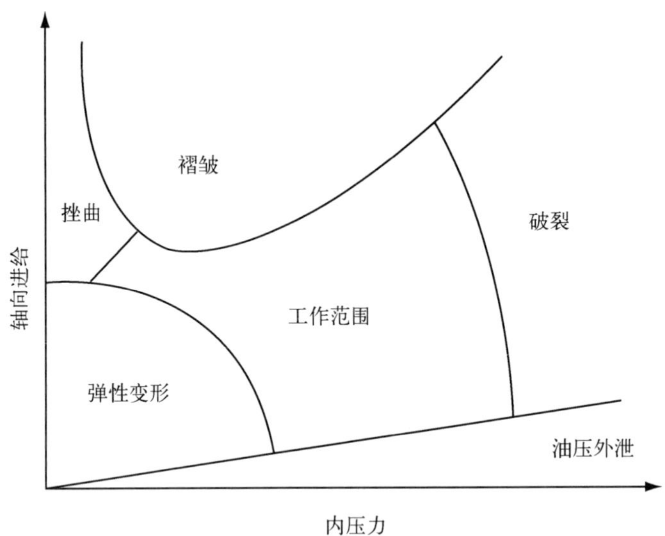

图 2.23 管材液压成形载荷加载路径与成形质量关系

过程的控制是一个非常重要的课题，管件液压成形过程中，加载路径的控制包含以下几个方面：

(1) 管内压力与时间的关系；

(2) 左右两端轴向进给与时间的关系；

(3) 背向进给与时间的关系。

若控制不当将造成以下缺陷：

(1) 压力过大，进给过慢，容易使管材过度薄化而发生破裂；

(2) 压力过小，进给过快，管材无法有效贴近模壁，容易导致褶皱；

(3) 背向进给快慢会影响支管顶端壁厚的变化，若太快容易薄化而破裂，若太慢容易使管料堆积于过渡区而发生褶皱。

2.3.5.2 模具尺寸及质量

这主要是指：

(1) 模具型腔的形状尺寸及精度，特别是过渡区圆角半径的大小，这将直接决定管坯的变形和摩擦力的分布；模具的制造及装配精度，在定量分析中往往为简化问题而忽略那些不对称及偏心部分的成形过程，这也正是造成理论分析和试验结果间有较大偏差的重要原因之一。

(2) 模具的表面质量，主要是指表面粗糙度，这将极大地影响摩擦系数的大小。

(3) 模具的刚度和强度，直接影响着制件的几何形状和尺寸精度。

2.3.5.3 管材

主要包括材料的化学成分、金相组织和微观结构、管材的各向异性等，这些因素都会严重影响着管材的塑性变形能力和成形性能。

2.3.5.4 润滑

摩擦力会导致应力应变场分布的不均和变形抗力的增大，工件表面擦伤等，故应采用合适的润滑剂并保持良好的润滑状态，以便减小摩擦。

2.3.5.5 胀形介质的选择

胀形压力依靠胀形介质产生和传递，胀形介质是影响压力场最为重要的因素之一，也是决定工艺方案可行性和影响制件质量的最为重要的因素之一。胀形介质的选择必须根据挤压胀形的方法和特定的异形管进行。

在液压成形中，液压油就是胀形介质。

对于挤胀分离式及挤胀复合式成形，可供选用的介质较多，如刚性凸模、流体、弹性介质和塑性体等，它们各有优缺点，分述如下：

(1) 刚性凸模，如分瓣冲头、小钢球等，由于胀形力集中在凸模与管坯的接触区域，力场分布不均匀，且摩擦力较大，不能得到极限变形。

(2) 弹性介质，综合刚体和流体的特点，胀形力分布基本均匀，且外力撤除后能恢复原状，可方便地从制品内取出，生产便利。能够耐高压（上万个大气压）又具有较好机械性能的弹性介质主要是高分子化合物，如聚酯橡胶，它具有优良的机械性能，已成功应用于自行车车架管接头的生产中。其缺点主要是弹性介质与管坯间有较大摩擦和弹性介质变形的阻尼作用。

(3) 流体，如在室温下可使用油液、油脂，在中温及高温下可用熔融状态的玻璃及金属等。由于流体产生的力场分布均匀稳定，可得极限变形，应用范围广泛。但由于胀形压力大，密封非常困难。

以流体为胀形介质进行异形管挤压胀形，操作比较便利。在成形结束时，介质便于清除。而在成形前介质充填管坯的方法须针对不同的流体分类处理。当采用油脂为介质时，可把油脂注入管坯中，也可加热油脂及管坯，使油脂成液态后自动充满管坯。由于油脂在室温下呈浆糊态，不会从管坯中流出，在开始挤压胀形时管坯中多余的油脂被冲头排出到凹模中。当采用油液为胀形介质时，在生产中整个凹模装置浸泡在该油液中，使油液可自动充满管坯，同时油液还可起良好的润滑作用，操作便利。此时，油液应是流动的，以利于管坯置入凹模时气泡的消除。若管坯内有气泡，由于空气的可压缩性，胀形时就不可能建立起超高的胀形压力，与密封不严密介质有泄漏的情况类似，管壁会出现皱折。

2.3.6 胀形工艺的研究进展

国际上管材液压胀形方法的名称较多，如管材胀形成形（BFT：Bulge Forming of Tube）、液体胀形成形（LBF ：Liquid Bulge Forming）、液压成形（HPF：Hydraulic Pressure Forming）和内部高压成形（IHPF ：Internal High Pressure Forming）。

Woo 在假设整个管坯在胀形中都处于拉伸状态和自由膨胀的状态的基础上对胀形过程进行了理论研究[24]，他将通过双向应力测试获得的管材应力—应变特性用于理论计算，并通过实验进行了验证。Powel 和 Avitzur 运用上限法将内压力表示成为管材材料特性及几何参数的函数[25]。Sauer 发表了关于管材胀形颈缩准则的理论和实验研究的论文，在假定胀形过程中轴向应力与周向应力比值恒定的前提下，数值计算结果与实验结果吻合较好[26]。Woo 和

Lua 在他们的研究中也考虑到了管材的各向异性的特征，他们采用 Hill 的各向异性理论，在考虑金属管材各向异性影响的条件下对应力和应变进行了理论分析[27,28]。胀形技术在理论分析及数值计算上的快速发展，为将胀形工艺应用于生产实践提供了坚实的理论基础，使得人们能够通过数值计算方法来获得比较合理的可成形的管件形状，制定出比较合理的加载路径，并选择合适的设备。Fuchizawa 运用增量塑性理论对有限长薄壁管的胀形过程进行了分析，研究了硬化指数对极限胀形高度的影响，运用基本塑性理论和薄膜理论对胀形成形的成形极限进行预测，并将内压力和胀形最大管径用管材初始长度、初始管径、硬化系数和应变硬化指数来表示[29]。在这之后，他还基于形变理论和 Hill 各向异性理论研究了薄壁管在只有内压力作用时，各向异性对胀形变形过程的影响，并将管材液压胀形方法用于测定管件材料的应力应变特性，分别对铝管、铜管、钛管在仅施加内压力的条件下进行测定[30]。

这些对厚壁管和薄壁管的基础性研究在当时极大地促进了液压胀形技术的发展，人们开始研究如何将该项技术运用到生产实际中去。Fuchs 首次发表了将液压胀形用于金属成形，确切的说是金属管件成形的研究成果[31]，介绍了进行铜管液压胀形成形的实验研究情况，阐述了将该项技术用于实际生产的可行性。Ogura 和 Ueda 公布了用低碳钢和中碳钢管材成形 T 型头的实验结果，他们采用内压力和轴向压力共同作用成形出各种规格的 T 型头，并从实验中获得了较准确的成形 T 型头的内压力和轴向压力的工作区域[32]。同时，Al-Qureshi 和他的研究小组首次利用聚亚安酯作为胀形介质来提供内压力，在无轴向压力的条件下对多种材料进行了胀形实验，获得了成功[33]。

现在，用有限元方法对液压胀形过程进行模拟已成为许多学者研究和验证理论分析的重要手段。利用大型有限元软件对胀形过程进行模拟，能够对管件在胀形过程中的变形情况，例如管材壁厚的过分减薄、是否有屈曲、褶皱等失稳现象发生，以及管件在特定加载路径下的成形极限等进行预测，以制定出合理的加载路径，设计出合理的模具形状。为了缩短胀形工艺的开发时间和减少开发成本，有限元模拟方法本身也在不断地发展之中，如自适应技术在有限元模拟中得到应用，它通过在合理的内压力和轴向进给量之间迭代以保证工件在成形过程中不会发生破裂和褶皱现象，从而制定出更合理的胀形工艺[34-37]。

从以上液压胀形工艺研究的发展历程可以看出，胀形工艺的研究经历了从单纯的实验研究到理论分析与实验研究相结合，再到现在理论分析、实验研究和数值模拟相互验证的过程。伴随着这一过程，液压胀形技术得到了极大的发展，从最初只能在实验室中进行到现在已成为大批量生产的重要方法。随着胀形技术的进一步发展其加工范围也在不断扩大，已能成形出各种复杂形状的管件。

参考文献

[1] 刘全坤主编．料成形基本原理[M]．北京：机械工业出版社，2005.

[2] 俞汉清，陈金德主编．金属塑性成形原理[M]．北京：机械工业出版社，1999.

[3] 高锦张主编．塑性成形工艺与模具设计[M]．北京：机械工业出版社，2001.

[4] 赵刚要．薄壁矩形管绕弯成形失稳起皱的数值模拟[D]．硕士学位论文，西安：西北工业大学，2007.

[5] 王同海．管材塑性加工技术[M]．北京：机械工业出版社，1997.

[6] 徐义，李落星，李光耀，等．型材弯曲工艺的现状及发展前景[J]．塑性工程学报，2008，15(3)：61-69.

[7] 傅尹坤，庄志宇．10in 不锈钢肘管冷成形模具及工艺分析[J]．塑性工程学报，2002，9(4)：74-78.

[8] Tang N C. Plastic-deformation analysis in tube bending[J]. International Journal of Pressuer Vessels and Piping, 2000, 77: 751-759.

[9] 张立玲. 管材塑性弯曲回弹量计算[J]. 锻压技术, 2002, 3: 37-39.

[10] 鹿晓阳, 史宝君, 等. 热推弯管成形过程材料本构关系模型[J]. 锻压机械, 1998, (4): 19-21.

[11] 鹿晓阳, 徐秉业, 等. 牛角芯棒热推弯管成形过程力学原理及分析求解方法[J]. 塑性工程学报, 1999, (3): 31-36.

[12] 胡忠,李家庆. 中频感应局部加热小弯曲半径弯管工艺的计算机辅助设计与分析系统的开发[C]. 96 ANSYS中国用户年会论文集, 1996.

[13] Hu Z, Li J Q. Computer simulation of pipe-bending processes with small bending radius using local induction heating[J]. Journal of Materials Processing Technology, 1999, 91: 75-79.

[14] 武世勇, 石伟, 刘庄. 缠绕式弯管工艺对管壁厚度影响的数值分析[J]. 锻压技术, 2002, (1): 35-38.

[15] Welo T, Paulsen F, Brobak T J. The behavior of thin-walled aluminum alloy profiles in rotary draw bending-a comparison between numerical and experimental results[J]. Journal of Materials Processing Technology, 1994, 45: 173-180.

[16] Paulsen F, Welo T. Application of numerical simulation in the bending of aluminum-alloy profiles[J]. Journal of Materials Processing Technology, 1996, 58: 274-285.

[17] Yang J B, Jeon B H, Oh S I. The tube bending technology of a hydroforming process for an automotive part[J]. Journal of Materials Processing Technology, 2001, 111: 175～181

[18] Paulsen F, Welo T. Cross-sectional deformations of rectangular hollow sections in bending: part Ⅰ-experiments[J]. International Journal of Mechanical Science, 2001, 43: 109-129.

[19] 坂木修次, 藤院琢磨, 原岛寿和. 方管の回转引き曲げ加工における变形と加工精度[J]. 塑性と加工, 1995, 36(414): 719-724.

[20] 村田真, 横内康人, 丸尾佑二, 等. 引拔きダイスを用いた圆管曲げにおける加工限界と精度[J]. 塑性と加工, 1989, 30(339): 540-546.

[21] 锄本己信, 田口裕一, 坂口雅司, 等. 6063アルミニウム合金圆管の回转引き曲げ加工后の断面形状に及ぼす曲げ加工条件の影响[J]. 轻金属, 1994, 44(9): 475-479.

[22] 汤月宝. 管材弯曲成形数值模拟技术的研究与开发[D]. 硕士学位论文, 南京: 南京航空航天大学, 2007.

[23] 宋忠财. 三通管液压胀形成形过程分析[D]. 硕士学位论文, 上海: 上海交通大学, 2005.

[24] Woo D M. Tube-bulging under internal pressure and axial force[J]. Journal of Engineering Materials and Technology, 1973, 95: 219-223.

[25] Powel G, Avitzur B. Forming of tube by hydraulic pressure[C]. Proceedings of the NAMRC Ontario, Canada, 1973: 65-83.

[26] Sauer W J, Gotera A, Robb F, et al. Huang, Free bulge forming of tubes under internal pressure and axial compression[C]. Proceedings of the Sixth NAMRC, 1978, 228-235.

[27] Woo D M. Development of a bulge forming process[J]. Sheet Metal Ind. 1978: 623-625.

[28] Woo D M, Lua A. Plastic deformation of anisotropic tubes in hydraulic bulging[J]. Journal of Engineering Materials and Technology, 1978, 100: 421-425.

[29] Fuchizawa S. Influence of strain hardening exponent on the deformation of thin-walled tube of finite length subjected to hydrostatic external pressure[J]. Advanced Technology of Plasticity, 1984, 1: 297-302.

[30] Fuchizawa S. Influence of plastic anisotropy on deformation of thin walled tubes in bulge forming[J]. Adv. Technol. Plasticity, 1987, 2: 727-732.

[31] Fuchs F J. Hydrostatic pressure-its role in metal forming[J]. Mechanical Engineering, 1966: 34-40.
[32] Ogura T, Ueda T. Liquid bulge forming[J]. Metalworking Prod, 1968: 73-81.
[33] Al-Qureshi H A, Mellor P B, Garber S. Application of polyurethane to the bulging and piercing of thin-walled tubes[C]. Proceedings of the Ninth International MTDR Conference, Birmingham, UK, 1968, 319-338.
[34] 夏巨堪，杨雨春，胡国安. T形管接头挤压胀形过程的有限元分析[J]. 锻压技术，2001，1：25-28.
[35] 杨海波，杨成，樊百林. 北京科技大学学报[J]. 异径四通管液压胀形工艺分析及过程仿真，2002，24：72-75.
[36] 郑艳丽. 三通管液压胀形的数值模拟[D]. 硕士学位论文，西安，西北工业大学，2003.
[37] 周磊. 薄壁管液压胀形成形理论及试验研究[D]. 硕士学位论文，秦皇岛，燕山大学，2002.

第3章　管件冷成形数值模拟

管件成形的生产方法具有节材节能和提高产品质量等优点，但在成形过程中管坯金属的变形行为非常复杂，理论分析比较困难。目前，对管件成形过程的分析方法主要分为以下三种：

一是采用理论分析与实验研究相结合的方法，通过大量的实验研究总结出管件成形的参数化的速度场，然后用能量法及主应力法进行求解，前苏联学者常采用此法。

二是采用近似理论分析方法，主要是假设变形是轴对称或是平面状态，采用主应力法或上限法进行求解，对解析解再乘以系数进行修正。这种方法实质上只能近似求解出远离过渡区域的主管、支管以及对称面上金属的变形，日本及中国学者常采用此法。

三是数值模拟仿真计算，主要采用有限元法，美国及韩国学者常采用此法。这三种方法各有优缺点，适合不同的场合。一般地，在工艺设计、定性讨论成形规律及计算成形力的时候采用前两种方法，而要深入地定量研究成形规律、揭示应力应变的分布以及优化工艺和模具结构时，就需要进行有限元模拟。有限元法(Finite Element Method)是数值分析方法中应用最为广泛并且最具有生命力的一种方法。近20多年来，人们在有限元的理论、单元类型、材料本构关系、接触模型以及算法上进行了大量的研究，使它在金属成形分析中的应用范围不断扩大，从20世纪70年代到80年代中后期主要还只能解决平面问题和轴对称问题，到了90年代已经能够解决较为复杂的三维问题，目前正在不断提高计算效率和精度，开始向实用化方向发展[1-5]。

有限元法的基本原理是将欲求解未知场变量的连续介质划分为有限个单元，单元用节点连接，每个单元内的场变量通过插值函数由节点值确定，单元之间的作用力由节点传递，根据虚功原理或者能量泛函的变分原理建立单元的运动方程或刚度方程，然后对各单元进行集成而形成问题的整体运动方程或整体刚度程，最后进行数值求解得到基本未知量(一般是位移)的节点值，进而求得其他场变量的值。

3.1　有限元数值模拟技术

3.1.1　有限元数值模拟技术的提出和发展

从应用数学角度来看，有限元法基本思想的提出，可以追溯到Courant在1943年的工作，他第一次尝试应用定义在三角形区域上的分片连续函数和最小位能原理相结合，来求解ST. Venant扭转问题。一些应用数学家、物理学家和工程师由于各种原因都涉足过有限单元的概念。但直到1960年以后，随着计算机的广泛应用和发展，有限单元法的发展速度才显著加快。

1960 年 Clough 进一步处理了平面弹性问题，并第一次提出了“有限单元法”的名称，使人们开始认识了有限单元法的功效，在这之后国内外的研究就从来没有中断过。1967 年，Marcal 和 King 首先建立了小变形的弹－塑性有限元法，并用于分析二维塑性变形问题。1974 年，McMeeking和 Rice 提出修正的 Lagrange 有限元法（UL 法）以及后来的完全 Lagrange 有限元法（TL 法）的出现，促进了弹塑性有限元法的进一步完善，并解决了塑性加工领域中的一大批实际问题。1973 年，Lee 和 Kobayshi 首次提出了刚塑性有限元的 Lagrange 算法，极大地推进了有限元法在塑性加工领域中的应用。1982 年，Mori 和 Osakada 提出刚黏塑性有限元的体积可压缩法[6,7]。

3.1.2 塑性有限元的基本概念

金属塑性变形过程非常复杂，是一种典型的非线性问题，不单包含材料非线性，也有几何非线性和接触非线性。因此，塑性有限元与线弹性有限元相比也就复杂得多，这主要体现为：

(1) 由于塑性变形区中的应力与应变关系为非线性的，为了便于求解非线性问题，必须用适当的方法将问题进行线性化处理；一般采用增量法（或称逐步加载法），即将物体屈服后所需加的载荷分成若干步施加，在每个加载步的每个迭代计算步中，把问题看做是线性的。

(2) 塑性问题的应力与应变关系不一定是一一对应的；塑性变形的大小，不仅取决于当时的应力状态，而且还决定于加载历史；而卸载与加载的路线不同，应变关系也不一样；因此，在每一加载步计算时，一般都应检查塑性区内各单元是处于加载状态，还是处于卸载状态。

(3) 塑性变形中，金属与工模具的接触面不断变化；因此，必须考虑非线性接触与动态摩擦问题。

(4) 塑性理论中关于塑性应力应变关系与硬化模型有多种理论，材料属性有的与时间无关，有的则是随时间变化的黏塑性问题；于是，采用不同的理论本构关系不同，所得到的有限元计算公式也不一样。

(5) 对于一些大变形弹塑性问题，一般包含材料和几何两个方面的非线性，进行有限元计算时必须同时考虑单元的形状和位置的变化，即需采用有限变形理论。而对于一些弹性变形很小可以忽略的情况，则必须考虑塑性变形体积不变条件，采用刚塑性理论。

3.1.3 弹塑性有限元和刚塑性有限元的基本理论

3.1.3.1 弹塑性有限元的基本原理[8-14]

在塑性变形过程中，如果弹性变形不能忽略并对成形过程有较大的影响时，则为弹塑性变形问题，如典型的板料成形。在弹塑性变形中，变形体内质点的位移和转动较小，应变与位移基本呈线性关系时，可认为是小变形弹塑性问题；而当质点的位移或转动较大，应变与位移为非线性关系时，则属于大变形弹塑性问题；相应地有小变形弹塑性有限元或大变形（有限变形）弹塑性有限元。由于在弹塑性变形中，应力应变关系为非线性的，变形体的最终形状变化通常不能如线弹性问题一样能够一次计算得到；因此，在有限元分析时，一般只能按增量理论进行求解，即将整个载荷分解成为若干增量步，逐渐施加在变形体上。

3.1.3.2 刚(黏)塑性有限元的基本原理

在塑性加工的体积成形工艺中，变形体产生了较大的塑性变形，而弹性变形相对很小，可以忽略不计，此时可认为是刚塑性问题，如锻造、挤压等；相应地则可以用刚塑性有限元法分析。刚塑性有限元法是在马尔可夫(Markov)变分原理的基础上，引入体积不可压缩条件后建立的。

3.1.4 有限元的一般解题步骤

3.1.4.1 单元类型和网格划分

在有限元数值模拟系统中，单元类型一般分为平面单元(薄壳单元)和体单元两大类。平面单元又可分为三角形单元和四边形单元。对于半径 R 与厚度 T 之比大于 10($T/R>10$)的管材属于薄壁管材，反之则属于厚壁管材。实际生产中，绝大多数管材都属于薄壁管材，所以采用薄壳单元即可。

网格划分是建立有限元模型的一个重要环节，它要求考虑的问题较多，需要的工作量较大，所划分的网格形式对计算精度和计算规模将产生直接影响。为了建立正确、合理的有限元模型，在网格划分时要考虑以下问题。

(1) 网格数量。网格数量的多少将影响计算结果的精度和计算规模的大小。一般来说，网格数量的增加，计算精度会有所提高，但是同时计算规模也会增加，所以在确定网格数量时应权衡两个因素综合考虑。

(2) 网格疏密。网格疏密是指在结构不同的部位采用大小不同的网格，这是为了适应计算数据的分布特点。在计算数据梯度较大的部位(如应力集中处)，为了较好地反映数据变化规律，需要采取比较密集的网格。而在计算数据变化梯度较小的部位，为减小模型规模，则应划分相对稀疏的网格。采用稀疏不同的网格划分，既可以保持相当的计算精度，又可以使网格的数量减小。因此，网格数量应增加到结构的关键部位，在次要部位增加网格是不必要的，也是不经济的。

(3) 网格分界面和分界点。结构中的一些特殊界面和特殊点应分为网格边界或节点，以便定义材料特性、物理特件、载荷和位移约束条件，即应使网格形式满足边界条件特点，而不应让边界条件来适应网格。常见的特殊界面和特殊点有材料分界面、几何尺寸突变面、分布载荷分界线/点、集中载荷作用点和位移约束作用点等。

3.1.4.2 接触算法

接触是一种高度的非线性问题，两接触体间的接触面的面积及产生的压力会随着两接触体的相对运动而变化，并且与接触体本身刚性有关联。

针对一般接触可分为刚体—柔体接触、柔体—柔体接触和刚体—刚体接触；按接触方式又可分为点—点接触、点—面接触和面—面接触。用数值方法求解接触问题可归结为对下述问题的解决：

力学模型：采用什么样的模型来描述两接触体间力的传递以及不同载荷下接触状态的变化；几何运动规律：接触面上两物体位移需满足的条件；本构规律：接触面上力与位移或法向压力与切向力的关系；方程的建立与求解方法：如何建立数学方程来描述以上规律并使系统处于平衡及如何求解方程。

针对力学模型早期研究中多采用“点对点接触模型”，接触面上的节点坐标一一相对，组成一一对应的节点对，物体间的接触力通过节点对来传递，各个局部的接触状态（分离、黏着或是滑动）均以节点对来判定。接触面相对复杂或是相对滑动较大时，该法难以做到节点一一对应，且考虑带摩擦滑动时的控制方程非对称使求解难度加大。近年来人们提出了“点面接触模型”，这种方法把接触体分为主动体和从动体，主动体和从动体上的接触面和节点，分别称为主动面、从动面和主节点、从节点。从节点与主动面上的任一点（可以为非节点）接触。这样对于两个接触体的网格划分没有协调的要求，可以根据自身情况各自划分，考虑摩擦滑动情况下的控制方程对称求解简单。

几何运动规律主要是研究两接触体间的变形一致关系和主从动体节点自由度关系。

本构规律实际上是研究两接触体间的摩擦行为，真实情况下的摩擦是很复杂的，跟材料、接触面的光洁度、润滑剂种类、温度、载荷等都是有关联的，可以说很难量化处理，但在有限元模拟当中为了计算接触摩擦的影响人们普遍采用库仑摩擦定律，把摩擦系数在求解过程中定为常值。

方程的建立及求解方法一直是人们研究的重点，对于接触方程的求解和接触力的计算人们提出了很多方法，但目前较为常用的有以下几种：拉格朗日乘子法，罚函数法，运动约束法。

拉格朗日乘子法：采用拉格朗日乘子法建立的泛函形式，除了包括能量部分外，还附加了一个拉格朗日乘子项，该项即为接触处的法向接触力，因为多出拉格朗日乘子项增加了系统的自由度数，因为该方法要求迭代求解方程，所以一般适合于隐式求解。

罚函数法：每一时步先检查各从节点是否穿过主接触面，没有穿透则不对该节点做处理；如果穿透，则在该从节点与主接触面之间及主节点与从接触面之间引入一个较大的界面接触力，大小与穿透浓度、接触刚度成正比，称为罚函数值。其物理意义相当于在其中放置一系列法向弹簧，限制穿透。

运动约束法：在每一时步修正前，检查从节点是否贯穿主接触面，并调整时间步大小，使那些贯穿从节点都不贯穿主接触面，对所有已经和主接触面接触的从节点施加约束条件，保持从节点与主表面接触；另外检查与主表面接触的从节点所属单元是否存在受拉截面力，如有，则用释放条件使从节点脱离主接触面。罚函数法和运动约束法中法向接触力可显式求出，可被用于显式算法。

3.1.4.3 摩擦处理

摩擦也是一种非常复杂的、伴随着接触而生的物理现象，与接触表面的硬度、湿度、法向应力和相对滑动速度等因素密切相关。为了计算简便，目前在数值计算中常做一些假设和简化。常用的摩擦条件有：

（1）库仑摩擦条件。这是一种最简单的计算方法，认为接触面上的摩擦力与接触边界上的法向接触力成正比，方向与接触物体的相对运动方向相反，即

$$\tau = \mu p \tag{3-1}$$

式中，μ—— 摩擦系数；

p—— 接触边界上的正压力。

（2）常摩擦条件。该方法在假设处理接触的时候，不考虑模具与坯料的压力，认为塑性成形过程中的物体是处于完全塑性状态，认为摩擦力与接触变形体的屈服极限成正比，即

$$\tau = mk = \frac{m}{\sqrt{3}}\sigma_s \tag{3-2}$$

式中，m—— 摩擦因子；

k—— 剪切屈服强度。

对于在表面和温度条件不变的情况下给定的模具及坯料来说，摩擦因子被定为常数，并认为它与速度无关。在这样的假设下，摩擦损耗的计算比较简单一些，但这种模型与实际情况间存在比较明显的差异，变形体各部分不可能同时进入塑性变形状态，且塑性变形过程始终伴随着弹性变形的发生，所以计算值比实际值偏大。

(3) 反正切摩擦条件。此方法考虑接触时两物体的相对滑动速度，假设摩擦力为相对滑动速度的反正切函数，即

$$f = -mk\left[\frac{2}{\pi}\arctan\left(\frac{|v|}{a}\right)\frac{v}{|v|}\right] \tag{3-3}$$

式中，v—— 相对滑动速度；

a—— 比工具速度小几个数量级的常数，取 $a = 10^{-5}$。

这种方法能很好地圆滑速度方向发生变化的中性流动点，常用来解决压力加工问题，与实际情况较接近。

3.1.4.4 有限元算法[8]

塑性法在有限元求解方法中，一般采用以下两种算法：静力隐式算法和动力显式算法。管件成形过程是一个准静力过程，理想情况应该用静力隐式算法，但实际上大多数有限元程序都是使用的动力显式算法，人们虽然投入了很大的精力去研究隐式算法，却没有获得很大的成功。下面分别介绍这两种方法。

在隐式算法中，把物体离散为有限单元后，每个单元的节点力和节点位移之间存在着这样的关系：

$$[k_{nm}]\{u_m\} = \{F_n\} \tag{3-4}$$

式中，u_m—— 自由度 m 处的位移；

$[k_{nm}]$—— 单元的刚度矩阵，k_{nm} 表示的是使自由度m处产生单位位移所需的自由度n处提供的力。

将所有的节点方程集合起来就可以得到：

$$[K_{nm}]\{u_m\} = \{F_n\} \tag{3-5}$$

式中，$[K_{nm}]$—— 总刚矩阵。

在隐式算法中，对于第 i 个给定的加载增量，用 Newton-Raphson 迭代法，需要求解下面的方程：

$$[K_{nm}^i]\{C_m^i\} = \{P_n^i\}\{Q_n^i\} \tag{3-6}$$

式中，$[K_{nm}^i]$—— 当前的切向刚度矩阵；

$\{C_m^i\}$—— 位移纠正向量；

$\{P_n^i\}$—— 外力向量；

$\{Q_n^i\}$—— 内力向量。

位移增量由下式得到：

$$\{\Delta u_m^{i+1}\} = \{\Delta u_m^{i1}\} + \{c_m^i\} \tag{3-7}$$

算法中的要点如下：

(1) 对于每一个加载增量都要进行迭代，直至收敛为止。

(2) 每一节点都要达到力平衡和力矩平衡。

(3) 每一节点都要满足接触条件。

(4) 相对于位移增量来说，位移校正量是很小的。

(5) 如果所需要的迭代步骤不多，则可加大增量幅度；反之如果不能收敛，则减小增量幅度。

在显式算法中，在每一个时间增量 t 内，需求解下面的动力学平衡方程：

$$[M_{nm}]\{\bar{u}_m\}_{|t} = (\{P_n\} - \{Q_n\})_{|t} \tag{3-8}$$

式中，$[M_{nm}]$—— 质量矩阵(对角阵)；

$\{\bar{u}_m\}$—— 加速度向量；

$\{P_n\}$—— 外力向量；

$\{Q_n\}$—— 相关单元应变引起的内力向量。

由于$[M_{nm}]$是对角化矩阵，所以由(3-5)可以得到：

$$\{\bar{u}_m\}_{|t} = [M_{nm}]^{-1}(\{P_n\} - \{Q_n\})_{|t} \tag{3-9}$$

用中心差分法进行时间积分，可以得到速度和位移表达式：

$$\dot{u}_{n|t+\Delta T/2} = \dot{u}_{n|t-\Delta T/2} + (\Delta t_{t+\Delta t} + \Delta t_t)\dot{u}_{n|t}/2 \tag{3-10}$$

$$\dot{u}_{n|t+\Delta T} = \dot{u}_{n|t} + \Delta t_{t+\Delta t} \cdot \dot{u}_{n|t+\Delta t/2} \tag{3-11}$$

这样不需要任何迭代，只要根据 Courant 选取的时间步长 Δt 比较小。Courant 稳定性判据为：

$$\Delta t \leqslant \min\left(\frac{L^\theta}{C_d}\right) \tag{3-12}$$

式中，L^θ—— 单元的名义尺寸；

C_d—— 材料的弹性体积波的波速，$C_d = \sqrt{\dfrac{\lambda + 2\mu}{\rho}}$ 式中 λ 和 μ 为 lame 常数，ρ 为材料密度。

一个单一材料的有限元模型，稳定的时间增量将由网格中最小的单元决定。对于实际的网格尺寸和实际的工程材料来说，时间增量一般是比较小的。但是，单个的时间步长的开销比较少。

显式计算格式与隐式计算格式相比较有以下特点：

(1) 隐式方法中每个增量步都要形成总体切线刚度矩阵，每一步迭代都要解联立的方程组。对于模型较大的问题，方程组的求解比单元和材料的计算更主要，随着问题的增大，对磁盘和内存的要求增加，这使得计算大型问题对于计算机硬盘和内存的要求较高，耗时大。显式方法不采用整体切线刚度矩阵，求解结果时不需要迭代，相对于隐式方法在相同的模拟条件下对于计算机的硬盘空间和内存的要求都要低。

(2) 当处理强非线性问题时，采用隐式算法对于强非线性问题收敛问题比较突出，即使能做到收敛也要大量的迭代步，三通管液压胀形正是这样一个包括材料、接解、几何等多重非线性的问题，这使得采用隐式算法极有可能产生不收敛现象。

(3) 计算费用上显式算法的CPU时间消耗与问题的大小(自由度数)成正比,磁盘空间和内存的需求也与单元数目成正比,而对于隐式算法,许多问题的计算成本大致与自由度数的平方成正比,磁盘空间和内存的需求也以同样的方式增长;当问题的非线性程度加大时,隐式算法的计算费用会大大增加(接近于指数增长),而显式算法的费用保持不变;当问题本身的物理持续时间变长时,显式算法的费用会呈线性增长,而隐式算法的运行费用会大幅降低。

(4) 采用显式算法具有误差累积效应,而采用隐式算法因为每个载荷步都能够控制收敛,从而避免了误差的累积。

在目前的有限元软件中,大部分软件均使用了动力显式算法。主要是因为管件成形是有模成形,成形过程中管件与模具不断接触、脱离、黏着,使管件在变形过程中的塑性加载路径比较复杂,成形过程中常伴随局部的塑性失稳、起皱等现象,使求解的稳定性下降。采用静力隐式算法的时间开销比较大,而且可能不收敛。基于以上原因动力显式算法在准静态管件冲压成形问题的求解中应用较多。

综上所述,按照有限单元法分析的一般顺序,塑性成形过程模拟可分为建模(建立几何模型)、分网(建立有限元模型)、加载(初始、边界条件)、求解和后处理几个步骤。具体流程及内容如下所述。

(1) 几何模型建立

在分析一个塑性成形问题之前,先要对问题进行描述,把实际问题转化为有限元软件能识别的且具有可操作性的数学模型。对于简单的问题,有限元软件提供简单的几个造型功能就可解决;对于复杂的问题,需要借助别的CAD软件建模,然后通过常用的文件接口转入有限元软件中。

(2) 有限元模型生成

在导入几何模型后,要对模型进行离散化,也即分网将原有模型转化成有限元模型。分网过程中要根据问题本身的特点选择合适的单元类型。一般而言,对于塑性成形问题,选区低阶的四边形或六面体单元就能获得所要的精度。另外,在有限元模型中还需对不同的材料模型和类型(弹塑性、刚塑性)进行定义,对硬化材料需要定义其硬化曲线。

(3) 工具和边界条件定义

前面在建立几何模型时定义了工具的几何形状,分网时建立了工具表面的有限元模型。为了使工具的作用能正确地施加在坯料上,还需要对工具进行诸如位置和运动、接触摩擦、模型对称等方面的条件约束。

(4) 求解

求解阶段一般不需要人工干预,成形过程由于具有高度非线性性质,计算量很大。计算过程一般都有文字信息输出,如果计算出错或用户想改动其间的设置,可以随时停止计算。计算的中间结果将以文件形式保存下来,重新启动计算时不必从头开始,可以从保存的时刻算起。

(5) 后处理

后处理是所有有限元软件都具有的一个模块,它是通过调用计算过程中的分析文件激活的。利用后处理模块,可以得到许多变形过程中的有用信息,如坯料形状变化过程、变形过程中坯料的应力一应变分布云图。坯料任意路径上的物理量对时间的函数曲线,以及模具的力能变化曲线等。通过这些数据的分析与提取,可对成形过程进行宏观、微观上的分析,并可由此反过来对模型的几何、模拟参数进行相应的修改,达到利用模拟结构指导实际生产的目的。

其使用流程如图 3.1 所示。

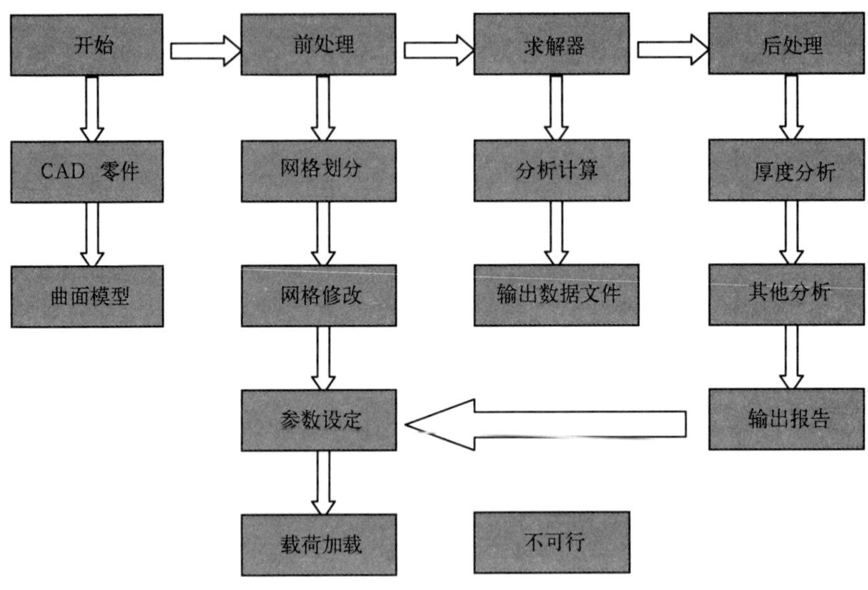

图 3.1 有限元数值模拟过程

3.1.5 有限元软件简介

CAE 软件通常可分为通用软件和行业专业软件[15,16]。从功能上可以划分为求解器软件和前后处理软件。从应用方向和领域上又可以分为主要面向结构领域的 FEA 软件和流体力学领域的 CFD 软件，以及多物理场耦合分析软件。通用软件可对多种类型的过程和产品的物理力学性能进行分析、模拟、预测、评价和优化，以实现产品技术创新，它因覆盖的应用范围广而著称。CAE 通用软件可以说是琳琅满目，目前在国际上被市场认可的通用软件主要包括：美国 MSC 公司的 MSC. Nastran、MSC. Marc，美国 ANSYS 公司的 ANSYS，美国 HKS 公司的 ABQUS，美国 LSTC 公司的 LS-DYNA，美国 NEI 公司的 NE/Nastran，比利时 SamTech 公司的 Samcef，美国 ADINA 公司的 ADINA 和美国 EDS 公司的 I-DEAS 等。这些软件都有着各自的特点。在行业内，一般将它们分为线性分析软件、一般非线性分析软件和显示高度非线性分析软件。例如，Nastran、ANSYS、Samcef/Linear 都在线性分析方面具有自己的优势；而 MSC. Marc、ABQUS、Samcef/Mecano 和 ADINA 则在非线性分析方面各具特点，其中 MSC. Marc、ABQUS 和 Samcef/Mecano 被认为是最优秀的非线性求解软件，而 Samcef/Mecano 在弹性体和刚体耦合非线性分析方面见长。LS-DYNA、MSC. Dytran、ABQUS/Explicit、PamCrach 和 Radioss 是显示高度非线性分析软件的代表。LS-DYNA 在结构分析方面见长，是汽车碰撞仿真和安全性分析的首选工具，而 MSC. Dytran 则在流固耦合分析方面见长，在汽车缓冲气囊和国防领域中被广泛应用。目前市场上的 CFD 软件以 FLUENT、CFD-ACE+、CFD-FASTRAN、CFX、STAR-CD 最有代表性。其中 FLUENT、CFX、STAR-CD 这三个流体软件已经被国内的用户所熟悉。而 CFD-ACE+是流体动力和多物理场分析软件(CFD Multiphsics)的代表，它是一个通用求解器，可以应用在各个物理学科，包括流体流动、热传导、应力/应变、化学动力学、电化学、生物化学、静电学、电磁学、微电子学、生物学和任何学科的组合。CFD-FASTRAN 是分析可压流体和热力学问题的流体软件,适合求解飞机和飞行器的气动弹性和气动力学问题。

行业专用有限元软件是针对特定类型的工程或产品所开发的用于产品性能分析、预测和优化的软件,它以在某个领域中的应用输入而见长。受其应用领域的限制,只能在各自的行业领域中得到应用。例如 ETA 公司推出的专门应用于汽车工程的软件 VPG(Virtual Proving Ground),VPG 虚拟试验场是 ETA 公司长期总结汽车分析工程经验,在 FEMB 和 LS-DYNA 平台上开发的。VPG 主要针对当前汽车产品开发中的主要问题,即整系统车动力学、部件疲劳、整车和部件 NVH、整车碰撞安全及乘员保护等问题。

又如,法国 ESI 公司的 ProCAST,可进行各种金属材料浇铸、流动性、固化、压力、应力温度及热平衡的仿真分析。MAGMA 公司的 MAGMA 系列铸造软件的功能与 ProCAST 大同小异,区别在于 ProCAST 以有限元技术为主,MAGMA 则以有限差分技术为主。另外,锻造领域的 Deform、SuperForm 也得到了很多企业的认可。

在钢结构设计和结构分析方面,世界级的 CAE 系统主要有 REI 公司的 STAAD/Pro 与 GTSTRUDL、英国 AceCad 公司的 StruCad 和 CIS 公司的 SAP2000 等。

在噪声和声场分析领域,以 LMS 公司的 SYSNOISE、MSC 公司与 FFT 公司联合开发的 Actran,以及 ESI 公司的统计能量分析软件 AutoSEA 最具代表性。

在结构疲劳分析领域,主要有 MSC 公司的疲劳分析软件 MSC. Fatigue、nCode 公司的 FE-Fatigue 等。

在管道设计行业中,CAEPIPE 是最主要的分析软件。它可以进行静态和动态载荷条件下的管道应力计算、法兰分析、管道支撑设计和设备接口载荷分析。它们都是使用有限元方法的程序,智能化的默认功能及软件的图形处理界面使得用户不需要了解高深的有限元理论就可以分析复杂的系统。

在板材和管材成形行业里,有 AutoForm Engineering 公司的 AutoForm、ETA 公司的 Dynaform、MSC 公司的 Dytran、ESI 公司的 PAM-Stamp 和 FTI 公司的 Fastform 系列软件。

PAM-STAMP 2G 是 ESI 公司于 2002 年推出的第二代模拟仿真系统[17]。PAM-STAMP 2G 针对不同需求,提供了多种模块,其主要包括:

PAM-DIEMAKER 从 CAD 模型输入零件几何参数后,高度参数化驱动,能够在几分钟内完成模面和工艺补充面的设计与优化。它能快速地通过参数迭代的方法获得实际的仿真模型,并快速地分析判断零件有无过切(负角)和计算出最佳的冲压方向,然后非常简单地对模面和工艺补充面的几何形状进行修改,能够参数化地完成所有前期模具设计的控制,例如多步成形模具和多零件组合型模具设计。

PAM-QUIKSTAMP 是快速成形模拟工具,一般在数分钟内即可完成一个模具快速成形分析,可用于设计早期可行性评估。是在数分钟内完成模具设计可行性评估最合适的工具,对于复杂部件也是如此。一旦模具设计生成后,或者通过 PAM-DIEMAKER 或任何其他 CAD 系统,工程师需要通过评估不同模具几何参数检查成形性,例如压料面和工艺补充面。而且,诸如板料形状,压延筋尺寸,定位和材料属性等过程参数需要进行评估。PAM-QUIKSTAMP 通过消除明显的差的设计选择,使得在设计过程的早期进行设计决策成为可能。

PAM-AUOSTAMP 是一种基于材料物理学,对金属成形过程进行精确预测的软件。能提供金属成形过程的工业验证和可信的仿真，从而满足工程上的需求；使用独特的技术，使用户可以简便快捷的建立对复杂的多工序成形过程的单一仿真模拟模型，配合先进的可扩展求解器技术，可以最大限度地利用最新的计算机硬件资源；提供详细的仿真结果，以解决裂口、褶皱等有关成形性能的验证问题。更突出的是，能够对一些精细的问题给出解答，例如滑移线、表面缺陷等；充分考虑了成形过程中的速度、温度、表面摩擦、压料力、冲床刚度等各种因素的影响，对预测成形过程中的材料流动、起皱、破裂和回弹等具有非常高的精度；采用的自动切边、隐式解法计算回弹、快速预压、抽象压延筋模型、成形零件刚度分析等辅助功能大大增强了软件的适用性，实现了软件模拟与实际成形的无缝贯通。

与其他成形模拟软件相比，PAM-STAMP 2G 从模具设计的可行性、快速模面生成与修改，到冲压过程的模拟与优化设计都整合到了新一代的 PAM-STAMP 2G。它有以下主要特征：

公式与算法：改进的拉格朗日方程

分析算法：动态三维显示算法

隐式求解（对回弹问题）

元素种类：对模具：刚性元素（Rigid Element）

对板材：Shell 元素

材料模型：弹塑性

加工硬化

应变对速度响应灵敏

正交各向异性与平面各向异性

特殊材料与自定义材料

接触：面接触

库仑摩擦模型或自定义模型

拉延筋模型

功能：大位移、大旋转

其他：自适应编网

切边与回弹分析

多步冲压分析

3.2 弯管冷成形数值模拟

冷弯成形过程是一个比较复杂的成形过程，涉及几何学、运动学、动力学等很多方面，其变形不只是单一的某一方向的变形（如横向变形），还伴有各种附加变形（如纵向的弯曲变形、纵向横向的伸缩变形等）。在采用数值方法进行研究时会有很多困难，如：成形过程中的钢带是三维变形曲面；钢带发生的多种变形是一个几何非线性、材料非线性以及接触边界非线性三种非线性的耦合问题[18,19]。

3.2.1 弯管有限元模型

首先分析模拟工件形状特点，由于存在过渡的圆角，PAM-STAMP 2G 软件的前处理功能不支持体造型，如果用线条去造型就会有很大的难度，而且会耗费很多的时间。为了提高模拟的效率，选用造型功能强大的三维造型软件来建模，主要是利用该软件构建出模具的形状。构建出模具、管坯和冲头后，输出 IGES 格式的文件，然后调入到可识别 IGES 格式文件的 PAM-STAMP 2G 软件中并在该软件中进行有限元网格的划分。

3.2.1.1　有限元模型的建立

根据弯曲成形原理，采用三维模型来描述管坯和顶杆、弯曲模、芯棒等模具，所建立的几何模型见图 3.2。管材弯曲过程中接触涉及的部位，主要有芯棒与管内壁的接触，管外壁与弯曲模的接触，这些接触都可归于刚体—柔体的接触类，其中，变形管件为柔体，模具和芯棒为刚体。

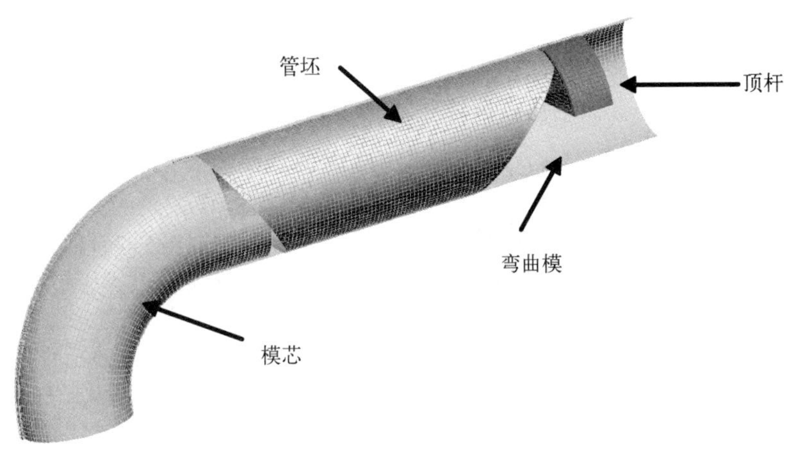

图 3.2　推弯成形有限元模型

在推弯时，考虑到管材的变形特点及管坯与凸模的充分接触便于将管坯推入凹模模膛，一般选取初始管坯的形状如图 3.3 所示。管材外弧长 550 mm，内弧长 331 mm，管径168.3 mm。

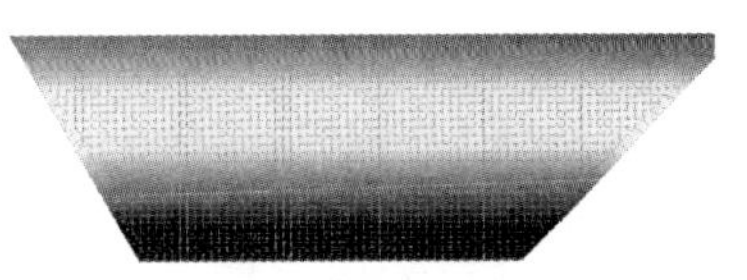

图 3.3　管坯模型

3.2.1.2　材料定义

材料模型的建立，就是获得材料的应力—应变曲线关系（本构关系），以定材料在载荷作用下的影响行为。有限元分析中常用的材料模型有弹塑性、刚塑性、刚—黏塑性等。由于假设模具的各个部分都是不产生变形的刚性体，因此不需要对其定义材料属性。对于发生弯曲变形的管坯，就需要赋予其相应的材料属性，如定义矩形管坯材料的密度、弹性模量、硬化效应等。

材料本构方程是描述材料变形的基本信息，由于冷推弯管成形属于冷态下的弯曲工艺，在弯曲过程中材料存在加工硬化，因此本章选用指数硬化模型 $\sigma=K(\varepsilon_0+\varepsilon)n$ 来模拟塑性变形阶段，其中 K 为材料硬化系数，ε_0 为材料常数，n 为材料硬化指数。而弹性阶段的本构关系采用 $\sigma=E\varepsilon$ 描述，其中 E 为弹性模量。

材料选用 SS316L 不锈钢。其材料参数见表 3-1。

表 3-1　管坯材料性能

材料	密度/(kg/m^3)	弹性模量/GPa	泊松比	应变强化系数/GPa	应变强化指数
316L	7.89	207	0.33	1.31	0.46

3.2.1.3　边界条件的处理

(1) 与模具直线段平行的试样的一端的三行单元只有沿直线方向移动的一个自由度，其他两个方向的移动自由度和三个方向的转动自由度都被锁死，在变形中这些单元只能有沿这一方向移动，并设定在变形中以一定的速度沿固定方向匀速运行。

(2) 在管坯与模具的接触过程中，接触面必须给目标面一定的约束才能满足接触相容性。目前解决接触边界约束的方法主要有罚函数法和拉格朗日乘子法，拉格朗日乘子法通过在泛函中引入拉格朗日乘子项，从而精确地满足接触约束条件。由于拉格朗日乘子法引入了大量的乘子，使求解系统的刚度矩阵不对称，所以需要很多的迭代次数方程才能收敛。罚函数法求解接触问题时，是将两接触体的接触条件作为惩罚项引入方程中。罚函数控制方程的阶数和带宽都小于拉格朗日乘子法，但是罚函数法的罚因子的取值对计算结果的精度影响很大，必须根据渗透情况不断进行调整，基于此，本文采用罚函数法和拉格朗日组合型求解接触问题。

3.2.2　模具参数对弯管成形质量的影响

成形终了时管件壁厚的分布如图 3.4 所示。很明显，增厚区域主要集中在管件末端和弯曲段的内侧，而壁厚减薄处主要集中于弯曲段的外侧。同时从图中可以看出，弯曲段内侧的最大壁厚增厚处并不出现在弯曲角度的中间，而是出现在前段，即靠近顶杆的推入端。

从图 3.5 弯管应力应变分布云图可以看出：弯管外侧承受拉应力作用，内侧受压应力。弯管中部受压应力作用，其原因是内侧金属向外侧流动，从而导致中部厚度增大。当顶杆作用于管件端部进行推入时，将对靠近顶杆的材料增加压应力的作用，降低了材料的流动性，因此在这个区域的材料容易出现堆积，使壁厚增大。

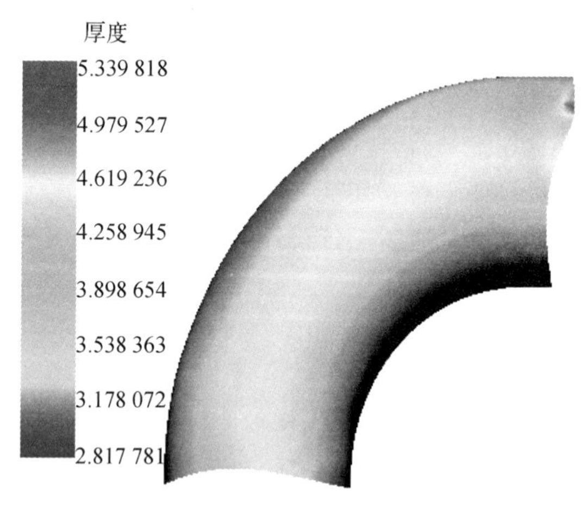

图 3.4　成形管材厚度分布云图

3.2.2.1　曲率半径

相对弯曲半径对壁厚减薄率的影响如图 3.6 所示。可知，弯曲半径越小，弯管壁厚减薄率越大；同时，随着弯曲半径的减小，成形出来的管材最大壁厚逐渐增大，如图 3.7 所示。由管件

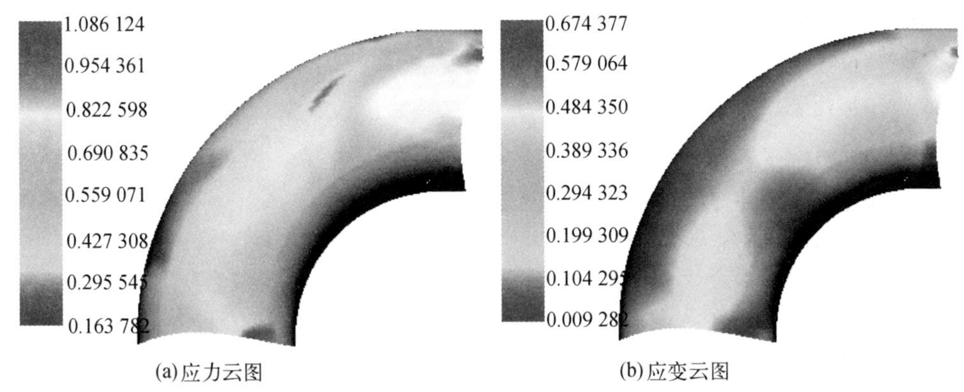

(a)应力云图　　(b)应变云图

图 3.5　成形管材应力应变分布云图

弯曲应力状态可知：弯曲半径越小，管件外侧所受到的切向拉应力和内侧受到的切向压应力越大，内外侧纤维的变形程度就越不均匀，造成外侧壁厚减薄率增加。所以，在弯管加工中，随着弯曲半径的减小，弯管变形程度增大，更易出现壁厚减薄导致的拉裂缺陷，使弯管成形质量更加难以控制。相反的是，随着弯曲半径的增大，弯曲变形程度逐渐减小，应力中性层内移逐渐减小，因此中性层内侧材料受到的压应力逐渐减小，弯曲内侧的压缩变形程度降低，失稳起皱趋势随之减小。

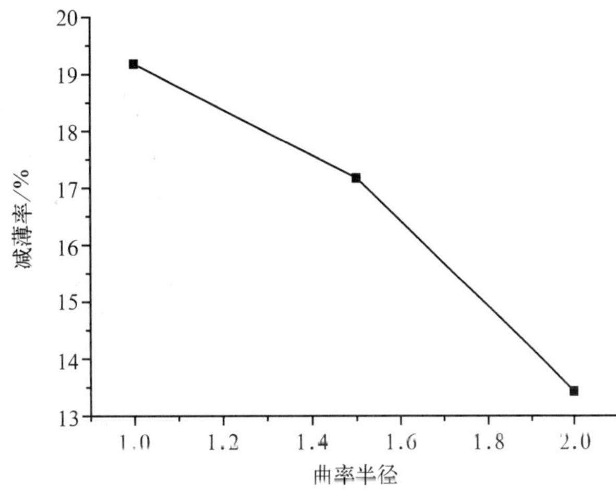

图 3.6　不同曲率半径的管材减薄率

通过分析相对弯曲半径对不锈钢薄壁小弯曲半径弯管壁厚减薄与截面畸变的研究说明，相对弯曲半径越小，弯管的壁厚减薄与截面畸变都越大，所以要弯制出合格的弯管件就越困难，因此必须研究其成形规律，以满足航空、航天等工业的实际需要。

3.2.2.2　弯曲角度

弯曲角度对壁厚减薄率的影响如图 3.8 所示，从图 3.8 中可知：对于不同角度弯管，随着弯管角度的增大，弯管外侧受拉伸的程度增加，外弧侧变形增大，根据三向应变的相互关系，壁厚减薄率也相应增大。45°弯管最大壁厚减薄率为 6%，60°弯管为 7.8%，90°弯管为 17%，可见弯曲角度越大，壁厚减薄率越大。图 3.9 为不同弯曲角度时弯管壁厚分布图，由图可知弯曲角度越小壁厚分布越均匀，外弧侧最大壁厚也越大。

实验证明，弯曲角度对壁厚减薄的影响是有一定限度的，随着弯曲角度的增加（尤其当弯曲角度在 90°以上时），弯曲角度对壁厚减薄影响幅度逐渐减小。所以，只要工艺参数设置合理就能弯制出大角度弯管，而不会出现壁厚过度减薄导致的拉裂缺陷。

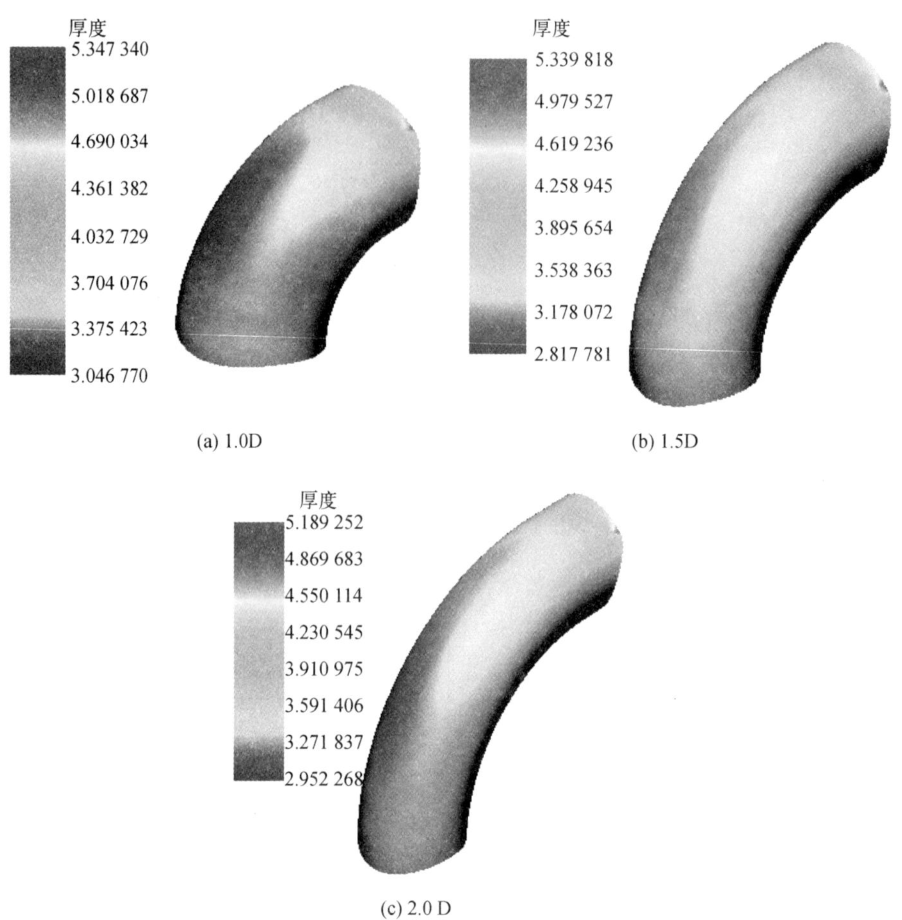

(a) 1.0D

(b) 1.5D

(c) 2.0 D

图 3.7 不同曲率半径下管材厚度分布图

3.2.3 工艺参数对成形质量的影响

3.2.3.1 助推速度

推进速度对推制弯头几何形状的影响推进速度作为一个重要的工艺参数，由液压系统流量调节直接控制。推进速度的确定原则是弯头内壁主压应力小于材料在此温度下的屈服极限，弯头外壁伸长率小于材料在此温度下的最大伸长率。

图 3.10 是不同推制速度下弯管壁厚减薄率和管壁最大厚度，从中可知，助推速度较小时，管件有充分的时间进行变形，管件变形均匀，因而壁厚减薄率较大，管壁最大厚度较小；随着助推速度的增加，变形延迟，减薄率降低，壁厚最大厚度增大，且速度过大会增大变形过程中材料的流动速度，容易导致外侧材料流动过快而产生拉裂缺陷。

3.2.3.2 摩擦系数

在管材的弯曲成形过程中，可以通过在芯轴与管材之间加入润滑油来减少摩擦的方法来控制管材的过分变薄。下面就讨论摩擦系数对管材厚度和减薄率的影响。

(1) 模芯与管材的摩擦系数

如图 3.11 所示，随着模芯与管材的摩擦系数的增加，最大厚度增加，而壁厚减薄率减少，当摩擦系数从 0.01 增至 0.1 时，最大减薄率自 17.56%降至 16.8%。这是因为随着芯棒与管坯摩擦系数的增大，芯棒与管坯间的摩擦力也增大，这就相当于对管坯施加一个沿长度方向的拉应力，在一定程度上减小了受压内侧的切向压应力，从而使应力中性层内移减小，失稳起皱发生的趋势减弱。但随着摩擦系数的继续增大，

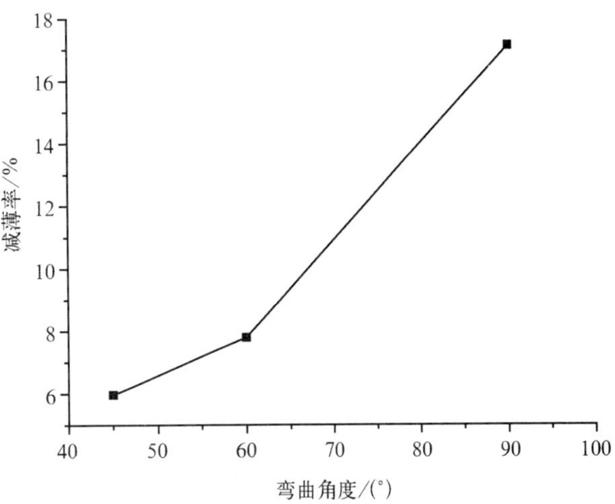

图 3.8　弯曲角度对管材减薄率的影响

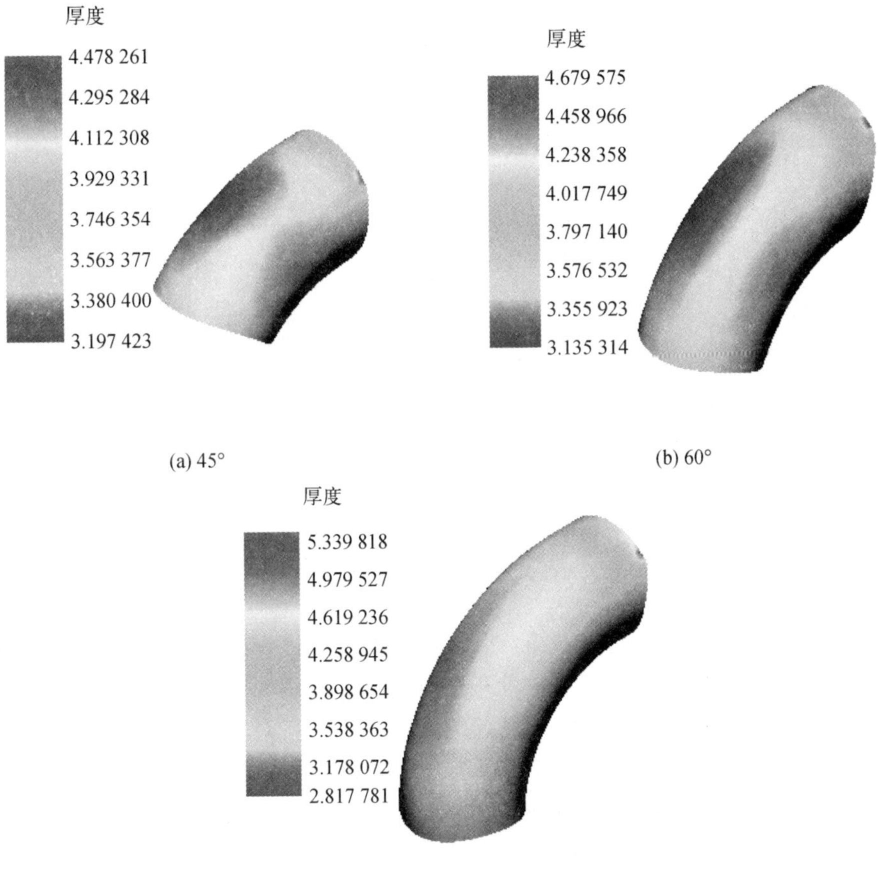

(a) 45°

(b) 60°

(c) 90°

图 3.9　不同弯曲角度下管材厚度分布图

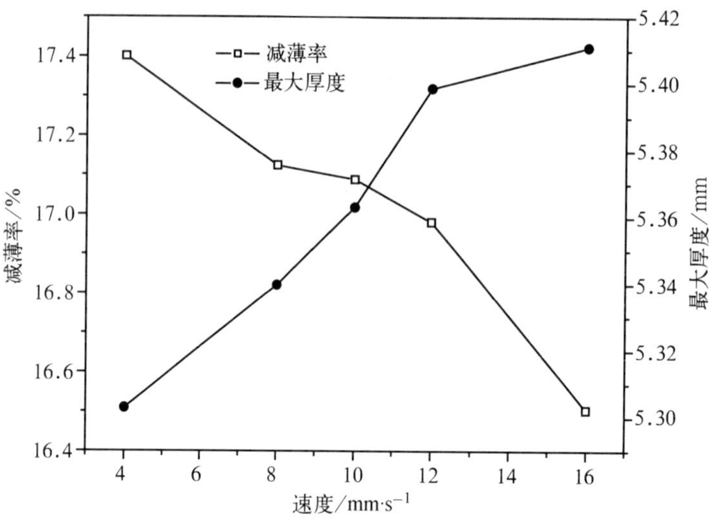

图 3.10　助推速度与壁厚减薄率及管材最大厚度的关系

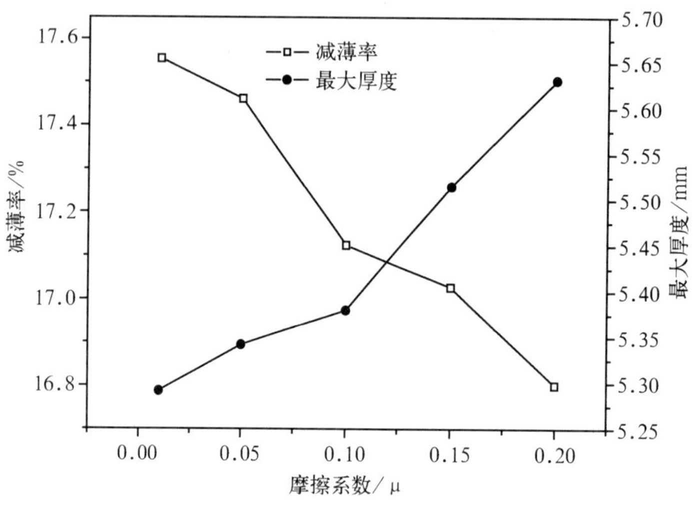

图 3.11　模芯与管材的摩擦系数

芯棒与管坯间的摩擦力继续增大，当芯棒与管坯间的摩擦力增大到一定程度时，材料流过芯棒所需要的拉力就会过大，导致过多的材料堆积在压缩变形区后端，从而导致失稳起皱现象的产生。并且随着压缩区材料堆积的增加，由于起皱而引起的管坯对芯棒产生的法向力就越大，材料流过芯棒所需要的拉力就会越大，由于芯棒与管坯间的法向力和摩擦系数同时增大，因此失稳起皱现象随着芯棒与管坯的摩擦系数的增大逐渐加剧。因此，可以通过增加芯轴与管材之间的摩擦系数改善管材过分变薄的现象。

(2) 模具与管材的摩擦系数

如图 3.12 所示，随着模具与管材的摩擦系数的增加，管材最大厚度和壁厚减薄率变化同前。当摩擦系数从 0.01 增至 0.2 时，最大减薄率自 18%降至于 16.3%。当模芯与管材摩擦

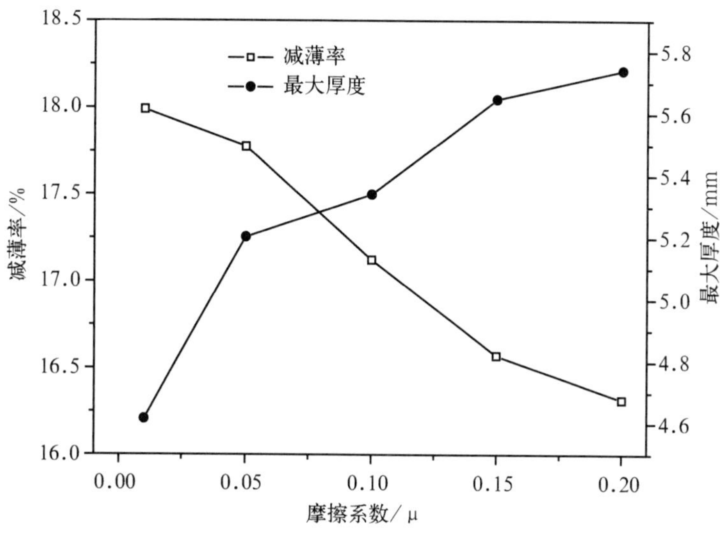

图 3.12　模具与管材的摩擦系数

系数一定，管材外壁与模具之间的摩擦力会随着摩擦系数的增加而增大。从对管材弯曲时应力、应变状态的分析可知，在推弯过程中，管件外侧与凹模表面之间所产生的摩擦力将转化为管件沿轴向的附加压应力，从而减少弯曲外侧的拉应力值，因此可有效控制管件弯曲外侧的壁厚减薄量，提高推弯工艺的成形质量。但过大的摩擦对于推弯工艺也是不利的。首先管件表面与阴模模膛之间过大的摩擦将极大地降低成形管件的表面质量，同时减少模具的使用寿命；其次，随着摩擦系数的增加，与阳模接触端的最大轴向压应力将不断升高，当压缩变形力大于材料的抗压稳定性时，将发生轴向受压失稳，形成皱纹。

3.2.4　小结

本章在对薄壁管推弯成形过程进行分析的基础上，采用三维动态显式有限元模型，基于PAM-STAMP 2G 平台对 316L 不锈钢薄壁管推弯成形过程进行了有限元数值模拟。系统地研究了弯曲半径、弯曲速度、助推速度、管材与模具和模芯摩擦力等工艺参数对管材成形质量的影响规律。该研究为薄壁管推弯成形过程参数的选取和优化提供了依据。研究获得的主要结论如下：

(1) 成形终了时管件壁厚的增厚区域主要集中在管件末端和弯曲段的内侧，而壁厚减薄处主要集中于弯曲段的外侧。弯管外侧承受拉应力作用，内侧受压应力。弯管中部受压应力作用。

(2) 随着弯曲半径的增大，弯曲变形程度逐渐减小，应力中性层内移逐渐减小，因此中性层内侧材料受到的压应力逐渐减小，弯曲内侧的压缩变形程度降低，失稳起皱趋势随之减小。

(3) 对于不同角度弯管，随着弯管角度的增大，外弧侧变形就越大，弯管外侧受拉伸的程度增大，壁厚分布越不均匀。

(4) 随着推进速度的增加，管材的减薄率降低，管壁最大厚度增大，过大的推进速度会增大变形过程中材料的流动速度，容易导致外侧材料流动过快而产生拉裂缺陷。

(5)随着管材与模具和模芯的摩擦系数的增加，最大厚度增加，而壁厚减薄率减少。但过大的摩擦对于推弯工艺也是不利的，一方面会降低成形管件的表面质量；另一方面会导致管材成形失稳，形成皱纹。

3.3 三通管冷成形数值模拟

根据塑性成形理论，金属在三向压应力状态下产生塑性变形后，其机械力学性能得到了提高，组织更为致密，内部缺陷减少甚至消除，强度、硬度均有很大提高，并呈现出明显的各向异性，这是由于大变形产生了纤维组织和变形织构等原因所引起的。在塑性大变形中，各晶粒在变形后沿变形方向被显著拉长或压缩，夹杂物则形成流线，各晶粒的滑移面有向拉应力方向转变的趋势，使得变形后各晶粒位向趋于一致，因而表现出材料在主要变形方向上的力学性能加强程度要比垂直于该方向大很多。这种各向异性对提高多通管的使用性能非常重要，因为多通管在使用中所受的外力，其方向一般与成形多通管时金属流动的主要方向相一致。在这些方向上，金属材料的力学性能最好，管件的机械性能最优越，能承受较大的载荷，这对进一步减轻重量，节约材料，具有重要意义。因此，在三通管的液压胀形加工中，获得尽可能大的胀形量和较均匀的壁厚分布，应该是追求的主要目标。本章将通过分析主要工艺参数对三通管液压成形性能的影响规律，寻求获得最佳成形产品的途径。

3.3.1 三通管有限元模型

针对液压成形过程的模拟，PAM-STAMP 2G 提供了三种模型，分别是液压胀形、橡胶膜成形和液压成形，如图 3.13 所示。本文主要讨论液压胀形成形的模拟。

3.3.1.1 有限元模型的建立

图 3.14 为模具图，从图中可以明显看出模具之中心部分产生近似三角形的平面，其目的是为提供材料更好的流动路径，以利于管件成形，故称为平面模。

图 3.15 为带支管平衡力的轴向压缩胀形等径三通管的几何模型示意图，主要由上、下两半模，左、右挤压冲头，平衡冲头以及管坯组成。管坯置于 T 型模腔内，由左、右两冲头将管腔封闭。模具主、支管腔的过渡圆角半径 $R=10$ mm，模腔内径 $d=51.2$ mm。实验用管坯外径 $D=48.3$ mm，壁厚 $t=2.77$ mm，长度 $L=210$ mm。

胀形过程中，左、右两冲头在液压缸的作用下匀速推进管坯左右两端向模腔内运动，最大推进位移为 34 mm；管坯内液体介质的初始压力为零，胀形开始后随时间按线形规律增加。该最大内压力的选取是参照实际应用中的经验公式(3-13)和公式(3-14)经计算得出的。

$$(P_i)_y = \sigma_y \frac{2t_0}{(D_0 - t_0)} \tag{3-13}$$

$$(P_i)_b = \sigma_u \frac{4t_0}{(D_p - t_0)} \tag{3-14}$$

式中，$(P_i)_y$—— 在自然胀形条件下，能够使管坯发生塑性变形的最低内压力；

$(P_i)_b$—— 在无支管平衡力作用下确保胀形不发生破裂最大胀形压力；

D_0—— 管坯原始直径；

t_0—— 管坯的原始壁厚；

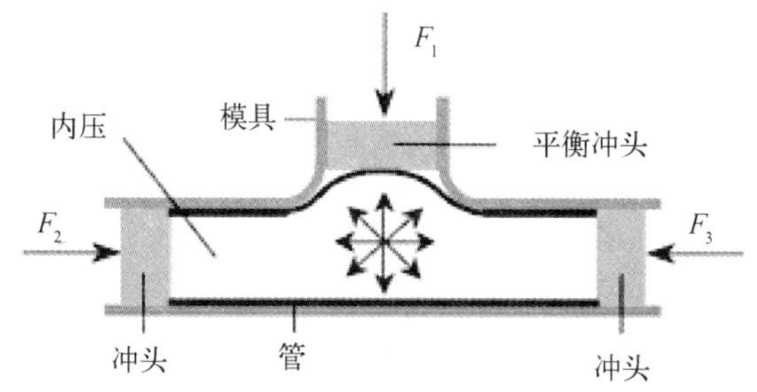

(a)液压胀形模型示意图

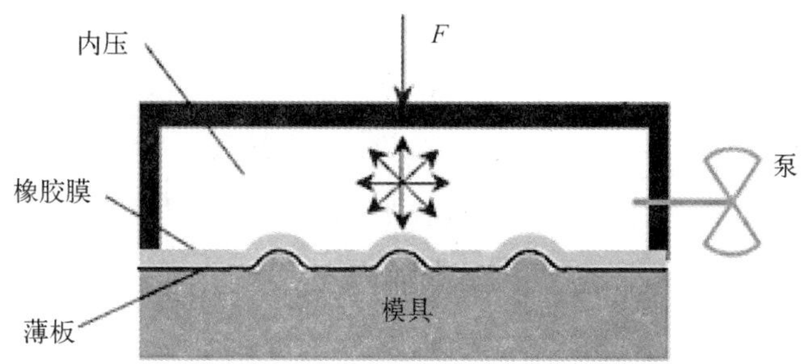

(b)橡皮膜成形模型示意图

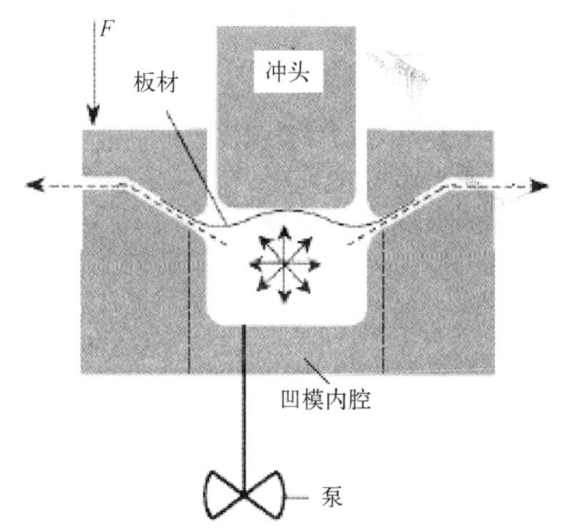

(c) 液压成形模型示意图

图 3.13　PAM-STAMP 提供的三种液压成形模型[17]

D_p—— 胀形支管直径；

σ_y—— 管件材料的屈服强度；

σ_u—— 管件材料的抗拉强度。

试验中最主要的考核目标是管材减薄率和支管高度，如图 3.16 所示。同时也可观察各工艺参数对成形件壁厚分布的影响以及胀形过程中的应力应变状态。

3.3.1.2 材料定义

材料选用 SS316L 不锈钢。其材料参数见表 3-1。

3.3.1.3 边界条件的处理

由于液压胀形变形机理复杂，为准确反映变形情况，采用全模仿真。

(1) 摩擦条件的确定：假设管坯端面与冲头接触表面满足常摩擦条件；管坯外表面与模腔接触表面满足库仑摩擦条件，其摩擦系数设为 0.1。

(2) 加载方式：内高压成形过程中，左、右两冲头在液压缸的作用下按照设定的压力加载路径推进管坯左右两端向模腔内运动，仿真中冲头的压力加载曲线如各小节中加载曲线图所示；管坯内液体介质的初始压力为零，成形开始后随时间按压力加载路径变化。

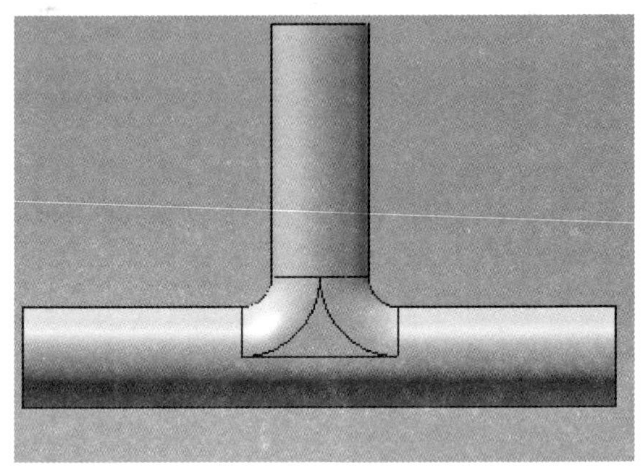

图 3.14 T 型模具示意图

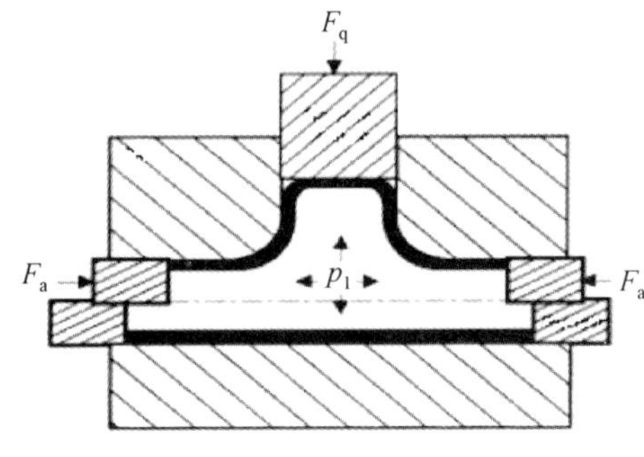

(a) 三通管复合胀形几何模型

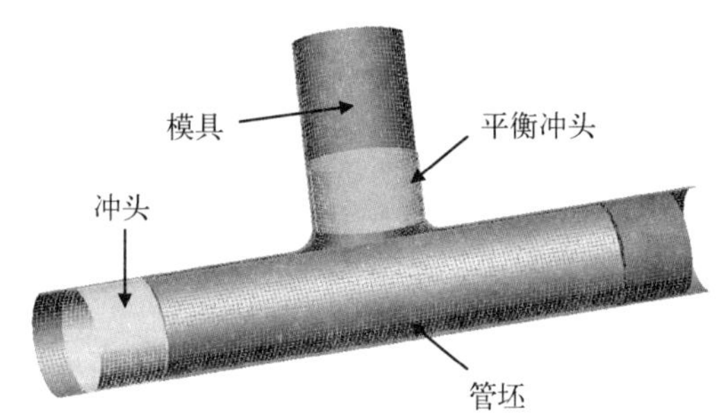

(b) 三通管复合胀形有限元模型

图 3.15 三通管复合胀形模型

(3)破裂失效的判别标准：按照通用原则，当壁厚减薄量超过20%时，可以认为胀形管件已发生破裂失效。

三通管液压成形过程模拟中边界条件的设置分为以下几类：

模具：在有限元模拟分析中，模具按照刚性材料处理，不考虑其变形过程。通过节点约束法及节点渗入惩罚法使接触节点沿模具法向的位移近似为零。

内压力：认为成形内压力始终均匀作用于管坯内表面。在分析计算中采用静力等效的原则把力移植到各个节点上，方向与单元的法向量一致。

平衡力：通过在平衡冲头单元网格加载均匀作用的压力来实现平衡力的加载。力作用的矢量的方向始终指向管成形方向的反方向。

挤压冲头：在实际的三通管液压成形过程中，通常是对挤压冲头的运动速度进行控制。所

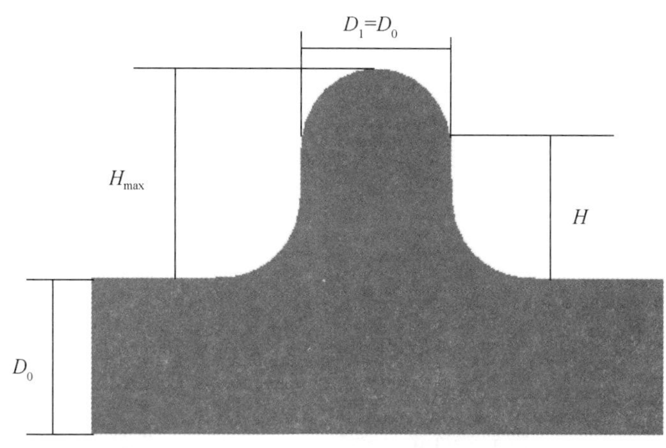

图 3.16　考核目标示意图

以在有限元模拟中，通过设置左、右冲头的运动速度来实现对挤压冲头的控制。

3.3.2　成形力对三通管成形质量的影响

三通管成形过程中内压力、主冲头压力和平衡冲头反向压力的作用是决定成形成败的关键因素。内压力的作用，一是成形，即在成形时作用在管坯的内表面，使管坯受到均匀的内部高压，支管型腔的金属通过变薄产生隆起；二是压迫管坯金属使之紧贴凹模而不发生向内弯曲或折叠等失稳。左、右挤压冲头的作用，主要是改善主管及过渡区的应力状态，使管坯金属在其作用下，向过渡区转移，否则管坯金属纯粹是在过渡区的拉伸作用下而产生流动。平衡力的作用是抵消内压力的影响，改善变形区的应力应变状态，使胀形部位的壁厚变薄趋势受到阻碍，危险变形区由支管端部中心转移到了支管端部圆角部位，最终使管件在良好的压应力的状态下成形。

在三通管成形过程中，一般认为成形的内压力最佳值等于或稍高于材料的屈服极限。而平衡力与内压力也应保持一定的比例关系，并随内压力的增加而增加。内压的作用效果是使整个管坯塑性区的壁厚变薄，使过渡区金属向支管型腔拉伸变形。若成形内压不足，金属的径向压应力不足而轴向压力过大，出现失稳，管坯向内凹陷；若成形内压过大，金属在较强的拉应力作用下变形，壁厚变薄严重。左、右挤压冲头产生的挤压力则是使主管及过渡区呈增厚趋势，若其值过大，成形内压就会相对不足，出现失稳；其值过小，则管坯变薄明显。平衡力使支管及过渡区壁厚增加。这三个作用力间应保持合理的匹配关系，并且取值应在一定的范围内。

传统的三通管复合挤压成形工艺，挤压冲头不但起着使管坯两端的金属向过渡区流动的作用，同时有使密闭在管内的密闭液体体积改变产生内压力的作用，所以作用在挤压冲头上的力与成形内压力间的匹配关系极为重要，是三个成形间匹配关系控制的重点。但是，在新的内高压成形工艺中，管件内部的液体的超高压力是由外部的液压增压系统控制的，其大小不受挤压冲头的控制，在成形的时候，即使左右冲头不运动，只要密闭措施较好，内压力依然可以不断提高和改变，所以不需要考虑挤压冲头对内压的影响。因此挤压冲头的运动对三通管成形的影响主要是对管坯金属流动的影响，体现为对三通管支管成形高度的影响。本节分别针对内压力、平衡冲头反向压力、主冲头压力对成形三通管质量的影响，讨论三者合理匹配区间下的变化规律。

3.3.2.1 成形情况和厚度分布规律

图 3.17 为模拟试验胀形成形件的厚度分布图。分析成形件的壁厚分布图可以发现，采用轴向压缩胀形生成的等径三通管具有以下特点：

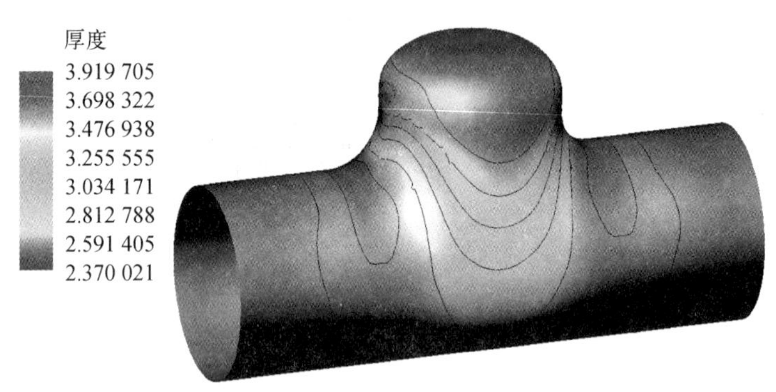

图 3.17 成形件厚度分布

一是相对原始管坯而言，成形的三通管在小部分区域壁厚有减薄现象，多数区域壁厚增加，其整体厚度呈环带状渐变分布。支管顶部壁厚最小，这里是胀形过程中主要变形区中的最大变形区，成形管件所有壁厚减薄的区域也大都集中于此；以支管顶部为中心，沿支管管壁向下壁厚逐渐递增，离最大变形区越远的区域，管壁越厚；壁厚最大的地方是离支管顶端最远的两主管端部以及与支管相对应的主管背部。

二是沿支管环向方向看，相对而言，位于三通管纵向对称剖面上靠近支管一侧的管壁厚度最大(不考虑支管背部)，并沿圆周方向向两侧递减，至三通管的中间对称横断面上的管壁厚度最小。

3.3.2.2 应变变化特点

管件的壁厚变化与液压胀形时三通管各部分的受力情况是密切相关的。三通管胀形时各部分的受力情况比较复杂，胀形过程中的应力应变状态也处在不断的变化当中。通过模拟分析胀形过程的应变变化，我们发现有以下特点：

一是胀形过程中，主要变形区(指整个成形支管以及与支管直接对应和相邻的部分主管，这部分区域在胀形过程中变形较大)中的绝大部分区域的主应变为拉应变，非主要变形区中，仅在主管两端部分区域以及与之相连的主要变形区中，支管两侧壁中下部较狭小的区域其主应变为压应变；而在整个胀形过程中全部管件区域的次应变均为压应变。最大主应变为拉应变，位于三通管前后表面中部主支管的相贯点稍偏上的部位；最小主应变为压应变，位于支管两侧壁中下部区域。次应变均为压应变，最大次应变位于最大变形区中支管顶部边缘一侧曲率变化较大的部位；最小次应变也是所有应变中数值最大的压应变，它与最大主应变位于相同区域几乎同一位置。这种状况在整个胀形过程中几乎没有改变，可见于图 3.18 管件在胀形终了时的主次应变分布图。

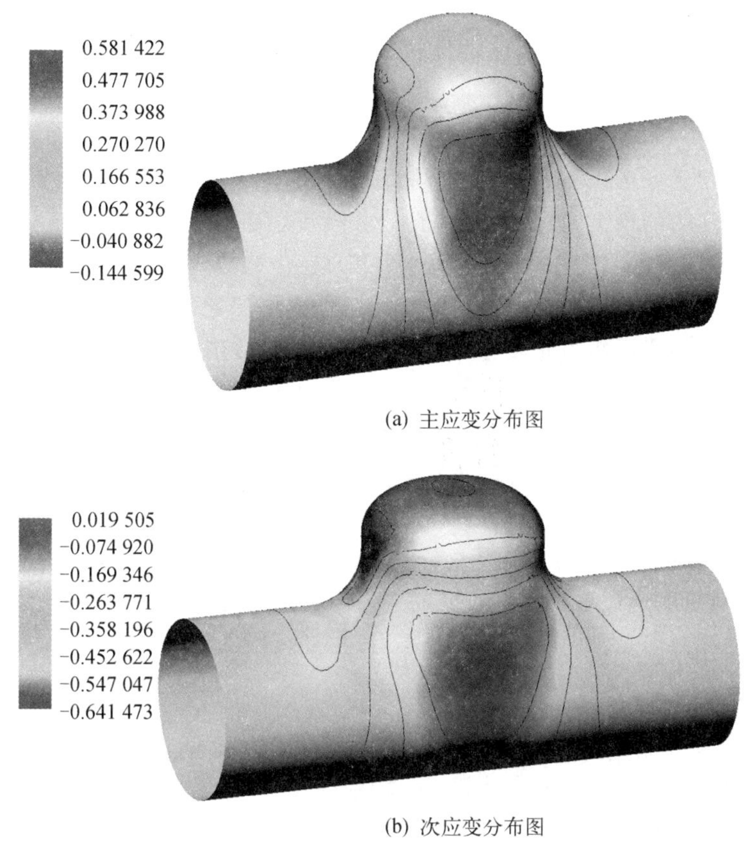

(a) 主应变分布图

(b) 次应变分布图

图 3.18 胀形三通管成形件主、次应变分布图

二是在整个胀形过程中，除支管顶部的最大变形区以外，三通管其他所有区域胀形时所产生的主、次应变中，压应变的值均大于拉应变。

3.3.2.3 胀形过程中的应力应变状态与成形件厚度分布的关系

根据以上对三通管胀形时的应变分析情况可以看出：

最大变形区：位于支管顶部的管壁处在最大变形区，它受到的是沿前后方向的环向拉应力和沿左右方向的环向压应力，即一拉一压的应力状态（不考虑垂直于支管顶部内表面沿管壁厚度方向的应力）。一方面，三通管各部分在液压胀形过程中的受力情况是不同的。表现为：

非主要变形区：管壁受到的是轴向压应力和环向（沿圆周方向）压应力，即两向受压的应力状态（忽略径向方向）。

主要变形区：位于主管区域的部分管壁受到的是环向拉应力和轴向压应力，即一拉一压的应力状态（忽略径向方向）。位于支管区域的部分又可分为两种情况，一种情况是位于支管两侧壁中下部较狭小区域的管壁受到的是轴向压应力和环向压应力，即两向受压的应力状态（忽略径向方向）；另一种情况是指另一方面，三通管各部分在液压胀形过程中的壁厚变化情况是不同的。

根据塑性变形时体积不变假设 $d\varepsilon_x + d\varepsilon_y + d\varepsilon_z = d\varepsilon_1 + d\varepsilon_2 + d\varepsilon_3 = 0$ 可知，对于非主要变形区，以及主要变形区中主、次应变均为压应变的部分区域，其管壁厚度增加；主要变形区中主应变为拉应变、次应变为压应变的区域，因为胀形过程中压应变的数值始终大于拉应变的数值，因此其管壁厚度也会增加；胀形过程中最大变形区的壁厚变化要复杂一些，它主要取决于主、次应变中的拉应变与压应变相对数值的大小。当拉应变的数值大于压应变时壁厚减薄，反之则增大。由于最大变形区与其他变形区相比在胀形过程中获得的压应变最小，而拉应变则随着胀形介质内压力的增大迅速增加，因此，对于无支管平衡力作用的轴向压缩胀形工艺来说，其最大变形区的管壁厚度在整个胀形过程中的变化趋势，基本上是一直在减小。在此，我们可以用假设的"胀形力场"来近似地描述液压塑性成形三通管的壁厚分布规律：力场由力源和传力介质两部分组成。传力介质为管壁金属。力源包括拉力源和压力源。拉力源位于胀形支管顶部，由管内胀形介质产生，它是使管壁金属产生拉应力的主要原因；压力源位于主管左、右两端部，由左、右两冲头挤压产生，是管壁金属压应力产生的主要原因。除管壁厚度方向外，拉应力产生拉应变，使管壁金属减薄；压应力产生压应变，使管壁金属增厚。距离力源越近，力场越强；距离力源越远，方向偏离越大，管壁在传力过程中受到的摩擦阻力、弯曲阻力越大，则传递到此处的力就越弱。

另外，通过分析胀形过程中管件所处的应力应变状态与管件壁厚变化的关系，我们知道胀形过程中管件壁厚减薄是轴向挤压胀形中不可避免的现象。

(1) 内压力

内压力的作用，一是成形，即在成形时作用在管坯的内表面，使管坯受到均匀的内部高压，支管型腔的金属通过变薄产生隆起；二是压迫管坯金属使之紧贴凹模而不发生向内弯曲或折叠等失稳现象。

管坯在不同的内压情况下，它的成形情况是不同的，图 3.19(a)中是成形刚开始的时候出现了内压不足引起的内陷现象；3.19(b)图中成形后支管的高度有大幅增加，但是支管顶部变薄情况严重，成形得到的三通管的整体质量较差。随着内压力的增加管坯的变形量越来越大，管壁厚明显减少，当内压过大而轴向进给速度相对较小，中间胀形部分面积积聚加大，两端的材料不能及时补给，造成中间部分厚度极度变薄，容易出现破裂现象。

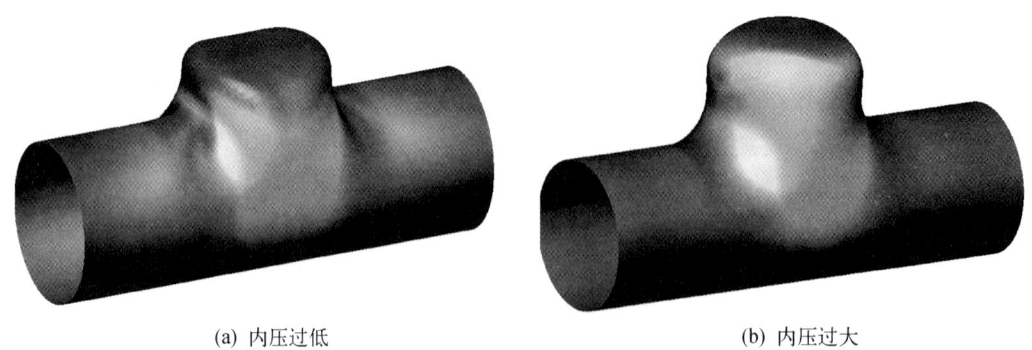

(a) 内压过低　　(b) 内压过大

图 3.19　内压加载不当时管材成形情况

设定主冲头压力和平衡冲头反向压力，并保持不变。研究在五条内压加载曲线（如

图 3.20 所示)下工件成形情况。

模拟几何参数:圆角半径 R=10 mm;摩擦系数 f=0.1。

所加载荷:速度 V=8 mm/ms;平衡压力 F=40 kN。

改变内压力 P 值分别为 80 MPa、90 MPa、100 MPa、115 MPa 和 125 MPa。

由图 3.21 可知,内高压成形过程中的最大内压直接影响着减薄率和支管高度的变化,随着最终压力的增加,减薄率和支管高度随之增大。分析其原因,主要是最大压力较低时,模具和坯料间的作用力相对较小,对金属流动影响不大,随着压力的升高,管坯的变形速度加大,需要更多的金属补充壁厚的减薄,使坯料最大厚度相对减小。

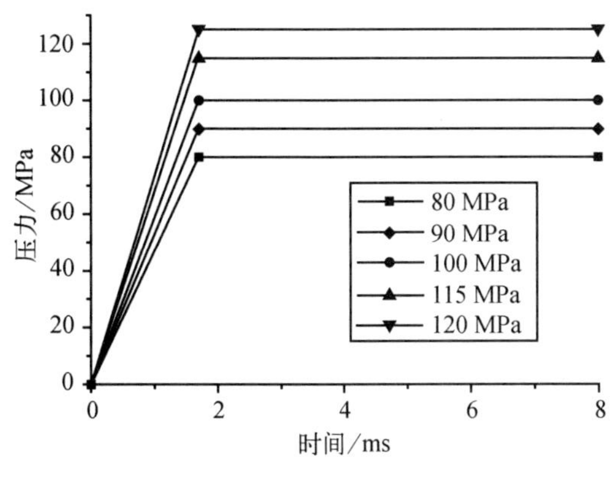

图 3.20　内压加载曲线

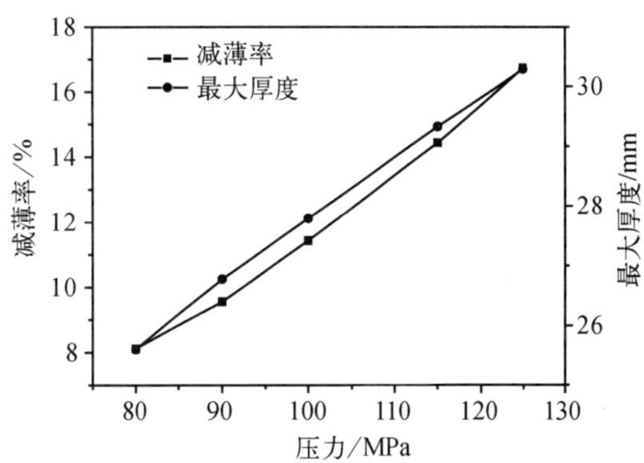

图 3.21　内压与最大支管高度及壁厚减薄率的关系

在主要工作内压为 80 MPa、90 MPa 和 100 MPa 时,最终工件由于压力不足,支管高度不足,不能实现有效贴模,最终的几何尺寸不符合实际要求。在主要工作内压为 125 MPa 作用下,其支管高度满足要求,材料在成形初期自由胀形时,由于两端材料来不及补给,形成较强的减薄胀形;并在成形中期,由于平衡冲头反向压力和材料变形抗力小于内压力,形成破裂。从以上的分析中可以得出,在如图 3.20 所示的冲头压力加载下,三通管内高压最佳的工作压力范围应为 115 MPa 左右。

(2) 挤压冲头的速度

在三通管液压成形模拟分析中,对挤压冲头的控制是通过设置冲头的运动速度实现的。同样的内压力作用下,不同的挤压速度成形的三通管的结果也不同。

模拟几何参数:圆角半径 R=10 mm;摩擦系数 f=0.1。

所加载荷:内压 P=115 MPa;平衡压力 F=40 kN。

改变速度 V 值分别为 2 mm/ms,4 mm/ms,6 mm/ms,8 mm/ms 和 12 mm/ms。

图 3.22 所示的是挤压速度与成形后得到的管件支管高度和壁厚减薄率间的关系,可以看出,随着挤压速度的增大,成形后得到的三通管的支管的高度和减薄率先有明显增加,然后逐渐减小。

挤压冲头的作用主要是使管坯两端金属不断向管件中部转移,金属的流动速度受到挤压冲头的控制。挤压速度越大,成形得到的支管的高度越大,壁厚减薄率也大。如果速度过大,会导致集聚在管件中部的金属也会越多,阻碍后续金属的流动,使得支管高度反而降低,壁厚减薄率随之降低，影响管件的外观，产生成形三通管底部褶皱的缺陷。所以，在三通管壁厚值允许的范围内，挤压冲头的速度并不是越大越好，而是有一个较为合理的值。本文中，速度值取 8 mm/ms 最佳。

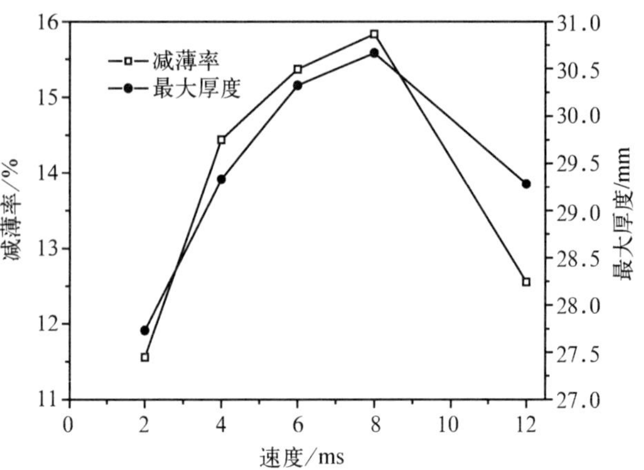

图 3.22 推制速度与最大支管高度及壁厚减薄率的关系

(3) 平衡力

平衡压力的选择对胀形有明显的影响，压力过小，尽管支管高度得到增加，但不能有效地抑制轴向区变薄，产生破裂；压力过大抑制了支管高度的增加，支管金属堆积严重，也满足不了生产需要，适当的压力大小是复合胀形中获得优化值的关键之一。为了研究平衡冲头对成形三通管质量的影响，设定主冲头压力和内压力加载路径不变，变化反向压力加载路径。

模拟几何参数：圆角半径 $R=10$ mm；摩擦系数 $f=0.1$。

所加载荷：内压 $P=115$ MPa；速度 $V=8$ mm/ms。

改变平衡压力值 F 分别为 20 kN、40 kN、60 kN、80 kN 和 100 kN。

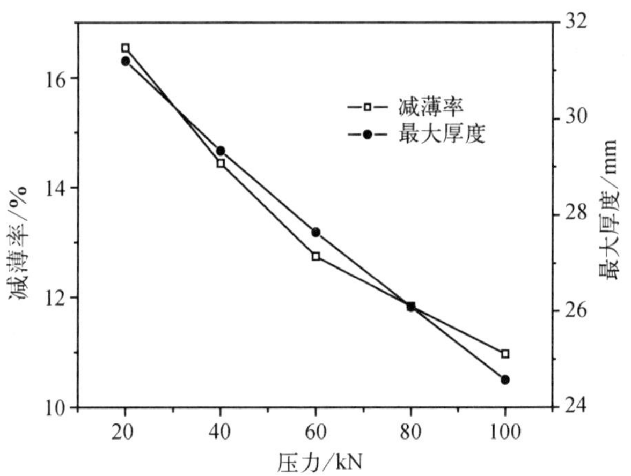

图 3.23 平衡冲头压力与最大支管高度及壁厚减薄率的关系

由图 3.23 模拟结果可以看出，随着平衡冲头压力的增大，支管在内压力和主冲头压力作用下长高速度减慢，工件壁厚减薄率减小。当工作压力分别为 20 kN，由于平衡冲头压力过低，支管在内压力和主冲头压力作用下快速长高。支管高度达到最大 31.2 mm，而减薄率过大，达到 16.5%，不符合质量要求。

当压力为 60 kN、80 kN 和 100 kN 时，减薄率增加降低至 12.7%、11.8%和 10.97%，但由于平衡冲头压力过大，严重抑制了材料流动及支管的长高（支管高度为 27.6 mm、26.1 mm 和 24.6 mm），使得工件支管高度不符合质量要求。在实际生产中，为了提高工件质量，应尽量减小平衡冲头反向压力。

在平衡压力取 40 kN 的情况下，平衡冲头反向压力能够较好地平衡内压力的作用，控制材料流动。

3.3.3　工艺参数对成形质量的影响

3.3.3.1　圆角半径

在三通成形中，凹模过渡区的圆角半径 R 的大小对三通成形过程有较为明显的影响，随着圆角半径的不同，管件的成形结果也有明显的不同，尤其在成形力不变的情况下。其对最大支管高度以及壁厚减薄率尤为明显。

模拟几何参数：摩擦系数 $f=0.1$。

所加载荷：内压；$P=115$ MPa；速度 $V=8$ mm/ms；平衡压力 $F=40$ kN。

改变圆角半径的 R 值分别为 5 mm、10 mm、15 mm、20 mm、25 mm。

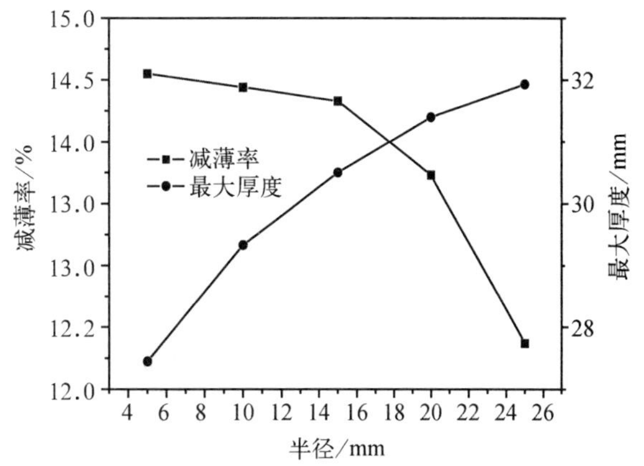

图 3.24　过渡圆角半径与最大支管高度及壁厚减薄率的关系

模拟结果中工件最大支管高度和壁厚减薄率如图 3.24 所示。从图中可以明确地看出，随着凹模圆角半径的增大，三通管支管的高度增大，管件最终成形得到的壁厚减薄率是逐渐减小的。这是因为，三通管成形过程是金属塑性变形的过程，在冷变形过程中随着变形程度的增加，金属材料的强度、硬度提高而塑性下降，这种现象即为加工硬化。凹模圆角部分尺寸越小金属流动越困难，产生加工硬化的趋势也越强烈，在成形中从主管流向支管的金属也就越难于向支管有效流动。支管由于不能得到充分的补料金属，在内压力的持续作用下，支管壁厚就会减薄，进而就会出现管件壁厚差增大的结果，此外，支管变形区的金属所承受的拉应力越来越大，将导致管坯的快速破裂。因此，在三通管成形工艺中，在满足管件设计要求的前提下，应尽量增大凹模过渡区的圆角半径，这样才能更有利于提高管件的成形质量。

3.3.3.2　摩擦系数

摩擦对管材内高压成形过程有重要的影响，对于需要较大的轴向补料、较高成形内压、形状复杂的管件尤其如此。摩擦的影响可以分为 4 个方面：

(1) 影响支管胀形区管料的流动，造成壁厚减小。胀形区，摩擦在管料开始接触模具内壁时产生，且摩擦状态随成形过程的进行变得复杂。不合理的摩擦分布使管料流动阻力变大从而使管坯发生局部减薄直至破裂。

(2) 影响支管整体上升，造成凹模圆角处材料堆积、增厚。模腔支管及凹模圆角部位的摩擦将对补料过程产生很大影响。如果摩擦力太大，则有可能使管料在模具型腔入口处发生堆积，使补料失败。

(3) 影响主管顺利补料，造成主管端部失稳、支管高度不足。

(4) 对表面质量的影响。过大的摩擦力还会使管坯的表面出现划痕，影响其表面质量。

目前，对于影响摩擦的因素，以及摩擦对工件成形规律的研究非常有限。由于管材内高压成形过程的复杂性，目前对管坯和模具间摩擦的研究更少。对于需要较大的补料量及较大的成形内压的情况，几乎没有任何关于摩擦力的定量表述。

本文在前述分析的基础上，采用合理工艺参数，通过改变摩擦系数来定性分析摩擦力对管材内高压成形的影响。

模拟几何参数：圆角半径 $R=10$ mm。

所加载荷：内压 $P=115$ MPa；速度 $V=8$ mm/ms；平衡压力 $F=40$ kN。

改变摩擦系数的值分别为 0.01、0.05、0.1、0.15、0.2。

依据以上数据所提供的信息可以分别得出壁厚减薄率、最大支管高度和最大壁厚。模拟结果之工件最大支管高度和壁厚减薄率如图 3-25 所示。由图可以看出，随着摩擦系数的增大，支管最终高度逐渐降低，这是因为在成形支管的过程中，摩擦力的作用表现与内压力的作用相反，即摩擦是起阻止主管金属顺利流向支管的作用。随着摩擦的增大，摩擦力对于材料的流动阻碍越来越大，壁厚减薄率也越来越大。随着摩擦系数的减小，材料的流动阻力越来越小，其流动更加剧烈，最大壁厚显著增大。由厚度分布可知，由于凹模圆角的存在，材料流动转向，流动阻力明显增大，材料在凹模圆角处堆积，并随着其流动剧烈程度的增大堆积更加严重。因此，较大的摩擦将影响支管的成形质量，所以在实际生产操作中应尽量减小摩擦。

3.3.3.3 管坯长径比与支管长径比关系

利用管坯成形三通管得到的支管的高度不但受到成形力和其他相关的工艺参数的影响，还会受到选用的原始管坯长度的影响。为了研究原始管坯与支管间的关系，模拟分析了不同长度原始管坯成形三通管的过程，得到的结果如图 3.26 所示。过长或者过短的坯料尺寸都会导致支管成形高度不足，对于本例中直径为 48.3 mm 的管子，最佳下料尺寸为 210 mm。

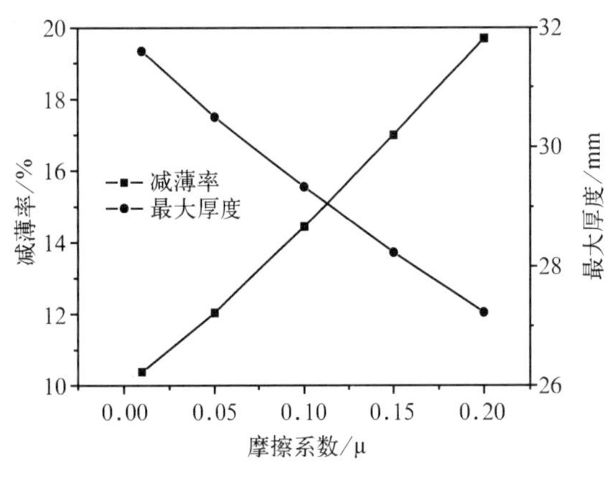

图 3.25 摩擦系数与最大支管高度及壁厚减薄率的关系

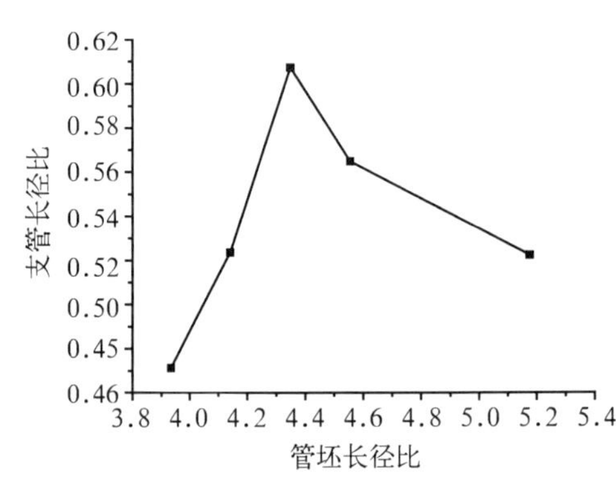

图 3.26 管坯长径比与支管长径比的关系

3.3.4 小结

(1) 三通管件在内高压成形后的厚度变化趋势是从主管两端向中间逐渐变厚。最大厚度发生在三通管凹模圆角处，最小厚度发生在支管顶端和支管母线中心区域，是破裂危险区。

(2) 最大厚度的最主要影响因素是轴向压力的大小，轴向压力越大，则最大厚度的值就越大；最小厚度的最主要影响因素是最大内部压力的大小，随着最终压力的增加，最小厚度的值越来越小，相应的减薄率也就越来越大。

(3) 随着挤压速度的增大，成形后得到的三通管的支管的高度和减薄率先有明显增加，然后逐渐减小。在三通管壁厚值允许的范围内，挤压冲头的速度并不是越大越好，而是有一个较为合理的值。

(4) 内高压成形的最重要影响因素是内部压力和轴向压力之间的匹配关系。轴向进给的补料作用主要发生在内高压成形的低压成形阶段；进入高压校正成形阶段时，应该减小进给量或零进给。两者的匹配关系应该是将绝大部分轴向进给完成在低压成形阶段内。

(5) 摩擦对管材内高压成形过程有重要的影响，对于需要较大的轴向补料、较高成形内压、形状复杂的管件尤其如此。不合理的摩擦分布有可能使管料的自由移动阻力变大从而使管坯发生局部减薄直至破裂或使管料在模具型腔入口处发生堆积，使补料失败。随着摩擦系数的不断增加最大支管高度有明显的减小趋势，壁厚减薄率却有相应的提高，从整体上来看，不利于胀形，所以应尽量减小摩擦。

(6) 过渡圆角的改变对胀形结果也有影响，随着过渡圆角半径的增加，最大支管高度增加明显，壁厚减薄率明显降低，这说明，在满足工件要求的情况下，增加过渡圆角半径有利于胀形最优结果的产生。

(7) 成形三通管前原始管坯的长度对三通管成形后得到的支管的高度也有较为明显的影响，过长或过短的管坯长度都会使支管的成形高度降低，不同直径的三通管需要不同的原始管坯长度。

参考文献

[1] 王茂成，邵敏. 有限元法基本原理和数值方法[M]. 北京：清华大学出版社，2001.

[2] Makinouchi A. Sheet Metal Forming Simulation in Industry[J]. Journal of Materials Processing Technology, 1996, 60: 19-26.

[3] 李鹏耀. 四通管内高压成形有限元模拟及工艺分析[D]. 硕士学位论文，合肥：合肥工业大学，2007.

[4] 王仲仁，等. 塑性加工力学基础[M]. 北京：国防工业出版社，1989.

[5] 余同希，章亮炽. 塑性弯曲理论及其应用[M]. 北京：科学出版社，1992.

[6] 陈如欣，胡忠民. 塑性有限元法及其在金属成形中的应用[M]. 重庆：重庆大学出版社，1989.

[7] Al-Qureshi H A. Elastic-plastic analysis of tube bending[J], International Journal of Machine Tools and Manufacture, 1999, 39: 87-104.

[8] 孟凡中. 弹塑性有限元变形理论和有限元方法[M]. 北京：清华大学出版社，1985.

[9] 洪慎章. 多通管接头液压成形成形的工艺分析及工程计算[J]. 模具技术，1998，3：56-61.

[10] Pan K, Stelson K A. On the plastic deformation of a tube during bending[J]. Journal of Engineering for Industry Transactions of the ASME, 1995, 117: 494-499.

[11] Peek R. Winkling of tubes in bending from finite strain three dimensional continuum theory[J]. International Journal of Solids and Structures, 2002, 39: 709-723.

[12] 李纬民，刘庆国，肖凯伯，等. 三通管接头液压挤胀成形力的工程解法[J]. 锻压技术，1997，(5)：25-28.

[13] 夏巨堪，杨雨春. 多通管挤压胀形过程的分析与计算[J]. 塑性工程学报，2001，18：24-28.

[14] Paulsen F, Welo T, Sovik O P, A design method for rectangular hollow sections in bending[J]. Journal

of Materials Processing Technology, 2001, 113: 699-704.

[15] 罗亚军,杨曦. 板料成形中的有限元模拟技术[J]. 金属成形工艺,2000,18(6):1-3.

[16] 张洪武,等. 有限元分析与 CAE 技术基础[M]. 北京:清华大学出版社,2005.

[17] 李泷杲. 金属板料成形有限元模拟基础[M]. 北京:北京航空航天大学出版社,2008.

[18] 汤月宝. 管材弯曲成形数值模拟技术的研究与开发[D]. 硕士学位论文,南京:南京航空航天大学,2007.

[19] Al-Qureshi H A, Russo A. Spring-back and residual stresses in bending of thin walled aluminum tubes [J]. Materials and Design, 2002, 23: 217-222.

第4章　核电用不锈钢管件冷成形加工

核电工程的运行对于解决能源问题具有重要的战略意义。而核电材料是影响核电工程实现安全、成功运行的重要因素。作为一项复杂的系统工程，各种材料都在极端苛刻的条件下服役，从而对服役材料在综合性能上提出了相对特殊的要求。从核电工程对使用材料的要求来说，材料需要在高温条件下服役且耐辐射；同时，还应保证核动力装置零件或部件的结构强度，即具有较好的强度、塑性以及动载条件下的持久性能等；核电用材料还应具备较好的工艺性能，即易于压力加工、焊接成形、切削、轧制等。另外，核电材料在服役过程中，因不可避免地与带有腐蚀性杂质的冷却剂接触，因此可能会因腐蚀、侵蚀、空蚀而遭到破坏，从而引起脆化，服役寿命严重降低，所以对核电材料的耐腐蚀性能也有严格的要求。因不锈钢材料能满足核电服役环境对材料的苛刻要求，所以在核电工程中得到了广泛的应用。

核电用不锈钢常被加工成燃料元件包壳及堆芯等。此外，在管道回路、蒸汽发生器、热交换器、冷凝水供水管路、沸水堆多路强迫循环回路的管道、循环泵等方面，核电用无缝不锈钢管材及高性能管件得到了更大的应用[1]。如在轻水堆中，炉内结构件、炉内设备、冷却剂循环系统、给水加热器系统使用了304及316不锈钢。奥氏体不锈钢之所以在接触冷却水的部分及炉心结构件中得到了广泛的应用，主要是因为其优异的耐蚀性和良好的各种加工性能；在快中子增殖反应堆(FBR)中，考虑到材料的抗热应力、高温蠕变疲劳特性、与高温液体钠的接触相容性等因素，结构材料多使用304系及316系不锈钢[2]。

由于核电用不锈钢在高温、高压、腐蚀以及具有一定能量的中子辐照的条件下工作，因此对各种不锈钢服役管件提出了非常高的性能要求。从不锈钢管件的材料要求来说，应具有极高的均匀性和纯净度，优良的综合力学性能和焊接性能，富余的塑性和韧性储备，良好的抗晶间腐蚀和抗中子辐照能力[3]。另外，鉴于核电不锈钢管材的冷轧、各种薄壁件的成形技术以及核电用双金属复合管的成形技术对于制备具有特殊用途的管材及管件具有重要意义，所以有必要对其铸、锻加工，薄壁件冷成形关键技术以及复合管成形技术进行阐述和总结。

4.1　核电用不锈钢管坯铸/锻加工

为满足核电用无缝不锈钢的冶炼技术要求，在炼钢过程中，要严格控制化学成分，使之符合相关标准规定的要求。另外，还须通过精炼工艺，控制夹杂物的成分与分布。为了提高冶炼质量，国内学者对高质量不锈钢冶炼做了许多工作：曹秀梅等[4]介绍了AOD精炼双相不锈钢的工艺特点，并且进行了AOD精炼炉精炼00Cr22Ni5Mo3N双相不锈钢的实践，精炼出了合金钢，并浇铸了箱体转轮扇面；王明旭[5]对核电泵壳用钢Z3CN20209M的冶炼工艺进行了改进。分别熔炼钢水及合金，合兑后对其进行成分微调，然后进行 VOD 操作。此操作能够保证冶炼质量并将冶炼时间大大缩短；袁志亮[6]对 10t AC 炉＋25t LF-VOD 精炼炉冶炼 00Cr 系超低碳不锈钢进行了研究。制定了规范工艺，冶炼指标良好，碳含量可达到 $W_c \leqslant 0.01\%$；刘承志等[7]通过生产试验改进了 40t AOD 精炼工艺参数。通过提高吹炼气体中氧气的比例、碱度以及炉渣中 MgO 的含量，降低了精炼温度。

总之，要制备高质量核电用不锈钢，首先应从制备工艺的源头进行控制，即选取有害元素量低的原料，通过熔炼、浇铸、扩散退火工艺优化，降低有害元素量，精确控制不锈钢铸锭化学成分，消除化学成分偏析，从而使之符合核电不锈钢的成分要求。

核电用不锈钢的浇铸工艺选择的正确与否，对浇铸凝固后的不锈钢质量具有重大的影响。在浇铸过程中，钢水从液态转化为固态，要放出大量的结晶潜热，冷却过程中也存在着一定程度的能量转移。操作是否适宜，会决定最终成品的质量[8]。另外，不同方法对于生产成本也具有重要的影响。目前，核电用不锈钢钢水的凝固成形有两种方法：传统的普通铸锭法和连续铸钢法。普通铸锭法，是把经过电弧炉冶炼＋AOD 精炼过的不锈钢钢液倒入盛钢桶内，进行最后调整成分、脱氧和调节温度，然后注入钢锭模中，凝固成钢锭。在浇铸结束时，可在冒口插入可控的专用脉冲电源装置，解决合金元素在冷却凝固时的偏析问题。连续铸钢法是把液态钢水用连铸机浇铸、冷凝、切割而直接得到铸坯的工艺。该方法获得的铸坯偏析程度较低，化学成分均匀，自动化程度高，铸坯易实现洁净化，与后续轧制的连接实现一体化，铸坯的热能得以充分的应用从而能耗大大降低。

对核电用不锈钢的坯料锻造环节亦需要作严格控制。开锻之前，严格按照核电用钢锭加热工艺进行加热，确保钢坯温度的均匀性，同时对炉温进行在线监测。另外，为了使加热后的铸锭在锻造过程中具有最佳的可锻性，变形抗力小，塑性高，以及在锻后能获得良好的内部组织，必须严格控制锻造的始锻温度与终锻温度以及锻造比。

热穿孔是较大的塑性变形工艺，在热加工过程中，非金属夹杂物常常不能承受较大的塑性变形。材料在热穿孔时致密性遭到破坏，有些非金属夹杂物常分布于晶界上，从而减弱了晶粒间的联系，使不锈钢的塑性降低，最终导致管坯破裂而出现缺陷[9]。选用合理的穿孔方式和改变不利的应力状态，可以有效地防止缺陷的产生，同时可以降低坯管对质量的要求。在热穿孔前，还须对坯料进行冷定心处理，即通过车床对管坯进行端部钻孔。坯料定心以后可以改善穿孔时的咬入条件。

4.2 冷轧加工

目前，中小尺寸的高质量核电用无缝不锈钢管，经冷轧后内部组织优良，综合力学性能较好。因核电不锈钢管服役于比较特殊的环境，对其尺寸精度、内部组织以及综合性能要求都非常高。所以对于中小尺寸的核电用无缝不锈钢管采用冷轧工艺进行制备，最终的产品晶粒比热轧细小，经合适的后续热处理工艺处理后，综合性能优于热轧管。用冷轧方法生产中小尺寸的核电用无缝不锈钢管，可大大地减少主要工序和辅助工序，从而可以显著地降低金属、燃料、动力和辅助材料的消耗，同时可以缩短和改善生产流程，所以根据实际产品需求情况及生产情况，采用冷轧法亦具有较大优势。国内相关领域的学者对无缝管的轧制进行了相应的研究。左大为等[10]用自行设计的试验装置，分别用浮动芯棒、限动芯棒在单机架轧管机上进行了摩擦力、单位轧制力的测定，并得到了无缝管轧制变形区内单位压力和摩擦力的纵横空间分布曲线，由此绘制出了变形区内各点的全摩擦力分布及金属流动轨迹图。同时认为实际的摩擦系数不仅在轧制方向上，而且在宽度方向上都是变化的；孙凤元[11]分析研究了变形量分配、速度设定等问题，认为不稳定的强制轧制状态是使连轧管产生“竹节”的关键因素，同时还研究了轧辊转速与“竹节”的关系。

4.2.1 冷轧工艺原理

在辊式冷轧管机上冷轧核电用无缝不锈钢管的突出优点是，坯料因在变形过程中受三向压应力状态而导致材料的塑性变形能力得以提高。因此在冷轧过程中金属的变形条件较为优越。

常用的钢管冷轧机有二辊和多辊式两种，前者应用较为广泛。二辊式冷轧机是一种具有周期式工作制度的冷轧管机。它的工作机架借助于曲柄连杆机构做往复运动。安装在机架轴承中的工作轧辊，在轧制过程中借助于装在辊颈上的齿轮做往复运动，同时又进行滚动；下辊两侧的一对齿轮，与装在工作机架底座两侧上的齿条相啮合，其工作原理示意图如图 4.1 及图 4.2 所示。冷轧管时，管子套在锥形芯棒上，用轧辊的轧槽进行轧制，在轧槽的圆周上开有截面不断变化的孔型。一般说来，核电用无缝不锈钢管冷轧加工与其他钢种类似，在孔型工作部分变形时，基本经过减径、压下、荒轧、精轧和定径等五个阶段。冷轧无缝钢管时，所采用的主要变形工具为具有一定形状孔型的轧辊和芯棒。坯料在这两个变形工具的共同作用下实现变形[12]。

图 4.1　核电用不锈钢管冷轧示意图

图 4.2　核电用不锈钢管冷轧机组

4.2.2 冷轧工艺实施

在实施冷轧工艺时，对中间热处理、酸洗润滑质量、模具的精度、轧制速度等都要严格的控制。其具体的实施工艺如下：

在冷轧前需检查来料缺陷情况。来料不允许存在折叠、裂纹、雀皮、耳子和氧化皮等缺陷。两端应切齐，倒角无毛刺，尺寸公差均符合要求，弯曲度不大于 5 mm/m。在冷轧中凡有轧毛、顶条折断或机架严重跳动现象，坯料应重新热处理。冷轧机所用的滑槽、顶条、轧辊等模具不得有任何擦伤，表面光洁度在 9 以上，表面硬度 RC≥58～60 度。新滑槽应经过砂轮或抛布轮抛光，使各工作段平滑过渡和提高光洁度。冷轧中使用芯棒直径应比坯料内径小 3～10 mm，轧制薄壁管时，其间隙应更小。上下轧辊不允许有轴向错位。轧制时，必须采用送进机构，不允许发生坯料自由向前移动现象。

4.2.3 冷轧工艺关键控制技术

采用冷轧工艺是制备尺寸精度和表面光洁度要求都极高的核电用无缝不锈钢管的卓有成效的手段。在冷轧阶段，着重控制的目标为：尺寸精度、表面质量和力学性能。但是能否得到最终的高质量成品，使成品具备严格的尺寸公差、椭圆度、表面粗糙度的要求，还须研究冷轧变形工艺的关键控制技术。由于实际成形过程中，影响最终产品质量的因素非常多，且各因素的作用和受控程度与最终效果之间很难建立明确的定量关系。因此研究冷轧变形的关键技术是最终能够实现对冷轧质量控制的唯一途径。如对轧制关键技术掌握不当，则会产生诸多缺陷，如轧制开裂则是一个较为常见的问题。

(1) 核电不锈钢管外径尺寸精度控制技术：钢管的外径精度决定于定径方法，定径设备的运转情况和精度，定径工艺制度等。对钢管实施冷轧，轧制时采用环孔型精密轧辊轧机，以确保轧制最终的壁厚精度、外径精度、内径精度和椭圆度以及表面质量的要求。

(2) 核电不锈钢管内孔表面粗糙度控制技术：首先就要控制芯棒的表面光洁度。其次，坯料表面的润滑情况是确保不锈钢坯料能始终变形延展而不开裂的重要因素。另外，若管子变形道次太少，或者管子本身内径小，不易将钢管内壁缺陷修磨彻底，并且因为内径小，在打头后酸洗时，不易将内壁的残留物冲洗干净，热处理后部分区域增碳，抗腐蚀能力下降，酸洗后也会出现内表面粗糙；在修磨时应彻底清除内壁缺陷，生产过程中，严格控制酸洗润滑质量，在酸洗时，每个道次都将管头切除，以便可以用高压水彻底冲洗干净，每道次酸洗后均逐支检查内外表面质量，如有缺陷应立即消除。

(3) 成品矫直要严格控制矫直辊的角度、矫直速度的调节，重点对核电用无缝不锈钢管的椭圆度和直线度实施定量控制。

(4) 每个道次轧(拔)制后的去油和固溶之后的酸洗都必须在专用酸槽进行，不得随意使用其他酸槽，清水冲洗时必须逐支冲洗干净，所用冲洗水必须是核电站用管所要求的 A 级水。对冷轧后的核电用无缝不锈钢管进行热处理主要有两个目的：其一为消除冷轧阶段存在的内应力；其二为是进一步改善材料的组织，控制材料中铁素体的含量，从而进一步提高材料的综合力学性能。只有通过对影响核电用无缝不锈钢管质量的关键因素实施全面控制，方能保证最终成品的高质量。

4.3 核电用不锈钢薄壁管件的冷成形

如第 2 章中所述，对于核电不锈钢管件的加工方法来说，主要可以分为热加工和冷加工等方法。热加工是在充分进行再结晶的温度以上所完成的加工；冷加工是在不产生回复和再结晶温度以下进行的加工[13]。对于核电管件的热加工来说，热锻和热挤压是制造管件的常用手段；而冷挤压是制备核电管件的生产效率高且常用的加工方法。在核电不锈钢管件的诸多成形工艺中，冷成形占据着重要的位置。管件冷成形技术则可以有效弥补热加工所带来的缺点。

同时，管件的冷成形工艺属于精密塑性成形，故具有很多优点，主要表现在管件制品尺寸精度高、综合力学性能好、材料利用率高及生产成本低廉。

4.3.1 薄壁不锈钢三通管件的成形技术

采用冷挤压制备的不锈钢系列管件中，薄壁件占有较大的比重。这是由于冷挤压成形制备的薄壁不锈钢管件，力学性能优越，抗腐蚀性能优良，质量轻且成本较低，可以较好适应于核电管路系统。尽管薄壁不锈钢管件具有多项优势，但其制备难度较大。在成形过程中，极易引起屈曲现象。

薄壁不锈钢三通管件一般采用内高压成形，其成形原理在第 2 章已有所阐述。对于薄壁不锈钢件，其内外表面精度都要求较高，所以要严防在成形过程中，因成形工艺的选择不当导致内外表面划伤的问题。若内外表面存在划伤，在后续的加工过程中去除划痕将非常困难。主要的原因是薄壁不锈钢管件在后续机械加工过程中的夹持是个难点，装夹不当会引起管件的畸变。另外，对薄壁管材进行冷挤压成形时，既要避免变形部位管壁破裂，又要防止管坯产生径向褶皱。挤压杆的端部为阶梯轴，阶梯轴的内径和外径分别等于管坯的内径和外径，当管坯壁厚较小时，挤压过程中挤压杆端部台阶对管坯的轴向挤压十分必要，它可补充管坯的塑性变形量，防止管坯因自然变形不足而出现的管壁破裂[14]。

不锈钢管在塑性变形时极易黏附于三通模具型腔表面。另外，不锈钢管外壁与模具的黏附会引起薄壁管件表面产生褶皱。为防止上述现象的发生，在对薄壁不锈钢管内高压成形时，在管坯外表面包覆一层塑料薄膜，挤压过程中可以有效减小不锈钢管坯与模具型腔内表面的摩擦，隔绝了不锈钢材料与模具表面的黏附，提高了模具的寿命，而且挤压完成后薄膜并无破碎，管件表面光洁、平整[14]。

另外，对于薄壁不锈钢三通的制备，还可以通过管翻边工艺进行加工。将管壁上的预制孔的边缘弯曲成一定角度(通常为 90°)直壁的加工工艺，称为翻边[15]。管坯的翻边加工可分为外翻边和内翻边。图 4.3 所示的是内、外翻边的成形管件。

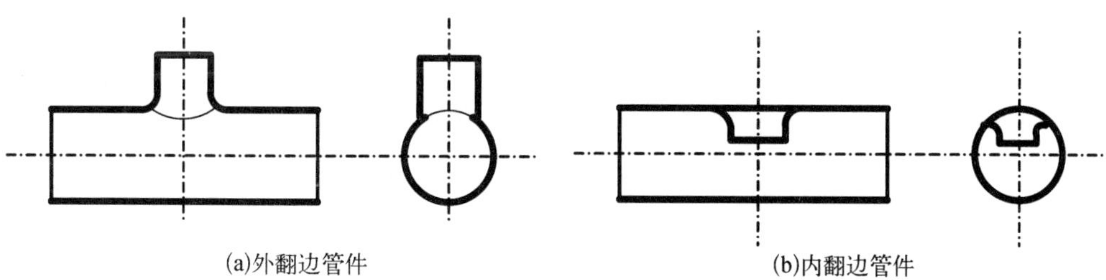
(a)外翻边管件　　(b)内翻边管件

图 4.3 翻边管件

管壁预制孔向外翻边时，应力应变状态如图 4.4 所示。在翻边成形过程中，预制孔的直径不断增大，在增大过程中，周向应变值增加到一定程度，将会引起边缘开裂。因此，翻边过程中防止预制孔边缘因周向变形过大引起的边缘开裂问题是工艺实施的关键。一次翻边的极限变形程度大小，主要受管材本身的延伸率的影响。翻边变形程度一般用翻边系数来表征，系指翻边变形前后孔径之比。翻边系数越小，说明变形前后之孔径差值越大，表面翻边过程中切向伸长变形越大，在变形过程中越容易出现拉裂现象。所以对于采用翻边工艺制备薄壁不锈钢三通管件来说，则应该严格控制翻边系数的值，不能因过小导致孔口部开裂。因此翻边成形极限受材料的延伸率限制，故极限翻边系数与管材自身的延伸率之间的关系如式(4-1)所示[15]：

$$m_{\min} = \frac{1}{1+\delta} \tag{4-1}$$

式中，m—— 极限翻边系数；

δ—— 管材的延伸率。

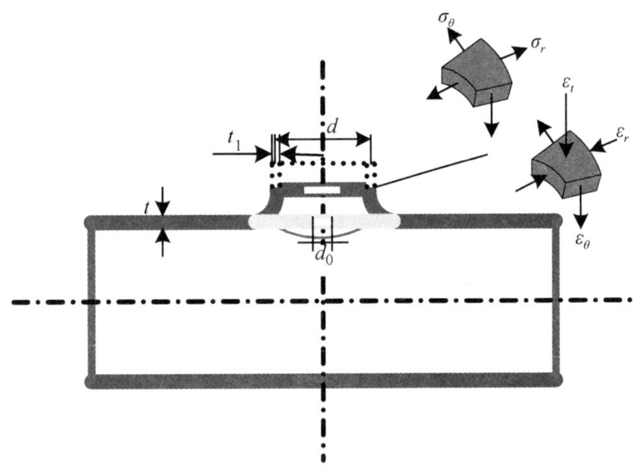

图 4.4 管件翻边变形区的应力应变状态[15]

实施翻边工艺时，须注意的是当翻边的支管高度不大时，可采用直接在管壁上冲孔翻边；当翻边高度较大时，则应该在管坯上局部胀形，然后实施翻边。

对于不锈钢薄壁非等径三通，由于支管直径和主管直径的比值比较小，采用液压胀形工艺制备异径三通的难度非常大，较低的内压很难将支管顶起。式(4-2)[16]显示的是三通管成形的最大压力。从式(4-2)可以看出，在管坯厚度保持一定的情况下，随着支管的直径减小，所需要的最大成形压力是不断增大的。

$$(P_i)_b = \sigma_u \frac{4t_0}{D_p - t_0} \tag{4-2}$$

式中：$(P_i)_b$—— 胀形最大成形压力；

σ_u—— 管坯材料的抗拉强度；

D_p—— 管坯的外径；

t_0—— 管坯的厚度。

最大成形压力的不断增大，将会对成形设备的吨位和模具的质量提出非常高的要求，会直接导致异径三通制造成本的升高。而采用挤压拉拔方法制备异径三通具有操作简单、成本较低的优势。其制备过程为：将管坯下料成所需的长度，在加热炉中加热到一定温度后，利用液压设备的冲头将坯料进行轴向相向挤压，在挤压后的管坯上开孔，利用其他牵引设备对支管进行拉拔，可以成功制备异径三通。但此法的缺点是壁厚不均匀：主管增厚明显，而支管减薄严重。

4.3.2 不锈钢异径接头的成形

异径接头是用于径向尺寸不同的管子的直线连接并实现管道变径的连接管件。对于厚壁不锈钢的异径管件，可以通过多道次冷挤压的工艺加工。冷挤压可以分为扩径成形和缩径成形，如图 4.5 所示。在扩径成形过程中，材料受拉应力的部位减薄严重，甚至出现开裂，容易使管件报废，冷成形成品率较低；在缩径成形过程中，管材在模具底部受到周向压应力，增厚严重。采用缩径成形，因受到三向压应力，材料变形过程中不容易开裂。但上述两种工艺主要用来加工厚壁的不锈钢管件。对于核电工程中使用的薄壁异径管件则不宜采用。尤其对于长径比较大的不锈钢薄壁管坯，因抗压缩失稳性能较差，在扩径与缩径的过程中，都会产生周向压

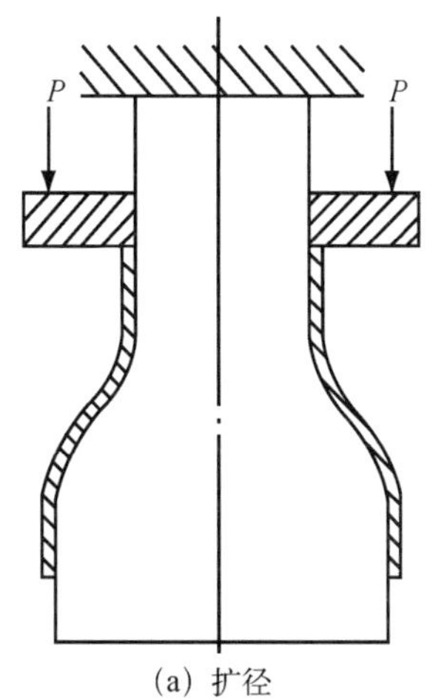

(a) 扩径

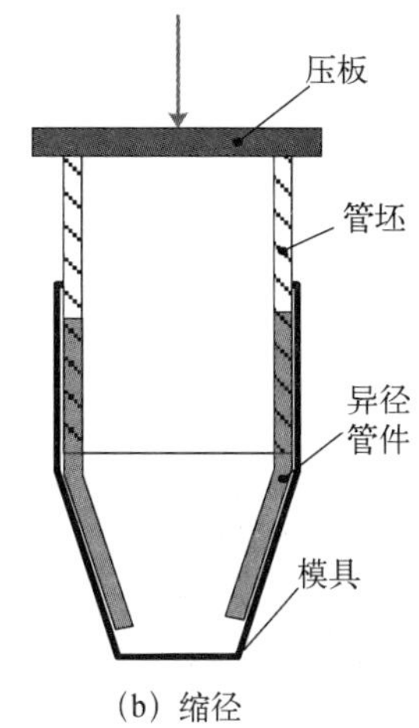

(b) 缩径

图 4.5　冷挤压成形

缩屈曲失稳的现象。

为了制备壁厚均匀，内外表面质量高的薄壁不锈钢异径管件，可采用旋压成形工艺成形。这种方法的过程是将平板毛坯通过机床尾顶尖和顶块夹紧在模具上，见图 4.6。机床主轴带动模具和毛坯一同旋转，通过操作旋棒加压于毛坯上，反复擀辗，使毛坯包覆于模具上，形成与模具一致的外形。然后切底形成零件[17]。旋压成形的突出优势是局部渐进变形，变形程度小，整体变形均匀。最终制备出的异径管件壁厚均匀，内外表面质量都非常高。采用此工艺容易实现自动化生产，但加工效率不是很高。

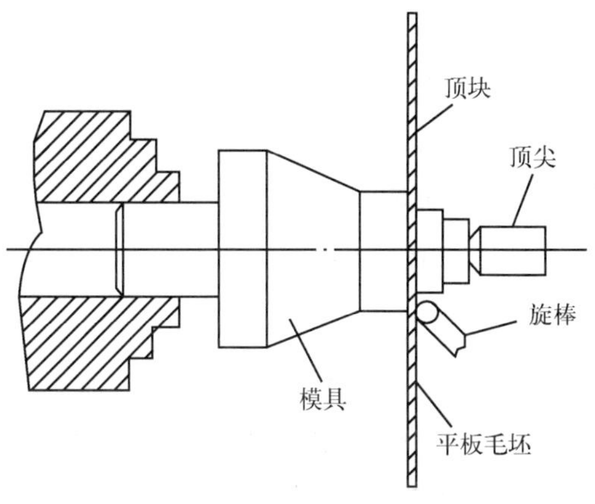

图 4.6　薄壁不锈钢异径管件旋压成形[17]

4.4　核能用不锈钢为基材的复合管件成形工艺

双金属复合管是根据使用要求采用特殊性能材料作为内衬与普通金属结构材料复合，从而可以满足不同工况的耐腐蚀或耐磨损的需求，具有广阔的市场前景。日、美、德、英等国家都很重视复合管的开发及使用，从而使复合管产品在能源、造船、化工、石油和机械等领域得到了广泛的应用[18-20]。把核电用不锈钢管与其他金属管复合，制备满足特殊用途的核能工程需求具有重要意义。制备核电用双金属复合管有多种手段，其中，爆炸焊接法制备复合管占据着重要的地位。爆炸焊接复合管由两种不同金属管构成的复合管：一种金属管在内，另一种金属管在其外；管层之间冶金结合，受外力作用时，两种金属管同时变形[21]。

以不锈钢为基材的双金属复合管虽然具有重大应用价值，但要使之尽快走向实际应用，还必须研究其冷成形工艺，从而最终制备出各种的复杂的复合金属管件。然而，因涉及双层金属共同变形问题，所以利用复合管成形管件的难度较大。在复合管塑性成形的数值模拟及试验研究方面，有部分学者已经进行了少量研究工作。M. D. Islam 等对铜和黄铜复合管的液压胀形进行了有限元模拟，但是变形之前铜和黄铜没有实现结合，两层金属是分开的[22]。而吕海源用 dynaform 软件实现了复合管材的压弯的有限元模拟[23]。王冬平等对 SA210A1＋INCONEL625 复合管的变曲工艺进行了试验研究[24]。

总体来说，关于复合管的塑性成形有限元模拟的研究还比较少。本章利用通用有限元软件对爆炸焊接工艺制备的 316L/Al 复合管正三通的塑性变形过程进行了模拟计算，研究成形工艺对三通支管高度和壁厚最大减薄率的影响，并结合模拟结果进行了 316L/Al 复合三通管的实际冷成形。

4.4.1 试验装置及工艺原理

图 4.7 所示的是三通液压胀形的工艺设备。液压胀形的工艺过程可分为以下步骤：首先将冲头进行精确定位，然后放入 316L/Al 复合管坯并合模；冲头轴向进给，同时在管坯内部加压，在成形内压及轴向进给的共同作用下，复合管坯发生塑性变形；塑性变形过程结束，上下模分开，管件被顶出下模，液压胀形工艺过程结束。

图 4.7 316L/Al 复合管液压胀形模具

4.4.2 有限元模型

实际工艺及成形零件的模型化是有限元模拟所必需的[25]。根据液压胀形工艺原理，利用商用 CAD 软件 Pro-E 对三通的成形零件及复合管坯分别建立模型，复合管坯料尺寸如图 4.8所示。将成形零件及管坯的几何模型先后导入有限元计算软件，其有限元模型如图 4.9 所示。

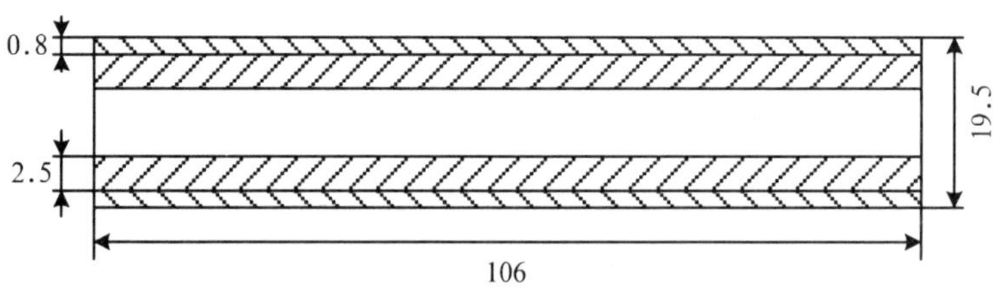

图 4.8 316L/Al 复合管坯料尺寸

刚体和变形体之间的接触类型为 TOUCHING，包括冲头和管坯的接触，管坯不锈钢层外表面与模具内表面的接触。而复合管因采用爆炸焊接工艺制备，不锈钢和纯铝之间为冶金结合，两个变形体之间的接触类型设置为 GLUE。

边界条件是有限元模拟的重要环节，液压胀形过程的控制因素有内压力和冲头的进给距离。液压胀形过程中模具 6 个自由度设为零。在模拟过程中通过对冲头施加一定的速度来实现控制，冲头作用于管坯端部推动管坯移动，由于模具的约束使管坯端部只能沿轴向运动。而液体压力简化为面载荷施加在铝层的内表面，计算程序会将面载荷最终转化为节点载荷。

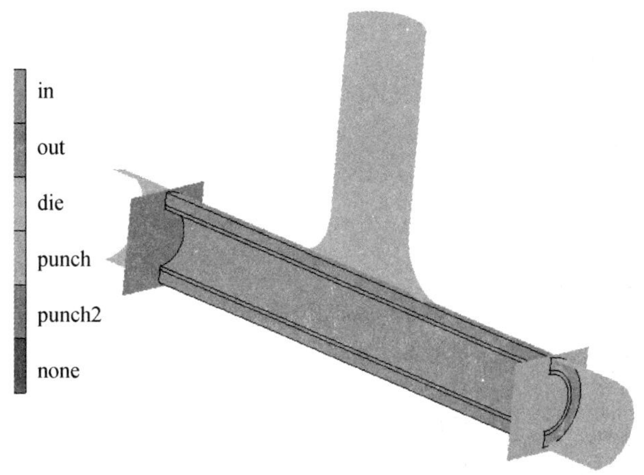

图 4.9 316L/Al 复合管液压胀形有限元模型

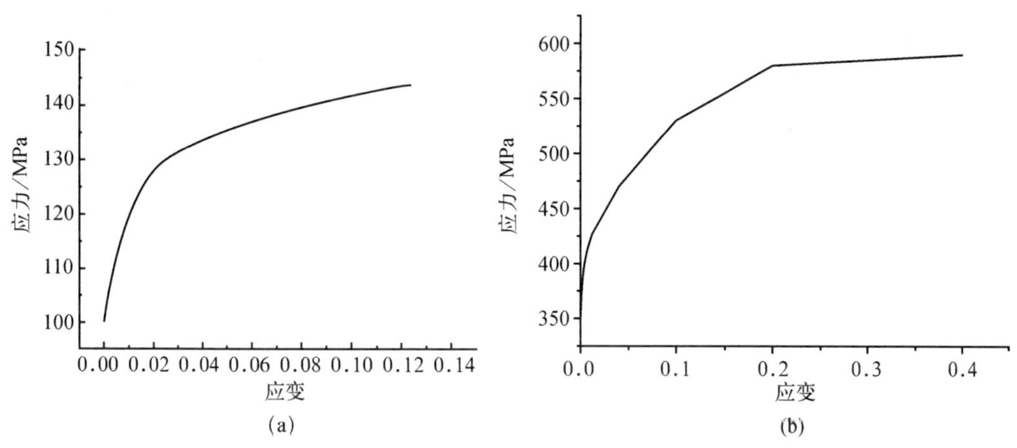

图 4.10 不同管坯等效应力—应变曲线

(a) 纯铝;(b) 316L

4.4.3 有限元模拟结果

表 4.1 材料性能

材料	ρ/(g/cm^3)	E/MPa	ν(泊松比)
316L	8	200 000	0.28
纯铝	2.71	70 000	0.33

正三通的模拟情况一般可通过支管高度和最大减薄率来表征。所谓支管高度就是切除帽口后支管顶端到主管轴线的距离,最大减薄率就是切除帽口后最小壁厚处跟原始厚度相比减小的百分数。而双金属管的有限元模拟还需考虑界面的结合情况。

4.4.3.1 界面结合情况

双金属复合管的模拟过程中涉及两层金属的变形匹配问题,变形过程中要保证两层金属不会分离。在模拟过程中将两层金属间的接触类型设为 GLUE,双金属复合管之间为冶金结合,应用纯铝的剪切强度作为界面的结合强度,并设为 GLUE 的临界分离力。图 4.11 表示的是纯铝和316L之间的接触情况,可以看到界面上没有出现异常,两层金属之间没有出现分离;图4.12表示的是在GLUE临界分离力较小时界面的接触情况,可以看到在A处出现了异常,说明此处出现了分离。

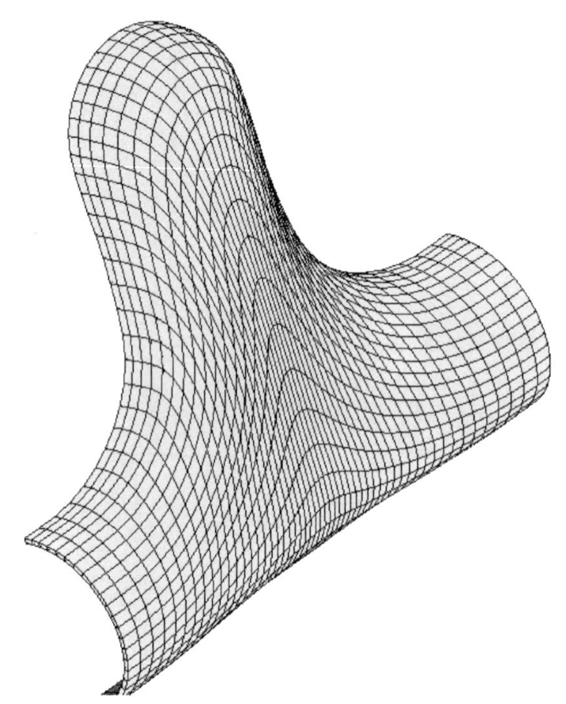

图4.11　正常情况下复合管结合面接触

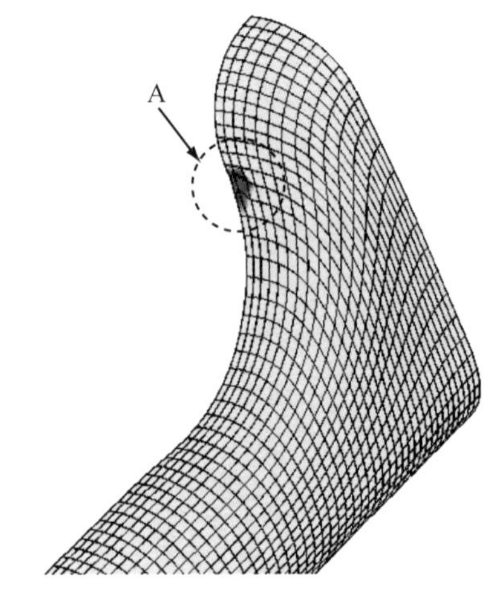

图4.12　出现分离时复合管结合面的接触

4.4.3.2　内压力的影响

内压力是影响液压胀形的重要因素,可通过保持其他影响因素不变,只改变内压力的值来研究其对液压胀形效果的影响。图4.13所示为复合三通最大减薄率和支管高度随压力变化的曲线,从图中可以看出,随着压力的增加,最大减薄率增加,支管高度也会增加,这主要是由于压力能增加主管部分金属的流动性,压力较小时,如图4.14所示,支管部分金属流动能力减弱,变形较小,因此支管高度也较低,而且支管部分小的变形会直接导致变形主管部分金属流动不畅,

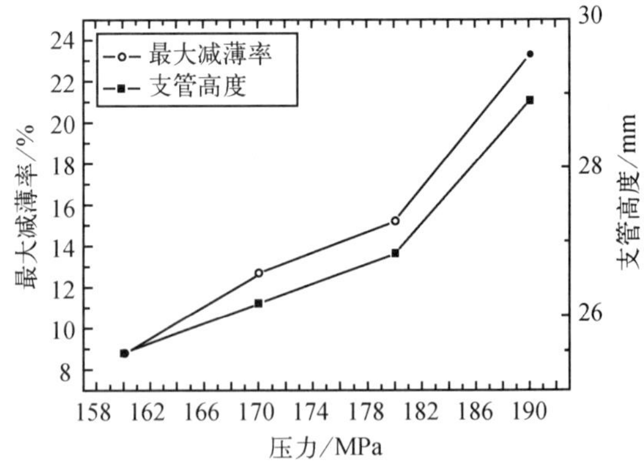

图4.13　最大减薄率和支管高度随内压力的变化曲线

使得金属在主管内积压从而使管件主管部位厚度增加;压力较大时,如图4.15所示,支管部分金属流动能力提高,带动主管部分金属流动使得主管部分增厚得到缓解,但是过高的压力会使摩擦力增加,使得主管部分金属流动也会变得困难,支管的变形得不到足够金属补充,支管就

会过度减薄，所以压力不能过高。总之，选取压力就要协调好最大减薄率和支管高度的关系，另外考虑到工艺实现的可能性，应尽量选取较低的压力。

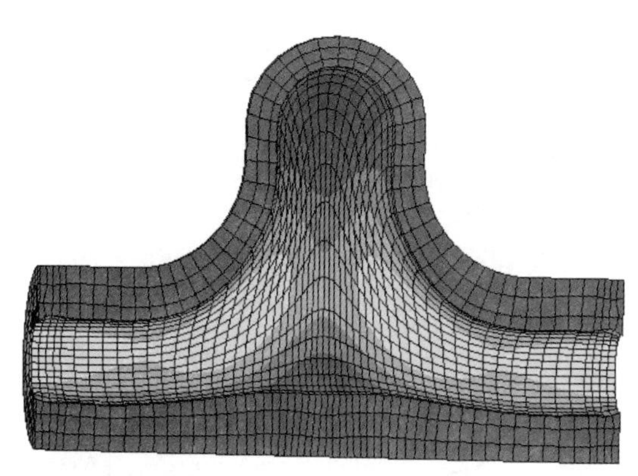

图 4.14　压力较小时复合管的厚度分布图

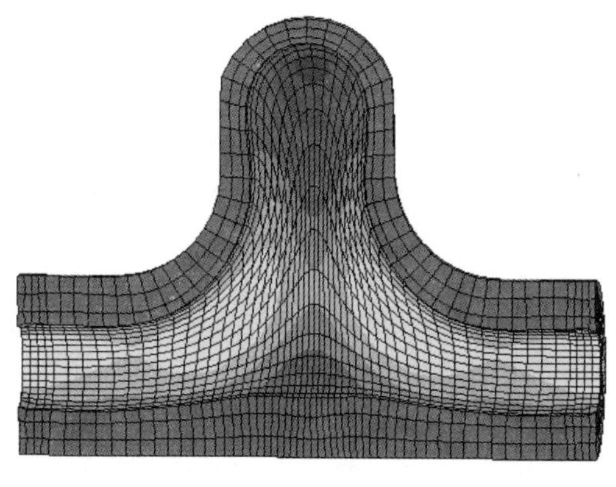

图 4.15　压力较大时复合管的厚度分布图

4.4.3.3　摩擦系数的影响

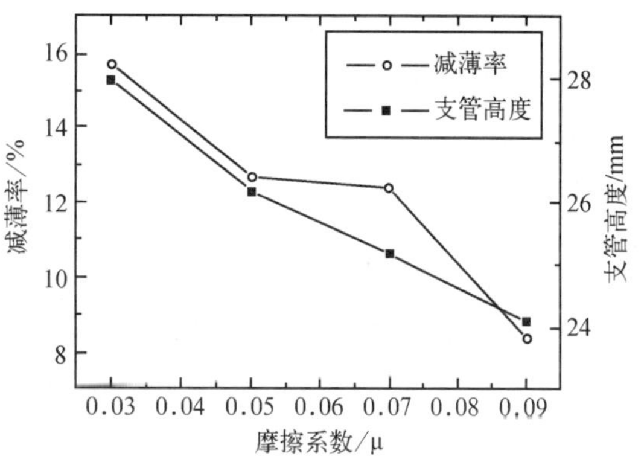

图 4.16　最大减薄率和支管高度随摩擦系数的变化曲线

摩擦力对金属的流动会产生阻碍作用，因此摩擦力对液压胀形工艺也有较大的影响。控制摩擦力可以通过改变材料表面的摩擦系数来实现。图 4.16 所示为分别选取摩擦系数为0.03、0.05、0.07 和 0.09 计算的结果，摩擦系数较小时，摩擦力相应较小，金属流动的阻力就降低，这就使金属易于流动，这就导致支管增高；而摩擦系数较大时则反之。因此高的摩擦系数对应高的最大减薄率和支管高度。所以其他因素一定时，摩擦系数有一定的优化范围，即摩擦系数的最小值对应着壁厚减薄率的最大值，摩擦系数最大值对应支管高度的最小值。图 4.17 和图 4.18 显示的是摩擦系数分别为 0.03 和 0.09 时三通管的厚度分布图。从图中可知，较大的摩擦力会导致管件厚度的不均匀性，这也是由于金属流动性变化而产生的。主管部分完全与模具接触，摩擦力较大时金属更不容易流动，使支管和主管部分流动性差异较大，于是就出现了厚度分布不均的现象。由图 4.17 和图 4.18 主管下部壁厚较大处也可以看出摩擦力的作用。图 4.17 显示复合三通管件主管下部壁厚增大处的中间位置（即 B 处）出现了壁厚的峰值。这是由于此处金属受到挤压所致；但如图 4.18 所示对应位置（C 处）则出现了下凹，最大壁厚处不在主管下部正中间。由两处的单元对比来看，B 处单元与外壁垂直，而 C 处单元有一定的倾斜角，这是由于摩擦系数较大时，摩擦力的作用就明显表现了出来，外侧金属与模具接触受到的摩擦力大大增加，使得金属堆积的位置发生了改变，316L 不锈钢层在主管中部的变形得到的金属补充不够而相对两边增厚的位置增厚相应减小，这就导致 C 处出现了下凹的现象。

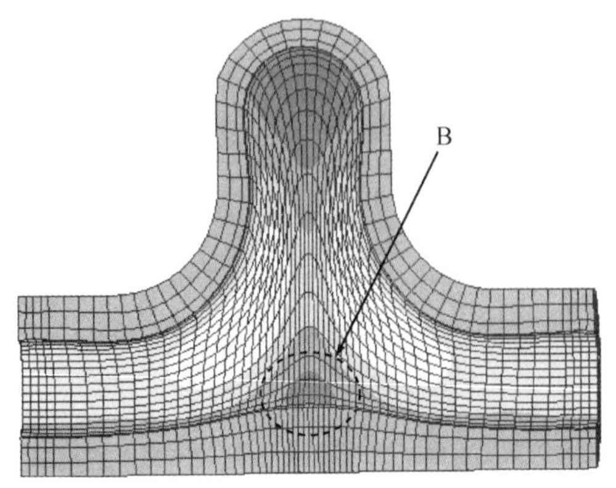

图 4.17　$f=0.03$ 时复合管的厚度分布

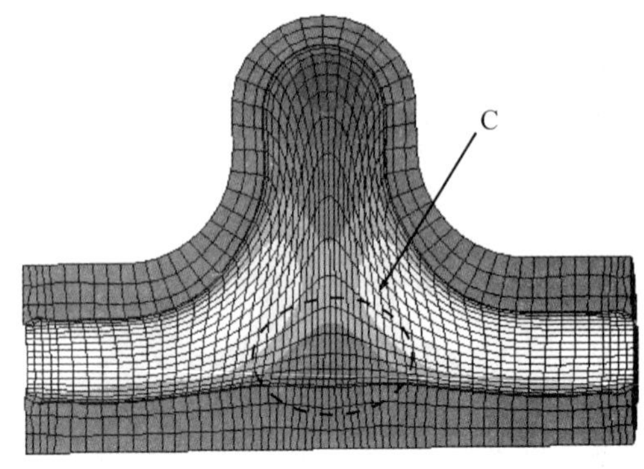

图 4.18　$f=0.09$ 时复合管的厚度分布

4.4.3.4　推进距离的影响

推进距离决定了参与变形的金属的总量，直接影响到支管高度和最大减薄率。如图 4.19 所示为最大减薄率和支管高度随推进距离变化的关系曲线。从图中可知，推进距离对最大减薄率的影响很小，几乎可以忽略不计，而支管高度呈线性变化，说明金属流动性良好，支管的变形能及时得到主管金属的补充。推进距离一般不会对金属的减薄率产生较大的影响，但是对支管高度的影响较大。

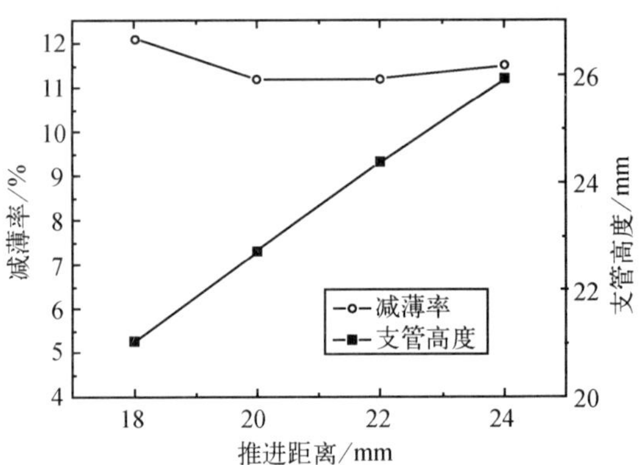

图 4.19　最大减薄率和支管高度随推进距离的变化曲线

4.4.3.5　Al 和 316L 的变形匹配情况

图 4.20(a)所示的是复合管总体厚度分布图。图 4.20(b)所示的是管件端部发生压缩失稳导致增厚的异常，除了这部分区域以外，主管上部 Al 和 316L 层的变形匹配情况良好，厚度逐渐减小。如图 4.20(c)，主管下部 Al 和 316L 层厚度在端部有一点波动外，主管中部的变形匹配情况较差，这主要是由于摩擦力的影响导致的。

4.4.4　316L/Al 复合管实际成形

参照模拟优化的工艺参数，采用如图 4.21(a)所示的成形设备，制备出层间冶金结合的 316L/Al 复合三通管件。如图 4.21(b)、(c)分别所示的是 316L/Al 复合三通半成品四分之三剖件与最终成品。

另外，对于大尺寸的不锈钢与铝复合管的塑形成形以及其他不同金属组分的复合管，其成形过程的计算模拟思路与本章所阐述的思路基本相同。需要强调的是，影响成形性能的因素除了内压力、摩擦系数和推进距离外，坯料的直径及厚度的影响也不可忽视，不同尺寸的坯料的成形工艺会有较大的不同。直径和壁厚较大的坯料需要的成形压力较大，而壁厚较薄的坯料需要的成形压力则较小。鉴于存在众多的影响因素，实际成形的难度将会增大，需要累积大量的经验，而这时引入有限元模拟来研究各个因素对成形性能的影响就具有重要的实际意义。

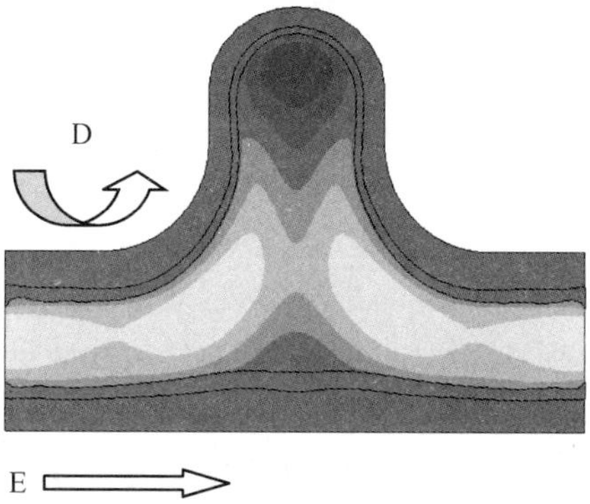

D

E

(a) 复合管Al和316L层总体厚度分布图

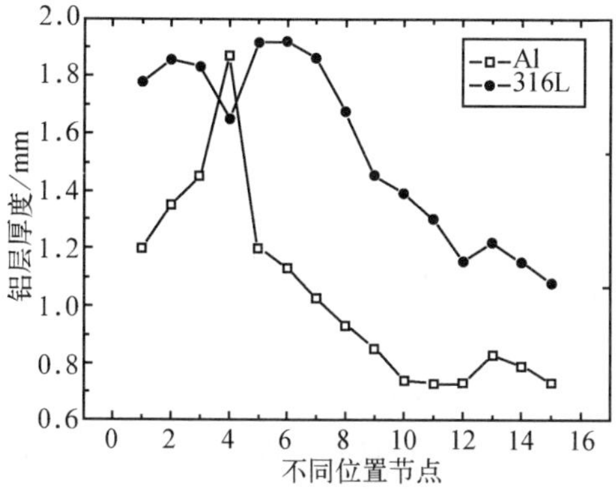

(b) D处Al和316L层的厚度分布曲线

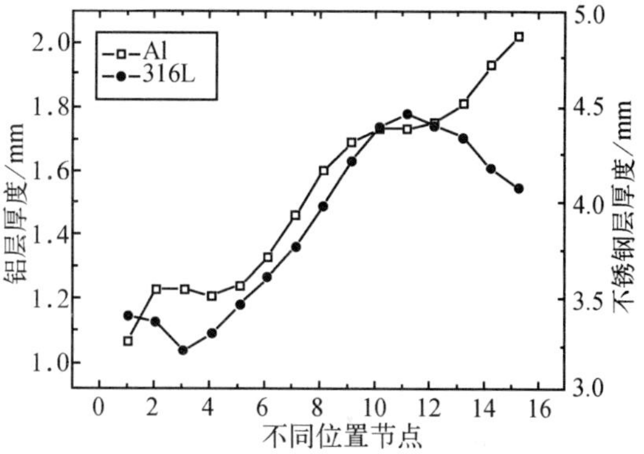

(c) E处Al和316L层的厚度分布曲线

图 4.20　厚度分布趋势及分布图

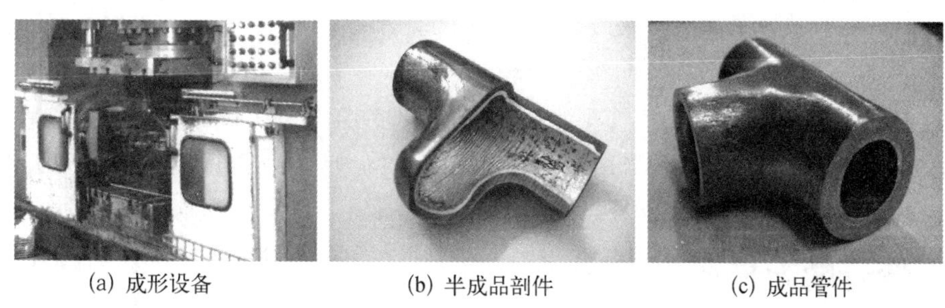

(a) 成形设备　(b) 半成品剖件　(c) 成品管件

图 4.21　316L/Al 复合三通管件成形设备及管件

4.5　核电用不锈钢管件的其他加工工艺

4.5.1　超大型三通加工方法

超大型三通在核电工程中具有重要的应用。对于超大型三通的加工，因为其体积大，管壁过厚,使得采用液压胀形工艺制备厚壁超大型三通的难度很大,目前设备的吨位很难满足超大型三通的加工要求。另外,采用焊接工艺制备的超大型三通可以用于对管件综合性能不高的环境中。而核电工程装备对三通管件要求非常高,在耐高温高压及耐腐蚀等方面具有极其严格的要求,由于采用焊接工艺制备的大型三通综合性能较差,容易在核电服役环境中造成隐患。所以研究对超大型不锈钢正三通或斜三通的其他加工方法就显得尤其重要。目前,超大型三通的加工工艺主要分为以下步骤:

4.5.1.1 锻造

通过控制加热曲线对核电不锈钢坯料进行加热,通过温度控制奥氏体化程度,用以尽量降低不锈钢坯料在锻造时候的变形抗力,根据实际产品的尺寸确定合适的锻造比,若锻造比不合适,则会出现坯料心部锻不透问题。将不锈钢锭锻为方形或接近方形后切头处理,从而确保锻后质量。然后对其进行多次的镦粗拔长处理,从而最大限度消除锻坯内部的缺陷。锻后炉冷退火处理。将退火后的不锈钢坯料进行去除表面氧化皮处理,采用无损检测方法探伤,观察锻坯内部有无重大缺陷。若初探合格,则将锻坯进行正火+回火处理,从而调整锻坯内部组织和坯料硬度。正火+回火处理后,在锻件两端交叉 180°取样分别进行化学成分、力学性能以及金相微观组织的检测,为后续机械加工做好性能以及组织上的准备[26]。

4.5.1.2 机械加工

因整块锻坯呈方形或近方形,需切除掉除主管和支管之外多余的部分坯料。通常去除的方法有线切割和用大型钻床连续钻孔的方式。具体采用何种方式应该计算加工成本和根据实际设备情况来进行。将多余坯料去除后,将整块锻造坯料在大型车床上装夹,根据锻造斜三通的成品尺寸,制定相应机械加工工艺,对主管和支管分别进行车削加工。将车削加工后的锻造三通再次进行超声检测、液体渗透检测等手段进行内部质量评价。另外,还要根据图纸对车削后的成品进行基本尺寸检验。最后将锻造三通进行表面打磨和化学处理,最终制备出符合核电服役要求的高质量管件交付使用。

另外,因考虑锻造+机械加工制备大型锻造三通会带来工艺复杂及成本较高的缺点。有相对较好的解决方法被提出[27]。与传统的锻造+机械加工相比,该方法的不同之处是在锻造阶段,通过穿孔工艺提前进行了主管孔的粗加工,后续去除多余坯料和机械加工的思路与传统方法相差不大。此方法的优势是采用锻造冲孔的工艺将因钢锭厚度而导致的内部疏松缺陷首先去除,提高了锻坯的质量。另外,降低了生产成本,缩短了后续的机械加工工期。

4.5.2 弯管的无模成形方法

无模弯曲加工弯管的工艺方法不需要模具,一般采用局部加热的方式对管材进行加工,其原理如图 4.22 所示。采用此种方法可加工小曲率弯管件,另外,在弯曲过程中,管材的截面不容易发生畸变,这是因为在加热过程中,产生的应力在加热过程中容易释放。所以此工艺将发生畸变的可能性大大降低。无模成形因不需要模具,加工成本相对较低,可以实现柔性化生产。这种特征对于部分小批量的核电不锈钢管件具有较好的适应性。但这种方法亦有自身的缺陷。因加热方式和加热温度的选择必须严格参考管材的截面的形状、尺寸和弯曲角度。所以操作相对复杂,工艺稳定性相对较差,加工效率不是很高[28-31]。

4.5.3　弯管的激光成形方法

激光弯曲的原理如图 4.23 所示。利用高能激光的热能加热管材的局部区域，使该区域的温度升高，产生热应力。当产生的热应力足够大时，管材会在局部受压屈服，此部分材料冷却后产生收缩，从而使管材发生弯曲[33]。此方法具有对生产部分容易发生截面畸变的管件成形较为有效。但生产效率不高，只适合单件生产[34-36]。

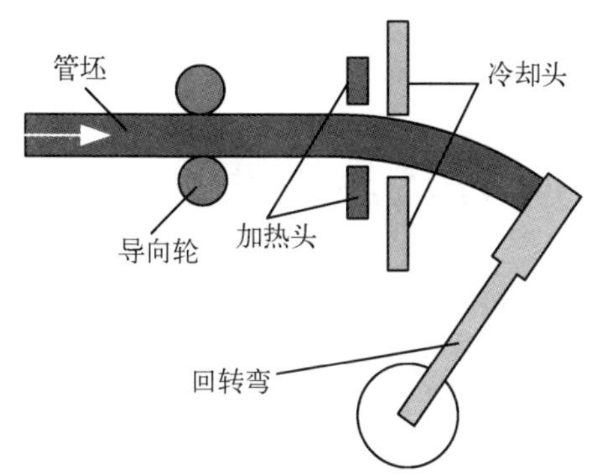

图 4.22　无模弯曲原理示意图[32]

图 4.23　管材激光弯曲原理图

4.5.4　矩形方管的变曲率推弯方法

矩形截面弯管因具备轻量化、容易安装和节省空间的优点，在核电工程中常被用于导向装置、连接装置或未来聚变堆的第一壁的冷却管道中，特别是在管阵列中使用的单根管以矩形管最为理想。另外，矩形截面的宽高比很容易根据实际需要进行制备，从而满足实际需求。但是矩形截面弯管的成形难度非常大，采用内高压和推弯相结合的思路解决矩形管的成形问题虽然有效，但是因内高压加载的难度较大，所以导致了采用此方法生产矩形管的高成本、低效率的缺点[37]。X. T. Xiao 等[38]研究了采用了变曲率模具的推弯成形工艺制备矩形截面弯管的新方法。采用变曲率模具的型腔尺寸见图 4.24，实际冷推弯成形的工艺原理见图 4.25。与常规的等曲率模具冷推弯不同的是，采用变曲率推弯的优点在于使管坯在向前推进过程中，可以实现变形曲率的连续性，即从大半径变形区渐进式进入小半径变形区。从而使管坯的变形过程比较平缓，有效地避免了在传统冷推弯变形过程中，管坯由直管突然向小半径变形区域转化所带来的管件矩形截面畸变的现象。采用变曲率模具的冷推弯成形的新方法，可以制备截面畸变小、内侧基本不起皱的高质量矩形截面弯管，如图 4.26 所示。

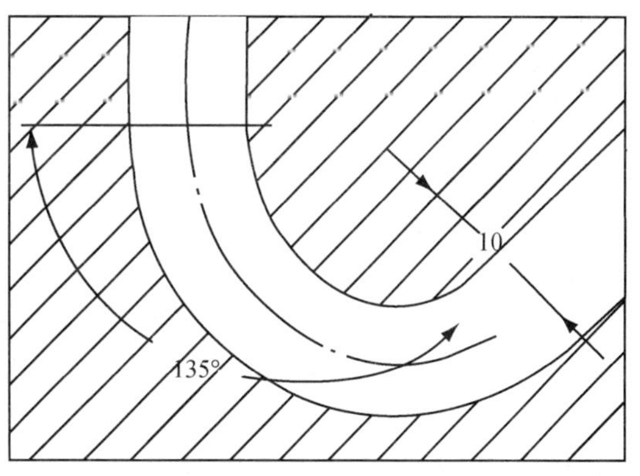

图 4.24　变曲率模具型腔尺寸[38]

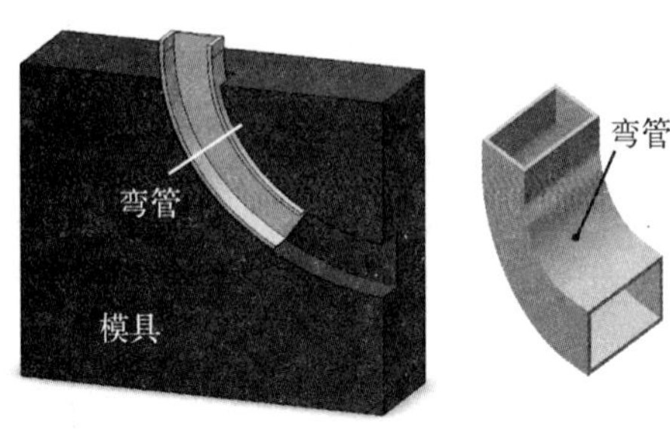

图 4.25　变曲率模具冷推弯示意图

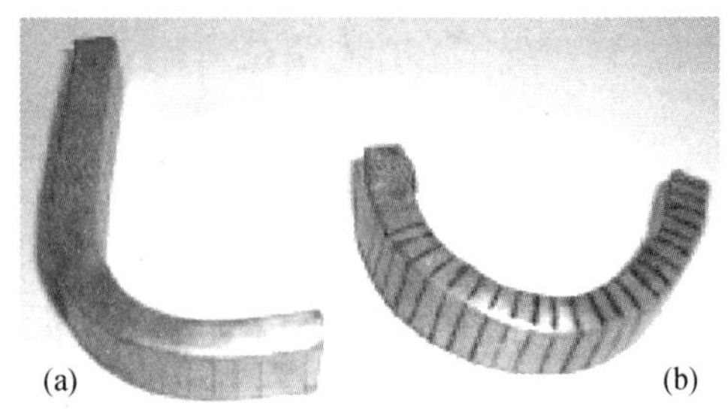

图 4.26　变曲率模具制备的矩行截面弯管[38]

4.6　核电管件冷成形残余应力及热处理

尽管核电不锈钢管件制备采用冷成形工艺制备具有很多优点，如表面粗糙度值小，表面精度较高等。但由于冷变形通常都是在金属再结晶温度以下进行的，实际变形温度一般都是在室温下进行的，变形抗力相对于热成形明显要大，故冷变形过程的残余应力常大于热变形。残余应力的存在有可能导致零件内部或表面出现裂纹以及在使用过程中可能出现应力腐蚀的严重问题，从而严重影响核电不锈钢管件的服役安全性。为了避免此类问题的出现，故需要对冷成形后的管件进行热处理。热处理的主要目的有两个：一是去应力；二是改善组织。去应力的原理是管件在热处理炉中被加热到一定温度后，材料强度下降，当原有的残余应力达到退火温度下的屈服应力时工件发生塑性变形而缓解残余应力[39]。若热处理的目的仅为去除管件冷成形过程中的残余应力，但要保证冷变形以后的管件强化效果，就更应该严格控制管件的加热温度，应根据管件成形后对残余应力的限制和力学性能的要求来制定退火工艺。如退火温度过高，管件去除应力后，将丧失冷变形所得到的强化效果，使管件的强度下降；退火温度过低，管件的强度和硬度依然保持很高，去除应力不彻底。另外，需引起重视的是，不锈钢管件因在变形过程中的变形量较大，如退火温度过高，容易引起晶粒过度长大的现象。尤其是对于正三通以及斜三通等在冷成形过程中涉及的大变形情形，因主管的端部受压缩变形程度过大，变形量近 70%，而三通支管顶部的变形量甚至远超出 70%，在退火过程中温度稍微控制不当，大变形量的区域会出现晶粒过度长大的情况，从而严重恶化管件的整体力学性能，此问题是应该值得重视的。

在改善管件组织的热处理工艺中，因很多管件属于难变形材料，如管坯处在原始态的组织如马氏体组织，则管坯的硬度太大导致开裂。所以原始态的组织是不适宜变形的。对于此类钢种，在变形前要根据合金相图、变形抗力图以及塑性图确定热处理温度，使之具备适宜冷变形的组织。但成形之后，为了保证其服役性能，应再次通过热处理工艺使其具备服役状态下的组织。

4.7　核电用不锈钢管件酸洗处理

4.7.1　不锈钢氧化皮的特性

核电不锈钢管件在加工成形过程中，不可避免地要经过不同的热处理过程，如退火、淬火、锻造等过程，这样不锈钢工件的表面会产生一层黑色的氧化皮，氧化皮的存在既影响核电不锈钢管件外观质量，又对不锈钢管件的后序机械加工产生影响，另外还容易使不锈钢管件在服役过程中耐腐蚀性能下降。这主要是因为在不锈钢管件的表面生成的氧化物为 FeO、Fe_3O_4、Fe_2O_3、NiO、SiO_2、Cr_2O_3、$FeO \cdot Cr_2O_3$ 等致密的尖晶石型氧化物，与基体不锈钢的结合相当牢固，但都是不完整的，而不完整的氧化膜是使表面金属电化学腐蚀加快的重要成因[40]。在管件表面生成的氧化物还会因与基体不锈钢材料的体积差异、热膨胀系数等方面的差异而形成应力。应力的存在会导致表面应力腐蚀。因此对于服役于核电环境的各种管件，必须有效去除残留在管件表面的氧化皮，才能保证管件在服役过程中能始终保持表面光洁和延长服役寿命。另外，不锈钢表面清洗、酸洗与钝化，除最大限度提高耐蚀性外，还有防止产品污染与获得美观的作用。

4.7.2　清除核电不锈钢表面氧化皮的方法

去除表面氧化皮有机械的、化学的、电化学等方法。因管件表面生成的氧化物的种类较多，而氧化物的物性是不同的。所以不管采用何种加工方法，其最终目的要首先保证管件表面的氧化皮去除彻底，其次在去除氧化皮过程中不能对基体不锈钢材料造成损伤。与此同时，要保证喷砂处理后的不锈钢管件的表面粗糙度相对均匀一致。

图 4.27　不锈钢管件的喷砂处理

对于采用机械的方法对管件表面的氧化皮进行去除主要是通过喷砂进行的，如图 4.27 所示。喷砂机的工作原理是采用压缩空气为动力，以形成高速喷射束将喷料（铜矿砂、石英砂、金刚砂、铁砂、海砂）高速喷射到被需处理工件表面，以实现对工件的除锈、除漆、除表面杂质，使工件外表面发生变化，由于磨料对工件表面的冲击和切削作用，使工件的表面获得一定的清洁度和不同的粗糙度，使工件表面的机械性能得到改善，因此提高了工件的抗疲劳性。采用喷砂工艺对核电管件进行氧化皮去除处理的加工效率是非常高的。可以批量地去除不锈钢管件表面的大部分氧化皮。但采用此方法去除氧化皮是不彻底的。要想进一步彻底消除氧化皮，则应采用化学方法对管件进行处理。常规的化学处理方法为酸洗。需要注意的是，在采用酸洗方法对管件进行处理前，应采用碱液对管件进行预处理。碱液通常由 60%～90%的氢氧化钠、25%～35%的硝酸盐、5%的氯化钠溶液组成[34]，不锈钢管件可在450～500 ℃碱液中处理 5～25 min。在碱液处理过程中，氧化皮可以以沉渣形式实现部分剥落。

4.7.3　酸洗钝化方法及有害元素的控制

核电不锈钢管件的耐腐蚀主要依靠表面钝化膜，如果膜不完整或有缺陷，管件仍会被腐蚀。故管件在最终热处理工艺处理后，应进行酸洗钝化处理，从而充分保证形成优质的钝化膜，发挥核电不锈钢管件的耐蚀潜力，如图 4.28 所示。对核电不锈钢管件进行酸洗钝化有浸渍法、涂刷法、膏剂法、喷淋法、循环法、电化学法等。通过酸洗可清除核电不锈钢管件表面容易造成腐蚀的隐患。另外,通过酸洗钝化,可去掉贫铬层,造成铬在不锈钢表面富集,从而提高抗腐蚀的稳定性。

图 4.28 核电不锈钢管件的酸洗

在酸洗过程中,核电不锈钢酸洗液因采用加入盐酸、高氯酸、三氯化铁与氯化钠等含氯离子的侵蚀介质作为主剂或助剂去除表面氧化层,除油脂用三氯乙烯等含氯有机溶剂,都含有大量的氯离子,Cl^- 含量超标,会破坏不锈钢的钝化膜,是点蚀、缝隙腐蚀、应力腐蚀破裂等的根源。为了控制氯离子等有害元素,采用工业水充当初步冲洗用水对管件进行冲洗清理后,对最终清洗用水要求严格控制卤化物含量,采用去离子水对管件冲洗较为有效,可以明显降低氯离子的含量。如实际生产条件无法达到使用去离子水的较高要求,可在普通水中加入硝酸钠处理,使其达到要求。

4.8 核电用不锈钢管件质量控制手段与措施

4.8.1 核电用不锈钢管材制备的控制与检测

核电用无缝不锈钢钢管,因用途比较特殊,管材性能的好坏对于核电工程的稳定运行具有极其重要的影响。所以必须采用相关质量控制与检验技术对核电用不锈钢无缝钢管进行质量检测,从而保证最终产品的高质量。但成品管坯的质量仅依靠最后的检查是靠不住的,因为各生产工序都有可能出现废品或次品。如果前一工序出现的缺陷或废品不能及时检测出,这些制品还将被继续加工。这不仅降低了设备的利用率,而且浪费能源,增加产品成本。因此,核电用不锈钢无缝管制备必须实施全过程质量控制。在制备工艺实施过程中,需重视原辅材料质量和炼钢、浇钢、锻造、热穿孔以及冷轧等工艺控制,从原料准备、冶炼、铸锭、轧制、热处理直至成品包装的生产线,需配备完善的化学成分分析、杂质和气体分析、金相检验、机械性能检验、水压试验、无损探伤和实物模拟试验等质量检测仪器设备。另外,各个生产工序应有明确的检查试验项目、检验要求和相应标准。鉴于裂纹、折叠、表面损伤等缺陷对核电用无缝不锈钢管制备过程所产生的严重危害作用,应把无损探伤的检验技术列为重中之重。对核电用无缝不锈钢管所使用的无损探伤方法有超声波、涡流、染色浸透探伤等。

4.8.2 核电用不锈钢管件质量检测

为了保证核电不锈钢管件的质量,提高管件的使用性能和寿命,在管件的加工过程中,应对各个生产环节展开关键技术控制,适时检查在制品管件的质量,入库前,成品管件最终质量还需要重点进行检测。核电管件检验的内容主要包括:管件的几何形状和尺寸、管件的内外表面质量、管件内部缺陷、力学性能、化学成分等方面。

4.8.2.1　不锈钢管件的几何形状和尺寸的检验

采用钢尺、卡钳、游标卡尺、螺旋测微器、深度尺、角尺等测量工具及样板等专用量具对核电不锈钢管件的几何形状和尺寸进行测量。具体检查内容包括：核电不锈钢管件的长、宽、标高尺寸和管件直径的检查；弯头、三通、异径管的内径检查（工具为卡尺、卡钳，如图 4.29、图 4.30 所示）；对于倒过坡口的管件内径做检查可以使用塞规；核电不锈钢各种管件壁厚的检查，采用超声测厚仪可以测量管件大部分的区域，如图 4.31 所示。但是对于部分小尺寸薄壁管件和锻制管件的局部区域，可以采用千分尺或螺旋测微器测量较为准确。另外，对于弯头管件的弧度的检查，则可以通过样板等专用量具进行测量。

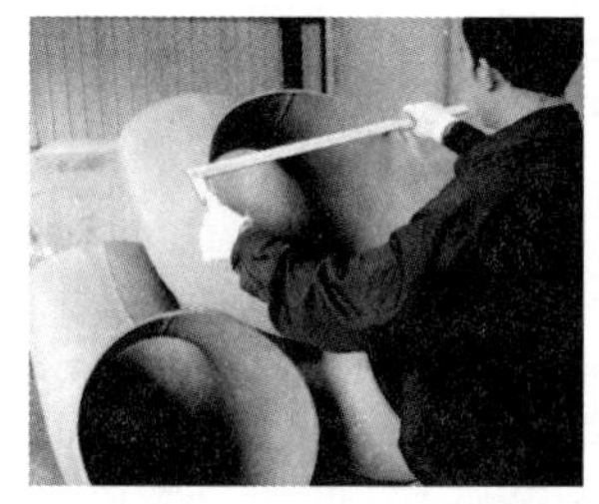
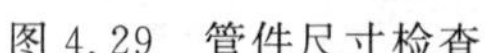

图 4.29　管件尺寸检查

图 4.30　测量标高

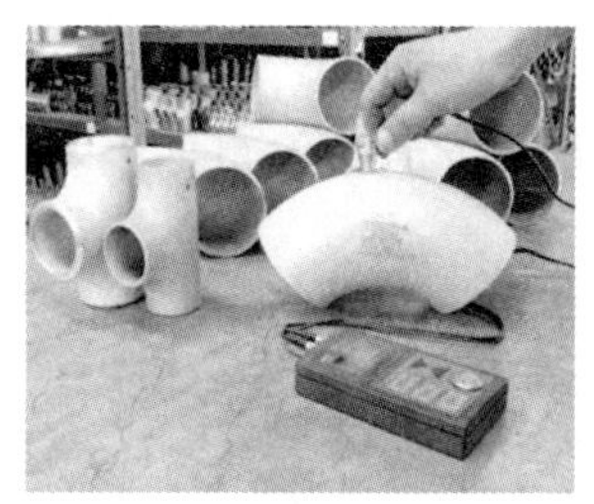

图 4.31　超声测厚仪测量壁厚

4.8.2.2　不锈钢管件的表面质量检测

核电不锈钢管件表面的裂纹、刮伤、褶皱等宏观缺陷可以通过目视法直接检测，但是对于常见的裂纹缺陷，一旦裂纹的尺寸很小或者隐蔽在表面以下部分，则很难通过直接观察法发现裂纹的存在。此时，可以通过磁粉探伤、超声波探伤、射线探伤以及液体着色渗透探伤都检测手段发现细小裂纹。图 4.32 至图 4.34 显示了上述的多种检测手段。

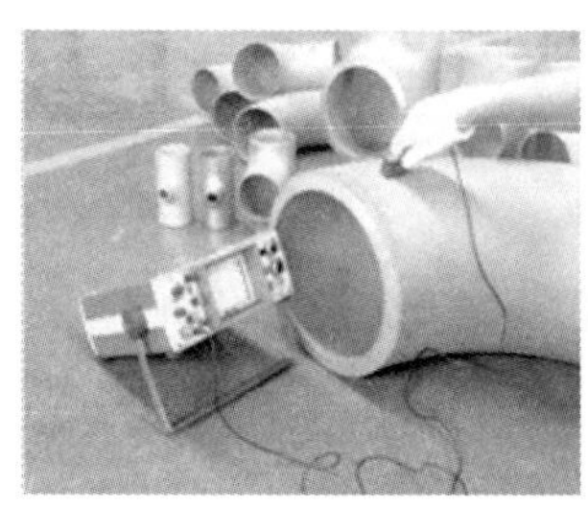

图 4.32　超声波探伤

图 4.33　射线探伤

图 4.34　液体着色渗透探伤

4.8.2.3　不锈钢管件的内部缺陷和组织检验

核电不锈钢管件内部的裂纹、气孔、夹杂等缺陷应采用 X 光、超声波等手段进行检测。管件内部的宏观组织，则必须取相应截面进行观察分析。核电不锈钢管件的低倍检验主要包括酸蚀观察和断口观察，可以借助于普通的 10～30 倍的放大镜或直接目视法，检验试样断面上的组织状况。对于酸蚀观察来说，从管件上取样，对其进行粗磨、细磨、抛光处理后，配制相应的腐蚀剂对其进行表面腐蚀，此时可以清晰显示断面宏观组织和流线、枝晶、偏析、裂纹等缺陷；对于断口检验来说，可以发现核电不锈钢管件原材料的缺陷和材料在热处理、锻造、冷成形、整形等工艺中造成的缺陷。而对于核电不锈钢成品管件的显微组织检验也非常必要。显微组织检验可以通过光学显微镜对管件所取试样的组织状态和微观缺陷进行表征。

4.8.2.4 不锈钢管件力学性能检验

核电不锈钢管件在完成所有的工艺处理后，必须进行相应的力学性能测试，从而保证管件的服役性能。可依据相关标准从成品管件上取试样进行拉伸试验，如图 4.35 所示，在成品管件上取样，并对单向静拉力作用下的强度、塑性进行表征；还须对管件进行表面硬度检验，如图 4.36 所示。除此之外，还需根据管件的实际服役需求，对管件进行常温冲击韧性或低温冲击韧性的测试，如图 4.37 所示，从而评价核电不锈钢材料的韧性对于缺口的敏感性。

图 4.35 拉伸性能检测

图 4.36 硬度检测

4.9 本章小结与展望

对于核电用不锈钢的铸、锻加工，不锈钢薄壁件、核电用不锈钢基双金属复合管的数值模拟及成形工艺进行了综述并经过大量的试验工作[41-45]，可以得出以下结论：

(1) 要制备高性能核电用不锈钢管材，首先就要通过选取有害元素量低的原料，使用精炼专家智能控制系统对成分及冶炼实施优化；锻造过程中，须采用适当的锻造比、始锻温度及终锻温度；热穿孔过程中，须选用合理的穿孔方式；

(2) 冷轧工艺过程中须严控控制核电不锈钢管外径尺寸精度控制技术，核电不锈钢管的内径尺寸精度控制技术以及核电不锈钢管内孔表面粗糙度控制技术等；

(3) 薄壁三通管件的内高压成形过程应采用阶梯状冲头，可以有效防止薄壁的端部起皱，采用管坯外表面贴膜技术，可以有效减轻管件与模具型腔之间的粘连，提高支管高度；采用翻边技术制备薄壁三通管件，须严格控制翻边系数；

(4) 对 316L/Al 复合管成形过程进行了数值模拟，系统研究了成形压力、摩擦系数以及推

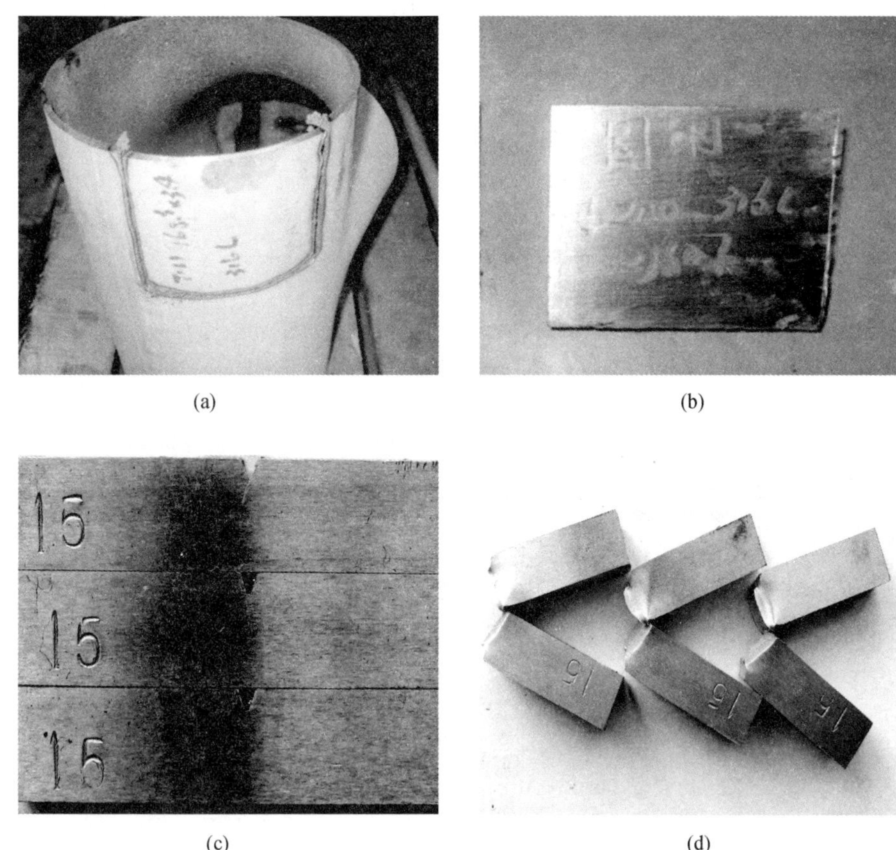

(a)　(b)

(c)　(d)

图 4.37　冲击韧性检测

进距离对于支管高度和壁厚减薄率的影响。

核电用不锈钢薄壁管件成形工艺以及多金属复合管的成形关键技术对于制备各种规格的满足部分特殊用途的高质量管件具有重要意义。在文献调研和实验工作的基础上，总结了无缝不锈钢管管材制备须注意的关键技术以及薄壁管件、复合管件成形技术。在此基础上，今后还可以从以下方向对课题进行更深入的研究：研究薄壁管件的塑形变形规律；深入研究复合管件的模拟优化以及具体成形工艺，总结出复合管件的成形规律及关键工艺技术，进一步提高复合管件的成品率；深入研究核电用管材及管件的全面质量控制措施等。

参考文献

[1]　B. B. 格拉西莫夫，A. V 莫纳霍夫. 核工程材料[M]. 北京：原子能出版社，1987.

[2]　郑隆滨，陈景毅. 核电用金属材料的材质特性[J]. 锅炉制造，1998，3：47-66.

[3]　向大林，王正轸. 核安全一级阀超低碳不锈钢锻件研制[J]. 大型铸锻件，1999，1：21-27.

[4]　曹秀梅，张仲秋，张春艳，等. AOD 精炼双相不锈钢 00Cr22Ni5Mo3N 的工艺实践[J]. 铸造，2007. 56(7)：764-766.

[5]　王明旭. 电炉和精炼炉 VOD 双联法冶炼不锈钢工艺[J]. 大型铸锻件，2008，1(62)：，72-82.

[6]　袁志亮. 10t AC 炉＋25tLF-VOD 精炼炉熔炼超低碳不锈钢研究[J]. 铸造，2008，(11)：58-59.

[7] 刘承志,宋青山.不锈钢AOD精炼工艺的改进[J]. 特殊钢,2004,25(5):74-84.
[8] 日本金属学会编. 钢铁冶金[M]. 北京:冶金工业出版社,1985.
[9] 张才安. 无缝钢管生产技术[M]. 重庆:重庆大学出版社,1997.
[10] 左大为,李重真,段振勇.无缝管轧制变形区内金属流动和摩擦力的试验研究[J].钢管,1996,(6):1-5.
[11] 孙凤元. 连轧管机轧制状态浅析[J]. 钢管,1993,(6):28-32.
[12] 李连诗. 小型无缝钢管生产[M]. 北京:冶金工业出版社,1990.
[13] 俞汉清. 金属塑性成形原理[M]. 北京:机械工业出版社,1999.
[14] 周遐余. 不锈钢薄壁三通管件冷挤压成形工艺[J]. 电加工与模具,2003,(4):50-52.
[15] 夏巨谌. 金属材料精密塑形加工方法[M]. 北京:国防工业出版社,2007.
[16] Suwat J, Hartl C, Altan T. Hydroforming of Y-shapes—product and process design using FEA simulation and experiments[J]. Journal of Materials Processing Technology. 2004, (146):124-129.
[17] 左传付,王志宏,叶萧然. 薄壁异径接头管件扩径成形方法[J].锻压,2008(11):50-52.
[18] 顾建中.国外复合钢管的用途及生产方法[J].上海钢研,1994,4:42-50.
[19] 晋军辉.内覆不锈钢碳钢双金属管内压扩散复合的研究[D]. 大连:大连交通大学硕士学位论文,2004.
[20] 赵卫民.金属复合管生产技术综述[J].焊管,2003,26(3):10-14.
[21] 陈海云,曹志锡.双金属复合管塑性成形技术的应用及发展[J].化学设备与管道,2006,43(5):16-18.
[22] Islam M. D, Olabi A. G., Hashm M. S. J. Feasibility of multi-layered tubular components forming by hydroforming and finite element simulation[J]. Journal of Materials Processing Technology 174(2006): 394-398.
[23] 吕海源.金属复合管弯曲过程数值模拟与实验验证[D].上海:上海交通大学硕士学位论文,2008.
[24] 王冬平,谢茂平,方友忠,曾会强. SA210Al+INCONEL625 复合管的弯制[J].东方电气评论,2003,17(3):169-174.
[25] Mac Donald B. J, Hashmi M. S. J. Analysis of die behaviour during bulge forming operations using the finite element method[J] . Finite Element Analysis and Design. 2002,39:137-151.
[26] 孙裕昌,王兴中,陈网生. 600MW 锅炉主蒸汽出口 F91 锻造斜三通的研发[J].河北电力技术,2006,25(5):15-16.
[27] 王兴中.超大型斜三通制造方法[P]. 中国专利: 101077515,2007-11-28.
[28] 胡福泰,刘玉峰,黄学玲.管材与型材无模弯曲基本力学分析[J].锻压技术,1996,4:22-24.
[29] 胡福泰.异形管材与型材无模弯曲工艺理论及实验研究[D].秦皇岛:燕山大学,1995,39-48.
[30] 胡福泰,许志强,黄树槐,等.管材无模弯曲温度场分析[J].塑性工程报,1999,6(3):37-41.
[31] 胡福泰,刘玉峰,黄学玲,等.矩形管无模弯曲工艺分析[J].锻压技术,1996,1:23-25.
[32] 金森.铝合金型材板材拉伸成形数值模拟及接触问题研究:北京航空航天大学博士后研究工作报告.北京:北京航空航天大学,2003,1-10.
[33] 戴谋军.铝合金管材压弯数值模拟研究[D].湖南:湖南大学,2008.
[34] 管延锦,孙胜,李忠.板料激光成形技术的实验研究[J].光学技术,2000,26(3):260-262.
[35] 刘顺洪,万鹏腾,杨晶.激光弯曲成形数值模拟的研究进展[J].激光技术,20,26(3):161-164.
[36] 管延锦,孙胜,赵国群,等.激光能量密度对激光弯曲成形的影响[J].应用激光,2003,23(3):135-138.
[37] Dohmann. F, Hartl. C. Tube hydroforming-research and practical application[J]. Journal of Material Processing Technology. 1997 ,71:174-186.
[38] Xiao X T, Liao Y J. Sun Y S. Study on varying curvature push-bending technique of rectangular section tube[J]. Journal of Materials Processing Technology. 2007, (187-188):476-479.
[39] 方博武. 金属冷热加工的残余应力[M].北京:高等教育出版社,1997.
[40] 胡正前,张文华.不锈钢表面氧化皮的清除[J].表面技术,1997,26(5):20-21.

[41] 李鸣，丁月霞.用于冷挤压成形金属制品的表面涂层[P]. 中国专利，授权号:ZL200610039594.2.
[42] 李鸣，陈小宝.冷挤压成形管道配件的方法[P]. 中国专利，授权号:ZL200610039595.7
[43] 李鸣，罗先兵.具有支管的管件[P] 中国专利，授权号:ZL200620072243.7
[44] 任卫栋.弯头倒角模具[P]. 中国专利，授权号:ZL200720040242.9.
[45] 李鸣，任卫栋.三通整形整口模具及整形整口方法[P]. 中国专利，申请号:200710024820.4.

第5章　低活性马氏体钢管件冷成形技术

5.1　低活性马氏体钢的研究进展

聚变堆用结构材料是聚变能源实现商业应用的关键因素之一，是目前世界上许多国家研究的一个重要领域。传统的结构材料如奥氏体钢、镍基合金、钼合金等材料在热物理性能、He产生率、辐照条件下塑脆转化温度（DBTT）等方面存在问题，导致实际应用存在风险，很难作为服役材料投入使用[1]。所以目前研究的堆用结构材料主要集中在钒合金、碳化硅复合材料、低活性铁素体/马氏体钢（简称RAFM钢）等材料上[2]。钒合金及碳化硅复合材料虽有优越的常温力学性能及较好的高温特性，但其研究及发展仍需要很长时间，尽管作为很有潜力的聚变堆用候选结构材料有望在将来服役，但短期内很难投入实际应用。RAFM钢因采用W，Ta，V，Mn等元素取代了某些结构钢中的Mo，Nb和Ni，从而具备了低活性特性[1-4]。另外RAMF钢在强辐照条件下具有较好的几何稳定性、较低的热膨胀系数、较高的热导率等优良特性。这些优势使RAMF钢能较好地满足聚变堆苛刻的服役条件，同时其生产也不需要重复性的工业投资，可以使用常规结构用钢的冶炼及轧制设备[5]。因而使用RAFM钢尽快解决聚变堆结构材料实际应用问题具有较强的可行性。作为当前堆用的首选结构材料，对其展开全面深入的研究非常必要。

5.1.1　国际研究综述

国际上对RAFM钢研究给予了高度重视，国际能源组织（IEA）于1992年成立低活性马氏体钢研究工作组，分别对铁素体/马氏体钢的潜在问题及其在聚变堆中应用的可行性、聚变中子辐照下H及He的产生对钢的机械特性的影响、新型RAFM钢以及氧化物弥散强化型ODS铁素体钢的性能等进行了研究和探索。经过20多年的研究，初步认为RAFM钢可用作未来DEMO示范堆和第一代聚变动力堆的结构材料[1]。

早期的铁素体/马氏体钢是Cr-Mo钢，但考虑到这种钢中长放射性核素的存在（如Mo、Nb），在1980年前后欧洲、日本、美国均开始了对RAFM钢的研究，主要是用W、V代替合金元素Mo、Nb来实现的[2]。目前研究的RAFM钢主要有两种：Fe-Cr-Mo钢及Fe-Cr-W钢。前者成分主要为Fe-(8-12)Cr-(1-2)Mo，可通过控制其中的Mo、Ni、Nb、W、V、Ta含量，使其达到低活化特性。基于一系列辐照试验的结果，从DBTT变化最小考虑，7%～9%Cr为最佳选择。Fe-Cr-W钢的合金性能类似于或优于Fe-Cr-Mo钢，由辐照引起的DBTT变化也比Fe-Cr-Mo钢小。

很多国家相继开展的 RAFM 钢研究主要集中在以下几种：日本研制的 F82H 钢（F82H-Mod：Fe-7.5Cr-2W-0.2V-0.02Ta-0.1C，F82H-IEA：Fe-7.5Cr-2W—0.2V-0.4Ta-0.1C）、JLF 系列（Fe-XCr-2W-0.2V-0.07Ta-0.05N-0.1C，质量分数 $X=2.25\%\sim12\%$）；欧洲正在研究的 EUROFER97（Fe-9.0Cr-1.1W-0.2V-0.07 Ta-0.03N-0.11C）；美国研究的 9Cr2WVTa 钢（Fe-9Cr-2W-0.25V-0.07Ta-0.01C）等。在具体的研究过程中所关注的问题集中在铁磁性、中子辐照、上限运行温度及金属加工工艺等方面[1-4]。

F82H 钢是国际能源机构（IEA）聚变材料计划研究的试验材料，是日本原子能研究院 JAERD 和 NKK 合作研究开发的。1992 年 IEA 确定了一种 F82H 钢合金成分并开展了有关合作测试研究，已先后两次生产了各 5 t 的 F82H 钢铸锭。一方面测试 Nb 的含量是否满足低活化要求（元素浓度应低于 1 wppm）；另一方面提供给欧洲、日本、美国之间国际合作研究与测试之用。测试计划包括化学成分分析（包括精确的 Mo、Nb 含量测试分析）、物理特性测试、热处理对微观结构影响以及辐照前后机械性能测试等。日本原子能研究院 NKK 和德国卡尔斯鲁厄研究中心（FZK）的测试结果均证实了 F82H 钢的 Nb 含量在 1 wppm 以下，即可保证 F82H 钢的低活化特性，并计划完成所有测试后汇集成 F82H 钢的性能数据手册，供设计之用[6]。由于 F82H 的高温蠕变性能较差，再加上辐照下 DBTT 升高值较大，自 1995 年日本又在日美聚变材料合作计划的支持下进行了一系列不同 Cr 含量和其他组分的材料研究，如 JLF-1～JLF-6 系列等，研究其不同性能及不同用途。JLF-1 由于其具有抗辐照蠕变、低辐照脆化及其他优良的基本特性而被认为是可作为聚变堆第一壁结构材料的合适的低活化马氏体钢，正准备进行工业规模的熔炼和制备，提供各方面试验之用[7]。

欧洲也发展了其马氏体钢系列，如 MANET 系列、OPTIFER 系列以及 EUROFER 系列等。MANET 钢并没有考虑低活化特性，成分中含有 Mo。在此基础上以 W 代替 Mo 并改变某些成分，制成了 OPTIFER 系列，最终发展成为 EUROFER97。目前欧洲已推出了工业规模制备的 EUROFER97 样品，正在进行全面测试和分析，以寻找更为合适的材料成分[1]。

美国一直重视马氏体钢的发展。在聚变技术上，美国最早提出低活性马氏体钢的设想并进行研制和试验，最突出的是橡树岭国家试验室的 R. J. Kluch 博士发展了低活性马氏体钢系列[8]。以 9Cr-2WVTa 为代表的低活性马氏体钢受到国际同行的注意，其辐照下 DBTT 值有可能低于室温，日本的 JLF-1 就是基于其配方发展而来的。

5.1.2 国内研究综述

鉴于国际上目前对 RAFM 钢研究的进展与经验，赶上国际聚变堆研究形势发展的步伐，适应即将建造的国际热核聚变试验堆（ITER）、试验包层模块（TBM）和未来动力示范堆发展的需要，从 2001 年开始，中科院等离子体物理研究所 FDS（Fusion Design Study）团队在国家自然科学基金、中科院知识创新工程、“973”计划等项目的支持下与国内外多家研究所和大学，如北京科技大学、中国原子能科学研究院、中科院金属研究所、日本国立聚变科学研究所、西安交通大学等单位合作下，开展了对中国低活化马氏体钢（China Low Activation Martensitic，简称 CLAM 钢）设计与研究，以发展具有中国自主知识产权的、成分及性能优化的 RAFM 钢。近几年来 CLAM 钢研究取得了较大的进展，现在已经发展到几百公斤/吨级的冶炼水平，性能与国外已经发展多年的 RAFM 钢（如 EUROFER97、JLF21 等）的性能相当[1-5]。另外，从20 世纪 90 年代起，中国开展了 FDS 系列的聚变驱动次临界堆、聚变动力堆、聚变制氢堆的设计研发；而且从 2003 年以来为顺应

ITER国际合作计划以及相关包层的发展需求，进行了ITER试验包层模块的设计研究。在该一系列研究设计中CLAM钢是首选结构材料，所以CLAM钢的自主研发，对我国聚变堆的研究和以后的实际工程应用具有极其重要的意义[5,9,10]。

5.2 CLAM钢的力学性能特点

5.2.1 成分特点

CLAM钢的具体化学成分见表5.1，W的质量分数为1.5%，高于EUROFER97钢的1.0%，低于F82H的2.0%，该元素使CLAM钢在保持足够强度的同时，减少了焊接热影响区Laves相析出的可能性；Cr的成分为9.0%，使CLAM钢在辐照前后具有最低的DBTT值；Ta的含量为0.15%，可以在钢中形成大量弥散碳化物，从而控制晶粒生长，细化晶粒，同时起到增强增韧作用；用Mn代替Ni，可以改善与液态锂铅的相容性；另外，CLAM钢最大限度地控制了Mo、Nb等元素含量[3]。

表5.1 CLAM钢各化学成分的质量分数(%)[1]

元素	Fe	Cr	C	Mn	P	S	N	W	Ta
含量	Bal.	9	0.1	0.45	0.003	0.002	0.02	1.5	0.07
元素	Si	Ti	V	Ni	Co	Cu	Nb	O	
含量	0.01	<0.006	0.2	0.02	<0.005	<0.005	<0.001	<0.002	

5.2.2 组织结构与热处理工艺

CLAM钢原始态组织为板条状马氏体组织，由许多成群的板条所组成，板条群的尺寸约为150 μm，由尺寸大致相当的板条在空间位向大致平行排列组成。从图5.1可以清晰地看出，马氏体板条间具有较为平直的界面。CLAM钢的板条马氏体组织决定了材料硬度高，成形能力较差。若不进行合适的热处理，冷成形过程中将会出现开裂等破坏现象。故冷成形之前，须对其进行退火热处理，从而用以改善CLAM钢的成形性能。CLAM钢的热处理制度见表5.2。退火处理后的组织见图5.2，晶粒近等轴状，多为铁素体和析出的碳化物组成，碳化物均匀分布。相对于图5.1所示的板条马氏体组织来讲，其冷成形性能有所改善。

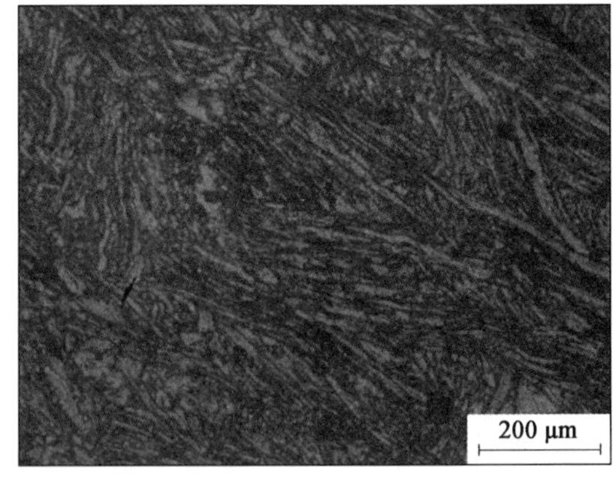

图5.1 CLAM钢原始态室温金相组织

表 5.2　CLAM 钢的热处理制度[2]

钢　材	固溶处理	正火处理	退火处理
CLAM	1 253 K 30 min 空冷	1 033 K 90 min 空冷	1 183 K 6 h 炉冷

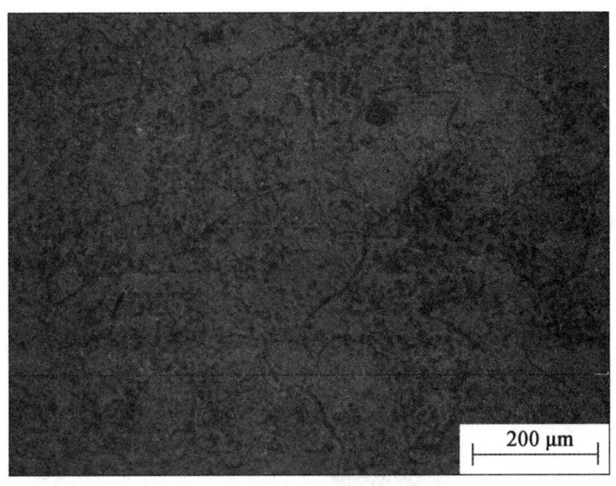

图 5.2　退火状态下的金相组织

5.2.3　机械性能[3]

作为未来聚变示范堆和聚变动力堆的一种重要包层结构材料，CLAM 钢主要的机械性能指标包括拉伸性能、低温冲击性能、高温蠕变性能、断裂韧性和疲劳性能等。

5.2.3.1　拉伸性能

考虑到当前辐照设施容量有限，分别采用小尺寸试样对 20 kg、300 kg 级棒材进行拉伸试验，试验结果见表 5.3 及表 5.4。结果表明，300 kg 级的 CLAM 钢拉伸强度优于较小炉次。同时，把某炉次的 CLAM 钢和日本的 JLF-1 钢在抗拉强度、屈服强度及延伸率方面进行了对比试验，见图 5.3。结果表明，CLAM 钢的拉伸性能优于相同条件下测试的 JLF-1 钢的性能。

表 5.3　CLAM 钢 20 kg 级拉伸力学性能[3]

温度	抗拉强度/MPa	屈服强度/MPa	延伸率/%	断面收缩率/%
室温	668	514	25	77
600 ℃	334	293	29	87

表 5.4　CLAM 钢 300 kg 级拉伸力学性能[3]

温度	抗拉强度/MPa	屈服强度/MPa
室温	700	561
300 ℃	575	493
500 ℃	479	413
600 ℃	365	279

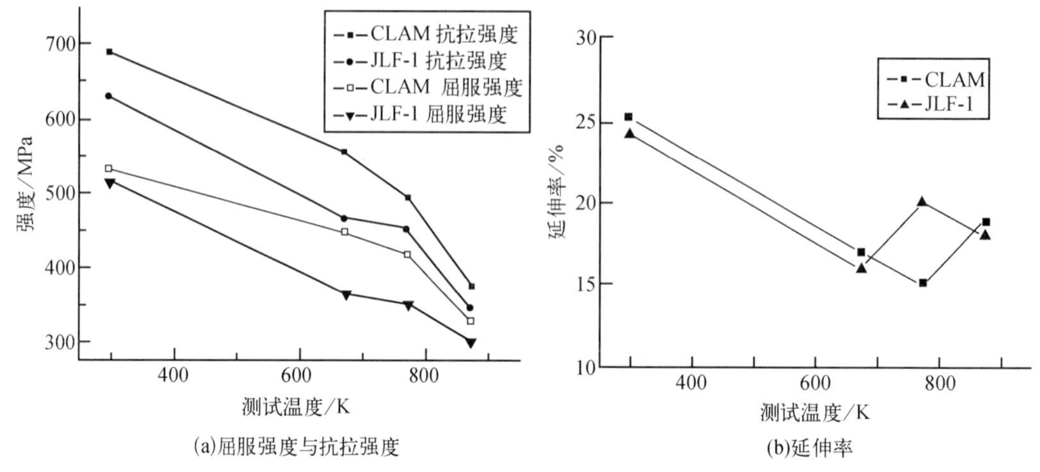

图 5.3 CLAM 钢(a)及 JLF-1 钢拉伸能(b)[3]

5.2.3.2 低温冲击性能

体心立方结构材料存在低温脆化现象,同时考虑到 RAFM 钢的具体服役环境,故采用 Charpy V 型试样对 CLAM 钢在低温时韧-脆转化温度(DBTT)进行表征。实际测试结果见图 5.4、图 5.5。结果表明,CLAM 钢标准样品的 DBTT 值为−100 ℃左右,而 1/3 尺寸试样的 DBTT 为−102 ℃,JLF-1 钢的 DBTT 为−86 ℃。实际结果说明,CLAM 钢的 DBTT 值低于其他 RAMF 钢测试结果,说明具有较好的低温冲击韧性。

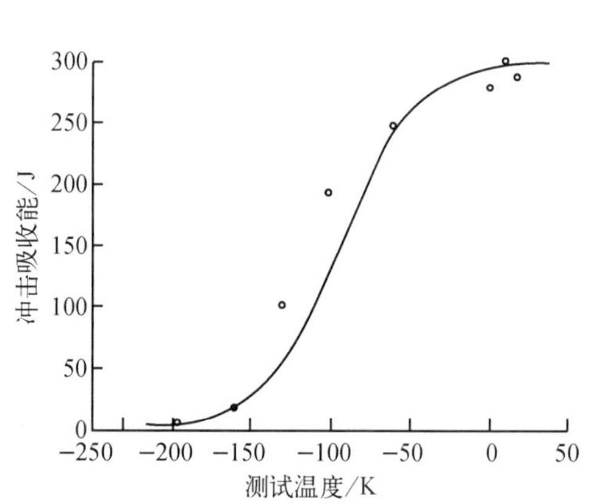

图 5.4 CLAM 钢标准尺寸 Charpy V 型试样冲击吸收能-温度转变曲线[3]

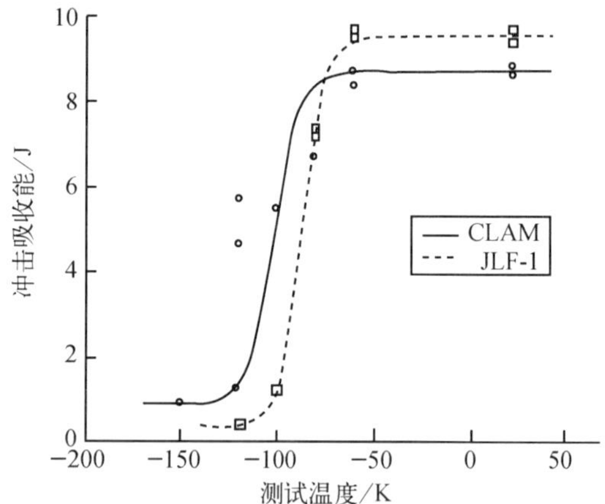

图 5.5 CLAM 钢 1/3 尺寸 Charpy V 型试样冲击吸收能-温度转变曲线[3]

5.2.3.3 高温蠕变性能

考虑具体的服役环境,CLAM 钢的高温蠕变性能好坏具有重要意义,是决定该材料发展和使用的重要因素之一。图 5.6 所示的是 CLAM 钢在高温 550 ℃、载荷 250 MPa 条件下的高温蠕变试验，同时与 EUROFER97 钢进行了对比试验。由图 5.6 可知，CLAM 钢在 550 ℃ 温度下蠕变速率相对较小，但蠕变断裂时间相对较短。这说明 CLAM 钢蠕变强度比 EUROFER97 钢高，但延伸率较低[3]。

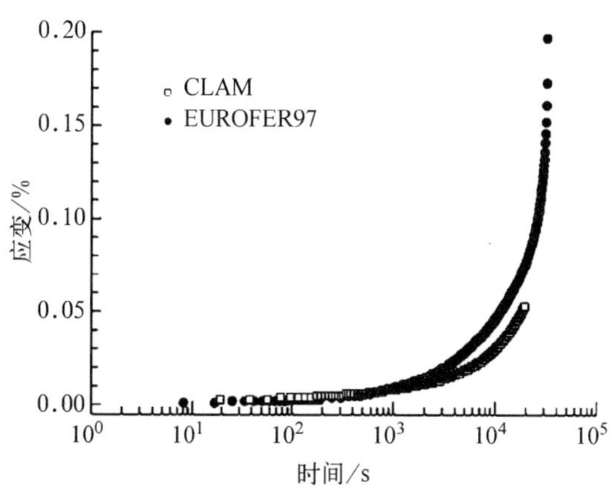

图 5.6　高温 550 ℃、载荷 250 MPa 情况下应变速率-蠕变时间曲线[3]

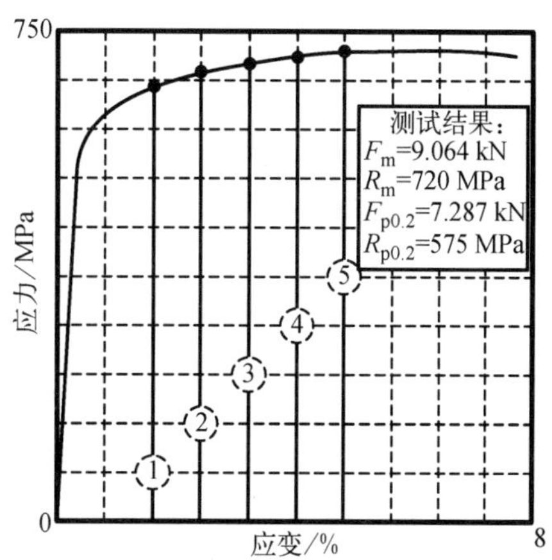

图 5.7　CLAM 钢拉伸应力-应变曲线

5.2.4　变形加工性能特点

CLAM 钢虽然在机械性能方面较为优越，但是材料加工性能并不理想。对成形前试样进行多次显微硬度值的测试，得到 CLAM 钢的显微硬度平均值约为 $HV_{0.2}=220$，这说明成形前材料的硬度较大，冷加工性能不好；另外对 CLAM 钢的应变硬化指数 n 值进行了表征。因 n 是在单轴拉伸力作用下，真实应力与真实应变数学方程中 $\sigma=k\cdot\varepsilon^n$ 的应变硬化指数，故 n 值表征了依靠硬化持续抵抗变形的能力。n 值越小，成形能力越差。根据 GB/T 5028—1999《金属薄板和薄带拉伸应变硬化指数(n)值试验方法》，从图 5.7 所示的单轴拉伸的应力-应变曲线中选择发生均匀塑性变形范围内应力-应变曲线呈单调连续的部分，在此范围内按照几何级数取出 5 个以上的试验点，此时取出的试验点数据对应的坐标为工程应力和工程应变。计算出相应的真应力-真应变数据对，对数据对进行 $\lg\sigma$-$\lg\varepsilon$ 线形关系的线形拟合，斜率就是相对均匀塑性变形范围内的 n 值。通过此法得到了 CLAM 钢的应变硬化指数 n 为 0.09。从 n 值的大小可以看出，CLAM 钢持续变形的能力较差，故在塑性成形过程中容易开裂，导致压力加工的各个工艺窗口不宽。因此，若对该材料的成形工艺研究不充分，将会制约该材料的实际应用。

5.3　CLAM 钢管件的冷成形加工关键技术与数值模拟

采用 CLAM 钢冷成形的正三通、斜三通及弯头等连接件是核工程管路系统的重要组成部分，除了改变管路中介质流动方向以外，还可以提高管路柔性，缓解管件振动和约束力，补偿热膨胀所带来的负效应，从而对提高整个核管路的系统稳定性起着重要作用。同时，CLAM 钢的冷成形问题关系到包层及管路系统能否成功制造，是 RAFM 钢走向实际应用的关键技术之一。但是 CLAM 钢作为 RAFM 钢的一种,原始组织多为马氏体,如图 5.1 所示。原始态材料应变硬化指数低,硬度较大,成形性能相对较差。在材料工艺参数窗口较窄的情况下,单凭工程经验快速有效地确定适合此种材料的工艺参数是非常困难的。而采用带有指导及预见意义的有限元数值模拟技术预先展开对 CLAM 钢的成形虚拟研究,可以较好的预测某种工艺的最终成形效果,并根据计算结果的反馈来修正工艺参数,这对于工艺窗口较窄的材料成形来说具有重要的意义。所以,通过低成本的数值模拟可以迅速确定工艺方案,并且通过多次模拟仿真,可以初步确定冷成形关键技术,从而更为快速、精确的指导 CLAM 钢管件的成形。

5.3.1 冷成形加工关键技术

5.3.1.1 三通成形技术关键

三通对于提高核管路系统的柔性具有重要意义。过去采用焊接和机加工等落后的方法生产,金属损耗大,产品质量低,生产成本高,生产效率低。如采用无缝 CLAM 钢管一次塑性加工成形,不仅能显著地提高制件的力学性能,从而保证服役环境的技术要求,还可大幅度地降低生产成本和提高生产效率,对聚变堆的管路系统研究和发展具有重要意义。

三通冷成形是将液体介质充入金属管材毛坯的内部,产生超高压,由轴向冲头对管坯的两端密封,并且施加轴向推力进行补料,两者配合作用使管坯产生塑性变形,最终与模具型腔内壁贴合,得到形状与精度均符合技术要求的中空零件,成形示意图见图 5.8。对于三通的内高压成形过程,其影响因素比较多,主要有:工艺力加载曲线,包括管内压力与时间的关系、左右两端轴向进给与时间的关系;管材润滑条件等方面[12]。另外,由于 CLAM 钢在冷推及液压胀形过程中,因涉及大变形、材料非线性、几何非线性、摩擦和接触分离等界面状态非线性、多工艺参数耦合作用、复杂动态接触边界条件等特征,其成形规律非常复杂,若工艺参数选取不当,则会产生外壁过度减薄、开裂、内侧失稳起皱、回弹等现象[13-14]。在变形复杂的环境下靠传统经验研究成形规律,找到多个因素之间的良好匹配关系几乎是不可能的。另外,常规的解析算法同样无法满足实际工艺参数选取需求。所以借助于有限元数值模拟代替人工试错和理论解析成为解决 CLAM 钢复杂成形的有效方法。

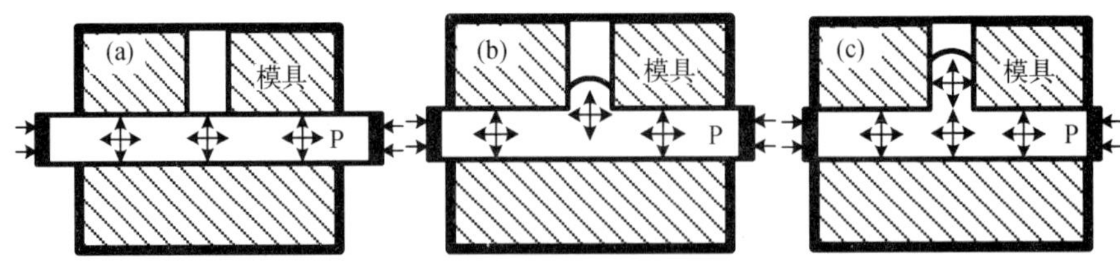

图 5.8 三通液压胀形过程示意图

5.3.1.2 弯头成形技术关键

冷成形工艺制备 CLAM 钢弯头,能得到高质量的管件。冷推工艺制备弯头,模具结构简单,推杆推进速度灵活可调。采用冷推工艺成形弯头管件时,管坯不需要预热,管坯内部无填料,能弯制的最小相对弯曲半径 $R/D \approx 1.3$,成形后弯头截面椭圆度小,外侧壁厚的减薄率较小。但是如果摩擦系数选择不合理,芯棒与外模间隙选择不当,推制速度选择不当,则会导致起皱、开裂、管件表面划伤等一系列问题,如图5.9所示。所以在弯头成形过程中,推制速度、推制距离及摩擦系数等工艺参数是关系到弯头能否顺利成形、成形后壁厚减薄及轴线曲率能否满足要求的重要关键技术。

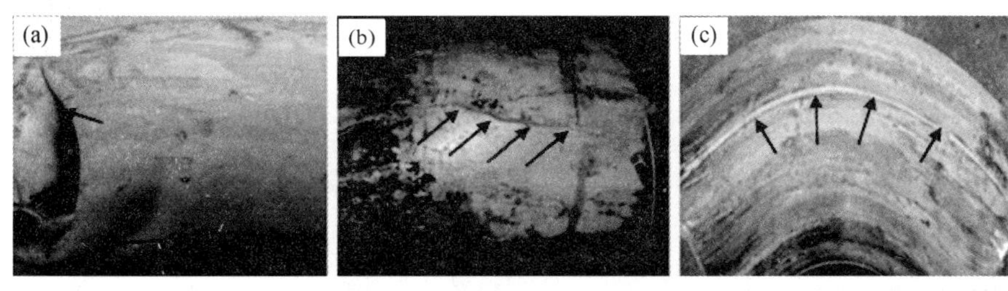

图5.9　弯管冷推成形常见缺陷

(a) 起皱;(b) 开裂;(c) 表面划伤

5.3.2　数值模拟

对于给定的材料,要使成形后产品获得理想尺寸和形状及精度等要求,工艺参数的合理确定至关重要。但传统的物理试错思路,通常需要反复尝试,成本高,周期长。尤其是CLAM钢因自身成形性能较差,加工硬化指数低,靠经验及试错思路就更难找出较优的工艺参数,故对于CLAM钢管材的冷成形工艺进行数值模拟就显得更有必要。数值模拟优化工艺参数的优点明显:调模次数减少、试错成本降低、结果相对精确[15-18]。模拟结果可为CLAM钢管材成形的缺陷预测及控制、确定合理的工艺参数提供理论指导,从而得到合理的工艺参数组合。有限元数值模拟仿真的流程图见图5.10。

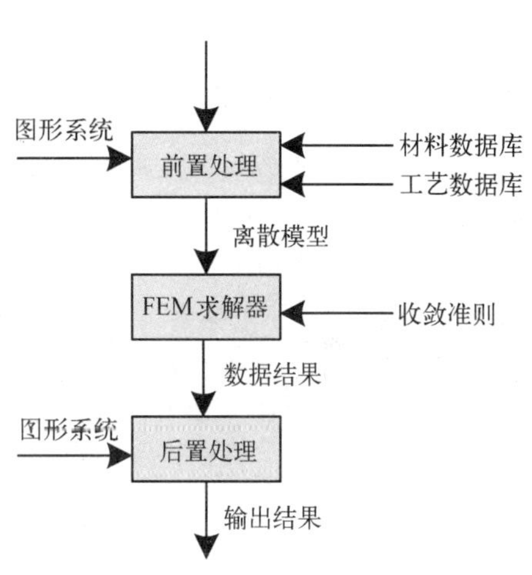

图5.10　数值模拟流程图

5.3.3　弯头冷成形数值模拟

5.3.3.1　有限元模型

根据弯头最终成品尺寸,见图5.11(a)及加工工艺,用商用高级三维CAD软件对成形零件及管坯在同一坐标系下分别造型,保存为IGES格式。用来描述管坯和推杆、弯曲模(包括上模、下模)、芯棒等,所建立的几何模型见图5.11(b),为了相对简化模拟过程,则不考虑上下模合模过程,从而直接模拟合模后的推弯过程,故在建模过程中,将上下模合并为弯曲模。将iges文件通过无缝图形数据接口导入模拟软件DYNAFORM的前处理模块中,利用软件网格生成器生成四边形壳单元,在弯曲部分和边界部分将有极少部分三角形壳单元生成。在冷推弯曲时,为了得到相对平齐的弯头端面,根据最终成形产品的尺寸,对毛坯料展开长度进行计算。同时把后续的倒圆、坡口加工、整形等加工余量考虑在内，并考虑到管材的成形特点及管坯与凸模的充分接触便于将管坯推入凹模模膛，将管坯的推入端部分切除。管材用薄壳单元进行离散，单元公式采用 BELYTSCHKO-TSAY，壳单元厚向积分点个数设置为 5，剪切修正因子取默认值 0.833。

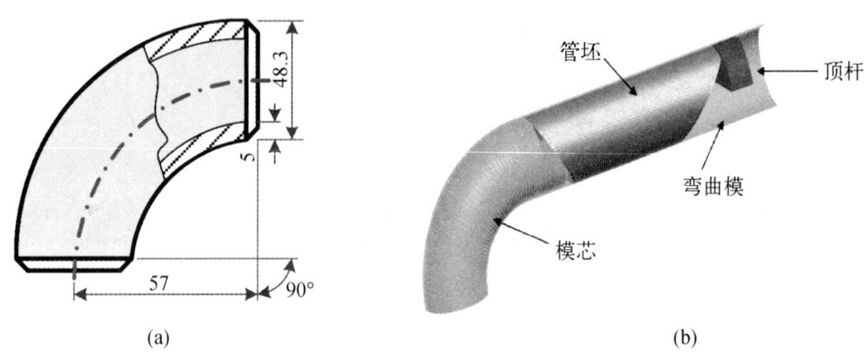

图 5.11　弯头尺寸及冷推有限元模型

5.3.3.2　材料模型

对 CLAM 钢管材弯头冷推模拟而言，可用简化的材料模型代替真实的材料 CLAM 钢模型，即用材料模型所规定的成形性能及力学性能参数代表实际材料，故管坯选用关键字为 *MAT_3-PARAMETER_BARLAT的 36 号材料模型，该模型适用于平面应力状态、真应力真应变符合指数硬化关系，因而可用于板管成形的模拟。由于冷推弯管成形属于冷态下的弯曲工艺，在弯曲过程中材料存在加工硬化，因此材料弹性变形阶段的本构关系采用 $\sigma=E\varepsilon$ 描述，塑性变形阶段则使用 Krupskowskylaw 的 $\sigma=K(\varepsilon_0+\varepsilon)^n$ 硬化模型模拟。其中 K 为材料硬化系数；ε_0 为材料常数 0.02；n 为材料应变硬化指数。CLAM 钢材料参数见表 5.5。

表 5.5　CLAM 钢管坯材料性能

$\rho/(g/cm^3)$	E/GPa	γ	K/GPa	σ_s/MPa	n
7.78	218	0.33	0.88	514	0.09

5.3.3.3　边界条件

在 CLAM 钢弯头冷推弯曲模拟过程中，外模及芯棒固定不动，管坯由推杆推动向前运动，并设定运动距离，冲头的加速时间设为 0.002 s。在本模拟过程中，管材弯曲过程中接触涉及的部位，主要有芯棒与管内壁的接触，管外壁与外模的接触，以及推杆与管坯的接触。这些接触都可归于刚体—柔体的接触类。与模具直线段平行的试样一端的三行单元只有沿直线方向移动的一个自由度，其他两个方向的移动自由度和三个方向的转动自由度都被锁死，在变形中这些单元只能沿这一方向移动，并设定在变形中以一定的速度沿固定方向匀速运行。在管坯与模具的接触过程中，接触面必须给目标面一定的边界约束才能满足接触相容性，本项目所采用的软件求解器 LS-DYNA 正是采用罚函数法用以求解接触边界约束问题。另外，因为模拟管材弯曲成形，故工具与管坯的接触面参数由系统默认设置 ONE_WAY_SUR_TO_SURF 改为 SURFACE_TO_SURFACE。在 CLAM 钢弯头的冷推成形过程中，发生大塑性变形的金属管坯和模具及推杆之间存在着强烈的摩擦，摩擦力定义的正确与否对模拟结果会有直接的影响。另外，在本模拟中，接触类型简化为库伦摩擦。对输出参数时间步、能量、沙漏等参数进行设置。成形时间和速度的设置不能以实际为准，如速度过快，则可以通过质量缩放进行补偿。在此引入虚拟速度。在模拟中，推制速度定为 3 m/s，因速度小于 5 m/s，故不需要对质量进行缩放。同时，因涉及大变形，故自适应网格就非常关键，故设置动态自适应网格项，使管坯在进行大变形时自动修正单元网格，提高网格质量，从而保证计算的收敛和模拟的精确性。

5.3.3.4　工艺模拟优化

(1) 推制速度对成形质量的影响

推制速度作为一个重要的工艺参数，由液压系统流量调节控制。推进速度的确定原则是弯头内壁主压应力小于材料在此温度下的屈服极限，弯头外壁伸长率小于材料在此温度下的最大伸长率。图 5.12 是不同推制速度下的弯管壁厚减薄率和管壁最小厚度，从图中可知，随着助推速度的增加，变形延迟，减薄率降低，壁厚最小厚度增大，且速度过大会增大变形过程中材料的流动速度，容易导致外侧材料流动过快而产生拉裂缺陷。

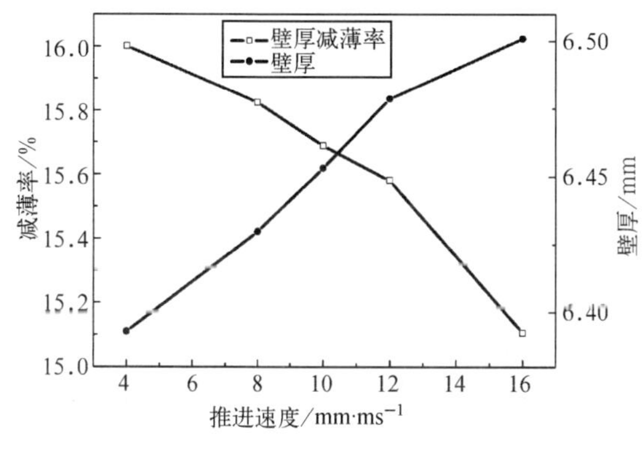

图 5.12　推进速度与壁厚减薄率及弯头最大厚度的关系

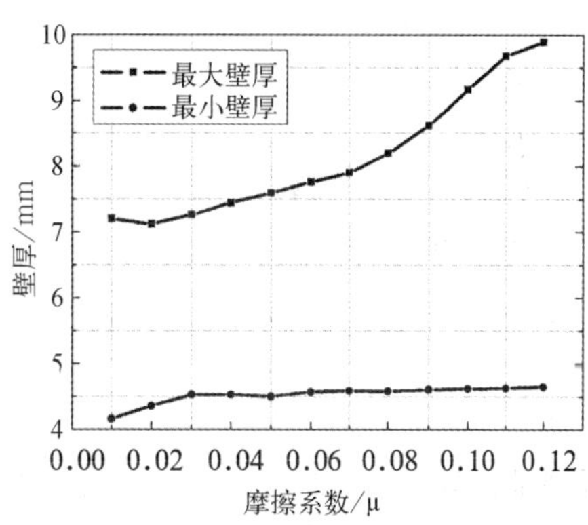

图 5.13　弯头最大、最小厚度值和摩擦系数的关系

(2) 摩擦系数对成形质量的影响

在管材的弯曲成形过程中，芯棒与模具对管材的摩擦作用对成形效果影响很大。可以通过在芯棒与管坯之间加入润滑剂来减少摩擦的方法以控制管材的过分变薄。如图 5.13 所示，随着芯棒与管材的摩擦系数的增加，最大厚度增加，而壁厚减薄率减少。这是因为随着芯棒与管坯摩擦系数的增大，芯棒与管坯间的摩擦力随之增大，这就相当于对管坯施加一个沿长度方向的拉应力，在一定程度上减小了受压内侧的切向压应力，从而使应力中性层内移减小，失稳起皱发生的趋势减弱。但随着摩擦系数的继续增大，芯棒与管坯间的摩擦力继续增大，当芯棒与管坯间的摩擦力增大到一定程度时，材料流过芯棒所需要的拉力就会过大，导致过多的材料堆积在压缩变形区后端，从而导致失稳起皱现象的产生。并且随着压缩区材料堆积的增加，由

于起皱而引起的管坯对芯棒产生的法向力就越大，材料流过芯棒所需要的拉力就会越大，由于芯棒与管坯间的法向力和摩擦系数同时增大，因此失稳起皱现象随着芯棒与管坯的摩擦系数的增大逐渐加剧。因此，可以通过增加芯轴与管材之间的摩擦系数改善管材过分变薄的现象。

(3) 特殊润滑剂的模拟研究

根据初步工艺参数对成形质量影响的数值模拟结果及实际工艺条件，确定摩擦系数 0.07，推制速度为 2 000 mm/ms 为进一步模拟的基本参数。选择专门用于冷挤压成形金属制品的表面涂层作为润滑剂。

从最终的模拟结果中对管件取截面线，并计算其对应弧线的曲率。图 5.14 中内弧线及外弧线的起点对应于图 5.14 右下角插图中的原点。从图 5.14 可知，内弧线的曲率波动程度较大，尤其是和推杆接近的端部，曲率甚至取负值，说明在推弯过程中，端部和芯棒接触不充分，部分由于尚未变形，就已经停止推制过程。在内弧的中间部位，曲率波动相对稳定。在外弧线中，曲率变化较为平稳。

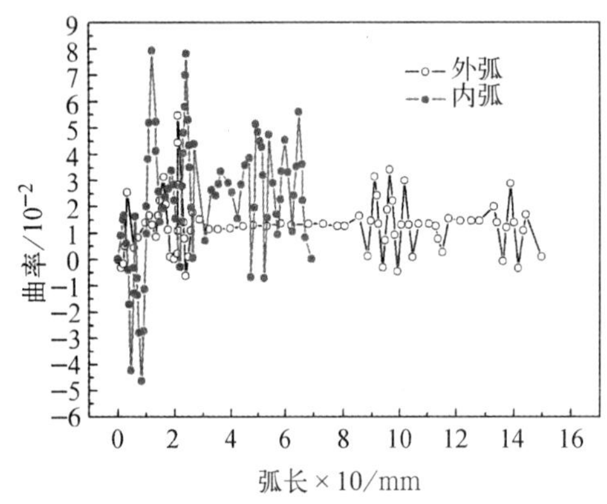

图 5.14 弯头曲率随截面线弧长的变化曲线

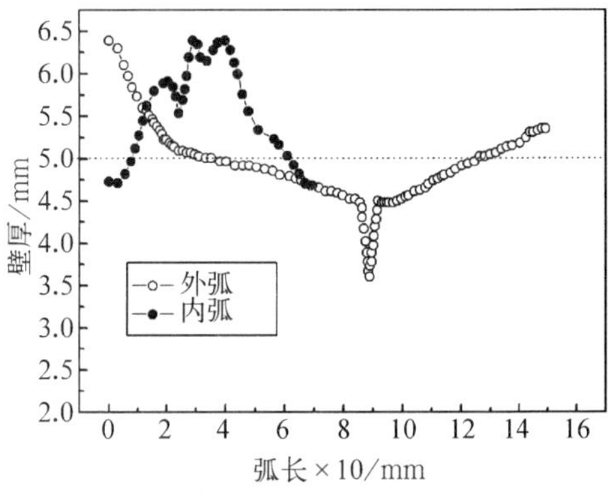

图 5.15 弯头内弧及外弧厚度分布

图 5.15 描述了内弧及外弧的厚度分布。在弯管推制成形中，外侧因受拉应力区域较广，故很多部位处于减薄状态，而这些减薄区域会在实际的服役环境中发生失效，所以必须严格控制此区域的最大减薄状况。从图 5.15 可以看出，外弧与推杆接触的部位增厚非常大，这是由于推杆推进过程中，在接触部位和临近接触区域材料堆积严重造成的。随着弧长的增加，厚度逐渐减小，当弧长等于 87 mm 左右，厚度降到最低，此区域处于弯头外侧的中后部，减薄最为严重。随着弧长的进一步增加，厚度又慢慢增大，到弯头的尾部，弧长反而出现增厚现象。这是由于材料在尾部受到的摩擦力较大再一次造成的材料局部堆积现象。内弧在与推杆接触的部位同样发生了减薄，而非管材弯曲理论所阐述的增厚。在尾部也因摩擦过大，使得尾部的材料向中间流动，从而造成局部减薄。但是对于内弧的大部分弧长来说，存在增厚的现象，弧长等于 27 mm 左右的地方出现了最大厚度。图 5.16 显示了成形终了时所选择的最大厚度节点 2 955 及最小厚度节点 2 318 的厚度历史变化趋势。

利用软件的 FACE REFLECTION 选项对成形后管件进行表面反射线检查。该选项模拟平行分布在管件表面若干条管状光源照射模型，在模型表面上形成类似斑马纹的明暗相间条带，用以检查成形管件表面的平整程度。从图 5.17 可以看出，在受拉应力管件的外侧，反射条

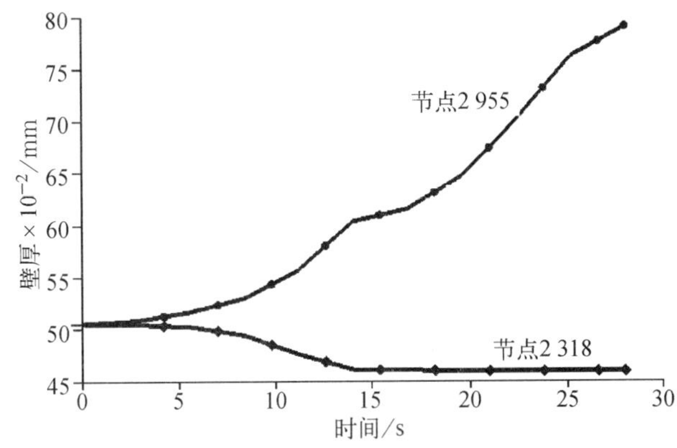

图 5.16　最大厚度 2 955 节点及最小厚度 2 318 节点历史变化曲线

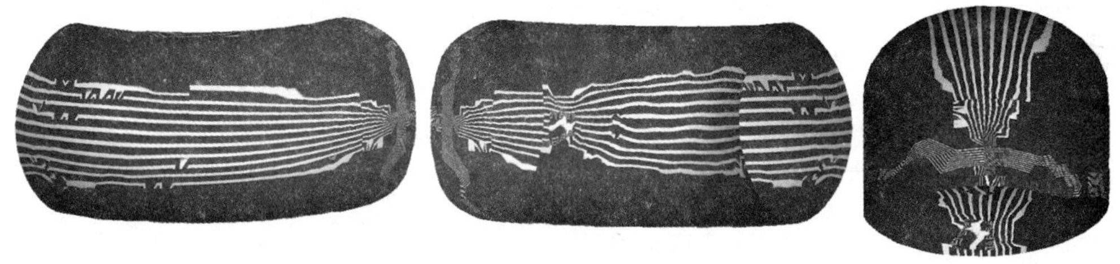

图 5.17　成形管件的表面反射线

纹相对平直和均匀，说明成形管件的外侧表面相对平整，在受压的管件内侧及受推的头尾部，则可以看到光带发生了一定程度的偏转，呈不均匀分布，因为光带的偏转程度和表面局部变化的剧烈程度成正比，所以说明管件的内侧以及头尾部表面质量不是很高，这是由于材料堆积较为严重引起的。所以在工艺条件确定的情况下，利用此选项可以很好地预报成形后管材的表面质量，从而更好地用来修正工艺参数。

弯头成形增厚区域主要集中在弯头内侧及靠近推杆的接触部位，同时在弯头的外侧端部也出现了部分增厚，这是因为当推杆作用于管件端部进行推入时，将对靠近推杆的材料增加压应力的作用，降低了材料的流动性，因此在这个区域的材料容易出现堆积，使壁厚增大。对于前端外侧出现的增厚不同于经典的外侧减薄的理论分析，这是因为弯头在向前推进过程中，由于外模和芯棒的摩擦阻力作用，使得弯头的另一端同样出现了增厚现象。而壁厚减薄处主要集中于弯管的外侧和前端的内侧。

5.3.3.5　模拟结果与试验结果对比

(1) 形状及尺寸对比

对有限元数值模拟的结果沿着内弧及外弧分别提取 CLAM 钢成形后典型部位的厚度值，同时对实际冷成形的弯头管件在与模拟结果相对应的部位测量厚度值。从图 5.18 可以看出，图(a)的模拟结果和图(b)的试验结果形状及尺寸非常接近。

(2) 厚度及减薄率对比

从表 5.6 的模拟厚度模拟结果和厚度实际结果对比来看，模拟结果在外弧 1 处的厚度要大

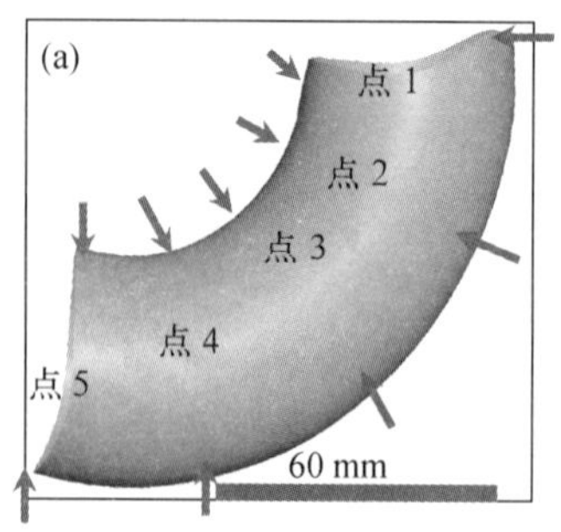

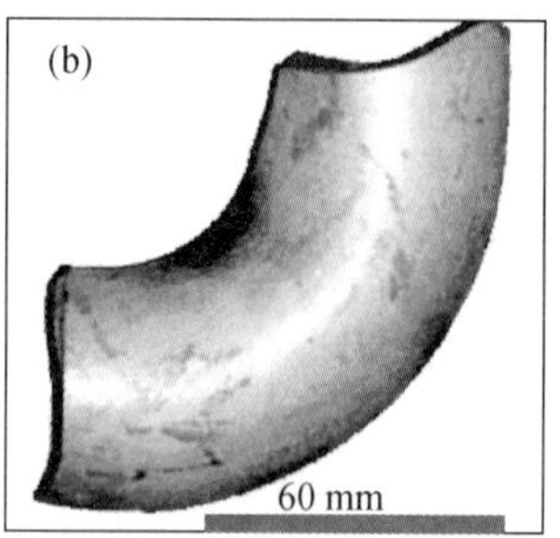

图 5.18　模拟结果与试验管件

于实际厚度值。外弧的其他部位模拟值比较靠近实际值。内弧的模拟厚度值与实际厚度值比较靠近。上述模拟值和实际值的比较说明了数值模拟的有效性，可以很好地指导 CLAM 钢的实际冷成形过程。如图 5.18 所示，在弯头内弧及外弧上分别取 5 点，从有限元模型计算结果中提取 5 点的厚度值，对应从试验弯头管件的 5 个部位分别测量厚度值，其对比结果见表 5.6。

表 5.6　弯头内弧、外弧厚度实际值与模拟值对比

类型	区域	关键点	厚度/mm	类型	区域	关键点	厚度/mm
外弧	模拟值	1	6.38	内弧	模拟值	1	4.7
		2	4.96			2	5.2
		3	3.60			3	6.53
		4	4.87			4	5.42
		5	5.32			5	4.66
	实际值	1	5.64		实际值	1	4.32
		2	4.8			2	5.02
		3	4.6			3	6.43
		4	4.8			4	5.67
		5	5.30			5	4.70

5.3.4　正三通冷成形数值模拟

5.3.4.1　几何模型及有限元模型

图 5.19 为 CLAM 钢正三通所使用的液压胀形的模具 CAD 模型，在实际建模过程中，并没有采用常规的两圆柱面相贯倒角的方式建模，而是采用了相贯后扫描剪切的方式建模。采用此法建模可使模具中心部分产生曲边三角形平面，其形状尺寸与实际修模后的模具型腔尺寸偏差很小，该曲边三角形平面存在的目的是使 CLAM 钢在大变形过程中流动容易，从而有利于 CLAM 钢管件的成形。

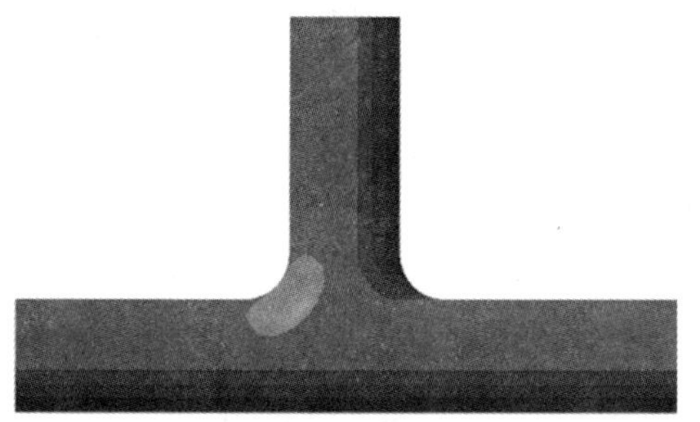

图 5.19　正三通模具 CAD 模型

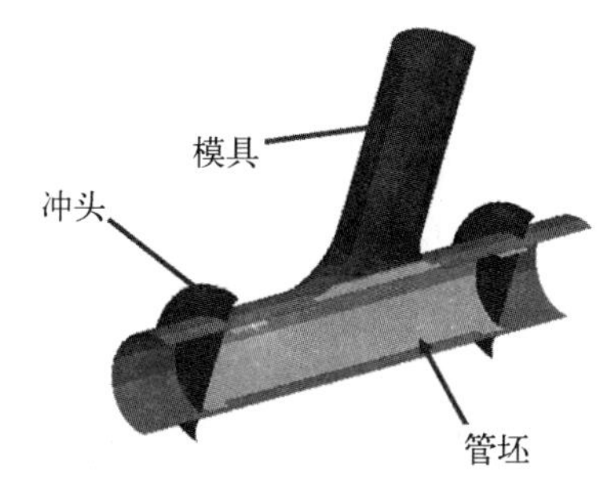

图 5.20　三通胀形有限元模型剖视图

图 5.20 为 CLAM 钢正三通的有限元模型剖视图，成形零件主要由外模具、挤压冲头以及管坯组成，管坯与模具主管轴线重合，由左、右两冲头将管腔封闭。胀形过程中，左、右冲头在液压缸的作用下匀速推进管坯左右两端向模腔内运动，最大推进距离为 45 mm。

5.3.4.2　材料模型

在本次模拟中，管坯同样选用 36 号材料模型，CLAM 钢材料具体参数见表 5.5。

5.3.4.3　边界条件

在 CLAM 钢正三通的成形模拟中，管坯端面与冲头表面接触不存在剪切摩擦，故在有限元模拟的过程中，假设冲头与管材端面的摩擦系数为 0，模具与管材之间的接触则采用罚函数的思想来控制工具与坯料之间的穿透问题；内高压成形过程中，在加载方式的选择上，左、右两冲头在液压缸的作用下按照设定的压力加载路径推进管坯左右两端向模腔内运动；另外，在模拟中，模具按照刚性材料处理，不考虑其变形过程。通过节点约束法及节点渗入惩罚法使接触节点沿模具法向的位移近似为零；成形内压力始终均匀作用于管坯内表面，在分析计算中采用静力等效的原则把内压力移植到各个节点上，方向与单元的法向量一致；通过在平衡冲头单元网格加载均匀作用的压力来实现平衡力的加载，力作用的矢量方向始终指向管变形方向的反方向。

5.3.4.4　工艺优化模拟

（1）内压力初始值确定

三通成形过程中内压力是决定成形成败的关键性因素。内压力的作用，一是成形，即在成形时作用在管坯的内表面，使管坯受到均匀的内部高压，支管型腔的金属通过变薄产生隆起；二是压迫管坯金属使之紧贴凹模而不发生向内弯曲或折叠等失稳。左、右冲头的作用，主要是改善主管及过渡区的应力状态，使管坯金属在其作用下，向过渡区转移。内压大小的确定，可以参照经验得出，可初步确定压力值范围，从而指导有限元模拟的计算。经初步模拟，初步确定内压力为 120 MPa，并在后续的模拟计算中进一步优化。

（2）轴向进给速度的确定

挤压冲头的作用主要是使管坯两端金属不断向管件中部转移，金属的流动速度受到挤压冲头的控制。挤压速度越大，成形得到支管的高度越大，壁厚减薄率也大。如果速度过大，会导致积聚在管件中部的金属也会越多，阻碍后续金属的流动，使得支管高度反而降低，壁厚减薄率随之降低，影响管件的外观，产生成形三通底部褶皱的缺陷。所以，在三通壁厚值允许的范围内，挤压冲头的速度并不是越大越好，而是有一个较为合理的值。

在三通液压成形模拟分析中，对挤压冲头的控制是通过设置冲头的运动速度实现的。同样的内压力作用下，不同挤压速度成形的三通其结果也不同。已知模具圆角半径 $R=20$ mm，摩擦系数 $\mu=0.125$，所加载荷内压 120 MPa，改变速度 V 值分别为 500 mm/s、1 000 mm/s、2 000 mm/s、3 125 mm/s 和 4 000 mm/s。

图 5.21 所示的是挤压速度与成形后得到的管件支管高度和壁厚减薄率间的关系，可以看出，随着挤压速度的增大，成形后得到的三通支管高度呈现先减小后增加的趋势，但是对减薄率的影响并不大，其变化范围只有 0.6%。支管高度完全能满足实际生产的需求，以及考虑到生产效率等因素的影响，所以取最优冲头进给速率为 4 000 mm/s。

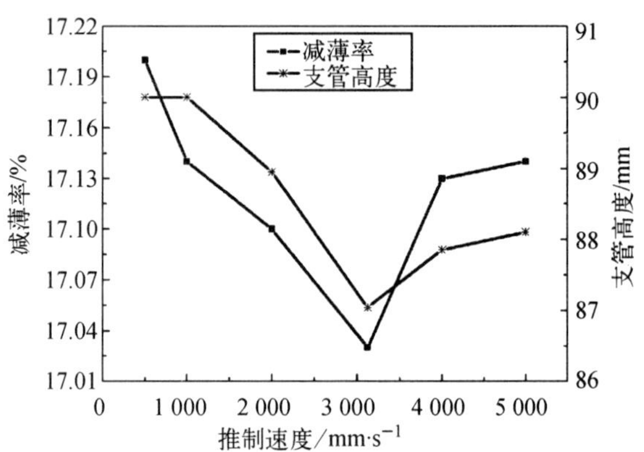

图 5.21 推制速度与最大支管高度及壁厚减薄率的关系

(3) 内压力的优化计算

在进给速度保持一定的情况下，分别研究在五条内压加载曲线(如图 5.22 所示)下工件成形情况。模拟几何参数为圆角半径 $R=20$ mm，摩擦系数 $\mu=0.125$。施加载荷速度 $V=4\ 000$ mm/ms，改变内压力 P 值分别为 80 MPa、90 MPa、100 MPa、110 MPa 和120 MPa。

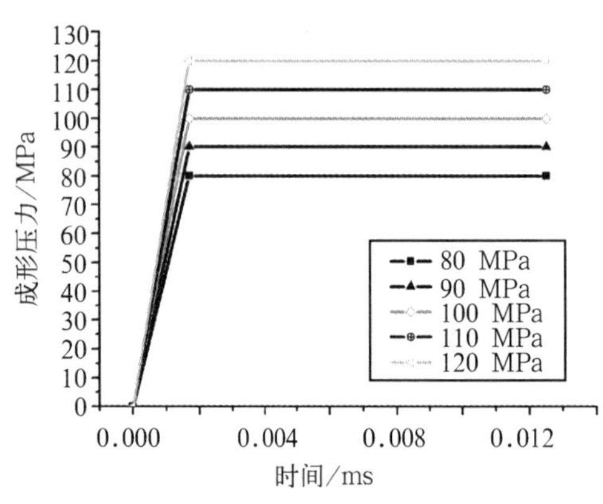

图 5.22 内压加载曲线

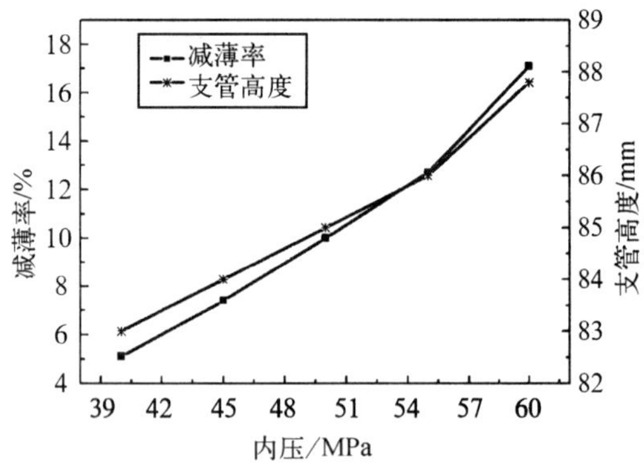

5.23 内压与最大支管高度及壁厚减薄率的关系

由图 5.23 可知，内高压成形过程中的最大内压直接影响着减薄率和支管高度的变化，随着最终压力的增加，减薄率和支管高度随之增大。分析其原因，主要是最大压力较低时，模具和坯料间的作用力相对较小，对金属的流动影响不大，随着压力的升高，管坯的变形速度增大，需要更多的金属补充壁厚的减薄，使坯料最大厚度相对减小。当压力大于 110 MPa 时，管壁的减薄率过大，不符合生产的需要；压力过小时，支管高度将达不到要求，所以取最佳内压力为 90 MPa。

(4) 摩擦系数优化计算

摩擦对 CLAM 钢管材胀形过程有重要的影响，对于需要较大的轴向补料、较高成形内压、形状复杂的管件尤其如此。摩擦的影响可以分为 4 个方面：1) 影响支管胀形区管料的流动，造成壁厚减小。胀形区，摩擦在管料开始接触模具内壁时产生，且摩擦状态随变形过程的进行变得复杂。不合理的摩擦分布使管料流动阻力变大，从而使管坯发生局部减薄直至破裂；2) 影响支管整体上升，造成凹模圆角处材料堆积、增厚。模腔支管及凹模圆角部位的摩擦将对补料过程产生很大影响。如果摩擦力太大，则有可能使管料在模具型腔入口处发生堆积，使补料失败；3) 影响主管顺利补料，造成主管端部失稳、支管高度不足；4) 对表面质量的影响。过大的摩擦力还会使管坯的表面出现划痕，影响其表面质量。

本项目采用合理工艺参数，通过改变摩擦系数来定性分析摩擦力对管材内高压成形的影响。模拟几何参数为圆角半径 $R=20$ mm。所加载荷内压 $P=90$ MPa，速度 $V=4\ 000$ mm/s。改变摩擦系数的值分别为 0.05、0.07、0.9、0.1、0.125。模拟结果工件最大支管高度和壁厚减薄率见图 5.24。由图 5.24 可以看出，随着摩擦系数的增大，支管最终高度逐渐降低，这是因为在成形支管的过程中，摩擦力的作用表现与内压力的作用相反，即摩擦是起阻止主管金属顺利流向支管的作用。随着摩擦的增大，摩擦力对于材料的流动阻碍越来越大，壁厚减薄率也越来越大。随着摩擦系数的减小，材料的流动阻力越来越小，其流动更加剧烈，最大壁厚显著增大。因此，较大的摩擦将影响支管的成形质量，所以在实际生产操作中应尽量减小摩擦。

综上所述，不同的压力和轴向进给匹配，会导致正三通的支管高度和减薄率不同。通过上述的分步优化思路，可以计算出利用液压胀形制备正三通管件的优化工艺组合为推制速度 4 m/s＋内压力 90 MPa＋左右冲头推进距离 90 mm＋摩擦系数 0.07。在此工艺参数组合下，模拟管件的成形质量较高，此条件下的压力和轴向进给的匹配关系相对最优。

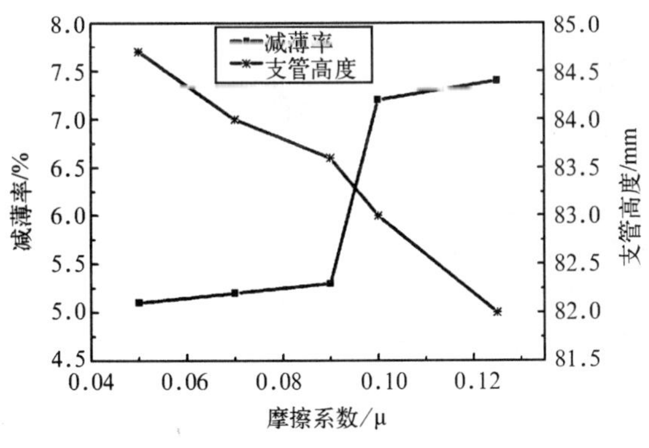

图 5.24　摩擦系数与最大支管高度及壁厚减薄率的关系

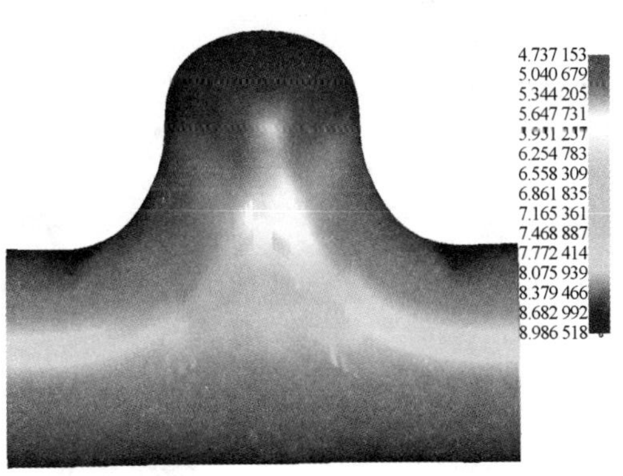

图 5.25　正三通厚度分布图

5.3.4.5　结果分析及试验验证

(1) 厚度分布

图 5.25 及图 5.26 为 CLAM 钢正三通的厚度分布图。从图中可以发现，采用轴向压缩胀形生成的等径三通具有以下特点：一是相对原始管坯而言，成形的三通在小部分区域壁厚有减

薄现象，多数区域壁厚增加，其整体厚度渐变分布。支管顶部壁厚最小，这里是胀形过程中主要变形区中的最大变形区，成形管件所有壁厚减薄的区域也大都集中于此；以支管顶部为中心，沿支管管壁向下壁厚逐渐递增，离最大变形区越远的区域，管壁越厚；壁厚最大的地方是与冲头相接触的主管端部以及与支管相对应的平面三角形区域，但增厚程度相对靠近端部的区域较小。

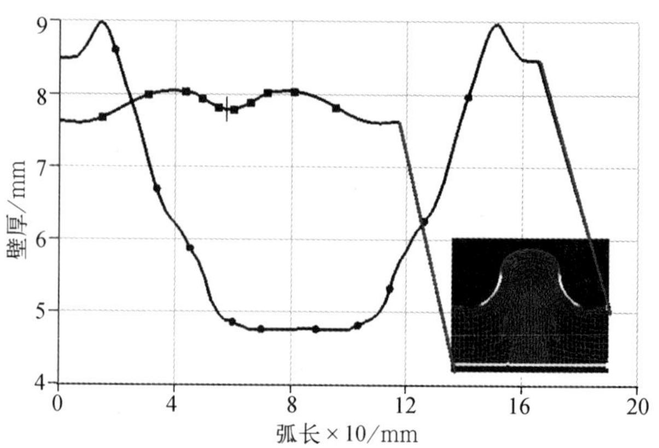

图 5.26 正三通剖面线减薄率分布图

从图 5.25 及图 5.26 中可以看出，沿支管周向方向看，靠近支管一侧的管壁厚度最大(不考虑支管背部)，并沿圆周方向向两侧递减，至三通的中间对称横断面上的管壁厚度最小。

(2) 应力应变分布

管件的壁厚变化与液压胀形时三通各部分的受力情况是密切相关的。三通是非轴对称零件，胀形时各部分的受力情况比较复杂，胀形过程中的应力应变状态也处在不断的变化当中。胀形过程的应变变化有以下特点：主要变形区(指整个成形支管以及与支管直接对应和相邻的部分主管，这部分区域在胀形过程中变形较大)中的绝大部分区域的主应变为拉应变，非主要变形区中，仅在主管两端部分区域以及与之相连的主要变形区中，支管两侧壁中下部较狭小的区域其主应变为压应变。

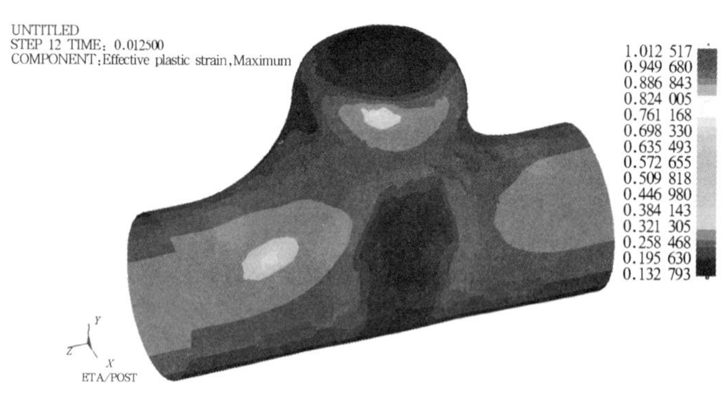

图 5.27 正三通等效应变分布图

如图 5.28 所示，最大主应变位于平面曲边三角形区域，支管顶部的管壁处次应变分布最大，而平面三角形区域受到的是拉应变并且前后两个平面对称。对于临近主管两端区域，主应变成圆环状分布，并且沿着主管的上部母线向支管方向延伸，并终止于临近支管的边缘，属于压应变。主管次应变分布区域广泛，同时注意到次应变是全部受压的。根据塑性变形体积不变假设可知，对于非主要变形区，以及主要变形区中主、次应变均为压应变的部分区域，其管壁厚度增加；主要变形区中主应变为拉应变、次应变为压应变的区域，因为胀形过程中压应变的数值始终大于拉应变的数值，因此其管壁厚度也会增加；胀形过程中最大变形区的壁厚变化要复杂一些，它主要取决于主、次应变中的拉应变与压应变相对数值的大小。当拉应变的数值大于压应变时壁厚减薄，反之则增大。由于最大变形区与其他变形区相比在胀形过程中获得的压应变最小，而拉应变则随着胀形介质内压力的增大迅速增加，因此，对于无支管平衡力作用的轴向压缩胀形工艺来说，其最大变形区的管壁厚度在整个胀形过程中的变化趋势，基本上是一直在减小。在此，我们可以用假设的“胀形力场”来近似地描述液压塑性成形三通的壁厚分布规律：力场由力源和传力介质两部分组成。传力介质为管壁金属。力源包括拉力源和压力源。拉力源位于胀形支管顶部，由管内胀形介质产生，它是使管壁金属产生拉应力的主要原因；压力源位于主管左右两端部，由左右两冲头挤压产生，是管壁金属压应力产生的主要原因。除管壁厚度方向外，拉应力产生拉应变，使管壁金属减薄；压应力产生压应变，使管壁金属增厚。距离力源越近，力场越强；距离力源越远，方向偏离越大，管壁在传力过程中受到的摩擦阻力、弯曲阻力越大，则传递到此处的力就越弱。另外，从图 5.29 可以看出，T 型支管最大的冯-米塞斯应力分布趋势也很明显，最大的米塞斯应力位于平面曲边三角形区域，呈细条状分布且前后平面对称。

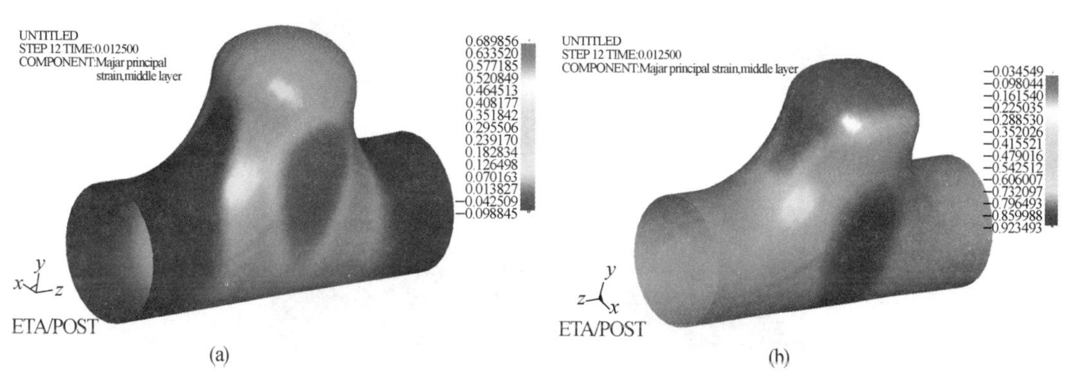

图 5.28　正三通的主次应变图

(a) 主应变；(b) 次应变

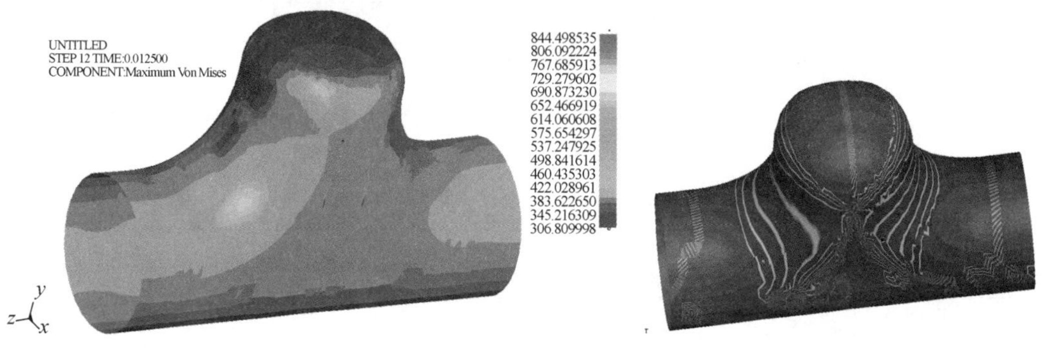

图 5.29　正三通最大冯-米塞斯应力分布云图

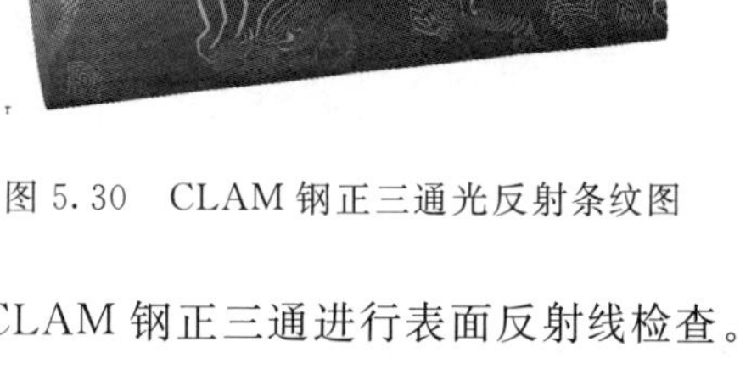

图 5.30　CLAM 钢正三通光反射条纹图

利用软件的 FACE REFLECTION 选项对成形后 CLAM 钢正三通进行表面反射线检查。

从图 5.30 可以看出，在支管与主管的交汇处以及主管两端部，反射条纹相对平直和均匀，说明该区域表面相对平整，说明 CLAM 钢在圆角为 20 mm 时使材料流动相对容易，并未在此处形成严重堆积现象，在等效应变最大的平面曲边三角形区域，则可以看到光带发生了一定程度的偏转，呈不均匀分布，因为光带的偏转程度和表面局部变化的剧烈程度成正比，所以说明该区域表面质量不是很高，这是由于材料变形程度较为严重引起的。

(3) 模拟结果与试验结果对比

1) 形状及尺寸对比

从图 5.31 可看出，模拟结果与实际成形结果较为接近。从如图 5.32 所示的正三通的截面线上，选择不同的部位，从模拟结果中提取厚度值，并相应地从实际成形结果中测量厚度值并对比，对比结果见表 5.7。

2) 厚度及对比

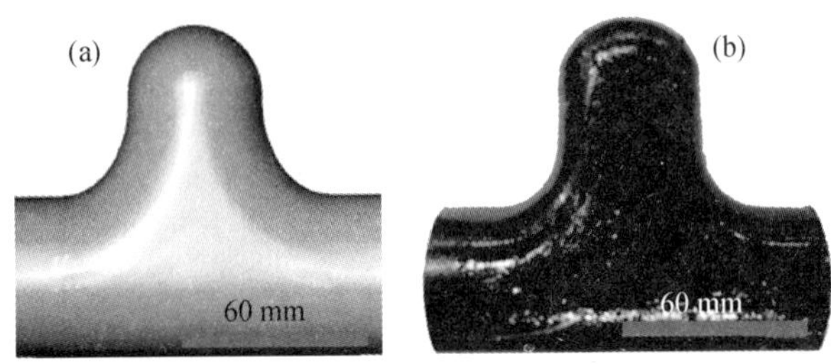

图 5.31 CLAM 钢正三通模拟结果及试验结果

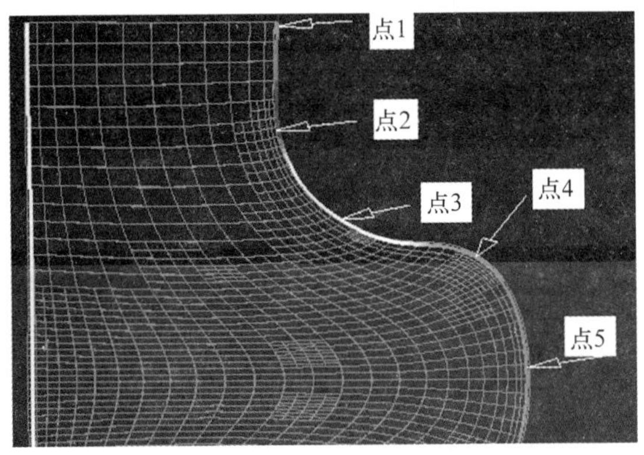

图 5.32 正三通厚度取值点

表 5.7 正三通局部厚度模拟值和实际值

类型	关键点	厚度/mm	类型	关键点	厚度/mm
模拟值	1	8.44	实际值	1	6.12
	2	8.87		2	8.4
	3	6.39		3	6.20
	4	4.84		4	4.74
	5	4.77		5	4.72

5.3.5 斜三通冷成形数值模拟

5.3.5.1 有限元模型

图 5.33 为 CLAM 钢斜三通胀形的模具网格模型及管坯网格模型，采用 TOOL MESH 进行网格划分，总共形成 2 309 个单元，其中四边形壳单元为 2 227，三角形壳单元为 82 个，以四边形壳单元为主，网格划分质量较高；利用相同的工具网格划分方法对冲头进行网格划分，形成 708 个壳单元，其中三角形单元占据 44 个；利用 PART MESH 工具对管坯进行网格划分，形成 1 568 个四边形壳单元，没有三角形单元，故划分质量最高，同时单元厚度为 5，厚度方向积分个数为 5。

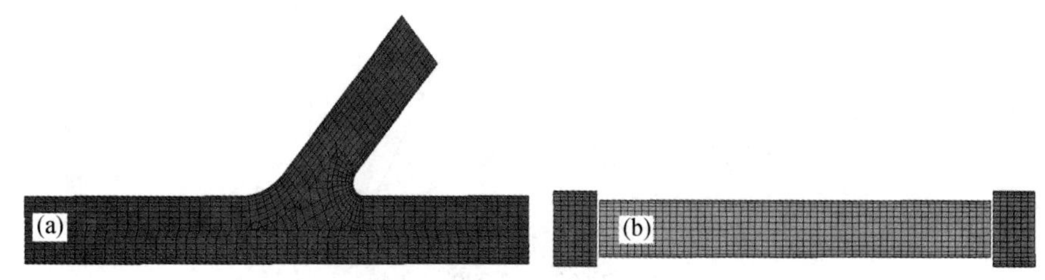

图 5.33　斜三通各部分网格模型

5.3.5.2 材料模型

在本次模拟中，管坯同样选用 36 号材料模型，CLAM 钢材料具体参数见表 5.5。

5.3.5.3 边界条件

在数值模拟中，管坯端面与冲头表面接触不存在剪切摩擦，假设冲头与管材端面的摩擦系数为 0，模具与管材之间的接触穿透问题同样采用罚函数描述，静摩擦系数定为 0.07；在加载方式的选择上，因 Y 三通并非对称结构，故左、右两冲头设定不同的推进速度。另外，在模拟中，模具按照刚性材料处理，不考虑其变形过程。

5.3.5.4 成形工艺参数

(1) 轴向进给速度

CLAM 钢斜三通因为是非对称管件，成形规律相对正三通要复杂，若成形内压力太小，将会造成局部压缩失稳，内压力过大又会造成局部拉伸失稳。图 5.34 显示了成形内压力过低造成的部分缺陷。从图中可知，由压力过低会造成曲边三角形平面区域的凹陷现象，同时圆角小的部位因压力不足而充模不足的问题，使成形的形状和尺寸达不到规定要求，从而造成斜三通出现废品。另外，在模拟计算中，若压力选择过大，则会造成网格变形过大，造成求解不收敛，从而导致中断退出。综合上述原因，选择模拟的内压力为 80 MPa。

在保持内压力一定的情况下，变化两端冲头的进给速度，从而研究不同进给速度对支管高度及减薄率的影响。从图 5.35 可以看出，随着两端进给速度的增加，支管高度先增加后减少。

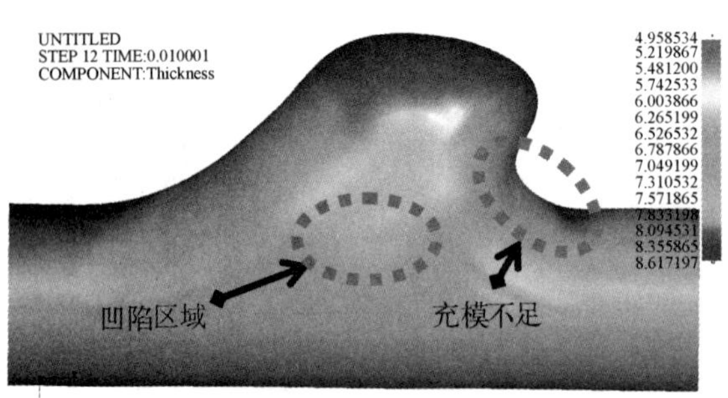

图 5.34 低压力成形的 CLAM 钢的斜三通模拟结果

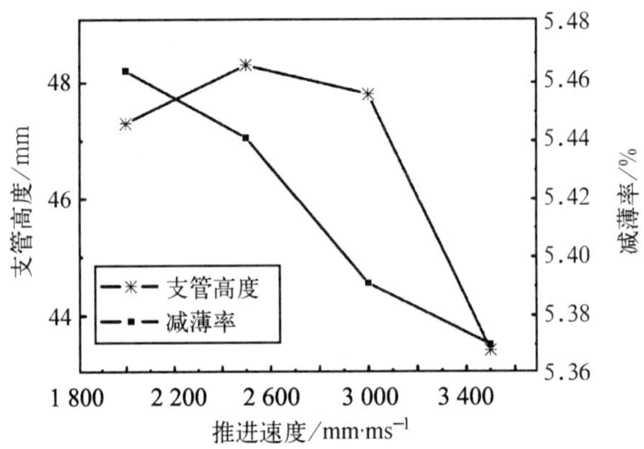

图 5.35 CLAM 钢斜三通支管高度、最大减薄率与推制速度的关系

这是由于随着进给速度的适当增加，材料流动迅速，能够及时补充支管周围局部减薄，但是如果速度增加过快，会导致大部分区域增厚过大，从而导致变形抗力增大，支管生长相对困难。另外，速度对减薄率的影响也很明显，随着推制速度的增加，减薄率下降，这是由于材料的堆积效应造成了减薄区域得到材料补充，使减薄得到了控制。综合考虑支管高度及减薄率，选择 2 500 mm/ms作为优化的推制速度值。

(2) 内压力

如图 5.36 所示的是内压力对 CLAM 钢的斜三通支管高度与最大减薄率的影响关系图。从图中可知，随着内压力的增加，支管高度增加，但导致减薄率增大，容易形成拉伸失稳，形成开裂，故压力不能选择过大。选择压力根据以下原则，在保持支管高度大于 36 mm 的前提下，减薄率尽量降低。另外，考虑到 CLAM 钢的材料模型为简化模型，有可能造成塑性估计过高，故选取压力为 100 MPa。

(3) 摩擦系数

图 5.37 为摩擦系数对支管高度与最大减薄率影响的关系曲线。从图中可以看出，随着摩擦系数的增加，支管高度总体趋势是不断减小的，这是因为模具与管坯之间属于剪切摩擦，摩擦系数增大会造成材料流动的阻力，是影响支管生长的负面因素。但摩擦系数较大的情况下，可以较好的阻止压力过大造成的局部过分减薄现象，对提高管件的抗拉伸失稳能力有积极的作用。综合考虑支管高度及减薄率，考察两条曲线相交的点是减薄率及支管高度相对较好的点，所以当摩擦系数为 0.07 的时候，可以同时满足支管高度及减薄率的要求，此时选择专门用

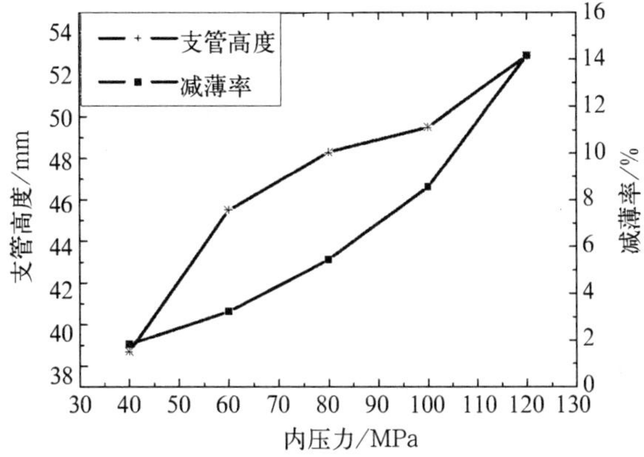

图 5.36　CLAM 钢斜三通支管高度、最大减薄率与内压力的关系

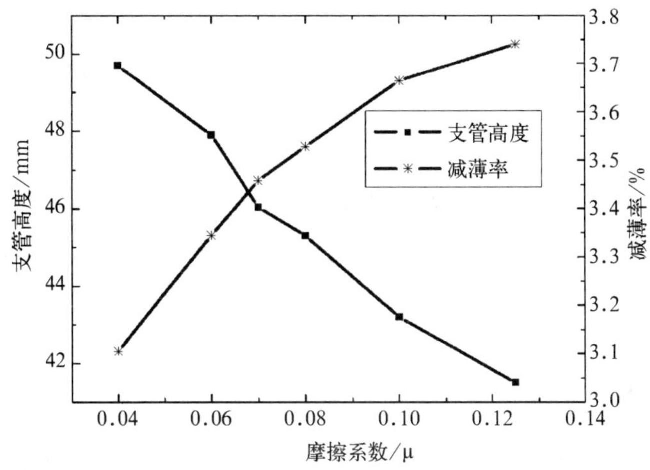

图 5.37　CLAM 钢斜三通支管高度、最大减薄率与摩擦系数的关系

于冷挤压成形金属制品的表面涂层作为润滑剂能满足模拟的摩擦工艺参数要求。

综上所述，在 CLAM 钢斜三通的成形模拟中，不同的压力和轴向进给匹配关系，会导致斜三通的支管高度和减薄率不同。同时须重视的是，左右冲头进给位移的不同，对斜三通的厚度减薄率影响非常大。故通过计算可知，采用液压胀形工艺制备斜三通管件时的优化工艺组合为：推制速度 2500 mm/ms＋内压力 100 MPa＋左、右冲头推进距离 50 mm、80 mm＋摩擦系数 0.07，可获得较高的成形质量。通过液压胀形左右冲头尺寸的设计与进给位移和时间的精确控制，能够保证斜三通产品厚度减薄率均匀。

5.3.5.5　结果分析及试验验证

(1) 优化结果的成形分析

根据上述的工艺参数优化模拟分析，确定当推杆推制速度为 2 500 mm/ms、压力为 100 MPa、摩擦系数为 0.07 即选择专用的表面涂层作为润滑剂时，能得到支管高度即减薄率均能满足要求的CLAM钢斜三通管件。从图5.38(a)可以看出，管坯在初始成形时，首先增

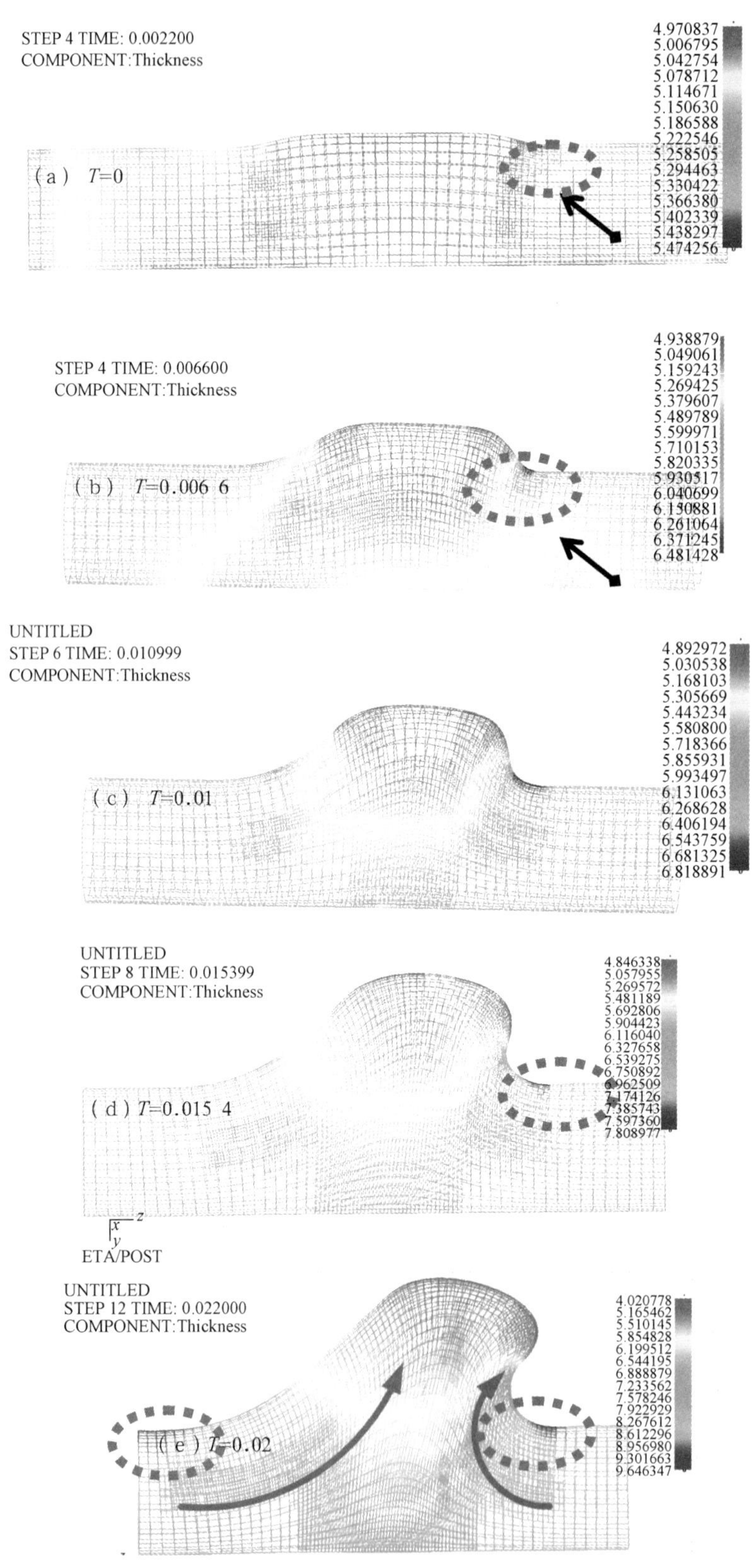

图 5.38 斜三通各个成形阶段的有限元模型

厚发生在半径较小的倒角附近，而在将要长出支管的部位发生减薄现象，并以支管为中心，向四周散开。当模拟时间 T 为 0.006 6 ms 时，倒角小的区域增厚继续，但原来大面积减薄区域得以改善，这说明随着两端冲头的进给，原来减薄的区域得到了一定程度的补偿，两端的材料向支管流动补充了原来的减薄区域。

当成形时间 T 为 0.01 ms 时，增厚最大的区域由上一步的 6.48 mm 继续增大为 6.81 mm，减薄区域进一步得以补偿。虽然支管继续沿 45°方向生长，但生长速度显然慢于两段进给速度，故支管周围区域的减薄进一步补偿。同时，从图 5.38(b)及(c)可以看到，平面曲边三角形区域材料流动较快，发生了大变形。原来位于主管轴线以下的部分材料通过平面曲边三角形区域向支管方向快速流动，从而很好地补充了支管靠近平面的区域，保证了此区域的厚度不会发生太严重的减薄。

当成形时间 T 为 0.015 4 ms 时(见图 5.38(d))，减薄区域相对上一步有扩大的趋势，但局部区域减薄严重，集中在支管顶部的最右端。其原因是在圆角较小的区域发生了最大限度的增厚，右端通过冲头进给补充的材料大多堆积在此处，而无法向支管最右端及时补充，同时，在较大的内压力作用下，该区域因端部补充材料无法达到，变形抗力相对较小，从而变形程度增大，造成该区域的过大变形，形成典型的凸起特征。但是在模具的限制下，变形过大受到一定程度的抑制，从而沿着模具的型腔表面生长，虽然支管左端材料补充相对容易，材料流动阻力较小，但因为材料补充及时，厚度减薄不大，而造成变形抗力较大，所以支管左端的生长速度受到限制。总之，左右端变形规律的差异正是使支管沿 45°方向稳定生长的重要原因，但是支管右端的减薄相对较大是造成成形失败的最大可能原因。

斜三通成形终了时，可以看到较小圆角附近区域增厚一直增大，但在左端区域也出现了增厚，只不过增厚程度较小。这是因为成形终了阶段，材料的加工硬化现象已经很突出，而冲头的速度依然保持不变，所以在靠近冲头附近形成了局部增厚。在主管底部，材料虽然通过平面区域向支管转移，但是减薄现象并未发生，这主要是因为在两端冲头的作用下，主管轴向的材料流动及时补充了材料的周向损失，甚至形成主管底部中心稍微增厚；在有凸起特征的区域，减薄虽然发生，但从网格流动的方向来看，虽然增厚最大的区域阻止主管顶部材料的流动，但是主管轴线中上部的材料可以沿着三角形平面区域的曲边进行流动，如图 5.38(e)图箭头所示，从而缓解了支管右部的局部拉伸失稳，有效地防止了该部分的材料拉裂现象。

(2) 表面质量分析

利用软件的 FACE REFLECTION 选项对成形后 CLAM 钢斜三通进行表面反射线检查。从图 5.39 可以看出，在圆角较小端部，反射条纹相对平直和均匀，说明该区域表面平整，在等效应变最大的平面曲边三角形区域，光带发生了一定程度的偏转，呈不均匀分布，因为光带的偏转程度和表面局部变化的剧烈程度成正比，说明该区域表面质量不是很高，这是由于材料变形程度较为严重引起的。这进一步验证了平面曲边三角形区域材料流动的剧烈程

图 5.39　斜三通光线反射条纹

度，也进一步说明了把模具的两圆柱面相贯处修成平面区域，为主管轴线以下的材料流动提供了通道，使减薄严重的区域可以顺利补料，从而保证了 CLAM 钢斜三通件的成形质量。

(3) 模拟结果与试验结果对比

从图 5.40 可以看出，模拟结果与实际成形结果较为接近。从如图 5.41 所示的斜三通的截面线上，选择不同的部位，从模拟结果中提取厚度值，并相应地从实际成形结果中测量厚度值并对比，其对比结果见表 5.8。

1)形状及尺寸对比

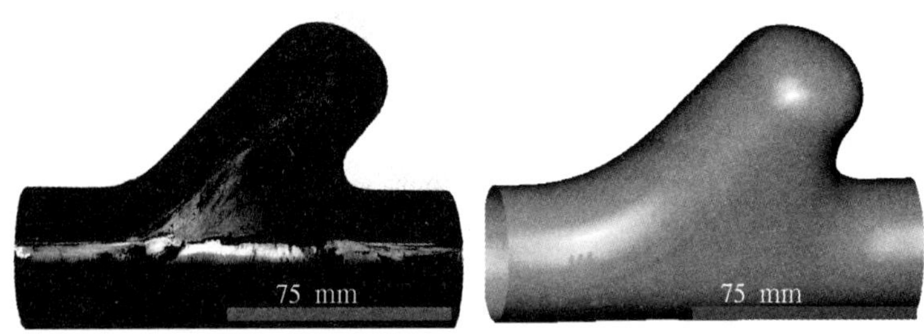

图 5.40 斜三通模拟结果和试验成形件

2) 厚度对比

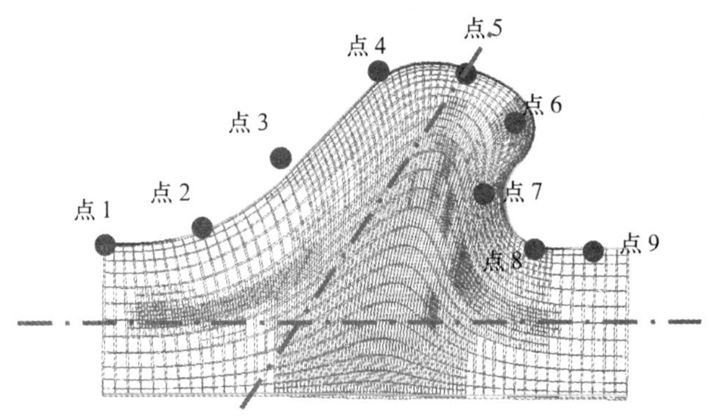

图 5.41 斜三通厚度取点分布图

表 5.8 斜三通局部厚度模拟值和实际值

类型	关键点	厚度/mm	类型	关键点	厚度/mm
模拟值	1	6.22	实际值	1	5.9
	2	6.02		2	5.69
	3	6.15		3	5.65
	4	4.67		4	4.74
	5	4.63		5	4.52
	6	4.83		6	4.7
	7	5.79		7	4.56
	8	6.0		8	5.78
	9	6.24		9	5.72

5.4　CLAM 钢管件冷成形加工过程的组织变化与尺寸控制

5.4.1　冷成形加工过程的组织变化分析

CLAM 钢在冷成形后，其组织形态相对成形前会发生一定程度的变化。对于弯头管件来说，在成形后的外弧部分，尤其是中间偏下的部分因受到的拉应力较大，管件的组织沿着弧线的切线方向将会被拉长，形成细长状纤维组织；而对于弯头管件的内弧来说，其组织因受到较强的压应力，晶粒被压而伸长，但其伸长方向应与轴线垂直。另外，外弧及内弧虽然都形成纤维组织，但其尺寸有所区别；对于三通管件来说，成形过程中在支管顶部，尽管受拉应力，由于材料流动相对较小，纤维组织被拉长的现象很难被观测到，在主管接近推入端的部位，因受压应力，将会出现环向纤维拉长现象，在曲边三角形平面区域，因材料流动程度较大，纤维组织分布较为明显。

5.4.2　弯头的尺寸控制技术

CLAM 钢弯头在成形过程中，因成形条件较为复杂，变形程度较大，管坯内壁及外壁与外模和芯棒之间存在着强烈的摩擦作用，并且管坯在向前推进过程中，受到的摩擦力是随着接触位置的变化而变化，从而导致应力应变场分布的不均和变形抗力的增大最终会使管坯减薄率发生波动，芯棒与模具之间的间隙大小也是影响减薄率的重要原因之一；由于推制速度的不同以及推进距离的不同，会导致最终成形管件的轴线曲率不同以及管件与冲头接触部位的前端出现部分收口现象。这些尺寸及形状上的缺陷都会造成后续加工工序的增多，影响成形质量。为了保证成形质量，须对管件成形过程中所涉及的主要工艺参数作为控制对象，把 CLAM 钢管件减薄率、轴线曲率、管件端部收口的尺寸及原始坯料尺寸作为控制目标，从而全面研究弯头的主要尺寸控制技术。

(1) CLAM 钢管件减薄率的控制：影响管件减薄率的因素有摩擦条件及坯料与模具之间的间隙大小。在推杆向前推制过程中，若坯料与芯棒及外模之间的摩擦力太大，则会造成管件端部与管件内侧局部起皱失稳现象，从而进一步影响到成形管件的表面质量。选择我们研发的专门用于冷挤压成形金属制品的表面涂层作为润滑剂，可有效降低摩擦系数，同时通过控制模具间隙，可有效控制弯头外侧的减薄及内侧的增厚现象，同时使成形管件的表面质量较高。

(2) CLAM 钢管件轴线曲率的控制：通过对有限元模型的计算分析可知，成形后的管件的轴线曲率有较大范围的波动，其中，接近推杆的部位曲率波动程度较大，而远离推杆的部位曲率分布较为稳定。轴线曲率的稳定与否主要取决于推杆向前推进的距离。在成形接近终了阶段，若推杆与芯棒的接触不充分，则会造成靠近推杆的端部变形程度较小，甚至完全未变形推制过程就已结束，造成变形的不充分，从而使端部曲率达不到要求。所以，对轴线曲率的控制区域集中在靠近推杆的端部，而对此区域实施控制的关键点则是通过调整设备的推杆推进距离，并有设备精确控制推杆与芯棒端部的充分接触；另外，在推杆与芯棒充分接触后，须继续保持几秒钟，以保证变形最不充分的端部有足够的变形时间，并避免一定程度的回弹，从而达到精确控制整个成形管件的轴线曲率的目的。

(3) 在实际的弯头成形过程中，模具表面质量的高低及模具间隙及模具尺寸的精确程度无疑对所有的成形管件尺寸都有影响，但芯棒的尺寸及形状对管坯的成形尺寸有着最重要的影响。若芯棒的台阶长度过短，会造成端部的收口现象，使收口部分的截面半径小于平均半径。所以为了保证精确成形，必须严格控制台阶部分的长度。

(4) 管坯的形状对于最终成形管件的尺寸有着不可忽略的影响。通过对数值模拟对管坯初始形状进行优化计算，在减少后续成形工序的同时，可进一步的影响减薄率、端部曲率及收口等问题，故必须控制管坯的初始尺寸。

5.4.3 三通的尺寸控制技术

三通的成形同样存在着材料非线性、边界条件非线性等变形条件复杂的问题，而最终三通的各项尺寸主要受关键技术的影响。对于三通来说，把支管高度、最大减薄率及防止三通件端部压塌失稳变形作为控制目标，把内压力大小、端部进给速度、摩擦力大小作为控制关键因素，从而对三通的尺寸控制技术展开深入研究。

(1) CLAM 钢正、斜三通的支管高度控制：在成形过程中，成形的内压力和管坯两端冲头的轴向进给匹配关系是决定支管高度的重要因素。对于内压力来说，应稍高于材料的屈服极限。若内压不足，金属的径向压应力不足而轴向压力过大，出现失稳，管坯向内凹陷；若成形内压过大，金属在较强的拉应力作用下变形，壁厚变薄严重；压力过大，进给过慢，容易使管材过度减薄而发生破裂；压力过小，进给过快，管材无法有效贴近模壁，容易导致褶皱；随着内压力的增加管坯的变形量越来越大，管壁厚明显减少，当内压过大而轴向进给速度相对较小，中间胀形部分面积急剧加大，两端的材料不能及时补给，造成中间部分厚度极度变薄，容易出现破裂现象。故通过数值模拟，在材料一定的前提下，可以迅速找出内压力和进给速度良好匹配的关系，从而有效控制正三通的支管高度。

(2) CLAM 钢正三通、斜三通的最大减薄率控制：成形的三通在小部分区域壁厚有减薄现象，多数区域壁厚增加，其整体减薄率呈环带状渐变分布。支管顶部壁厚最小，这里是胀形过程中主要变形区中的最大变形区，成形管件所有壁厚减薄的区域也大都集中于此；以支管顶部为中心，沿支管管壁向下减薄率逐渐递减，离最大变形区越远的区域，管壁越厚；壁厚最大的地方是离支管顶端最远的两主管端部以及与支管相对应的主管背部；沿支管环向方向看，相对而言，位于三通纵向对称剖面上靠近支管一侧的管壁厚度最大(不考虑支管背部)，并沿圆周方向向两侧递减，至三通的中间对称横断面上的管壁减薄率最大。

(3) 模具型腔的形状尺寸及精度，特别是过渡区圆角半径的大小，将直接决定管坯的成形和摩擦力的分布；模具的制造及装配精度，在定量分析中往往为简化问题而忽略那些不对称及偏心部分的变形过程，这也正是造成理论分析和试验结果间有较大偏差的重要原因之一。模具的表面质量将极大地影响着摩擦系数的大小，模具的刚度和强度，直接影响着制件的几何形状和尺寸精度。

(4) 摩擦对管材内高压成形过程有重要的影响，对于需要较大的轴向补料、较高成形内压、形状复杂的管件尤其如此。不合理的摩擦分布有可能使管料的自由移动阻力变大从而使管坯发生局部减薄直至破裂或使管料在模具型腔入口处发生堆积，使补料失败。随着摩擦系数的不断增加，最大支管高度有明显的减小趋势，壁厚减薄率却有相应的提高，从整体上来看，不利于胀形，所以应尽量减小摩擦。

5.5 CLAM 钢管件的实际冷加工工艺

5.5.1 弯头冷成形工艺

CLAM 钢弯头具体成形的工艺路线如下：将 CLAM 钢管通过锯床下料后得到内弧长为 77 mm，外弧长为 150 mm 的管坯，通过表 5.2 的退火热处理制度对其进行一定程度的退火处理，并通过机械打磨和喷砂去除内外表面氧化皮，然后对其内外表面涂抹专用的表面涂层作为润滑剂。此时开动设备，由卸料装置控制芯棒旋转进入外模的下半模，并进行精确定位。将涂抹了润滑剂的 CLAM 管坯放入下模内，并使管坯内表面与芯棒部分接触并进行定位。然后将上、下模两部分闭合压紧，通过液压缸驱动装置使推杆向前运动，其运动速度的设定及推进距离的设定参照有限元数值模拟的条件，并与 CLAM 管坯的 45°头部接触，设定推制速度及合模力后将管坯向前推进，管坯在上、下模合模力及芯棒的限制及推杆的推进综合作用下开始变形，待推杆的端部与芯棒的端部接触，则推弯过程自动结束。开动控制装置使推杆返回并复位，此时开启闭合的上、下模，同时旋转被已成形弯头包裹的芯棒，开动脱模装置将 CLAM 成形管件从芯棒中取出。如图 5.43 所示的是工艺设备及冷工艺过程。

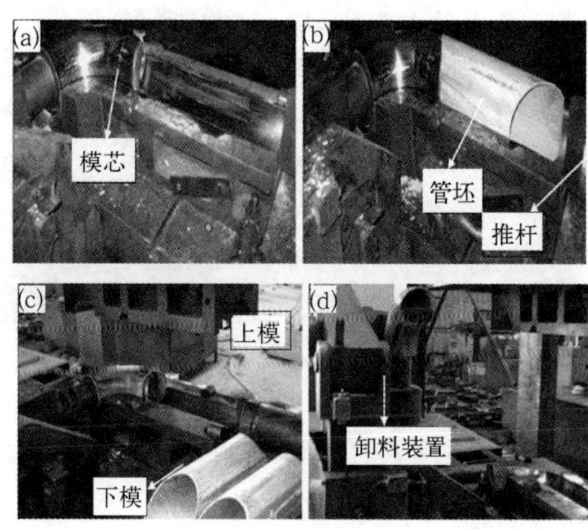

图 5.42　CLAM 钢弯头成形试验装置及工艺顺序

对冷推成形后的弯管件半成品通过外观及尺寸的初检后，对其进行研磨处理及随后的热处理，使弯管件获得相应的力学性能后，对其进行喷砂及整形处理，然后通过坡口加工机对 CLAM 钢弯管件进行倒角处理，通过检测及酸洗钝化后得到成品。

5.5.2 正/斜三通冷成形工艺

CLAM 钢正/斜三通具体成形的工艺路线如下：将 CLAM 钢管通过锯床下料后得到符合长度的管坯，如图 5.44 所示。通过表 5.2 的退火热处理制度对其进行一定程度的退火处理，并通过机械打磨和喷砂去除内外表面氧化皮后，根据模拟出的摩擦系数结果选择专用的表面

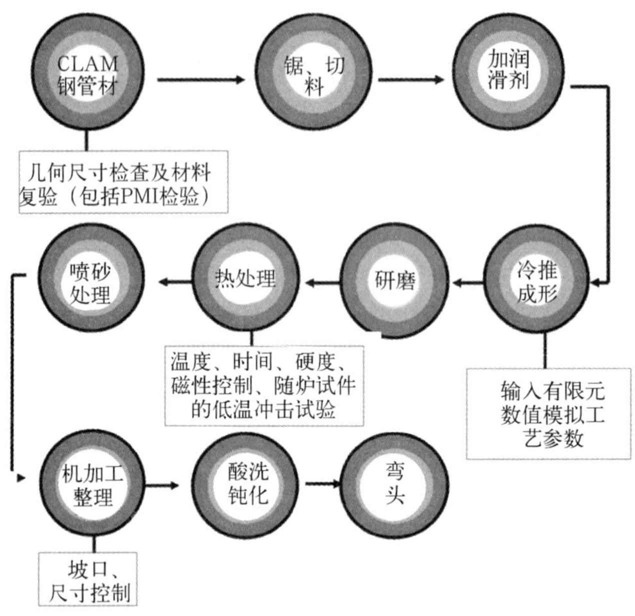

图 5.43　CLAM 钢弯头成形工艺路线

图 5.44　CLAM 钢三通成形管坯

涂层作为润滑剂，喷洒于管坯的内外表面，然后将 CLAM 钢管坯卧放在下模具型腔内，开动设备，并按照有限元模拟的工艺参数设定工艺值。利用合模压力机的活塞将上模具落下压紧管坯与下模具。移动侧向压力机的活塞推动左右冲头靠住管坯端部，向 CLAM 钢管坯空腔内送高压油的同时，冲头对管坯进行轴向压缩。在内压力的作用下发生臌凸从而使支管长高。当支管高度达到要求之后，合模压力机的活塞及侧向压力机的活塞回到原先位置，这时可将制成的 CLAM 钢正三通或斜三通管件取出。取出后按照如图 5.45 所示的工艺路线进行处理，直至得到成品。

5.5.3　CLAM 钢管件质量控制与检验

从图 5.42 及图 5.45 的 CLAM 钢弯头与三通成形工艺路线可知，在整个成形工艺中，因 CLAM 钢的成形性能较差，成形工艺要求较高，在实施计算机 CAE 模拟的指导的同时还要采取措施对各个关键环节实施重点控制。控制大致可以分为成形前管材质量控制与检验、成形过程中半成品质量控制与检验以及成形后质量控制与检验三个阶段，从而对 CLAM 钢管件的成形质量实施全面控制。

5.5.3.1　成形前管材质量控制与检验

成形前须检查 CLAM 钢管材的内外表面质量，表面质量包括表面裂纹、过烧、损伤、内外表面残留氧化皮等指标，观察管材截面的圆度及有无扭曲状况。同时要对 CLAM 钢管材进行

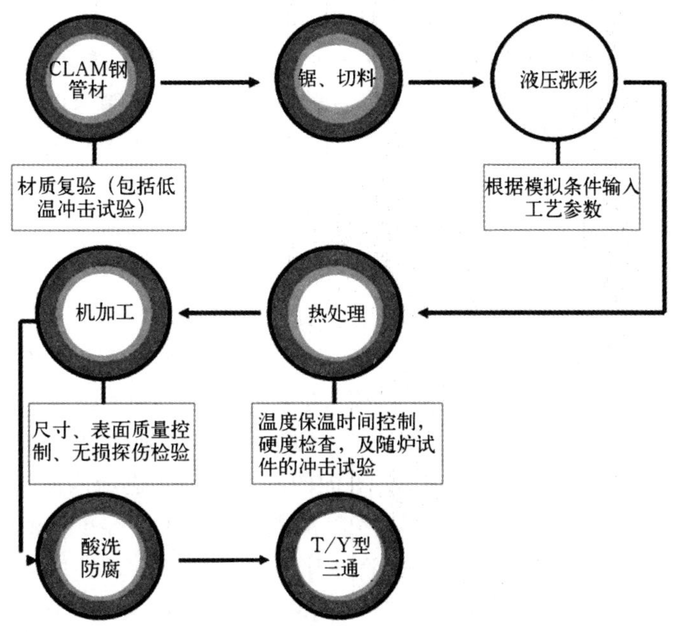

图 5.45　CLAM 钢三通成形工艺路线

相应的力学性能测试。在下料时防止造成表面割伤等情况，锯料时定位准确，从而保证成形后的管件的高质量。

5.5.3.2　成形过程中管件质量控制与检验

在 CLAM 钢的冷推过程中，须严格控制管坯与芯棒及模具之间的摩擦系数，根据有限元数值模拟的工艺参数，设定好推进速度及推进距离，使推杆的顶端和芯棒的台阶实现充分接触，接触后保持一段时间，实现弯头与推杆的接触段充分变形，使缩口现象避免发生。在 T 型及斜三通成形过程中，同样按照数值模拟的工艺参数设定实际工作值，严格控制进给速度及成形压力，并且保压时间要充足。另外，在斜三通成形中，要通过控制左右冲头的进给距离来控制进给时间，使左右段进给量达到良好匹配。通过严格控制 CLAM 钢的组合工艺参数达到精确控制成形管件关键尺寸的目的。

5.5.3.3　成形后成品的质量控制与检验

CLAM 钢管件冷挤压成形后的外观、几何尺寸、内外表面的缺陷等项目的检测具体方法及实施过程，如第四章所述。上述质量控制与检验手段充分保证了 CLAM 钢最后成形管件达到了尺寸和形状精度高、表面质量好、力学性能优越的核工程用管件要求。

5.6　本章小结与展望

5.6.1　小结

通过对于 CLAM 钢冷成形的数值模拟及实际成形进行了大量的工作，通过对成形仿真过程的总结以及实际试验数据的分析，可得出以下结论：

(1) 在 CLAM 钢推弯成形的数值模拟优化中，通过选取不同的推制速度和管坯表面摩擦系数，以壁厚减薄率和最小厚度值为主要控制目标，最终确定了推制速度 10 mm/ms＋摩擦系数 0.07 为相对较好的工艺参数；经模拟计算，CLAM 钢管坯变形可以充分进行，但管坯的外弧及内弧的曲率有波动。和推杆接近的端部的内弧线的曲率波动程度较大，内弧的中间部位曲率相对稳定，外弧线中曲率变化较为平稳。成形后管件外侧，反射条纹均匀，内侧及头尾部，光带发生偏转，呈不均匀分布[19]；

(2) 在 CLAM 钢正三通成形模拟过程中，不同的压力和轴向进给匹配，会导致正三通的支管高度和减薄率不同。通过分步优化思路，计算出利用液压胀形制备正三通管件的优化工艺组合为推制速度 4 m/s＋内压力 90 MPa＋左右冲头推进距离 90 mm＋摩擦系数 0.07。在此工艺参数组合下，模拟管件的成形质量较高。此条件下的压力和轴向进给的匹配关系相对最优；

(3) 在 CLAM 钢斜三通的成形模拟中，不同的压力和轴向进给匹配关系，会导致斜三通的支管高度和减薄率不同，左右冲头进给位移的不同，对斜三通的厚度减薄率影响非常大。通过模拟计算，采用液压胀形工艺制备斜三通管件时的优化工艺组合为：推制速度 2500 mm/ms＋内压力 100 MPa＋左、右冲头推进距离 50 mm、80 mm＋摩擦系数 0.07，成形质量较高。通过液压胀形左右冲头尺寸的设计，进给位移和时间的精确控制，脱模装置与壁厚减薄率控制装置的合理设计，能够保证斜三通产品厚度减薄率均匀[20-22]。

5.6.2 研究展望

通过对于文献调研和系列的实验工作，在聚变堆用难变形 CLAM 钢的数值模拟及实际成形的课题研究中，取得了一定的成果。尤其是采用有限元成形仿真与试验相结合的思路，成功地制备了多种 CLAM 钢管件，尤其是通过冲头尺寸的优化和控制减薄率装置、脱模装置的设计，采用内高压成形技术整体成形了 CLAM 钢斜三通，综合性能优越，成本优势明显。为我国自主研发的 CLAM 钢的冷成形研究及实际加工奠定了一定的基础。在此基础上，今后还可以从以下三个方向对本课题进行更深入的研究和探讨：

(1) 深入研究 CLAM 钢的冷成形变形规律及材料流动机理。对于控制其在变形过程中的开裂具有重要价值；

(2) 开展 CLAM 钢的板材成形研究，尤其是 CLAM 钢板材的成形性能进行系统研究，从而为 CLAM 钢板材的成形奠定基础，从而使 CLAM 钢各种复杂钣金件尽早走向服役；

(3) 开展 CLAM 钢异形管材的制备及二次成形研究，深入研究此种难变形材料的异形管件的成形工艺，从而最终实现各种异形复杂形状管件的高效率、低成本制备，服役于聚变堆。因具有重要的工程价值，所以是未来研究的极其重要的一个方向。

参 考 文 献

[1] 黄群英，郁金南，万发荣，等. 聚变堆低活性马氏体钢的发展[J]. 核科学与工程，2004，24(1)：56-64.

[2] 黄群英. 中国低活性马氏体钢——CLAM 研究进展[A]. 第三届反应堆物理与核材料学术研讨会论文集[C]，2007：37.

[3] 黄群英，李春京，李艳芬，等. 中国低活性马氏体钢 CLAM 研究进展[J]. 核科学与工程，2007，27(1)：

41-50.

[4] 李春京,黄群英,吴宜灿,等. 中国低活性马氏体钢 CLAM 热等静压扩散焊接初步研究[J]. 核科学与工程,2007,27(1):55-59.

[5] Huang Q, Li C,Li Y, et al. Progress in Development of China Low Activation Martensitic Steel for Fusion Application[J]. Journal of Nuclear Materials, 2007, 367-370: 142-146.

[6] Jitsukawa S, Tamura M, et al. Development of an Extensive Database of Mechanical and Physical Properties for Reduced-activation Martensitic Steel F82H[J]. Journal of Nuclear Materials, 2002,307-311: 179-186.

[7] Hasegava T, Tomita Y, et al. Nowmalizing Condition and TMCP Process on the Mechanical Properties of Low-activation 9Cr-2W-0. 2V-Ta Steel for Fusion Application[J]. Journal of Nuclear Materials , 2002,258-263:1 153-1 157.

[8] Klueh P L, Alexander D J, et al. Development of Low-chromium, Chromium-tungsten Steel for Fusion [J]. Journal of Nuclear Materials,1995, 227:11-23.

[9] Huang Q, Wu Y, Li C , et al . R &D Activities of Fusion Material and Technology for Liquid LiPb Blanket s at ASIPP [C]. proceedings of 8th China2J apan Symposium on Materials for Advanced Energy Systems and Fission & Fusion Engineering, Sendai, Japan, 2004,428:237-243.

[10] Wu Y, FDS Team. Design Status and Development Strategy of China Liquid Lithium-Lead Blankets and Related Material Technology[J]. Journal of Nuclear Materials, 2007, 367-370:1 410-1 415.

[11] Klueh R L,Gelles D S,et al. Ferritic/Martensitic Steels-Overview of Recent Results[J] . Journal of Nuclear Materials, 2002, 307-31:455-465.

[12] KocË M, Altan T. An overall review of the tube hydroforming (THF) technology[J]. Journal of Materials Processing Technology, 2001, 108:384-393.

[13] Lin F C, Kwan C T. Application of abductive network and FEM to predict an acceptable product on T-shape tube hydroforming process[J]. Computers and Structures,2004, 82:1 189-1 200.

[14] Muammer K, Altan T. Application of two dimensional (2D) FEA for the tube hydroforming process [J]. International Journal of Machine Tools & Manufacture, 2002, 42:1 285-1 295.

[15] Goodarzi M, Kuboki T, Murata M. Effect of initial thickness on shear bending process of circular tubes [J]. Journal of Materials Processing Technology, 2007,191:136-140.

[16] Jain N, Wang J, Alexander R. Finite element analysis of dual hydroforming processes[J]. Journal of Materials Processing Technology, 2004,145:59-65.

[17] Yingyot A, Gracious N, Taylan A. Optimizing tube hydroforming using process simulation and experimental verification[J]. Journal of Materials Processing Technology, 2004, 146:137-143.

[18] Nader A, Anders S. Theoretical and experimental analysis of stroke-controlled tube hydroforming[J]. Materials Science and Engineering A, 2000, 279:95-110.

[19] 郭训忠,陶杰,刘红兵,等. 聚变堆用 CLAM 钢管件冷推弯成形数值模拟及试验研究[J]. 核科学与工程(已录用).

[20] 陶杰,郭训忠,李鸣,丁月霞. 一种斜三通冷成形的制备方法[P]. 中国发明专利,申请号:200910029137.9.

[21] 陶杰,郭训忠,李鸣,丁月霞. 用于斜三通脱模的顶出机构[P]. 中国实用新型专利,授权号:ZL200920038550.7.

[22] 陶杰,郭训忠,李鸣,丁月霞. 一种控制斜三通壁厚减薄率的装置[P]. 中国实用新型专利,授权号:ZL200920038551.1.

第6章 防氚及氢同位素渗透玻璃质壁垒层的制备技术

6.1 玻璃质壁垒层在防氚及氢同位素渗透技术中的应用及意义

关于氢和氢同位素渗透壁垒层的研究，国内外众多学者都投入了大量精力并取得了许多喜人的成果。能胜任渗透壁垒层的材料必须能承受基体材料所处环境对它的考验，例如热氢处理环境下的高温高压、核反应堆中的等离子核辐照等比较恶劣的环境。壁垒层还应具备一定的物化和力学性能，并与基体有一定的结合强度，最重要的是有较强的防渗能力。由于氢原子的半径极小，只有形成相当致密的表面层或是与氢和氢同位素形成键合网络，来增大氢和氢同位素的扩散激活能，才能阻碍其往基体内部渗入。一般而言比较有效的方法主要有两种：

(1) 在基体表面形成致密的氧化膜。这主要是对于那些具有自钝化能力的金属而言的，如 Al，Ti，Cr；各种氧化膜中，Al_2O_3 和 TiO_2 的防渗能力和破坏后的自恢复能力较强。

(2) 在基体表面制备结构比较致密的涂层。表面层主要有以下 3 种：① 渗铝后形成的铝化层和经后续处理得到的或是直接喷涂的 Al_2O_3 陶瓷涂层；② 钛化物陶瓷涂层，如 TiC，TiO_2，TiN 和 TiC+TiN 以及 TiAlN 等陶瓷涂层；③ SiC 等其他陶瓷涂层。

此外还有 BN、Sn、Zn、H_3PO_4 玻璃涂层等都具有一定的防氢渗透能力。试验结果显示铝基涂层特别是 Al_2O_3 层具有最强的氢渗透壁垒效应，其次是钛化物陶瓷涂层。研究较多的壁垒层如表 6.1 所示[1]。

表 6.1 作为氚/氢壁垒层的系统

壁垒层	金属基体	渗透降低因子
Al_2O_3	SS316，MANET，TZM，Hastelloy-X，Ni	10 到大于 10 000
TiC，TiN，TiO_2	SS316，MANET，TZM，Ti	低于 10 到大于 10 000
Cr 或 Cr_2O_3	SS316	10
Si	各类钢	10
BN	304SS	100
Sn	铁素体钢	极易失效
H_3PO_4 玻璃	304SS	100(不稳定)

从现有研究来看，可作为氢渗透壁垒的涂层有很多，其中可作为防止氢渗透的壁垒层的金属涂层有 Zn，Ni，Cr，Mo，Cd 及它们之间或是它们与其自身氧化膜组成的一些复合涂层等，如

文献[2-5]中所研究的 Zn-Ni，Zn，Ni，Cd，Zn-Ni-Cd，Cr，Mo 等防渗涂层，在钛和钛合金高温高压热氢处理的应用环境下，这些涂层将部分或全部丧失其防氢渗透的壁垒作用，而钨和金虽拥有足够低的氢渗透能力，也可以承受这样的恶劣环境，但由于成本过高，这里都不多做表述。

6.1.1　现有壁垒层存在的问题

现在研究较多的陶瓷壁垒层如 Al_2O_3，Cr_2O_3，TiO_2，TiC，TiN，SiC 以及它们的复合涂层都具有较强的阻止氢和氢同位素渗透的壁垒效应，尤其以 Al_2O_3，TiC，SiC 的壁垒效应的壁垒效应最显著。但是这些陶瓷壁垒层也存在一定的不足之处，首先主要不足在于这些陶瓷壁垒层的热膨胀系数（TEC）与基体存在较大失配，如表 6.2 所示，在受到一定热冲击后，涂层与基体之间产生较大的热应力，而易于引起涂层与基体分离，影响涂层的阻止氢和氢同位素渗透的壁垒效应。其次部分涂层的制备工艺和设备要求较高，对试样的形状要求较高，生产效率较低，生产成本较高，不利于实现大批量生产。

表 6.2　陶瓷涂层与基体的线性热膨胀系数

涂层和基体	Al_2O_3	TiC	TiN	SiC	316L 不锈钢	TA1
TEC/($10^{-6}\cdot℃^{-1}$)	7.8	7.4	9.4	5.3	16.5	8～9.5

6.1.2　玻璃质陶瓷涂层

所谓玻璃质陶瓷涂层[6-7]指的是以玻璃粉为母料，添加相应的添加剂，如悬浮稳定剂、流变剂和解凝剂等，最后一起溶于水或无水乙醇等溶剂当中调成浆体，再通过一定的涂膜方式将浆体涂覆于工件需要保护的地方，干燥后得到均匀平整的粉末涂层，最后经过在一定温度下熔烧一定时间后制得光滑平整且致密的玻璃质涂层，同时粉末涂层也可以直接使用。按照玻璃质陶瓷涂层与受保护基体的结合方式分类，可以将其分成以下两类：第一类玻璃质陶瓷涂层是指经过在一定温度下高温熔烧（亦称搪烧）一定时间而制得的与各种金属基体具有良好结合的对应玻璃质陶瓷涂层，亦称搪瓷涂层，搪瓷涂层一般由底釉和面釉组成，底釉是一种直接涂搪于金属表面的瓷釉，它的主要作用是与金属密着并和面釉产生牢固的结合，由耐火、助熔等原料根据各种底釉的不同要求，按照一定的配比范围组成；面釉是涂搪于底釉层上，用以满足搪瓷制品的白度、光泽和耐腐蚀等要求。当然底釉和面釉的成分可以相同，也可以不同。另一类是指玻璃质陶瓷涂层在使用或烧制过程中不与金属基体发生化学反应，相互之间的结合主要是通过分子间作用力来实现的一类玻璃质陶瓷涂层（亦称一次性自剥落涂层，因其主要是以微晶玻璃的形式存在，故而也称为玻璃陶瓷涂层）。玻璃陶瓷涂层在应用上亦可以粉末涂层的形式直接应用，也可以通过熔烧后再使用，而现有的应用方式主要是前者，这主要与玻璃陶瓷涂层现在的主要应用背景有关。

玻璃质陶瓷涂层除具有传统陶瓷涂层的许多优异的性能和特性外，如抗高温和化学腐蚀性能、抗磨损性能以及装饰性能，玻璃质陶瓷涂层最为突出的特点是涂层的成分可调，它可以根据涂层的应用环境、性能要求和基体材质的不同，通过成分设计来调整涂层的化学组成，以达到制备与基体牢固结合、热膨胀系数匹配的具有良好抗热冲击性能的满足使用要求的搪瓷保护层，或是得到与基体存在较大热膨胀系数失配，与基体不发生化学反应，通过分子间结合力与基体结合的玻璃陶瓷涂层。除此以外，玻璃质陶瓷涂层的制备工艺简单，可以采用浸涂的方法来制备粉末涂层，也可以利用空气喷涂以及电沉积等工艺来制备玻璃涂层的粉末涂层，而后在空气环境下进行熔烧以最终制得玻璃质陶瓷涂层，因而涂层的制备成本低廉，制备工艺简单，适合于各种形状的工件，而且具备相当成熟的工业化大规模生产的背景。

玻璃质陶瓷涂层除存在以上所论述的许多优点外，仍然存在其不足之处。主要是玻璃质陶瓷涂层制备工艺虽然简单但是步骤比较多，因而影响因素较多。从玻璃母料的成分设计、熔炼和制粉到浆体的配置，再到浆体涂膜制备粉末涂层以及最后的熔烧和冷却过程都将对玻璃质陶瓷涂层的质量产生影响，而且环环相扣，每一步出错都将影响到后续的一步甚至是所有步骤，影响涂层最终的制备质量。其次就是玻璃涂层在制备过程当中易产生气孔，主要是在熔炼过程和制浆过程中引入，如果没能将引入的气泡排除干净，气泡将遗留在涂层中形成气孔，影响搪瓷涂层的致密度。这一点正是一直以来研究人员没有将玻璃质陶瓷涂层列入氢和氢同位素渗透壁垒层的研究范围的主要原因所在。

6.1.3 玻璃质陶瓷涂层的主要应用领域

搪瓷作为一种传统的涂层，早期主要应用于厨卫用品和餐饮器具，还有就是对色彩和光泽有特别要求的场合，如搪瓷脸盆、搪瓷水杯、搪瓷托盘等。应用的基体材料也主要是铸铁、铁及其合金，普钢等。由于搪瓷涂层具有如上一节所述的许多优点，因而搪瓷涂层被作为功能涂层逐渐应用到一系列专业领域。如以中国科学院沈阳金属研究所的王福会研究员为代表的科研工作者将搪瓷涂层作为高温防氧化涂层[8-18]，并申请多项相关专利[19-22]；浙江大学杨辉、王海兵等以硼硅酸盐玻璃为底釉，以钛白釉磨加抗菌剂为面釉制得抗菌搪瓷功能涂层[23]，在生物活性涂层方面还应用于人工植入材料表面[24-27]；吉林大学的张希艳教授等开发的光致发光搪瓷功能涂层[28]，东华大学的张宝宁将搪瓷涂层运用于光催化领域[29-30]。当然还有其他许多运用，如搪瓷不黏复合材料[31]，耐磨搪瓷涂层[32-34]，还可以通过往搪瓷釉浆中磨加远红外高辐射率涂料制得节能材料[35]。而现今玻璃陶瓷涂层则主要将其粉末涂层应用于一次性热氧化防护涂层领域，防止工件在热处理和热加工过程当中的高温烧蚀，在锻压过程中也同时起到了润滑的作用，处理工序完成后涂层自动剥落或是通过简单的喷砂工艺就可以去除。如王连军等人[36-37]对硼硅酸盐玻璃-陶瓷涂层对钛合金基体的高温保护和润湿性进行了研究。

6.1.4 玻璃质陶瓷涂层在阻止氢和氢同位素渗透领域的新应用

将玻璃质陶瓷涂层引入到阻氢和氢同位素渗透壁垒层的新应用和研究领域是一个充满挑战的新课题，同时也是本章研究的目的所在。因为玻璃质陶瓷涂层具有其自身难以克服的不足之处，这也是本章的主要研究内容和解决的问题之一，但是玻璃质陶瓷涂层也存在其自身的特点和优势，这也是本章所述研究领域选题的依据和研究的希望与动力所在。

6.1.4.1 应用的前提

随着玻璃质陶瓷涂层在功能材料领域的广泛应用，以及玻璃质陶瓷涂层本身的特点（非晶态为主的结构），加之其相对于当今应用较为广泛的陶瓷壁垒层具有其自身特有的优势（成分可调，热膨胀系数可变），这些都将为玻璃质陶瓷涂层未来在氢和氢同位素渗透壁垒层领域的应用提供有利的保障和先决条件。首先，从理论上讲，玻璃质陶瓷结构的存在将使氢和氢同位素的扩散失去快速通道，因为玻璃结构中没有晶界和连通的相界等氢和氢同位素扩散的快速通道，因而只要玻璃质陶瓷涂层本身不产生贯穿性裂纹和气孔，氢和氢同位素扩散单元将无法实现短路扩散，而只能以体扩散形式进行，故而极大提高了氢和氢同位素的扩散激活能。其次，从实际应用上讲，可以通过调整玻璃质陶瓷涂层用的玻璃母料的化学组分，使玻璃质陶瓷涂层的热膨胀系数与所用金属结构材料基体接近甚至一致，并与基体发生化学反应制得与基体结合良好并具有很好的抗热冲击性能的搪瓷涂层。同时也可以通过调整涂层用玻璃母料的化学组分使玻璃质涂层与所用金属基体之间不发生化学反应，但是相互完全润湿的与基体存在较大热膨胀失配的玻璃陶瓷涂层，这样玻璃陶瓷涂层在应用完成后易于去除。

6.1.4.2　应用中面临的问题和解决的方案

将玻璃质陶瓷涂层作为氢和氢同位素渗透壁垒层是一个系统的过程，在研究和应用过程中将面临许多问题，而只有将这些问题处理好，才能制备出优质的玻璃质陶瓷涂层，才有利于其在阻止氢和氢同位素渗透领域作为壁垒层使用。

这些问题当中主要有以下几个急需解决的问题：

(1) 成分的选择；

(2) 浆体的涂膜性能；

(3) 气泡的消除。

6.2　防氚及氢同位素渗透玻璃质壁垒层用玻璃熔块成分设计

玻璃熔块的化学组成是熔块性能和玻璃质陶瓷涂层性能的主要决定性因素，对于熔块的熔炼，浆体的制备，涂层的熔烧等工艺过程都有着决定性意义。如果成分设计不当，可能引起熔块及涂层的缺陷增多、性能下降、成本提高等一系列问题。这就决定了根据不锈钢、钛和钛合金金属基体的不同，根据涂层的应用要求不同进行玻璃熔块的成分设计对于玻璃质陶瓷涂层制备的重要性。以下将介绍一下烧块成分设计的原则、依据、方法和影响因素。

6.2.1　设计原则

熔块的成分设计是依据玻璃质陶瓷涂层的用途、性质和成本来进行的。除了根据上述要求以外，根据近年来绿色设计的要求，还要考虑到环境因素，要将环境性能和保护生态环境作为成分设计的目标，将环境指标结合产品功能、质量和成本作为设计成分的主导思想。

6.2.1.1　玻璃质涂层成分设计的根本原则

玻璃质涂层成分设计的根本原则是熔块的成分必须处在玻璃形成区内，以保证熔炼后能得到完全玻璃态物质。

6.2.1.2　视基体而定的设计原则

这一原则的要点在于对玻璃涂层成分设计必须围绕涂层所用基体的各项性能进行，而不能抛开基体单独进行。

6.2.1.3 视用途而定的设计原则

在以上两个原则的基础上，涂层的具体成分还必须视玻璃质陶瓷涂层的用途来进行设计。

6.2.1.4 环保、廉价、易得的原则

玻璃成分设计还要考虑绿色设计、绿色制造和绿色产品的要求[38-40]，以环境友好的原材料代替对环境有害的原料，尽量不用或少用严禁的、明显减少使用的和严格限制使用的物质；尽量少用或不用含有限制沉积物中最大含量的元素和为特殊需要而引入的元素的物质。成本与资源原则成分设计必须考虑原材料的质量和供应，尽量选用成分稳定，供应充足易得的物质作为玻璃质陶瓷涂层的原料。环保、廉价、易得的原则也是对现代工业的普遍要求。

6.2.2 涂层成分设计的方法

涂层组分的选择，要以涂层的设计原则为基准，依据保护方式和性能要求，对使用过程中所处的温度、时间、炉内气氛和所保护对象等诸多因素进行综合考虑，选取具有多种性能的原材料来制备涂层。

在设计涂层配方时，首先要确定采用哪一种保护方式和这种方式的性能要求，然后再按照设计原则选择涂层组分。本文利用形成致密玻璃膜屏蔽保护机理来设计制备涂层，结合搪瓷涂层和玻璃陶瓷涂层的不同性能要求，选择了相对稳定的玻璃网络形成组分为涂层的基本材料，再添加各种玻璃网络中间体和玻璃网络外体来起到改善涂层与基体的润湿性，起到助熔作用和调整结合情况。根据氧化物的标准生成自由能与温度关系，通过热力学计算来初步选择涂层组分，然后根据玻璃的热膨胀系数与组分之间的加和性质进行计算大体确定涂层中各组分的百分含量，最后由实验结合相图来确定涂层的最终组成。以下将进行具体介绍。

6.2.2.1 热力学方法

对于搪瓷涂层而言，涂层在使用过程始终和基体紧密结合在一起，而最为有效的结合方式莫过于化学结合和冶金结合，因此涂层与基体之间应该在烧结成膜过程中与基体发生化学反应形成化学结合。而对于一次性自剥落的玻璃陶瓷而言，则与搪瓷涂层的要求正好相反，要求通过分子间作用力来相互结合而不发生化学反应。这是选择确定涂层组分的最基本要求和出发点。采用热力学方法可以定性比较各种氧化物稳定性，氧化物的标准生成自由能 $\Delta G^{\circ}_{生}$ 越小，这种元素对氧的亲和力越大，此氧化物就越稳定。各种氧化物的标准生成自由能（$\Delta G^{\circ}_{生}$）与温度关系的经验式可以表示为[41]：

$$\Delta G^{\circ}_{生} = a + bT\lg T + cT \tag{6-1}$$

式中，T——绝对温度；

a,b 和 c——经验常数，在不同的温度范围内有不同的值，可由查表得到。

根据经验式 6-1，计算出在不同温度下各种氧化物的标准生成自由能 $\Delta G^{\circ}_{生}$。根据热力学数据可以知氧化铜、氧化亚铜、氧化铁、四氧化三铁、氧化亚铁、一氧化镍、氧化钴、氧化锡等在一定情况下都将被氢还原，故在涂层组分中尽量不采用或少用。而氧化锆、三氧化二铝、氧化镁、氧化铍、氧化钛、氧化锌、氧化铈、二氧化硅、三氧化二硼、五氧化二磷、三氧化二铬、氧化锂、氧化钠、氧化钾、氧化钙、氧化钡等氧化物则基本不会与氢发生氧化还原反应，因此玻璃质陶瓷涂层的主要

成分应该主要从中选取。再考虑能作为玻璃形成体的氧化物主要有二氧化硅、三氧化二硼、五氧化二磷等，主要的网络中间体氧化物主要有氧化锆、三氧化二铝、氧化镁、氧化铍、氧化钛、氧化锌等，网络外体氧化物是指不能单独生成玻璃，不参加网络的物质，主要有碱金属及碱土金属氧化物，如氧化锂、氧化钠、氧化钾、氧化钙、氧化钡等氧化物。再根据涂层成分的设计原则和性能要求等因素综合考虑大体决定搪瓷涂层用玻璃母料的主要成分组成为：二氧化硅、三氧化二硼、三氧化二铝、氧化钛、氧化锂、氧化钠、氧化钾、氧化钙、氧化钡、氧化锶等氧化物；而玻璃陶瓷用玻璃母料的主要组分为：二氧化硅、三氧化二硼、二氧化锆、氧化钛、氧化锂、氧化钠、氧化钙、氧化锶、氧化锌等氧化物。其中玻璃外体的存在主要起到助熔、调整高温黏度和热膨胀系数，促进化学结合的作用，另外，氧化钙、氧化钡的引入还有增加料性的作用。所用的原材料主要是碱金属及碱土金属碳酸盐、硼酸和二氧化硅、三氧化二铝、氧化钛等相应的氧化物。

6.2.2.2　热膨胀系数的加和性质计算法

一般而言，玻璃的性质由玻璃的结构决定，而成分又决定了玻璃的结构，所以玻璃的成分对玻璃性质的影响是根本性的。研究发现玻璃的一些简单性质与玻璃成分（摩尔分数）之间呈简单的加和性关系，可以通过加和公式进行计算，如密度、折射率、热膨胀系数弹性模量等。

Wilnklman 和 Scott 最先提出玻璃热膨胀系数的加和性计算，并用实验得出了各氧化物的加和性系数（或称加和性因子、计算系数），对 30 种玻璃进行计算，平均计算精度为±4.7%，以后则有许多学者提出了许多不同计算方法，其中以阿本法、干福熹法和捷姆金娜法三种方法采用的氧化物种类较多，可计算的性质较多，计算结果与实际测定的误差比较小，对硅酸盐玻璃的加和性计算有代表性，故本文采用阿本法，依据玻璃的热膨胀系数与各组分之间呈简单加和性关系的性质，结合已经确定的大体组分及润湿性等问题的考虑进行成分设计精确计算。

通过大量试验数据的积累、分析和总结，建立了氧化物部分性质与其在玻璃中的含量的关系。这些氧化物性质可用加和公式按玻璃摩尔分数计算性质。其中一些氧化物（SiO_2、B_2O_3、MgO、TiO_2）的部分性质不是常数，而是随着玻璃成分的变化而改变，阿本推导了一些简化方程，在相当广的范围内计算玻璃性质时的加和性系数。阿本提供了 30 多种玻璃主要成分的性质加和性计算数据，如表 6.3 所示的线膨胀系数和表面张力加和计算系数，可以根据它们计算玻璃的线膨胀系数和表面张力等性质，其计算式见(6-2)[38]：

表 6.3　阿本法硅酸盐玻璃性质加和系数

组分	平均线膨胀系数 α_i (20～400 ℃)	表面张力 σ_i/(dyn・cm^{-1}) (1 300 ℃)	组分	平均线膨胀系数 α_i (20～400 ℃)	表面张力 σ_i/(dyn・cm^{-1}) (1 300 ℃)
SiO_2	5～8	290	CdO	115	430
TiO_2	−15～30	250	PbO	130～190	表面活性
ZrO_2	−60	350	MnO	105	390
SnO_2	−45	350	FeO	55	490
B_2O_3	−50～0	表面活性	CoO	50	430
Al_2O_3	−30	580	NiO	50	400
Cr_2O_3	—	表面活性	CuO	30	—

续表

组分	平均线膨胀系数 α_i (20～400 ℃)	表面张力 σ_i/(dyn·cm^{-1}) (1 300 ℃)	组分	平均线膨胀系数 α_i (20～400 ℃)	表面张力 σ_i/(dyn·cm^{-1}) (1 300 ℃)
Sb_2O_3	75	表面活性	Li_2O	270	450
BeO	45	390	Na_2O	395	295
MgO	60	520	K_2O	465	表面活性
CaO	130	510	P_2O_5	140	—
SrO	160	490	CaF_2	180	420
BaO	200	470	Na_2SiF_6	340	表面活性
ZnO	50	450	Na_2AlF_6	480	表面活性

注：1 dyn=10^{-5} N

$$G_p=\frac{\sum g_iN_i}{\sum N_i}\tag{6-2}$$

式中，G_p——玻璃计算的性质；

g_i——某组分 i 的计算系数，即加和性系数，由表 6.3 中可以查得或求得；

N_i——某组分 i 的摩尔分数。

在本文当中，成分设计重要是针对玻璃计算性质当中的热膨胀系数进行的，故而对于316L不锈钢而言，G_p应该处于 165×10^{-7}左右，对于钛和钛合金 G_p 应该处于 90×10^{-7}左右。

在这些氧化物的加和性计算系数中，SiO_2，B_2O_3，TiO_2 的系数随玻璃结构的变化而发生改变。

（1）SiO_2 的平均线膨胀系数计算系数

当 $N_{SiO_2}>67\%$时，$\bar{\alpha}_{SiO_2}\times10^7=38.0-1.0(N_{SiO_2}-67)$；

当 $N_{SiO_2}<67\%$时，$\bar{\alpha}_{SiO_2}\times10^7=38.0$。

（2）B_2O_3 的平均线膨胀系数计算系数

这些计算系数与其配位数有关，而硼由三配位向四配位转变又取决于金属氧化物同硼酐的摩尔分数之比 ψ，可由公式(6-3)计算所得。

$$\psi=\frac{N_{Me_2O}+N_{MeO}-N_{Al_2O_3}}{N_{B_2O_3}}\tag{6-3}$$

式中，N_{Me_2O}——碱金属氧化物的摩尔分数；

N_{MeO}——碱土金属氧化物的摩尔分数。

当 N_{SiO_2} 在 44%～80%之间时，$\psi>4$ 时，$\bar{\alpha}_{B_2O_3}\times10^7=-50.0$；当 $\psi<4$ 时，$\bar{\alpha}_{B_2O_3}\times10^7=12.5(4.0-\psi)-50.0$。

（3）TiO_2 的平均线膨胀系数计算系数

由于 TiO_2 在玻璃中的结构状态比较复杂，所以其计算系数也有变化，对碱性氧化物的摩尔分数不超过 10%～15%且 $80\%>N_{SiO_2}>50\%$的组成，其计算系数为：$\bar{\alpha}_{TiO_2}\times10^7=30-1.5(N_{SiO_2}-50)$。

6.3　防氚及氢同位素渗透玻璃质壁垒层的制备

6.3.1　原材料的选择

原材料的选择对于玻璃涂层的制备至关重要，一方面，原材料的杂质含量对于玻璃涂层成分的纯度的影响，导致玻璃涂层的物理化学及力学性能发生不定的变化；另一方面，原材料的选择对于玻璃母料熔炼工艺和性能有着重要的影响。

6.3.2　防氚及氢同位素渗透玻璃质壁垒层的制备工艺

搪瓷涂层成分和制备工艺的确定需要经过大量的反复试验，直到涂层达到应用要求后才能最终确定最佳的成分与制备工艺。搪瓷涂层成分和制备过程示意图见图 6.1。

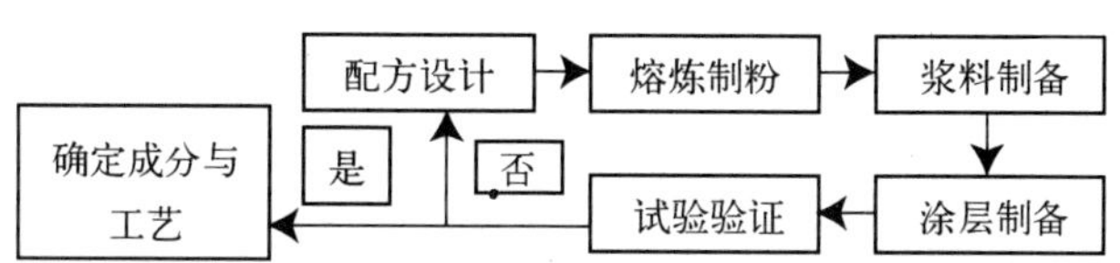

图 6.1　搪瓷涂层成分确定和制备过程示意图

6.3.2.1　熔炼制粉

在熔炼制粉这一阶段，主要完成称量配料、球磨混料、熔炼造粒和球磨制粉四个步骤，其中每一步都对最终制得的玻璃粉质量有重大影响。

（1）称量配料

在这一过程中，要注意配方中氧化物与相应碳酸盐原材料之间的转换必须准确。另外，对于易挥发配料，在称量配料时必须考虑其在熔炼过程中的挥发量并予以补充，而且随熔炼温度的变化进行适当调整，只有这样才能使熔炼所制玻璃的成分与设计的配方一致或是保证尽量小的差异。同时挥发量通过进行大量文献查阅并结合试验验证并可视最终确定的熔炼最高温度和熔炼工艺来确定，初步确定相应组分的挥发量：B_2O_3 为 10%～15%，Na_2O 为 4%，K_2O 为 5%，冰晶石为 15%[40]。

（2）球磨混合与球磨制粉

原料混合以及玻璃母料粉的制备都是通过球磨的方法在球磨机上通过湿磨法完成的。首先将称量好的原料置于 500 ml 的刚玉球磨罐中，加入一定比例的大、中、小号玛瑙球，球料比为 3∶1，加入适量的无水乙醇以及其余助磨剂进行球磨，转速为 300 r/min，每 30 min 正反交替一次，利用 5 h 进行混料，10～30 h 进行球磨制粉。需要指出的是混料和制粉的球磨工艺中一般不采用水作为助磨剂，首先因为在混料时，部分原料如硼酸和碳酸钾、碳酸钠等都易溶于水，而导致原料混合不均匀且干燥后结块不易分离；其次因为玻璃熔块在球磨时部分作为网络外体的碱金属离子浸出，溶于作为助磨剂的水中并在干燥后残存于玻璃粉中，而引起所制釉浆的 pH 值增加。因此本试验选择无水乙醇作为湿磨的助磨剂。同时加入 0.1%～0.5%的辅助助磨剂，进一步提高球磨效率，缩短球磨时间，从而缓解球磨时间缩短无法得到符合要求的玻璃粉与球磨时间过长而导致玻璃粉碱性过强之间的矛盾。因而根据大量的试验和成分中作为网络外体的碱金属和碱土金属氧化物的含量确定用于钛和钛合金中的搪瓷熔块的球磨时间为 20 h，而用于 316L 不锈钢的搪瓷涂层及钛和钛合金用部分玻璃陶瓷涂层则为 15 h，球磨完成后在 80 ℃左右烘干 3～5 h，利用分样筛将球粉分离，装袋备用，用 200 目的筛网筛余少量未淬透的玻璃颗粒。

(3) 熔炼造块

玻璃的熔炼过程具体如下：混合均匀的原料玻璃熔块在炉中进行熔炼，经高温下保温均化一定时间后顶开炉塞，使高温溶液快速流入室温水中进行水淬，从而得到淬透的松脆玻璃熔块，这有助于提高后续球磨制粉的效率，试验发现少量未淬透的玻璃颗粒无法通过球磨工艺进行粉碎。对于普通硅酸盐玻璃和硼硅酸盐玻璃的最高熔炼温度可以通过式 6-4 及式 6-5 和表 6.4 和表 6.5 进行估算[38]，并通过试验进行验证，选取一个合适的温度和保温时间，既使玻璃可以完全熔化并均化又不会使易挥发物质过度挥发而引起成分变化。最终确定玻璃熔炼工艺如图 6.2 所示，采用梯度加热方式是为使水分和气体等充分排出并且使玻璃料受热均匀。

表 6.4 熔化速度常数与对应熔化温度的关系

τ 值	6.0	5.5	4.8	4.2
熔化温度/℃	1 450～1 460	1 420	1 380～1 400	1 320～1 340

表 6.5 玻璃熔化特性和线膨胀系数关系

玻璃熔化特性	线膨胀系数 $\alpha/10^{-7}℃^{-1}$
易熔，熔化温度 T_M<1 450 ℃	>85
较难熔，T_M=1 450～1 500 ℃	45～50
难熔，T_M>1 500 ℃	<40

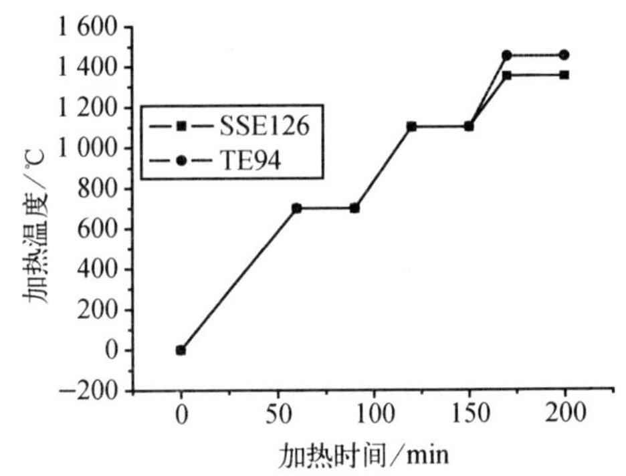

图 6.2 玻璃熔炼工艺曲线

对于一般工业玻璃组分的玻璃涂层而言其熔炼的温度可以通过式 6-4 进行估算，而对于硼硅酸盐玻璃组分的玻璃涂层其最高熔炼温度可以通过式 6-5 进行估算。

$$\tau = \frac{SiO_2 + Al_2O_3}{Na_2O + K_2O} \tag{6-4}$$

$$\tau = \frac{SiO_2 + Al_2O_3}{Na_2O + K_2O + \frac{1}{2}B_2O_3} \tag{6-5}$$

式中 τ 为玻璃熔制速度常数，SiO_2，Al_2O_3，Na_2O，K_2O，B_2O_3 均为玻璃成分的质量百分数。如 SSE126 玻璃母料中的 SiO_2，Al_2O_3，Na_2O，K_2O，B_2O_3 质量百分含量分别为：39.55%，2.64%，8.82%，9.72%和 13.57%，计算对应的 τ 约为 1.67，与 4.2 较为接近，故而综合考虑玻璃的具

体组分和要有一定的过热度以便气泡的尽量逸出，SSE126 玻璃组分的最终熔炼温度定为 1 350 ℃。

6.3.2.2 釉浆制备

玻璃涂层釉浆配置主要通过将制备的玻璃母料粉与一定量的有机或是无机黏结剂和水或其他溶剂及其他添加剂通过球磨混合制浆，如表 6.6 所示，球磨时间为 2～3 h，浆球分离后，将釉浆置于强力超声振荡器中振荡 0.5 h，使气泡聚集上浮，从而降低釉浆中所夹杂的气泡，一般放置 24 h 后再挂釉效果较佳。

表 6.6　磨加物质量分配比（M 代表水溶性高分子化合物）

磨加物	玻璃料	高岭黏土	水粉比	M	其余
质量分数	100	0～3	0.8～1	0～0.5	2～4

6.3.2.3 涂层制备

（1）基体表面处理

实验室用各型试样在进行涂层浸涂工艺之前，必须经过一段表面处理工作，首先倒圆角，然后经 0# 砂纸打磨并粗糙化，再用洗衣粉除去皂化油，随后用丙酮在超声波清洗机中进一步除油，采用两道除油工序可以提高除油质量。烘干后真空储存备用。而对于工业化大生产，基体工件则主要是通过喷砂或喷丸对基体进行相关的表面处理。

（2）涂层浸涂

玻璃质涂层的施涂方法主要有电化学沉积方法、浸涂法、空气喷涂法等，本章中以浸涂法为例，用搪钳夹持表面处理好的试样浸入经过陈放的釉浆中十几秒，然后匀速取出，正反交替旋转搪钳，将多余的釉浆甩除，从而在制浆工艺和浸涂工艺不变的情况下制得均匀平整的粉末涂层。将涂层置于根据试样形状而特制的支架上晾干，后在 50～100 ℃下烘干 3～5 h后储存待用。

（3）玻璃化处理

将制备好的粉末试样用三脚针状支架支撑置于箱式电阻炉中以 6 ℃/min 的加热速度升温至玻璃粉的软化点以上 2～20 ℃（视涂层的高温性能，如高温料性和高温黏度等。），保温一定时间后打开炉门随炉冷至室温。如图 6.3(a)所示在 650 ℃与 751 ℃时出现了两个吸热峰，因此不锈钢用搪瓷粉 SSE126 的玻璃化转变温度为 650 ℃，软化温度为 751 ℃；如图 6.3(b)所示，两个吸热峰分别出现在 694 ℃与 900 ℃，故而 TA1 用搪瓷粉 TE94 的玻璃化温度为 694 ℃，软化温度

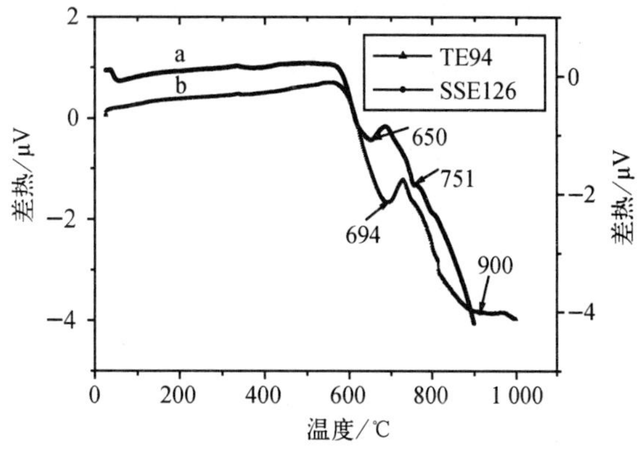

图 6.3　(a)SSE126 与(b)TE94 两种玻璃粉的 DSC 曲线

为 900 ℃。各种添加剂的引入将对搪瓷化处理时粉末涂层实际的软化铺展温度产生不同的影响，如高岭黏土使实际软化温度升高，硼砂可以起到助熔作用使实际软化温度下降。同时如图 6.3(a)所示，751 ℃对应的吸热峰小而窄，且曲线自此急转而下，说明从 751 ℃开始 SSE126 搪瓷粉开始软化，随时间推移，温度升高，SSE126 吸收大量的热量，黏度急剧下降，以至于变成可以流动的黏稠状液体。因而在选择 SSE126 的搪瓷化参数时必须注意到其烧成温度范围较窄、搪瓷化时间较短的现象，以防烧成温度过高，时间过长而影响搪瓷涂层的烧成质量。而如图 6.3(b)所示，900 ℃对应的吸热峰大而宽，从中可以得出 TE94 从 900 ℃开始软化，随着温度的升高，在很宽的温度范围内，涂层的黏度变化不大，而不至于变成可以自由流动的黏稠状液体。以上分析都在实际的搪烧过程中得到很好的验证，如 SSE126 在 780 ℃以上搪烧，所得搪瓷涂层出现局部发黑，且随着温度升高黑色面积逐渐扩大，而在 760～770 ℃之间搪烧时，随着时间的延长，试样的棱、角部位发黑，而这些发黑的部位均由于涂层在搪烧过程中流走或挥发导致不完全覆盖引起不锈钢基体的高温氧化腐蚀所产生。因此为达到制备完全铺展、致密的高表面质量的搪瓷涂层，结合差热分析结果，通过大量的尝试试验最终得到 SSE126 和 TE94 两种搪瓷粉的最佳搪瓷化工艺为温度分别为 750 ℃搪烧5 min和 950 ℃搪烧 20 min。

6.4 影响防氚及氢同位素渗透玻璃质壁垒层制备质量的因素及改善方法

6.4.1 水溶性高分子化合物 M 及釉浆 pH 值对玻璃质壁垒层制备质量的影响

过去涂层浆料制备中所用的悬浮稳定剂主要是单一的黏土，但是用其制备出来的浆料流动性差，制备出来的涂层表面质量差，不均匀，易开裂且提高烧成温度[42-47]。因此，为解决这一问题，研究人员开始尝试在浆料中加入微量的水溶性高分子化合物与黏土组成复合悬浮稳定剂，如王学勇、陈小英研究结果表明聚乙烯纯 PVA、PAM 等使釉浆流动性增加，釉浆手感变滑，且釉浆看不出明显沉降，时间稍长也仅出现松软的釉浆沉积，这表明 PVA 具有代替黏土的应用价值[48,49]。这样既可大幅降低黏土的用量，又可不致使熔烧温度升高，尤其在搪瓷行业，可以降低能耗。根据 6.3.2.2 所述的方法分别制备玻璃质涂层的浆体分别如表 6.7 所示 7 中硼硅酸盐玻璃粉为母料，以水为溶剂，添加悬浮稳定剂、消泡剂和助熔剂等添加剂(具体配方如表 6.8 所示)通过球磨的方法分别制得 1-2#、2-2#、3-2#……7-2# 和 4-1# 八种不同的釉浆，并利用雷磁 pH S-3C 型精密 pH 计测量釉浆 pH 值。将 316L 不锈钢尺寸大小为30 mm×15 mm×5 mm的试样经过 0# 砂纸打磨并粗糙化，再通过洗衣粉和丙酮超声波两道除油工序，烘干后通过浸涂法将不锈钢基体浸入到按照表 3.6 配置的 4-1#、4-2#、6-2# 和 7-2# 釉浆中，通过自制搪钳进行旋转涂膜，甩掉多余的釉浆，经晾干和烘干，制得 100～150 μm 涂层。利用光学显微镜和佳能 PowerShot A640 型数码相机观察涂层的表面形貌，分析釉浆流动性能对所制涂层质量的影响，讨论微量水溶性高分子化合物 M 及 pH 值对釉浆涂覆性能和涂层制备质量的影响。由于粉末涂层的制备质量与所用金属基体的材质无关，只与基体的表面状态和釉浆的性能有关，因此本文在 316L 不锈钢基体制备粉末涂层来研究釉浆性能对粉末涂层制备的影响。

表 6.7　搪瓷母料化学成分摩尔分数 N

玻璃组分	$SiO_2+B_2O_3$	Na_2O	K_2O/Li_2O	Na_3AlF_6	其他
1	75	6	0/4	0	15
2	71	8	4/0	2	15
3	73	10	5/0	0	12
4	66	11	8/0	4	11
5	66	12	8/0	4	10
6	62	14	7/0	2	15
7	67	12	10/0	4	7

表 6.8　磨加物重量配比

磨加物	玻璃料	高岭黏土	水粉比	M	其余
1#	100	3～6	0.8～1	0	2～4
2#	100	0～3	0.8～1	0～0.5	2～4

6.4.1.1　微量 M 提高釉浆的流平性能

观察所制涂层的表面形貌，利用 4-1# 釉浆制得涂层表面凹凸不平且局部不均匀釉面处出现裂纹，如图 6.4(a)所示。而利用 4-2# 釉浆制得涂层则釉面光滑平整，无开裂等釉面缺陷，如图 6.4(b)所示。结合浸涂试验过程的观察可知微量水溶性高分子化合物 M 的引入对改善釉

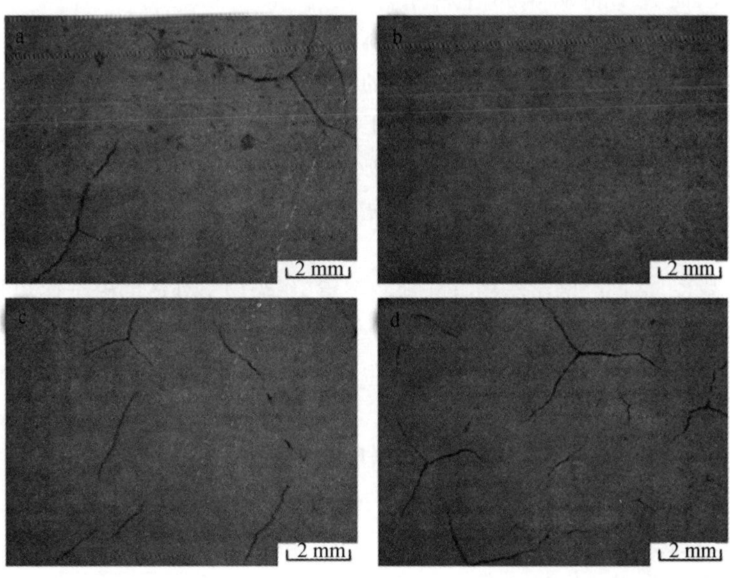

图 6.4　通过浸涂法用 (a)4-1#，(b)4-2#，(c) 6-2#，(d) 7-2# 釉浆制备的粉末涂层的表面形貌

浆的涂膜性能、提高粉末涂层和玻璃质涂层的最终质量有明显的促进作用。这主要因为 M 具有很好的保水作用，水渗嵌到高分子网络中在 M 分子表面形成较厚的水化膜，从而降低了玻璃颗粒的相对运动阻力，同时 M 也具有较好的黏结、悬浮分散作用，加之黏土用量的降低也进一步增强了釉浆的流动性能。因此微量水溶性高分子化合物 M 的引入有助于制得涂膜性能良好的均匀分散的稳定釉浆，从而提高涂层的烧结质量。但球磨制浆时，球磨混合时间不应过长，以免破坏 M 的分子链，使其失效而影响釉浆性能。

6.4.1.2 pH 值对涂层制备质量的影响

通过调整成分中碱金属氧化物含量，制得不同 pH 值的釉浆，如利用 pH 值为 11.55 的 6-2# 和 pH 值为 12 的 7-2# 釉浆制得的涂层表面平整但出现了大量裂纹，分别如图 6.4(c)和图6.4(d)所示，影响涂层与基体的结合和烧成后涂层的质量。出现这种现象的原因主要是 M 稳定存在于中性或弱碱性的环境下，当 pH>10 时，釉浆开始不稳定，随着 pH 值地不断增大，釉浆的沉聚现象越来越严重，流动性能也变差，因此在涂层干燥过程中发生不均匀干燥现象，而导致涂层开裂，且 pH 值越大涂层开裂越严重。因而通过制浆、涂膜的方法制备玻璃质涂层时，必须设法将釉浆的 pH 值控制在 7～10 之间。

6.4.1.3 pH 值的控制方法

根据文献和研究表明，控制 pH 值的途径主要有两种：一种是控制玻璃料中含碱金属的化合物的摩尔分数与玻璃形成体（二氧化硅和三氧化硼）含量比值 R/F，如图 6.5 所示，其中具有不同 R/F 的七种硼硅酸玻璃粉为母料的釉浆的 pH 值分别情况，由图中可知随着 R/F 值的增大，所得釉浆的 pH 值也随着增大，而 R/F 值从 0.36 左右开始 pH 值就接近或是超过 10，因此涂层所用玻璃母料的 R/F 值一般不要超过 0.36，这也是控制 pH 值的根本途径。图 6.5 也说明第二条途径控制球磨工艺对于控制 pH 值也有效，如试验用七种釉浆的前三种成分的玻璃粉球磨制粉时间都为 20 h，其余为 15 h，而较短球磨时间却得到较高 pH 值的釉浆。这是因为球磨时间越长，玻璃的网络结构打断地越严重，作为网络外体的碱金属离子的磨出量也越多，pH 值自然也就不断地增大。而通过控制球磨工艺的方法来控制釉浆的 pH 值主要通过根据玻璃的成分的 R/F 值的大小来选择球磨时间，也可以通过添加适当的助磨剂提高球磨效率来减少球磨时间等方法来减少碱金属离子的磨出量。但这只是辅助途径，因为随着球磨时间的降低，玻璃粉末的粒度则越来越大，对于釉浆性能和涂层制备质量也不利。

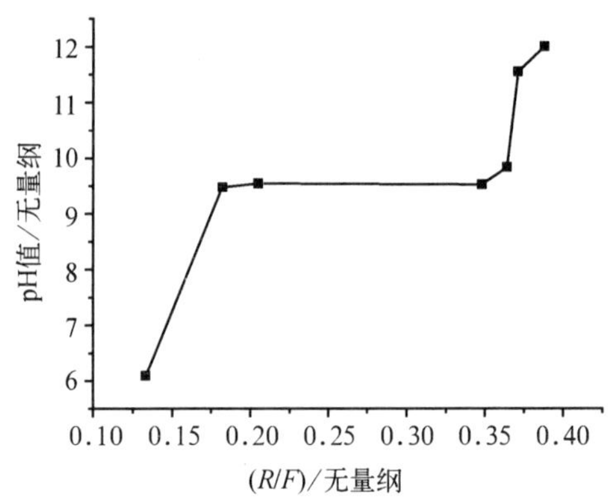

图 6.5 pH 值与玻璃料中碱金属化合物的摩尔分数与玻璃形成体含量比值(R/F)的关系

因此，从以上实验结果和分析可以得出以下结论：微量 M 的引入，改善了釉浆的流平性能和悬浮稳定性，以浸涂法涂膜并干燥后，涂层均匀平整，无开裂现象。这对制备高质量的玻璃质涂层有很大的促进作用。但应注意以下三点：

(1) 涂层所用玻璃粉组分中含碱金属的化合物的摩尔分数与玻璃形成体含量比值一般不

要超过 0.36；

(2) 球磨制粉时，应注意选择合适的助磨剂，并根据碱金属氧化物含量和粉末粒度要求来调整球磨时间；

(3) 球磨制浆时，球磨混合时间不应过长，以免破坏 M 的分子链，使其失效而影响釉浆性能。

6.4.2　涂层与基体的润湿性对玻璃质壁垒层制备质量的影响

当涂层在高温的作用下由多孔固体颗粒粉末状态逐渐软化变为黏滞态及至熔融状态时，由于它与金属或合金表面界面能或表面能的不同，在固—液—气相达到平衡时，可能出现三种不同的情形：润湿、不润湿、铺展。在平衡条件下，根据 T. Young 方程可得界面能之间的关系：

$$\gamma_{sv} - \gamma_{sl} = \gamma_{lv}\cos\theta \tag{6-6}$$

式中的 γ 为两相之间的表面能（界面能），下标代表固、液、气相；θ 称为接触角或者润湿角，它的大小表示液体（熔体）对固体表面的润湿能力，θ 越小，润湿能力越强，反之则越差。

由于固体表面张力 γ_{sv} 难以测量，所以人们采用一个新的量 W_{sv}（黏附功/黏附能）来表示润湿：

$$W_{sv} = \gamma_{sv} + \gamma_{lv} - \gamma_{sl} \tag{6-7}$$

W_{sv} 的值越大，表示固液界面结合得越稳定，润湿性越好。

以上讨论的是固液气三相界面处于化学平衡状态，如果三个界面处于非平衡状态，接触角可以表示为：

$$\cos\theta' = R\cos\theta = \cos\theta_0 - \frac{\Delta\gamma_i}{\gamma_{lv}} - \frac{\Delta G_i}{\gamma_{lv}} \tag{6-8}$$

式中 θ_0 是无界面反应时的润湿角；ΔG_i 是界面处化学反应的吉布斯自由能；$\Delta\gamma_i$ 是固/液单层界面变为双层界面时的界面张力变化量。

界面处于非平衡状态，即存在界面反应可以提高润湿性。这是由于界面反应的产物在固液两相之间形成了电子结构，电子自由运动构成化学键，从而提高了润湿性。

液体（熔体）在固体表面的润湿能力受很多因素的影响，如系统的热力学稳定性、温度、固体表面的状况等，对这些因素的深入了解将有助于找到提高润湿性的方法。

6.4.2.1　系统的热力学稳定性

系统的界面处于非平衡状态，即存在界面反应时可以提高润湿性，如图 6.6 所示。从图 6.6(a)中可以看出，由于界面反应在界面处形成了氧化产物层，大量的电子能自由通过熔体与基体的界面，在熔体与金属基体之间形成化学键，大大地增加了黏附功，所以提高了润湿性。而对于不存在界面反应的体系，金属与玻璃熔体之间没有氧化物层，电子不能自由通过，两者之间形成的是范德华键，所以黏附功小，润湿能力差。可见金属表面存在氧化层能够提高玻璃熔体对它的润湿性。

6.4.2.2　体系所处的温度

在一定的温度范围内，通常液体（熔体）的表面能随温度的升高而降低，润湿角减小，润湿

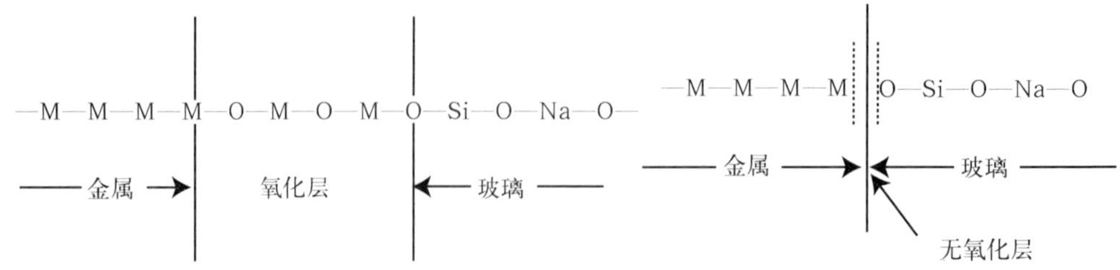

图 6.6 界面成键示意图

(a) 化学键(形成连续的电子结构);(b) 范德华键(在界面上没有形成电子结构)

能力提高,如图 6.7 所示[37]。对于存在界面反应的体系,这种影响更为明显。因为温度升高能够促进界面反应的进行,增加黏附功,改善润湿性。可见,要想提高熔体的润湿性,升高温度是一个简便的方法,但是对于无界面反应的体系来说,效果并不明显。此外,升高温度还可能带来一些意想不到的负面效应,所以虽然升高体系的温度在一定程度上可能会增加润湿能力,但不是普遍适用的方法。

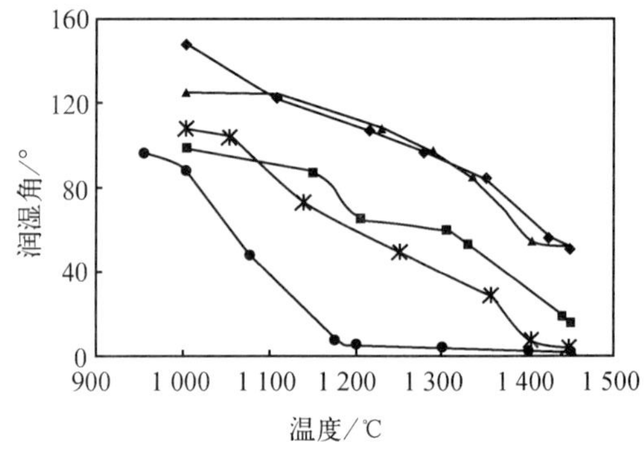

图 6.7 硅酸盐玻璃熔体在金刚砂单晶基体上的润湿角随温度变化

6.4.2.3 固体表面的状况

固体表面的粗糙度与润湿角的关系比较复杂,理论上的观点各异,但是多数学者赞同 Wenzel 方程:

$$\cos\theta' = R\cos\theta \tag{6-9}$$

式中 θ' 为粗糙表面的润湿角,R 为粗糙因子,其值为真实面积与表观面积之比,显然表面越粗糙,R 越大。从方程(6-9)中可以看出:因为 $R\geqslant 1$,$\theta'\leqslant\theta$,所以增加固体表面的粗糙度可以减小润湿角。对于该方程至今没有人能够给予理论上的解释,只是一个经验公式,在一定范围内与实验结果相一致。

本课题组通过两种不同方式将低表面能氧化物 A 添加到搪瓷釉浆中,并利用以上介绍的涂层制备方法制备,然后采用 SEM 电子显微技术,观察涂层在不锈钢表面铺展与覆盖情况,并以此评价涂层对不锈钢基体的润湿性。大连理工大学化工学院刘长厚、孟长功和王连军课题组采用添加低表面能的三氧化二硼和二氧化钛对玻璃质陶瓷涂层与钛及其合金之间的润湿性能进行了研究。

搪瓷釉料以硼硅酸盐玻璃料为主,以水为溶剂,磨加一定的添加剂而制得稳定悬浮釉浆。玻璃料配方及磨加物配方见表 6.9、表 6.10。

表 6.9 玻璃粉化学成分摩尔分数 N

成分	SiO_2	B_2O_3	R_2O	A	其余
SSE132	51～60	10～15	15～20	0	15
SSE126	51～60	10～15	15～20	4	11

表 6.10　磨加物重量分配比

磨加物	玻璃料	高岭黏土	A	有机添加剂	其余	釉浆序号
1#	100	3-6	0	0-1	2-4	1-1#-SSE132
						1-2#-SSE126
2#	100	3-6	20	0-1	2-4	2-1#-SSE132

(1) 添加低表面能氧化物对润湿性能的改善

分别按照表 6.9 中 1# 磨加物配比分别以 SSE132 和 SSE126 玻璃粉配置 1-1# 和 1-2# 釉浆，按照表 6.9 中 2# 磨加物配比以 SSE132 玻璃粉配置 2-1# 搪瓷釉浆，按流程分别制得三种搪瓷涂层。结果显示用 1-1# 浆料制备涂层搪烧以后与 316L 不锈钢不润湿，形成岛状形貌，如图 6.8(a)所示。2-1# 则较前者有很大改善，但仍无法完全遮盖，如图 6.8(b)所示。1-2# 釉浆所制涂层搪烧后完全铺展，留有明显的流延痕迹，得到结合良好的致密涂层，如图 6.8(c)所示。这表明添加 A 有助于改善搪瓷涂层的润湿性，且直接添加到搪瓷用玻璃粉料的配方中，通过玻璃熔炼过程让 A 进入玻璃的网络结构中对于搪瓷涂层润湿性的改善效果要远好于以磨加物形式添加对于润湿性的改善。

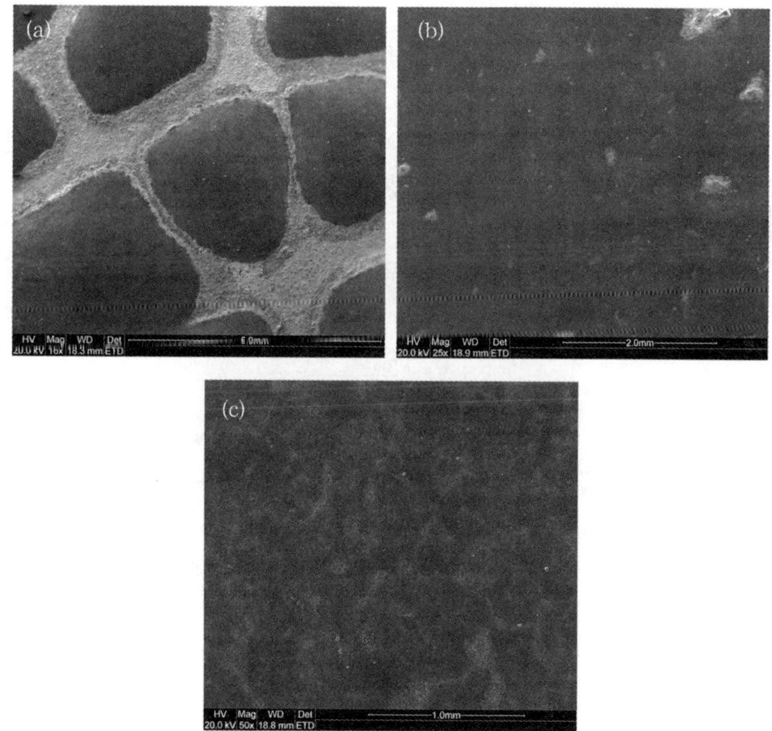

图 6.8　(a)SSE132 搪瓷化后，(b)SSE132 磨加 A 搪瓷化后，(c) SSE126 搪瓷化后表面形貌

如图 6.9 所示为大连理工课题组向玻璃母料中添加低表面能的氧化物三氧化二硼和二氧化钛前后在 TC4 钛合金表面，高温熔烧后表面的形貌照片。其中图 6.9(a)为未添加低

表面能氧化物的玻璃涂层熔烧后的凹凸不平、呈岛状分布的表面形貌图，图 6.9(b)为向玻璃母料中添加了低表面能氧化物三氧化二硼和二氧化钛的涂层熔烧后的平整且完全覆盖的表面形貌。由以上实验结果可以表明，适当添加低表面能的玻璃组分有助于很好的改善涂层与金属基体之间的润湿性，使涂层完全覆盖住需要保护的集体而不至于受到腐蚀环境的侵蚀。

(a)不润湿

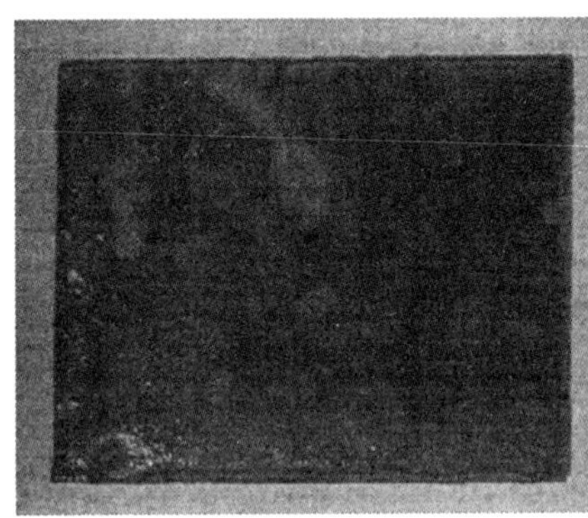

(b)反应润湿

图 6.9　涂层的表面形貌[37]

(2) 润湿性改善的原因分析

玻璃质陶瓷涂层能否将所用金属基体完全包覆直接取决于涂层在熔烧过程中玻璃熔体与相应的金属基体是否润湿。涂层熔体对金属基体(如本文中所用到的不锈钢基体、钛和钛合金基体)表面是否润湿是由玻璃熔体、金属基体和炉内气氛三者相互之间的表面张力所决定的润湿角所决定，润湿角越小，相互之间润湿能力就越强，反之则越差。润湿角大小通常可表示为：

$$\cos\theta = \frac{\sigma_{SG} - \sigma_{SL}}{\sigma_{LG}} \tag{6-10}$$

式中：θ 为润湿角，下标 S、L、G 分别代表固、液、气三相。从式(6-10)中可以看出，为了提高涂层熔体的润湿能力，可以通过改变 σ_{SL} 和 σ_{LG} 来减小 θ。因为金属基体确定后，σ_{SG} 通常是不能改变的。当固相表面组成和液相组成相近时，σ_{SL} 很小，润湿能力好，但这一般很难达到完全一致，而只能通过添加相应的组分来使玻璃熔体的成分尽量与金属基体的成分尽可能接近来减小 σ_{SL}。因为玻璃母料中各种氧化物的加入对涂层熔体表面张力的影响不同，一些增加熔体表面能的氧化物对熔体与金属基体的润湿性影响不大，而低表面能的表面活性氧化物对于涂层的润湿性则有较大提高，因为在熔烧过程中，这些低表面能的氧化物有向基体与涂层界面迁移的倾向，因此采用降低 σ_{LG} 的方式来降低玻璃质涂层与金属基体之间的润湿性是一种合理可行的方法。这可以很好地解释为什么本课题组通过往玻璃质涂层中添加低表面能氧化物 A 改善了与不锈钢基体的润湿性及大连理工大学王连军通过往玻璃陶瓷涂层中添加低表面能的表面活性剂 B_2O_3 和 TiO_2 使玻璃陶瓷涂层与钛合金基体完全润湿性。一般玻璃涂层熔体的表面张力呈加和性，可以利用式(6-11)计算：

$$\sigma = \frac{\sum \sigma_i n_i}{\sum n_i} \tag{6-11}$$

式中的 σ 是涂层熔体的表面张力，σ_i 是熔体某一组分 i 的表面张力；n_i 为熔体中相应组分的摩尔百分数。由此加和性质可知，往玻璃组分中加入低表面能的成分可以降低 σ_{LG}，从而提高熔体对不锈钢基体的润湿性。在玻璃中阳离子极化率大的成分能显著地降低玻璃的表面张力。如 K_2O、PbO、B_2O_3、Cr_2O_3、V_2O_3、WO_3、MoO_3 等表面活性成分。其中随着 B_2O_3 含量的增大，玻璃的表面张力稳定减小，Cr_2O_3、V_2O_3、WO_3、MoO_3 等即使加入很少，也能富集到表面而具有使玻璃的表面张力趋向尽可能小的特性[38]，尤其对于 316L 不锈钢，氧化物 A 的加入还有使熔体表面与基体金属表面成分接近而降低 σ_{SL} 的作用。因此加入 A 对于搪瓷涂层对 316L 不锈钢基体的润湿性有明显改善，最终制得牢固结合的致密涂层。

6.5　玻璃质壁垒层作为防氚及氢同位素渗透壁垒层的实际应用及性能评价

采用第二节玻璃成分设计理论和实践相结合的成分设计方法而最终设计出不锈钢和工业纯钛 TA1 用玻璃质陶瓷涂层的成分含量，通过采用本章第三节的涂层制备方法制备出相应的玻璃质陶瓷涂层。本章将以在 316L 不锈钢和工业纯钛 TA1 表面制备的搪瓷涂层及钛合金表面自剥落玻璃质陶瓷涂层为例，对其显微组织及涂层与基体的界面结合情况及阻止氢及其同位素渗透的壁垒效应等进行试验与探讨。

6.5.1　涂层的显微分析

涂层/基体界面结合处的显微结构直接决定着涂层与基体之间的结合情况，因此搪瓷涂层的显微结构分析对于搪瓷涂层的性能评价不可或缺。

首先将制备有玻璃质陶瓷涂层的 316L 不锈钢及工业纯钛 TA1 试样利用砂轮机沿横截面截开，然后用金相镶嵌机热镶成金相试样。然后将镶嵌好的试样先用 0# 粗砂纸打磨，直到磨平并且可以通过金相显微镜清晰地看到涂层与基体的界面，再经过 1#-5# 五道砂纸在与涂层和基体界面取向一致的方向上由粗到细进行粗磨，直至得到平整的镜面为止。再将粗磨好的金相试样进行机械抛光直到得到光亮平整的镜面为止，抛光方向也与粗磨时的方向保持一致，这样有助于得到清晰的基体/涂层界面情况，同时也可以尽量保证在磨金相的过程中不对涂层产生严重破坏。对进行金相观察的不锈钢基体试样用王水进行腐蚀，TA1 基体试样用氢氟酸和硝酸的水溶液进行腐蚀，并用佳能 Power Shot A640 型数码相机进行金相采集。用于扫面电镜高倍显微与能谱分析的试样则无须进行腐蚀，机械抛光并清洗干净，干燥后进行喷金处理，而后再利用(SEM，Quanta200，FEI Company)型扫描电镜进行界面形貌分析，利用其自带 EDAX 能谱仪进行元素深度分布分析。而且利用 XRD 对搪瓷涂层进行结构分析。

6.5.1.1　SSE126 搪瓷涂层与 316L 不锈钢基体之间的界面结合

利用金相显微镜对 SSE126 搪瓷涂层与 316L 不锈钢基体的界面结合情况进行观察，其显微组织如图 6.10(a)所示,利用扫面电子显微镜观察到的界面结合情况如图 6.10(b)所示,图中白点为 Cr_2O_3 抛光粉残留,这点从利用 EDAS 在图 6.11(a)所示十字符标记处进行 EDS 点扫描得到证实,结果如图 6.11(b)和表 6.11 所示。由图 6.10 可知,搪瓷涂层厚度大约为 90~110 μm,涂层相当致密,并与基体结合紧密,界面呈锯齿形。

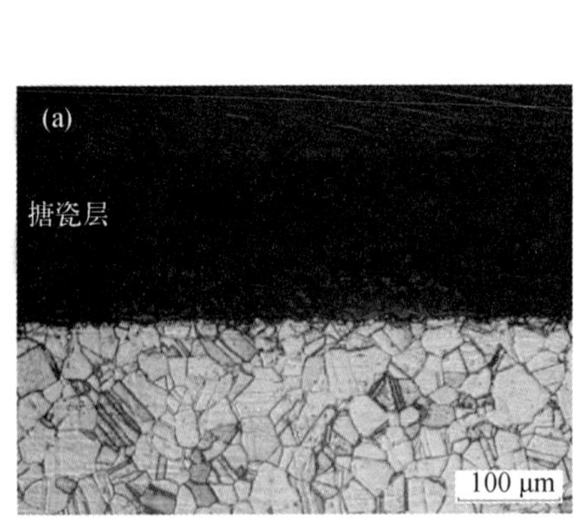

图 6.10 SSE126 搪瓷涂层与 316L 不锈钢基体的界面结合(a)金相照片,(b)SEM 照片

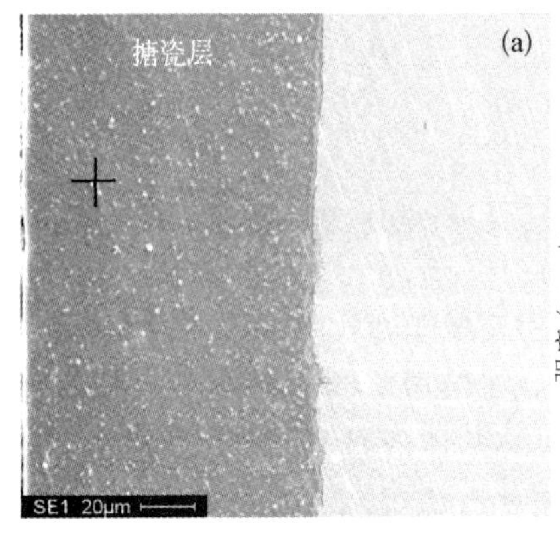

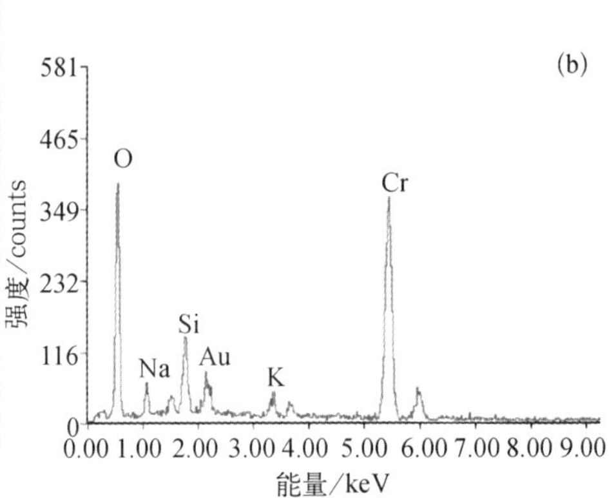

图 6.11 (a)SSE126 搪瓷涂层/不锈钢界面横截面 SEM 照片,(b)搪瓷涂层上白点处 EDS 图谱

表 6.11 EDAX 点扫描得到主要元素含量

Element	W_t%	A_t%	Element	W_t%	A_t%
OK	27.79	53.69	AuM	10.03	01.57
NaK	04.22	05.67	KK	02.08	01.64
AlK	01.68	01.93	CrK	47.72	28.37
SiK	06.48	07.13	Matrix	Correction	ZAF

涂层与基体之间结合紧密的原因是因为涂层与基体之间发生了化学反应和成分的互扩散,因而属于化学结合,此种结合较一般的范德华力结合以及机械结合要强。这可以通过

图 6.12 所示的 SSE126 搪瓷涂层中各主要成分在涂层与基体之间的深度分布情况得到证实。涂层中的 Ba 和 Co 等元素已经渗透到了不锈钢基体内部，因而形成了化学结合。同时碱金属元素 Na、K 并未渗透到基体中，因而对基体的各种性能不会产生什么不利影响。同时界面锯齿形结构也增加了基体与涂层之间的界面粗糙度，从而也进一步增强了涂层与基体的结合。

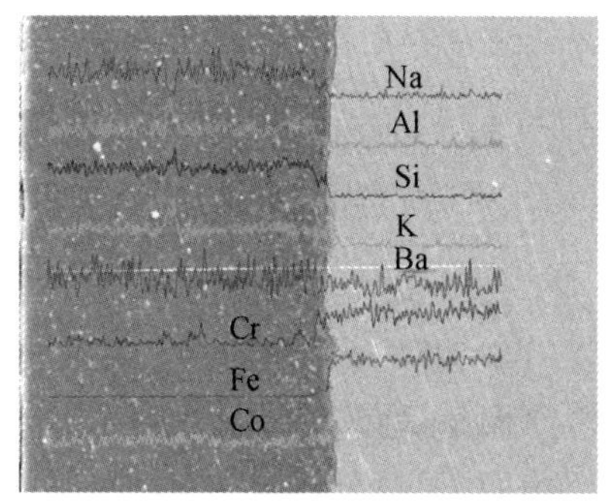

图 6.12　SSE126 搪瓷涂层中各主要成分在涂层与基体之间的深度分布情况

6.5.1.2　TE94 搪瓷涂层与 TA1 基体的界面结合

利用金相显微镜对 TE94 搪瓷涂层与 TA1 基体的界面结合情况进行观察，其显微组织如图 6.13(a)所示，利用扫面电子显微镜观察到的界面结合情况如图6.13(b)所示。由图 6.13 可知，搪瓷涂层厚度大约为 90～110 μm，涂层相当致密，并与基体结合紧密。TE94 搪瓷涂层几乎没有气孔的存在。这主要是由于 TE94 的烧成温度较高且宽，因而可以在较高的温度下熔烧相对较长的时间，使涂层在烧结时熔液黏度下降到气体足以排除并有充足的时间使涂层中的气体能够完全排除出涂层，最终得到致密的搪瓷涂层。涂层与基体之间结合紧密的原因是因为涂层与基体之间发生了化学反应和成分的互扩散，因而属于化学结合，此种结合较一般的范德华力结合以及机械结合要强。这也可以通过如图 6.14 所示的 TE94 搪瓷涂层中各主要成分在涂层与基体之间的深度分布情况得到证实。涂层中的 Si 和 Al 都已经渗透到了钛基体内部，在界面结合部形成了一层反应层，因而形成了化学结合。同时碱金属元素 Na、K 并未渗透到基体中，而是在界面处急速降低，因而对基体各种性能不会产生什么不利影响。

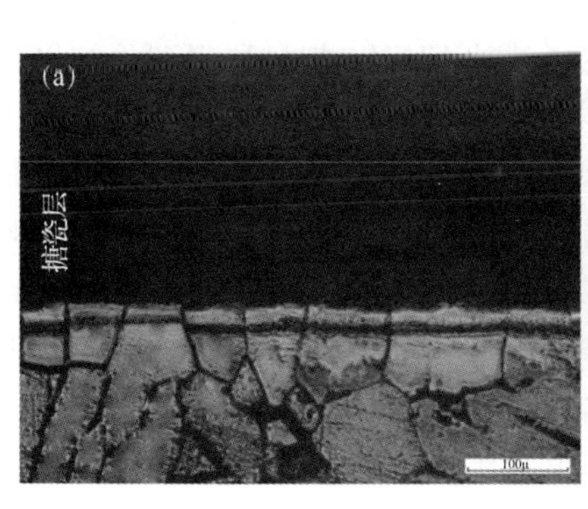

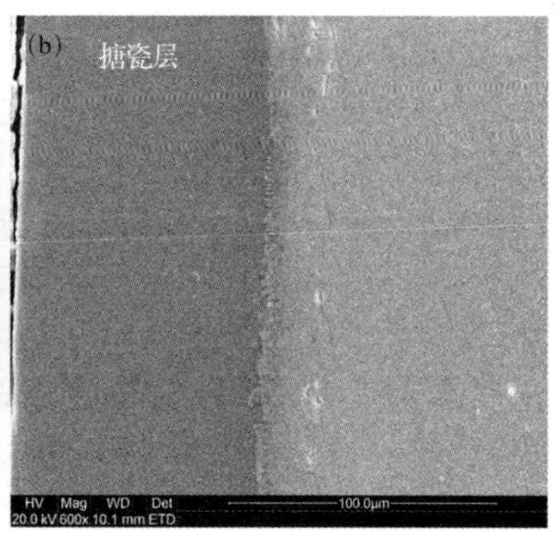

图 6.13　TE94 搪瓷涂层与 TA1 基体的界面结合情况(a)金相照片，(b)SEM 照片

利用(Bruker D-8)X 射线衍射仪进行搪瓷涂层烧成后的组织进行分析，所得 XRD 衍射图谱均呈现大谷包状，如图 6.15(a)和(b)所示，故而说明 SSE126 和 TE94 烧成后得到的搪瓷涂层为玻璃态组织。玻璃态组织的出现对于涂层的抗高温氧化，特别是对氢渗透的壁垒效应提高是比较有利的，因为玻璃态组织没有晶态组织中存在的晶界，氢和其他的扩散元素也就失去了扩散的快速通道，而只有通过体扩散等其他的形式进行，因而也就增加了其扩散的激活能和阻力，增强

了阻止氢和氢同位素渗透的壁垒效应。

6.5.1.3 自剥落玻璃陶瓷涂层的微观组织表征

采用 X 射线衍射仪(XRD,Bruker D-8,Cu K_α)对经 950 ℃半小时熔烧制到的 TG75 玻璃陶瓷涂层进行组织结构分析,XRD 衍射图谱如图 6.16 所示。由图 6.16 所示衍射花样可知,涂层为微晶玻璃结构,其中的微晶相主要为锆英石相($ZrSiO_4$),还有极少量的 ZrO 相。这一检测结果可从采用扫面电子显微镜(SEM,Quanta200,FEI Company)对玻璃陶瓷涂层 TG75/TA1 界面进行横截面观察所得到的形貌照片(如图 6.17 所示)和对白色区域的 EDS 点扫描所得到的结果(如图 6.18 和表 6.12 所示)得到证实。如图 6.17 和图 6.18 所示,涂层相当致密,完全没有气孔的存在,且锆英石微晶相弥散分布于涂层中,玻璃陶瓷涂层厚度约为 50 μm,涂层与 TA1 基体界面处已不存在类似 TE94 搪瓷涂层与 TA1 基体界面处出现的小岛和锚点,说明 TG75 玻璃陶瓷涂层与基体之间不存在化学结合,同时也没有机械结合的迹象,因而说明 TG75 与基体之间只是通过分子间作用力的作用而结合在一起的,故涂层与基体的结合强度较低,经喷砂处理易于剥离。玻璃陶瓷涂层 TG75/TA1 界面处各主要元素的深度分布情况,如图 6.19 所示,说明涂层与基体之间基本上不存在成分的互扩散现象,这也进一步说明 TG75 玻璃陶瓷涂层与 TA1 之间不存在化学结合。

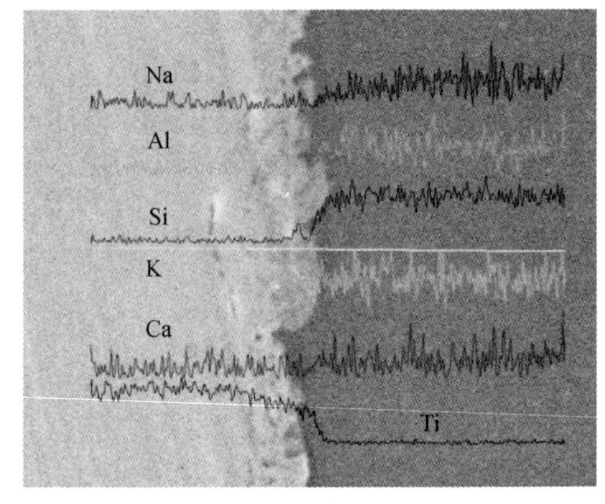

图 6.14 TE94 搪瓷涂层中各主要成分在涂层与基体之间的深度分布情况

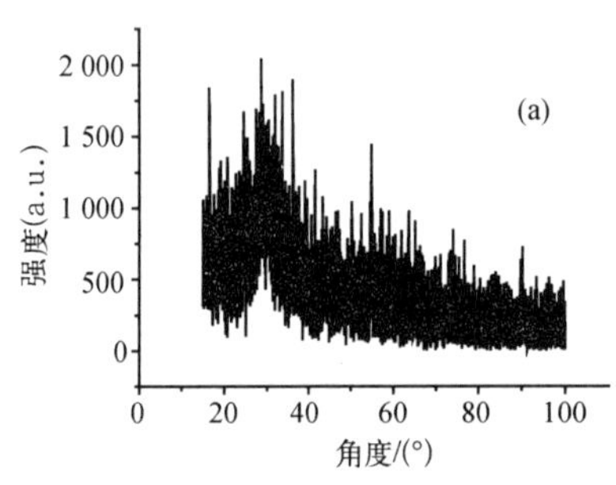

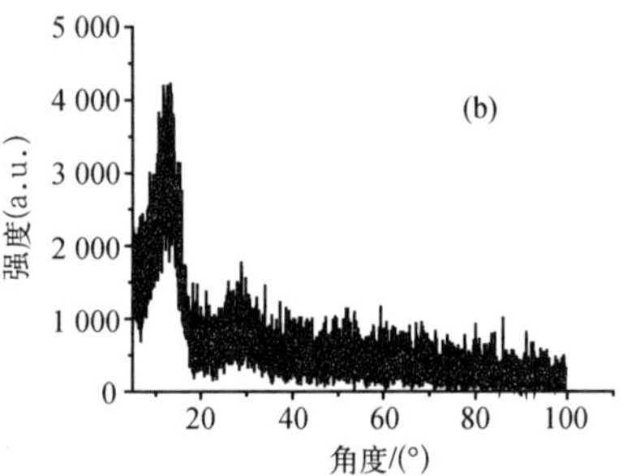

图 6.15 (a)SSE126 搪瓷涂层 X 射线衍射图谱,(b)4.8 TE94 搪瓷涂层 X 射线衍射图谱

表 6.12 EDAX 点扫描得到主要元素含量

Element	Si	Zr	O	Matrix
W_t%	20.83	50.64	28.53	Correction
A_t%	24.08	18.02	57.90	ZAF

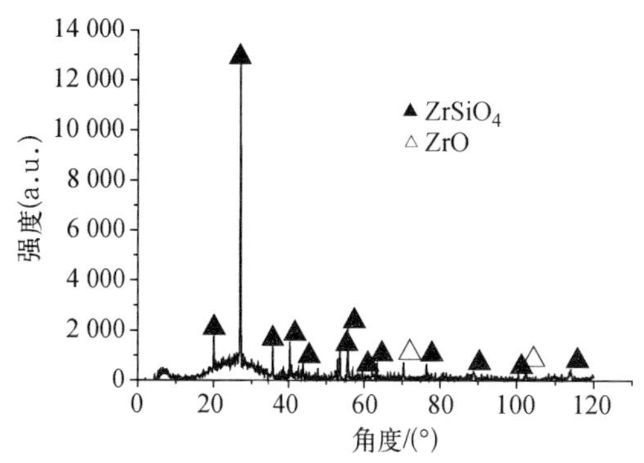

图 6.16　TG75 玻璃陶瓷涂层的 XRD 图谱

图 6.17　玻璃陶瓷涂层 TG75/TA1 界面横截面 SEM 照片

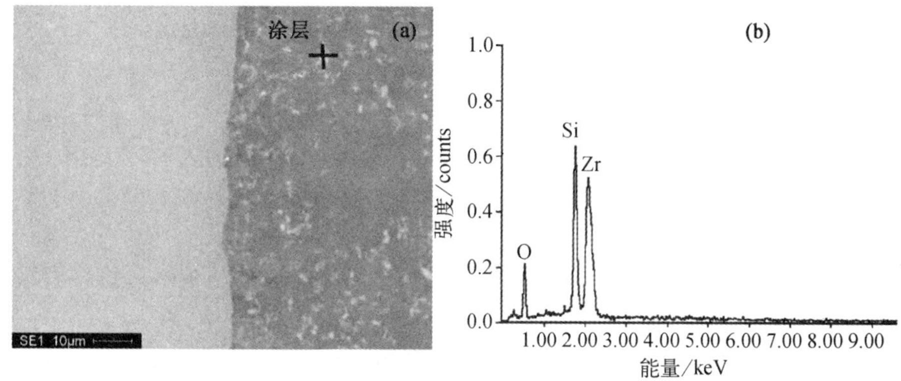

图 6.18　(a)TG75 玻璃陶瓷涂层/TA1 界面横截面 SEM 照片,(b)涂层中白色区域 EDS 图谱

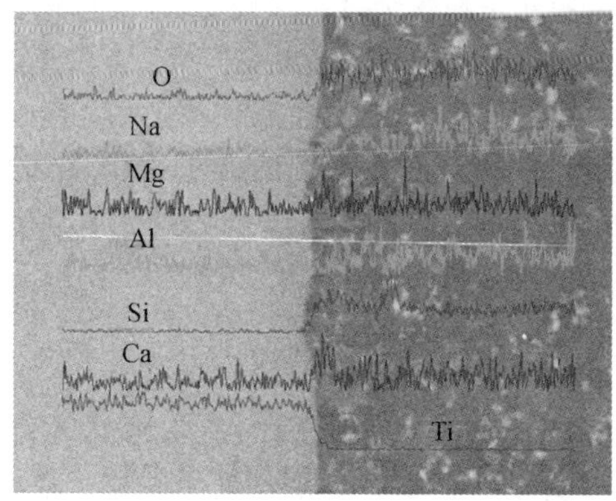

图 6.19　玻璃陶瓷涂层 TG75/TA1 界面处各主要元素的深度分布情况

6.5.2　涂层与基体的结合性能试验与分析

通过搪瓷涂层的显微分析,结果表明搪瓷涂层非常致密且与基体紧密结合,属于化学结合。本试验还通过抗热震试验和落球冲击试验进行验证和辅助分析。

6.5.2.1 搪瓷涂层抗热冲击性能测试

为了验证涂层与基体之间热膨胀系数是否匹配及匹配的程度，分别对制备有 SSE126 和 TE94 两种搪瓷涂层不锈钢和 TA1 试样进行了热震试验。本试验采用如下方法：首先将制备有 SSE126 和 TE94 两种搪瓷涂层的试样分别放入已经升温到 550 ℃和 700 ℃的马弗炉中保温 5 min 后，淬入水中快冷至室温，观察涂层是否有开裂和剥落的现象，如果没有出现，则继续采用同样的方法对制备有 SSE126 和 TE94 两种搪瓷涂层的试样进行循环热冲击，并记录冲击次数。试验结果为 SSE126 搪瓷涂层受 5 次冲击后局部剥落，而 TE94 搪瓷涂层则在 50 次冲击后仍然没有开裂或剥落的现象出现。这说明 SSE126 搪瓷涂层与 316L 不锈钢之间仍然存在一定的热膨胀系数失配，而 TE94 与 TA1 基体之间则存在很好的热膨胀系数匹配。这也将有助于涂层在比较恶劣的环境下进行长期使用。为了验证 SSE126 搪瓷涂层与 316L 不锈钢基体之间热膨胀失配度的大小，在本次试验中还进行了将在 550 ℃下保温 5 min 后的试样进行风冷，然后观察涂层的变化情况的试验。在试验中发现涂层经过 100 次风冷循环仍没有开裂与剥落的现象。这也就说明 SSE126 搪瓷涂层与 316L 不锈钢之间的热膨胀系数相差并不是很大。

因此在今后的工作中将着重进一步减小不锈钢基体与搪瓷涂层之间的热膨胀系数失配。主要的方法有以下三种：

(1) 调整搪瓷涂层的基本成分，提高有助于增加涂层热膨胀系数的组分的百分含量，从而进一步增大涂层的热膨胀系数；

(2) 通过等离子喷涂和渗金属的各种方法在不锈钢基体表面制备一层金属过渡层，以改善涂层与基体之间的热膨胀失配；

(3) 选择一种热膨胀系数较小的不锈钢作为基体，这样也将有助于降低不锈钢基体与搪瓷涂层之间的热膨胀失配度。

总之，以上三种方法较为可行和对涂层性能较为有利的方法为后面两种，因为热膨胀系数过大，势必使涂层中碱金属和碱土金属含量进一步增大，因而也将引起一系列涂层制备问题，如引起釉浆 pH 值偏高而导致粉末涂层开裂；涂层的熔烧温度较低，烧成温度范围窄将对涂层的烧成及气孔的排除不利。同时碱金属和碱土金属含量过高，也将影响涂层的腐蚀防护性能，因而不能完全依靠这种方法来提高搪瓷涂层的热膨胀系数，改善搪瓷涂层与不锈钢基体的热震性能，而只能将其作为一种辅助的手段，用来辅助其他两种改善途径。

6.5.2.2 抗落球冲击性能试验

作为涂层与基体结合情况评价的一种方法，落球试验被广泛应用到搪瓷涂层的结合性能分析，其中有欧洲标准 EN10209、DEZ-MB 7.10.3（搪瓷密着检测方法）日本工业标准 JIS-R4301(1978)（搪瓷制品的质量试验方法）等标准可供参考[50]。本次试验参考以上标准，按照如表 6.13 所示落球试验方案进行抗落球冲击实验。

表 6.13 落球冲击试验方案

钢球质量/g	200	200	300	300
落球高度/m	1	2	1	2

(1) SSE126 搪瓷涂层的抗落球冲击性能

将制备有 SSE126 搪瓷涂层的 316L 不锈钢试样置于白色 PVC 导轨正下方，并用双面胶固定在地板上，然后将直径为 36 mm、质量为 200 g 和直径为 41.2 mm、质量为 300 g 的不锈钢球，分别从 1 m、2 m 的高度上自由落体冲击搪瓷试样，冲击完后立即用挡板将球挡住以防止二次冲击的发生，影响试验结果。在参考 JIS-R4301(1978)规定的 200 g 球 0.45 m 的冲击高度进行的冲击试验后，通过观察涂层与基体的剥离情况，涂层在受冲击后没有明显的变化，说明涂层与基体结合力相当好。为了更好地说明涂层与基体与涂层之结合力的好坏，本试验还进行了相同高度不同质量、不同高度相同质量的多组落球试验，其中受 300 g、0.45 m 高度的不锈钢球冲击后，在试样表面留下了浅浅的压痕，在受 200 g 和 300 g 的不锈钢球分别从 2 m高度冲击后，SSE126 搪瓷涂层发生了不同程度的破坏，受冲击后涂层的形貌如图 6.20 所示，由图 6.20(a)可知，涂层出现局部轻微破坏，受 300 g 球冲击后涂层发生了一定程度的破坏，出现剥落情况，但是并未出现光亮的金属基体，如图 6.20(b)所示。因而进一步说明 SSE126 搪瓷涂层与 316L 不锈钢基体之间密着优良，结果与显微分析一致。

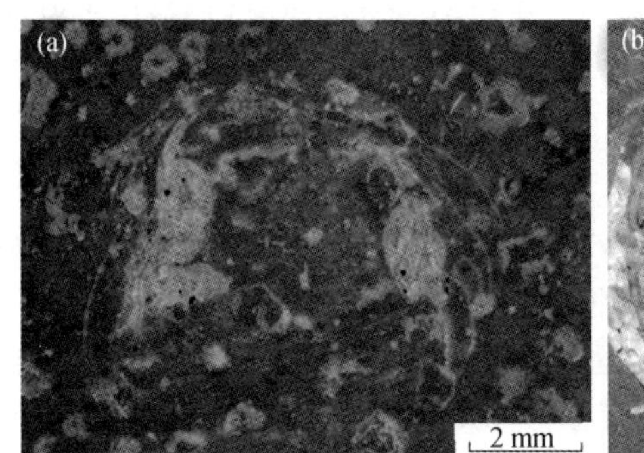

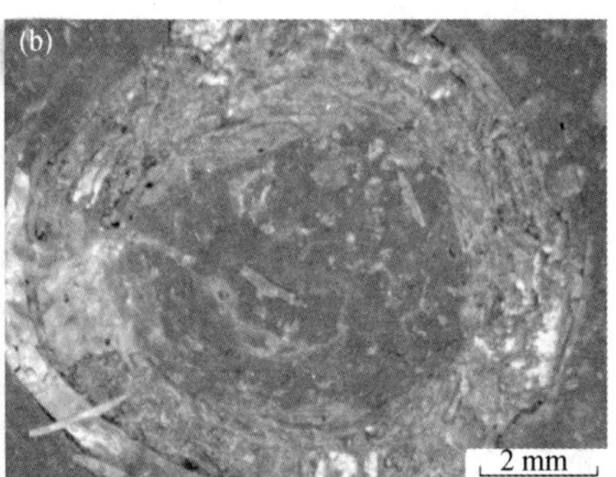

图 6.20　SSE126 搪瓷涂层受(a)200 g，(b)300 g 不锈钢球从 2 m 高度落球冲击后的形貌

(2) TE94 搪瓷涂层抗落球冲击性能试验

采用相同的试验方法和分析方法对制备在 TA1 上的 TE94 搪瓷涂层进行落球冲击试验，得出与 SSE126 搪瓷涂层类似的结果，而且结果显示 TE94 搪瓷涂层与钛基体的结合情况优于 SSE126 搪瓷涂层对 316L 不锈钢基体，如图 6.21(a)所示涂层受 200 g 球 2 m 高落球冲击后，只引起轻微破坏，留下白色的印记。由图 6.21(b)可以发现涂层在受 300 g 球从 2 m 高度冲击后，导致一定程度的破坏，出现少量剥落与开裂，但是完全没有 SSE126 严重，因此可以判定 TE94 搪瓷涂层与钛基体牢固结合。相比 SSE126 搪瓷涂层对 316L 不锈钢基体的结合更紧密。

总之，搪瓷涂层之所以与基体结合很好，是因为通过成分设计使涂层在搪烧过程中与基体发生了化学反应或成份的相互扩散，形成一定的过渡反应层，属于化学结合，而非普通的范德华力和机械结合。涂层与基体的良好结合为涂层的实际应用提供了有力的保证。

6.5.3　涂层阻氢性能评价及其阻氢机制探讨

通过前一节的论述，说明本文所制两种运用于不同金属基体上的搪瓷涂层的各种性能都比较优异，如致密程度，结合力和抗落球与热冲击性能等。而本文的最终目的(同时也是搪瓷

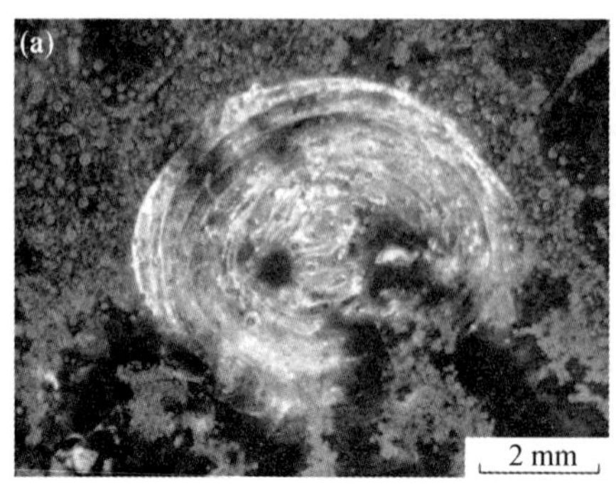

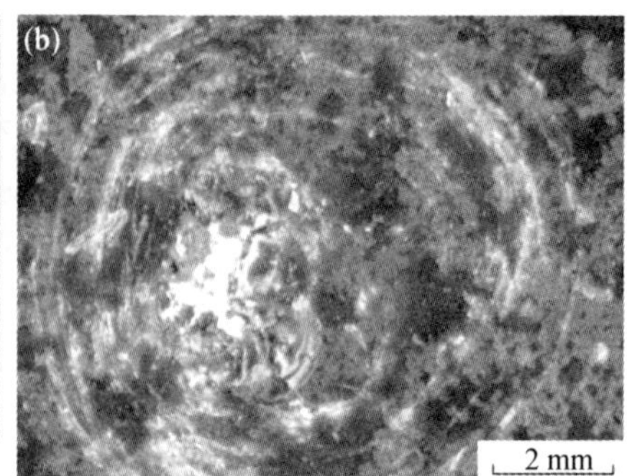

图 6.21　TE94 搪瓷涂层受(a)200 g,(b)300 g 不锈钢球从 2 m 高度落球冲击后的形貌

涂层新的运用前景)是制备能够阻止氢和氢同位素向基体内扩散甚至渗透的壁垒层,因此决定能否满足应用要求的关键就在于所制的 SSE126 和 TE94 两种搪瓷涂层在高温氢气环境下是否具有阻氢和氢同位素渗透的壁垒效应。由于同位素效应的存在,本试验主要以氢来模拟氢同位素,利用西华特装置,并结合显微硬度法来研究涂层的阻氢壁垒效应,最后也对搪瓷涂层的阻氢机制进行了初步探讨。

6.5.3.1　气相充氢试验

为评价所制搪瓷涂层的阻止氢渗透的壁垒效应,参考 T. Leguey 等人采用的气相充氢的方法,以一定温度一定压力下试样的氢吸收量作为比较的依据和涂层阻氢效应的评价手段。气相充氢试验在中国科学院沈阳金属研究所先进碳材料研究组自制的气相充放氢真空试验系统中进行。试验的具体步骤:首先将制备好的直径为 8 mm 的样品装入不锈钢样品室并密封好,并通过自开关充气阀连接到真空气路系统中,然后将进气阀、放气阀、高真空阀和闸板阀关闭,打开抽气阀、低真空阀和电磁阀,利用机械泵进行抽低真空,到达一定程度后关闭电磁阀,打开高真空阀和闸板阀,利用分子泵抽至高真空,然后关闭高真空阀和闸板阀,打开进气阀,往不锈钢容器中充入(5～7)×10^3 Pa 经过纯化的氢气,然后关闭进气阀,一切就绪以后再将样品室推入到已经升温至设定温度的加热炉内,使样品室和样品的温度迅速升高到试验温度进行气相充氢试验,利用离子计和数据采集器和计算机进行试验过程监控和采集,表征出整个气路中压力的变化情况,然后通过在同样温度、同样压力下不放样品空载加热试验并记录下整个气路中压力的变化情况,以此作为各种样品气相充氢试验的修正值,从而绘出试验样品在一定温度和压力下随充氢时间的延长样品吸氢量的变化曲线,通过饱和平衡氢压来计算样品吸氢量的大小,作为评价涂层阻氢壁垒效应的比较指标。

6.5.3.2　316L 不锈钢表面 SSE126 搪瓷涂层的氢渗透壁垒效应

根据上一节所述的气相充氢的试验方法,分别对经去氧化膜处理的 316L 不锈钢基体,700 ℃下退火后留下一层致密氧化膜的 316L 不锈钢试样和表面制备有 SSE126 搪瓷涂层的 316L 不锈钢试样在 550 ℃、(5～7)×10^3 Pa 氢压的条件下进行气相充氢,记录下压力随时间的变化关系,通过校正试验进行修正后,按照试验压力变化的趋势和饱和平衡压力的大小绘出三条曲线,如图 6.22 所示,图中曲线 a 表明经过去氧化膜处理的 316L 不锈钢基体样品的充氢曲线的饱和平衡压最小；反之也就说明经过去氧化膜处理的 316L 不锈钢基体样品的吸氢量是三者中最大的。曲线 b 为具有退火氧化膜的 316L 不锈钢样品的吸氢曲线，其饱和平衡压处于中间，其吸氢量较 a 有大幅度的减小，而制备有 SSE126 搪瓷涂层的 316L 不锈钢样品的饱和吸氢量最少，如图 6.22 曲线 c 所示，结果表明 316L 不锈钢在 700 ℃下退火后产生的氧化膜具有一定的阻氢渗透能力，而 SSE126 搪瓷涂层具有很强的阻止氢和氢同位素渗透的壁垒效应。

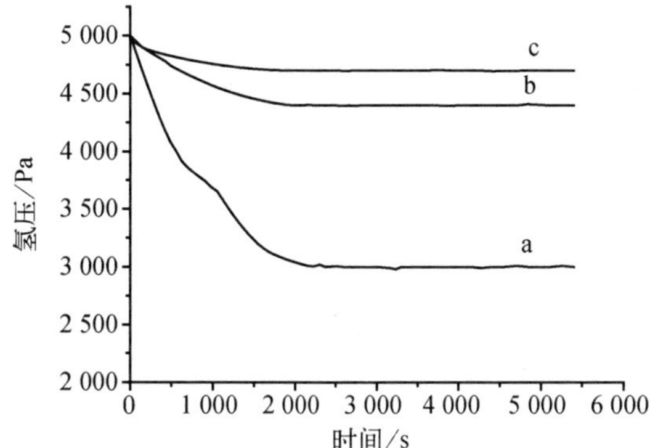

图 6.22　316L 不锈钢样品的充氢曲线

(a) 无涂层；(b) 有氧化膜；(c) 有 SSE126 搪瓷涂层

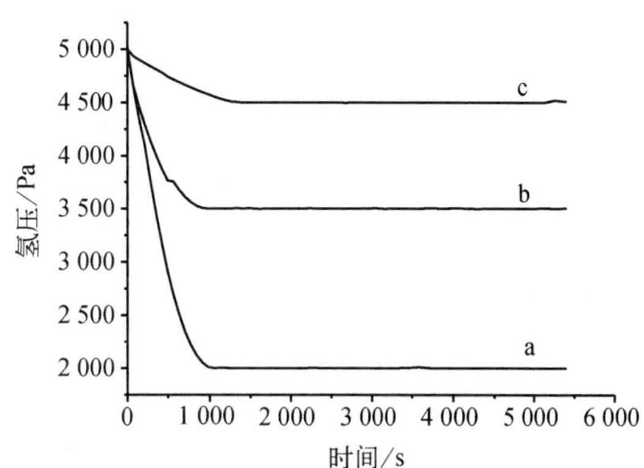

图 6.23　TA1 样品的充氢曲线

(a) 无涂层；(b) 有氧化膜；(c) 有 TE94 搪瓷涂层

6.5.3.3　工业纯钛 TA1 表面 TE94 搪瓷涂层的氢渗透壁垒效应

与上一节采用相同的气相充氢的试验方法，分别对经去氧化膜处理的 TA1 基体，700 ℃下退火后留下一层氧化膜的 TA1 样品和在表面制备有 TE94 搪瓷涂层的 TA1 样品在550 ℃、(5～7)×10^3 Pa 氢压的条件下进行气相充氢，记录下压力随时间的变化关系，通过校正试验进行修正好，按照试验压力变化的趋势和饱和平衡压力的大小绘出三条曲线，试验结果与前一章不锈钢基体的结果类似，结果如图 6.23 所示，图中曲线 a 表明经过去氧化膜处理的 TA1 样品的充氢曲线的饱和平衡压最小，曲线 b 为具有退火氧化膜的 TA1 样品的充氢曲线，其饱和平衡压处于曲线 a 和曲线 c 之间，且较曲线 a 有大幅升高，而制备有 TE94 搪瓷涂层的 TA1 样品的饱和平衡压最大，其饱和吸氢量最小，如曲线 c 所示，说明 TA1 在 700 ℃下退火后产生的氧化膜具有一定的阻氢壁垒效应，而 TE94 搪瓷涂层则有效地阻止氢和氢同位素向基体渗透。

6.5.3.4　显微分析

充氢试验完成后，为了进一步证明涂层具有很好的阻止氢渗透的能力，本文还对充氢结束后涂层与基体之间的界面结合和覆盖有搪瓷涂层的金属基体的显微维氏硬度进行了分析，如图 6.24 所示，其中(a)图为 SSE126 搪瓷涂层充氢后与 316L 不锈钢基体的界面结合的扫面电镜照片，(b)图为 TE94 搪瓷涂层充氢后与 TA1 基体的界面结合的扫面电镜照片，从图中看，与充氢前相比，涂层与基体之间结合情况没有什么变化，涂层的致密程度和密着性没有变化。这也就说明长时间高温充氢对于涂层及涂层与基体之间的结合都不产生不利影响。

另外，还对覆盖有搪瓷涂层的 316L 不锈钢和 TA1 基体进行充氢前后的显微硬度分析，

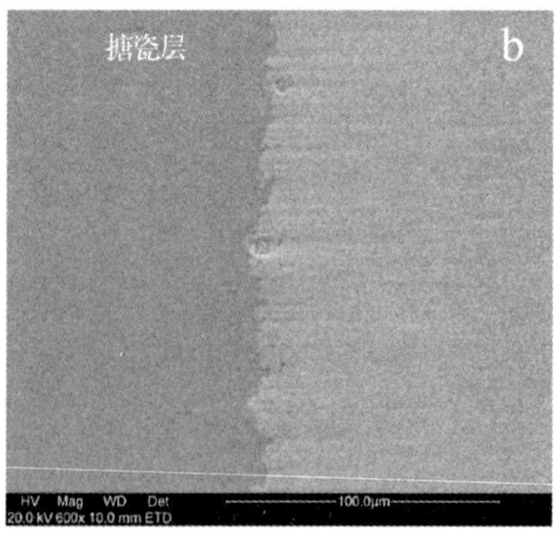

图 6.24 (a)SSE126,(b)TE94 搪瓷涂层充氢后与基体的界面结合情况

结果如表 6.14 和表 6.15 所示,通过对比充氢前后两种试样的显微维氏硬度值,再与没有搪瓷涂层保护的 316L 不锈钢和 TA1 试样在同等条件下氢处理后表面的显微维氏硬度值对比,可以说明搪瓷涂层对金属基体起到了有效的保护作用,在长时间高温充氢过程中,氢并没有穿过搪瓷涂层渗透到金属基体中导致基体的硬度升高。各种试样由表及里硬度略有升高是由于在涂层烧结过程中涂层与基体之间发生了成分的互扩散,且有少量氧的渗入所引起。而对于没有涂层保护的基体金属而言,硬度的升高则主要是由于氢的渗入导致金属基体内部组织结构发生变化,也就是组织中脆性相的出现或增加引起了基体硬度的升高。如图 6.25 所示为 316L 不锈钢的原始组织为单一的合金奥氏体组织,其显微维氏硬度在 270 左右,而经长时间充氢处理的 316L 不锈钢则发生合金奥氏体的分解,有 Fe-Cr-Ni 合金铁素体相从奥氏体相中析出,如图 6.26 所示,因此随着局部碳浓度的升高势必导致硬质脆性合金渗碳体相的析出,从而引起刚才的脆化和硬度的升高,其显微维氏硬度值在 600 左右,表面颜色也变成蓝色。图中没有出现明显的与合金渗碳体相对应的特征峰,可能是由于其本身衍射花样的特征所致。

表 6.14 316L 不锈钢有 SSE126 涂层充氢前后的 HV0.05(基体充氢后的 HV0.05=606.4)

距表面深度	基体中部	10～20	5～10	2～5	0～2
充氢处理前	265.1	267.6	268.9	276.8	281
充氢处理后	268	267.6	274.2	278.2	280.9

表 6.15 TA1 有 TE94 涂层充氢前后的 HV0.05(基体充氢后的 HV0.05=500)

距表面深度	基体中部	10～20	5～10	2～5	0～2
充氢处理前	248	277.6	274.5	279.1	280.9
充氢处理后	251.9	279.9	268	280	292.1

与 316L 不锈钢不同,TA1 在经长时间充氢处理后,其表面原色变成浅绿色,组织也由单一的 α-Ti 组织变成 α-Ti 和 TiH 化合物等的混合组织,如图 6.27 的 XRD 图谱所示。其硬度也由原来的维氏硬度 250 左右提高到 500 左右。结合显微硬度、XRD 分析和硬化机制的分析

所得出的结论再次有力地说明搪瓷涂层对于氢起到了很好的阻挡作用,没有允许氢渗入到金属基体中而导致基体组织的变化和硬度的升高。

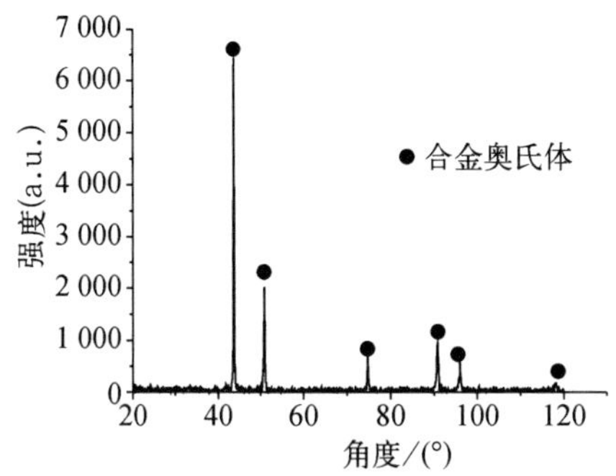

图 6.25 316L 不锈钢的原始组织 XRD 图谱

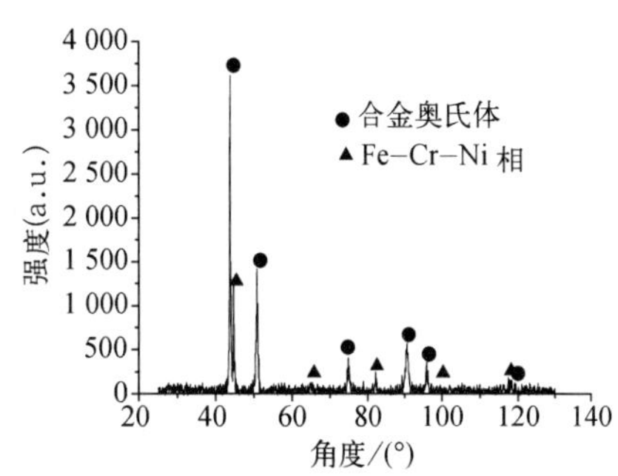

图 6.26 316L 不锈钢长时间充氢后 XRD 图谱

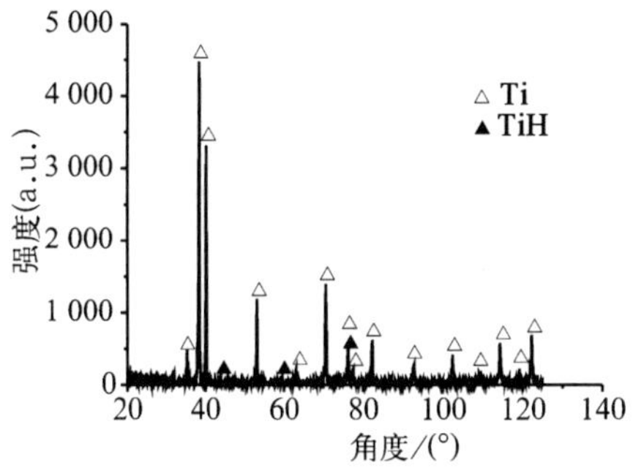

图 6.27 TA1 长时间充氢处理后 XRD 图谱

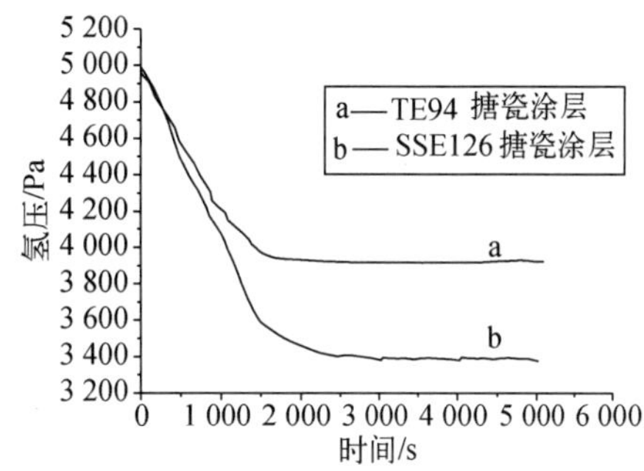

图 6.28 两种无基体搪瓷涂层的气相充氢曲线

6.5.3.5 无基体搪瓷涂层的气相充氢试验

由于从图 6.22 和图 6.23 可以看出无论是 316L 还是 TA1 表面制备有搪瓷涂层的试样在 550 ℃和$(5\sim7)\times10^3$ Pa 的氢压下进行充氢试验后,试验腔体内的压力都会有所降低,也就是说试样都有一定的吸氢,但是这些氢是被涂层所吸收还是渗透到金属基体还不得而知。为了探讨这一问题,本试验通过对渗氢后涂层与基体的结合、界面处显微硬度以及无涂层的基体充氢前后的组织变化等分析得出的初步结论如下:无论是 316L 还是 TA1 表面制备有搪瓷涂层的试样在 550 ℃和$(5\sim7)\times10^3$ Pa 的氢压下进行充氢试验后所吸收的那部分氢是由涂层所吸收而基本上没有渗透到基体内部。同时本试验也采用对无基体的 SSE126 和 TE94 搪瓷涂层进行了同等条件的气相充氢试验来进一步说明这一部分氢的去向。试验发现单纯的搪瓷涂层也会吸氢,而且吸氢的方式和单位面积所吸收的氢气的量大体与制备在金属基体上的搪瓷涂层的是一致的,都是吸收一定量后达到饱和稳定状态,结果如图 6.28 所示,以相对于制备在金属基体上的搪瓷涂层的两倍于质量、3 到 5 倍的与氢气的接触面积的单纯的 SSE126 和 TE94 搪瓷涂层的饱和平衡吸氢量大体也为前者的 2~4 倍。这可以通过比较图 6.22 中的曲线 c 与图 6.28 中的曲线 b 和比较图 6.23 中的曲线 c 与图 6.28 中的曲线 a 所表示的试验腔体内氢压随热充氢时间的变化关系得出。当然涂层的厚度和其中的致密程度对于其吸氢量还有一定的影响。因而从本项实验中可以得出以下结论：搪瓷涂层对金属基体起到有效的保护作用，涂层本身先吸收一定量的氢气后阻止其向金属基体内部扩散渗透。

6.5.3.6 玻璃陶瓷涂层的阻氢性能表征

采用相同的气相充氢方法和参数，分别对覆盖有 TG75 玻璃陶瓷涂层的 TA1 试样以及单纯的 TG75 玻璃陶瓷涂层样品（表面积约为前者的 3～5 倍）进行气相充氢试验，并将试验得到的试验数据进行修正，得到两条气相充氢曲线分别如图 6.29(c)和图 6.30 所示，相比没有涂层的试样和表面有氧化膜的试样的气相充氢曲线，分别如图 6.29(a)和图 6.29(b)所示，覆盖有 TG75 玻璃陶瓷涂层的 TA1 试样的饱和充氢量最小；其次是表面有氧化膜的试样，具有最大充氢量的为没有涂层的 TA1 试样。这一试验结果说明 TG75 玻璃陶瓷涂层有效地阻止了氢的渗入，起到了有效的壁垒作用。由图 6.38 所示的充氢曲线可知，TG75 玻璃陶瓷涂层与 TE94 和 SSE126 搪瓷涂层一样也是涂层具有一定的饱和吸氢量，从而可以认为图 6.29(c)所示的覆盖有 TG75 玻璃陶瓷涂层的 TA1 试样的少量吸氢是由于涂层本身吸氢所致，随着涂层充氢达到饱和，后续的氢的扩散通道被堵，渗透受阻而无法继续进行，因而起到了阻止氢渗透的壁垒作用。其阻氢渗透的机制与 TE94 和 SSE126 搪瓷涂层的阻氢和氢同位素渗透的一样，所不同的是微晶锆英石的弥散存在，使玻璃陶瓷涂层更加致密，同时降低了玻璃网络中活性 Si-O 键的数量，从而使 TG75 玻璃陶瓷涂层的饱和吸氢量较 TE94 和 SSE126 搪瓷涂层都要小。

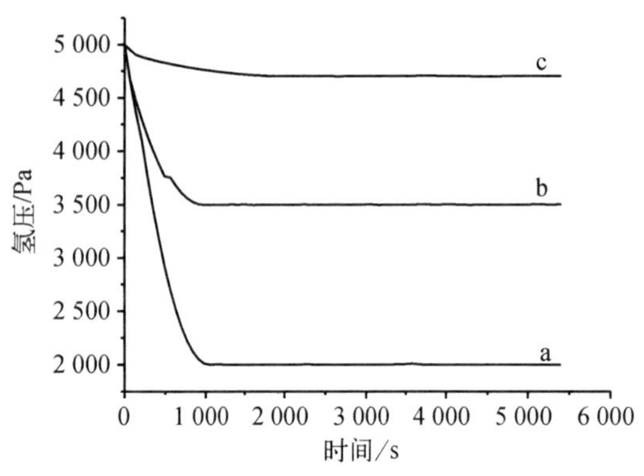

图 6.29 TA1 样品的充氢曲线

(a) 无涂层；(b) 有氧化膜；(c) 有 TG75 玻璃陶瓷涂层

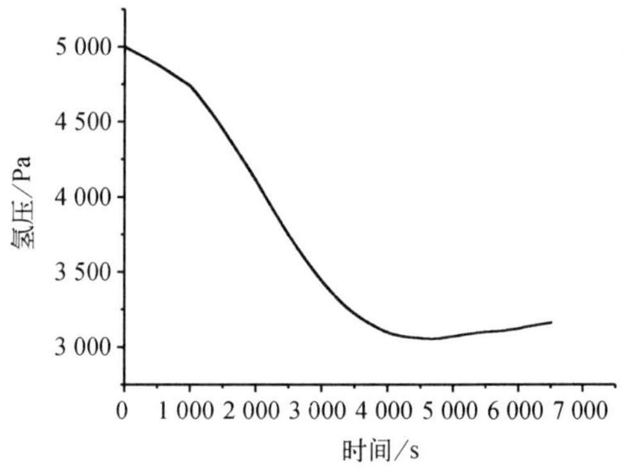

图 6.30 无基体 TG75 玻璃陶瓷涂层的气相充氢曲线

为了进一步证实涂层对氢有较强的壁垒效应，还对制有 TG75 玻璃陶瓷涂层的 TA1 试样进行了界面处涂层的显微组织和界面处 TA1 基体维氏显微硬度分析，结果分别见图 6.31 和表 6.16。如图 6.31 所示，经长时间充氢后，涂层仍然相当致密，而没有出现鼓泡的现象，说明涂层完全不受充氢的影响。而如表 6.16 所示的为制有 TG75 玻璃陶瓷涂层的 TA1 试样充氢前后界面处的维氏显微硬度的测试情况，从表中可以看出，与表面制有 TE94 搪瓷涂层的硬度测试情况相似，也说明 TA1 基体没有受到长时间气相充氢的影响。这也进一步证明 TG75 玻璃陶瓷涂层对 TA1 基体起到高效的阻氢渗透的壁垒层作用。

表6.16 制有TG75玻璃陶瓷涂层的TA1试样充氢前后的HV0.05(基体充氢后的HV0.05=500)

距表面深度	基体中部	10～20	5～10	2～5	0～2
充氢处理前	252	285.6	287.5	289.1	289.3
充氢处理后	253	289.5	288	291	293.5

6.5.4 搪瓷壁垒层阻氢机理的探讨

图6.31 长时间气相充氢后TG75玻璃陶瓷涂层/TA1界面的SEM照片

以上气相充氢试验和分析检测实例说明玻璃质涂层对氢有很强的壁垒效应,对基体起到了有效的保护作用。为了进一步认识玻璃质涂层的保护机理,以下将结合应用及检测实例与相关文献的对比对玻璃质壁垒层的阻氢机理进行探讨。

首先氢的存在形式主要有三种:氢原子、氢分子和氢离子,而在气体条件下则主要是以原子和分子形式存在的。这也就决定了氢在一般材料中主要是以氢原子和分子的形式进行扩散和渗透。普遍认为氢在金属材料中的输运过程一般可分为表面吸附(物理吸附和化学吸附)、分解(即原子化溶解在金属中)、扩散渗透等步骤,扩散机制主要是间隙扩散、短路扩散和反应扩散;而在陶瓷材料中则是以分子的形式在陶瓷材料表面进行物理和化学吸附,然后再进行扩散渗透,其扩散渗透速率与环境氢压成正比,主要是利用微细通道(如裂纹和相界、晶界)和疏松的结构进行扩散渗透。玻璃质涂层属于陶瓷材料中的一种,从显微分析可知实例中所举玻璃质陶瓷涂层以玻璃质成分为主,因而从理论上讲,玻璃质陶瓷结构的存在将使氢和氢同位素的扩散失去快速通道,因为玻璃结构中没有晶界和连通的相界等氢和氢同位素扩散的快速通道,因而只要玻璃质陶瓷涂层本身不产生贯穿性裂纹,氢和氢同位素扩散单元也就无法实现短路扩散,而只能以体扩散形式进行,氢分子要扩散通过搪瓷涂层主要是通过少量制备过程中引入的裂纹和硼硅酸盐玻璃网络结构中的间隙等通道进行,故而极大提高了氢和氢同位素在玻璃质陶瓷涂层中的扩散激活能。通过观察扫描电子显微镜的高倍照片,如图6.32(SSE126搪瓷涂层的高倍形貌照片)和图6.33(TE94搪瓷涂层的高倍形貌照片)所示,两种搪瓷涂层较为致密,制备过程中基本上没有裂纹引入,只有少量微气孔的残存作为氢分子的陷阱,尤其是TE94搪瓷涂层完全没有发现气孔的残存。因而氢分子要通过此类致密的搪瓷涂层只有从玻璃中由硅硼铝氧等形成的网络的间隙通过,在扩散过程中如果遇到微孔的存在就会驻留在其中,这也就是之所以图6.28中SSE126搪瓷涂层的吸氢平衡后饱和吸氢量比TE94搪瓷涂层大的原因所在。另外,搪瓷涂层先吸氢后达到饱和平衡可能是由于在搪瓷涂层表层与渗入的氢分子形成了一层致密膜,导致后续的氢分子只有在破坏这层膜以后才能继续向涂层内部扩散。而这一层膜是以什么样的形式形成的还有待进一步分析检测,初步设想是:渗入的氢分子与搪瓷涂层中的硅硼铝氧等形成的网络形成一定的键合,类似于氢分子在SiC涂层中形成C—H、Si—H键[51-55]和ZrO_2涂层表面形成的C—H或Zr—OH键[56-59],在搪瓷涂层中是否也存在Si—H,特别是O—H这样的键合,这也将是未来工作的重点之一。

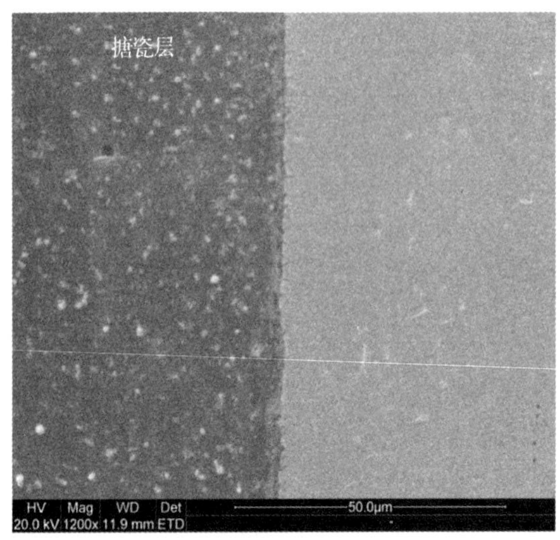

图 6.32 SSE126 搪瓷涂层的高倍形貌照片

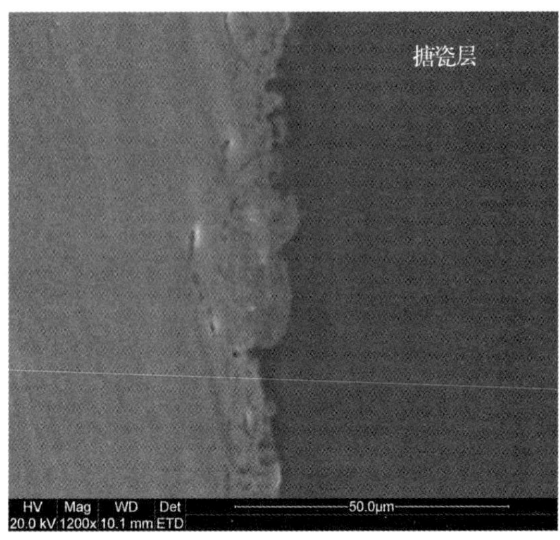

图 6.33 TE94 搪瓷涂层的高倍形貌照片

因此，搪瓷壁垒层的阻止氢渗透的机理主要由以下两方面组成：

(1) 玻璃质陶瓷结构的存在将使氢和氢同位素的扩散失去快速通道，而氢分子要扩散通过搪瓷涂层只能以体扩散形式进行，主要是通过少量制备过程中引入的裂纹和硼硅酸盐玻璃网络结构中的间隙等通道进行，故而极大提高了氢和氢同位素在玻璃质陶瓷涂层中的扩散激活能。

(2) 渗入的氢分子与搪瓷涂层中的硅硼铝氧等形成的网络形成了一定的类似 Si—H，特别是 O—H 这样键合，与搪瓷涂层一起在涂层表层形成了一层致密膜，阻塞了氢分子扩散渗透的通道，从而进一步提高了氢和氢同位素在玻璃质陶瓷涂层中的扩散激活能。

6.6 本章小结与展望

6.6.1 小结

经过大量的试验工作和数据分析，可以得出以下结论[60-66]：

(1) 在遵循玻璃质陶瓷涂层成分设计的四原则基础上，根据涂层的运用要求，采用设计、实践、修正、再实践、再修正的方法进行设计，最终确定分别应用于钛及其合金表面搪瓷涂层和玻璃陶瓷的 TE94 和 TG75 玻璃母料以及 316L 不锈钢表面搪瓷涂层用 SSE126 型玻璃母料的具体成分，并通过往玻璃母料中添加低表面能氧化物 A 成功解决搪瓷涂层与 316L 不锈钢之间的相互润湿问题。

(2) 在常用的制浆、涂膜、干燥后熔烧的涂层制备方法的基础上，通过以微量的水溶性高分子化合物 M 代替部分高岭黏土，较好地改善釉浆的涂覆性能，通过控制玻璃料中含碱金属的化合物的摩尔百分数与玻璃形成体(二氧化硅和三氧化硼)含量比值一般不大于 0.36 和控制球磨的工艺控制浆体 pH 于 7～10 之间，有助于制备均匀平整的粉末涂层。

(3) 采用薄层多次的概念，对于搪瓷涂层，采用两涂两烧的方式，通过浸涂加旋转涂膜的方法制备粉末涂层，干燥后在一定温度下熔烧一定时间，最终在金属基体表面制得 90～

110 μm厚的致密涂层，并且涂层与基体紧密结合、具有优异的抗落球冲击和热冲击性能以及抗高温氧化性能；另外采用一涂一烧的方式，在 TA1 基体表面制得厚约 50 μm 的自剥落玻璃陶瓷涂层。

(4) 采用西华特试验装置在 550 ℃，(5～7)×10^3 Pa 的氢压下对有无涂层及单纯的玻璃质陶瓷涂层进行气相充氢实验，结合维氏显微硬度分析证明玻璃质陶瓷壁垒层有效地阻止了氢和氢同位素的扩散渗透，最后也对玻璃质陶瓷涂层阻止氢和氢同位素扩散渗透的机理进行了初步探讨，认为除玻璃质涂层本身的玻璃质陶瓷结构将使氢和氢同位素的扩散失去快速通道外，在涂层表层渗入的氢分子与玻璃质涂层中的硅硼铝氧等形成的网络形成类似 Si—H，特别是 O—H 这样的键合，阻塞了氢分子扩散渗透的通道，从而进一步提高了氢和氢同位素在玻璃质陶瓷涂层中的扩散激活能。

6.6.2　玻璃质陶瓷壁垒层研究展望

在玻璃质陶瓷阻氢渗透壁垒层这一课题的探索和研究中，探索出了一条玻璃质陶瓷涂层制备的方法，成功地将玻璃质陶瓷涂层引入到阻止氢和氢渗透的壁垒层领域，并初步了解了玻璃质陶瓷涂层阻氢渗透的机理。在此基础上，今后还可以从以下三个方向对本课题进行更深入的研究和探讨：

(1) 从广度入手，研究在不同基体上制备不同的成分玻璃质陶瓷涂层，扩大玻璃质陶瓷涂层的应用范围。

(2) 从深度入手，进一步探索玻璃质陶瓷涂层的阻氢机理，只有真正彻底摸清其阻氢机理，才能为更好地制备高效的玻璃质陶瓷壁垒层提供有力的依据，这也是今后研究的重点之一。

(3) 从实际应用入手，将所制备的搪瓷涂层实际应用到核聚变反应堆或类似的恶劣环境下，来检验搪瓷涂层的实际功效，以及将玻璃陶瓷涂层运用到实际的热氢处理工艺中，这样得到的第一手数据对于研究将来能够完全实用于各种环境下的玻璃质阻氢渗透壁垒层，推动成果转化至关重要，具有非常重要的科学价值和实际意义，因而是未来研究的另外一个重要方向。

参 考 文 献

[1] Hollenberg G W, Simonen E P, Kalinin G, etal. Tritium/hydrogen barrier development[J]. Fusion Engineering and Design, 1995, 28:190-208.

[2] Coleman D H, Popov B N, White R E. Hydrogen permeation inhibition by thin layer Zn-Ni alloy electrodeposition [J]. Journal of Applied Electrochemistry, 1998, 28:889-894.

[3] Kim H S, Popov B N, Chen K S. Comparison of corrosion resistance and hydrogen permeat-ion properties of Zn-Ni, Zn-Ni-Cd and Cd coatings on low-carbon steel[J]. Corrosion Science, 2003, 45:1 505-1 521.

[4] Kuo H S, Wu J K. Passivation treatment for inhibition of hydrogen absorption in chromium-plated steel [J]. Journal of Materials Science, 1996, 31:6 095-6 098.

[5] Mkzin A, Lepage J, Abel P B. Hydrogen permeation properties of molybdenum coatings from absorption-desorption experiments[J]. Thin Solid Films, 1996, 272:132-136.

[6] Samiee L L, Sarpoolaky H, Mirhabibi A. Microstructure and adherence of cobalt contain-ing and cobalt free enamels to low carbon steel[J]. Materials Science and Engineering A, 2007, 458:88-95.

[7] Rodtsevich S P, Eliseev S Yu, Tavgen V V. Low-melting chemically resistant enamel for steel kitchen-ware. Glass and Ceramics, 2003, 60(1-2):25-27.

[8] 熊玉明. 搪瓷涂层对钛合金抗氧化腐蚀性能的影响[D]. 硕士学位论文，沈阳:中国科学院金属研究所，2000.

[9] 谢冬柏. MCrAlY 及搪瓷/MCrAlY 复合涂层的腐蚀行为研究[D]. 博士学位论文，沈阳:中国科学院金属研究所，2003.

[10] Xiong Y M, Zhu S L, Wang F H, et al. The effect of enamel coating on the oxidation beha-veor of Ti_3 Al-based intermetallics at 750 ℃ in air[J]. Materials Science and Engineering A, 2007, (460-461):214-219.

[11] Xiong Y M, Zhu S L, Wang F H, et al. The oxidation behavior of TiAlNb intermetallics with coatings at 800 ℃[J]. Surface and Coatings Technology, 2005, 197:322-326.

[12] Xiong Y M, Zhu S L, Wang F H. The oxidation behavior and mechanical performance of Ti60 alloy with enamel coating[J]. Surface and Coatings Technology, 2005, 190:195-199.

[13] Tang Z L, Wang F H, Wu W T. Effect of Al_2O_3 and enamel coatings on 900 ℃ oxidation and hot corrosion behaviors of gamma-TiAl[J]. Materials Science and Engineering A, 2000, 276:70-75.

[14] Xie D B, Xiong Y M, Wang F H. Effect of an enamel coating on the oxidation and hot corrosion behavior of an HVOF-Sprayed Co-Ni-Cr-Al-Y coating[J]. Oxidation of Metals, 2003, 59(5-6):503-515.

[15] Zheng D Y, Zhu S L, Wang F H. Oxidation and hot corrosion behavior of a novel enamel-Al_2O_3 composite coating on K38G superalloy[J]. Surface and Coatings Technology, 2006, 200:5 931-5 936.

[16] Zheng D Y, Zhu S L, Wang F H. The influence of TiAlN and enamel coatings on the corrosion behavior of Ti6Al4V alloy in the presence of solid NaCl deposit and water vapor at 450 ℃[J]. Surface and Coatings Technology, 2007, 201:5 859-5 864.

[17] 熊玉明，朱圣龙，王福会. 带涂层的 TiAlNb 合金高温氧化行为. 稀有金属材料与工程，2006，35(2):213-216.

[18] 郑德有，朱圣龙，王福会，等. 一种高温合金防护技术[P]. 中国专利，ZL1858304 A, 2006-11-08.

[19] 王福会，唐兆麟，关春红. 一种钛合金及钛铝金属间化合物的高温防护技术[P]. 中国专利，ZL1249280A，2000-04-05.

[20] 王福会，谢冬柏，熊玉明. 一种高温合金抗高温氧化及热腐蚀的方法[P]. 中国专利，ZL1465745A，2004-01-07.

[21] 张春华，张松，杨洪刚，等. 一种高温钛合金的表面防护方法[P]. 中国专利，ZL1724430A，2006-01-25.

[22] 谢冬柏，辛丽，朱圣龙，等. 一种防护涂层及其制备方法[P]. 中国专利，ZL1858295A，2006-11-08.

[23] 王海兵. 抗菌搪瓷的制备及性能研究[D]. 硕士学位论文，杭州:浙江大学，2004.

[24] Garcia C, Cere S, Duran A. Bioactive coatings deposited on titanium alloys[J]. Journal of Non-Crystalline Solids, 2006, 352:3 488-3 495.

[25] Kulmeteval V B, Porozoval S E. Treatment of titanium surface before applying dental enamel coating [J]. Glass and Ceramics, 2002, 59(7-8):248-250.

[26] 贺定勇，赵力东，BOBZIN Kirste. 等离子喷涂 AP40 生物活性玻璃陶瓷涂层的结构和性能[J]. 无机材料学报，2006，21(3):759-763.

[27] 陈晓明. 电泳共沉积一烧结法制备钛合金表面生物活性梯度陶瓷涂层的研究[D]. 博士学位论文，武汉:武汉理工大学，2001.

[28] 张希艳，郭瑜，柏朝晖，等. SrAI2 04:Eu+，Dy3+光致发光搪瓷涂层的制备[J]. 材料科学与工艺，

2002,10(3):314-317.

[29] 张宝宁,蒋伟忠,刘亦非,等. 搪瓷表面 TiO_2 薄膜的制备和光催化性能表征[J]. 玻璃与搪瓷,2005,33(4):47-50.

[30] 张宝宁. 搪瓷载体 TiO_2 薄膜的研究[D]. 硕士学位论文,上海:东华大学,2005.

[31] 唐玉君. 搪瓷不粘锅的生产[J]. 中国搪瓷,1999,20(2):20-23.

[32] 李耀诚. 耐磨搪瓷涂层[J]. 中国搪瓷,1980,10(2):25-27.

[33] 张春华,杨洪刚,张松,等. 氧化铈对搪瓷涂层组织及摩擦磨损性能的影响[J]. 摩擦学学报,2005,25(3):198-202.

[34] 张明喆,佟金,安键,等. 一种搪瓷涂层的磨料磨损性能研究[J]. 摩擦学学报,2001,21(1):67-69.

[35] 宁青菊,段海荣. 远红外高辐射率不锈钢搪瓷的研制[J]. 中国搪瓷,2001,22(2):16-20.

[36] 王连军,孟长功,刘长厚,王德和. 钛合金高温玻璃—陶瓷保护涂料的研究[J]. 稀有金属材料与工程,2003,32(2):151-153.

[37] 王连军,孟长功,刘长厚,等. 玻璃—陶瓷保护涂层对钛合金表面润湿性的研究[J]. 材料保护,2002,35(3):37-38.

[38] 王承遇,陶瑛等. 玻璃成分设计与调整[M]. 北京:化学工业出版社,2006.

[39] 王承遇,陈敏,陈建华. 玻璃制造工艺[M]. 北京:化学工业出版社,2006.

[40] 陈国平. 玻璃的配料与熔制[M]. 北京:化学工业出版社,2006.

[41] 王连军. 玻璃陶瓷保护涂层的制备及在钛合金热加工过程中的应用研究[D]. 博士学位论文,大连:大连理工大学,2002.

[42] 章晨. 低温搪瓷釉的研究[J]. 中国搪瓷,1997,18(2):9-18.

[43] 邵引年,窦安民,吕雪梅等. 一次搪锑彩釉的研制[J]. 中国搪瓷,1994,15(2):17-19.

[44] 徐子阳. 钢板日用搪瓷白底釉[J]. 玻璃与搪瓷,2006,34(6):27-29.

[45] 徐子阳. 低温无底釉耐酸搪瓷釉的研制[J]. 玻璃与搪瓷,2005,33(2):24-26.

[46] 丘波,庄柄群,邵引年. 搪瓷釉浆流变学基础[J]. 玻璃与搪瓷,1989,17(4):1-6.

[47] 邵引年. 搪瓷釉浆流变学基础[J]. 玻璃与搪瓷,1990,18(5):45-49.

[48] 王学勇,陈小英. 水溶性高分子化合物在搪瓷釉浆中的应用[J]. 玻璃与搪瓷,1998,26(2):39-42.

[49] 俞康泰. 陶瓷添加剂应用技术[M]. 北京:化学工业出版社,2006.

[50] Shirasaki M, Shimizu T. Evaluation method for the adhesion strength of vitreous enamel[J]. Journal of Materials Science, 1999, 34:209-212.

[51] 张瑞谦,任丁,黄宁康,等. 利用二次离子质谱法对氢在 SiC-C 涂层中热稳定性的研究[J]. 四川大学学报(自然科学版),2006,43(6):1 322-1 327.

[52] 熊器,杨斌,刘耀光,等. H^+ 辐照前后 C-SiC 涂层的 XPS 分析[J]. 南昌航空工业学院学报(自然科学版),2002,16(3):33-38.

[53] 熊器,杨斌,刘耀光,等. H^+ 辐照前后 C-SiC 涂层的红外吸收光谱研究[J]. 南昌航空工业学院学报(自然科学版),2002,16(2):14-16.

[54] 杨斌,熊器,刘耀光,等. H^+ 辐照前后 C-SiC 涂层的红外吸收光谱研究[J]. 功能材料,2002,33(2):176-177.

[55] 王小英,邹觉生,黄宁康. 注入氮离子的 SiC 涂层阻氢性能研究[J]. 材料保护,2002,35(2):23-25.

[56] 单丽梅,赵平. 碳和氧在氢阻挡层中的作用[J]. 表面技术,2007,36(4):39-41.

[57] 刘庆生,秦丽娟,常英,等. CO_2 反应法制备氢化锆表面氢渗透阻挡层的研究[J]. 表面技术,2005,34(2):32-34.

[58] 常英,赵平. 氢化锆表面 Cr-C-O 氢渗透阻挡层 XPS 分析[J]. 表面技术,2006,35(2):60-61.

[59] 张华锋,杨启法,王振东,刘小舟. 氢化锆高温抗氢渗透涂层研究[J]. 原子能科学技术,2005,39(sup-

pl):83-87.

[60] 黄镇东,陶杰,汪涛,等. 氢和氢同位素渗透壁垒层的研究进展[J]. 金属热处理,2007,32(3): 1-5.

[61] 黄镇东,陶杰,汪涛. 搪瓷涂层对316L不锈钢表面润湿性的研究[J]. 功能材料,2007,38(增刊): 1 666-1 668.

[62] 陶杰,黄镇东,陈照峰,等. 316L不锈钢阻氢或氢同位素渗透搪瓷壁垒层的制备及性能研究[J]. 核科学与工程,2008,28(4):347-353.

[63] 陶杰,黄镇东,汪涛. 不锈钢用阻氢或氢同位素渗透玻璃质壁垒层及其制备方法[P]. 中国专利,授权号,ZL200710191961.5.

[64] 陶杰,黄镇东,汪涛. 钛或钛合金用阻氢或氢同位素渗透玻璃质壁垒层及其制备方法[P]. 中国专利,授权号:ZL200710191962.X.

[65] 陶杰,黄镇东,汪涛. 钛或钛合金用阻氢渗透的自剥落玻璃质涂层及其制备方法[P]. 中国专利,授权号,ZL200710191963.4.

[66] 陶杰,黄镇东,汪涛. 低活性阻氢或氢同位素渗透玻璃质壁垒层及其制备方法[P]. 中国专利,发明专利,200810024849.7.

第 7 章　双辉等离子表面冶金技术

7.1　双辉技术的形成

腐蚀、磨损和断裂是机械零部件、工程构件损坏的主要形式，它们所导致的损失是巨大的。1983 年我国曾作过腐蚀调查，当时结论认为我国腐蚀造成的损失至少在 400 亿元人民币以上；1986 年我国对摩擦磨损造成的经济损失进行了全面彻底的调查分析，指出：此项损失至少占国民经济总产值的 1.8%[1-4]。众所周知，磨损和腐蚀均发生在部件表面，而且部件因其他形式引起的失效有许多是亦从表面开始，为此采用表面防护措施来延缓和控制表面的破坏，已成为解决上述问题的有效方法，问题解决的同时，也促进了表面工程科学和表面技术的形成与发展。

1930 年，德国人 Bernhard Berghaus 发明离子氮化并获得德国和英国专利。离子氮化是人类历史上第一次采用等离子体而形成的一种表面合金化技术，开辟了离子轰击化学热处理的新领域。在离子氮化的基础上，相继发展了离子渗碳，离子碳氮共渗，离子渗硫等离子轰击化学热处理新工艺。但是，离子氮化在长达半个世纪的时间里，只能用非金属元素作为合金元素，进行金属材料的表面合金化处理。

为了打破离子氮化只能应用于非金属元素的局限，我国学者太原理工大学徐重教授于 1980 年发明了“双层辉光离子渗金属技术”（简称双辉技术）[5]。该技术先后获得美国、英国、加拿大、瑞士等多国专利权。1992 年该技术获得国家发明二等奖，1994 年被国家科委确定为 863 计划十五项“重大关键技术”之一。

美国威斯康星大学创新服务中心对此项技术进行了 33 项指标的全面评估后的结论是“徐氏合金化法（XU－LOY PROCESS）综合得分为 52 分，该本中心自 1980 年以来共评价了 1 600项发明技术，其中获得 50 分以上的不足 2%”。美国金属学会主编的《金属进展》等杂志都对双层辉光离子渗金属技术进行了报道和高度评价，世界上著名的《商业周刊》以“金属强化方面的突破”为标题报道了这一项技术[6]。双辉技术已成功地将固态金属元素，如镍、铬、钨、钼、钛等渗入钢铁、钛合金、铜合金以及陶瓷表面，形成多种多样高硬、耐磨、抗蚀的表面合金层。双层辉光离子渗金属技术是一项多学科交叉而内容十分丰富的技术，已越来越得到国内外学术界和工业界的认可和重视。在此技术的启示下，又相继出现了多弧离子渗金属、加弧辉光离子渗金属技术、膏剂离子渗金属等一系列新技术。

7.2　双辉等离子表面冶金技术原理

双层辉光离子渗金属的试验装置示意图见图 7.1 所示，它是由在真空室内并排放置的一个阳极和两个阴极所组成，其中一个阴极为待处理工件，另一个阴极为由欲渗金属如 Cr、Ni、Mo 或其合金组成，我们称为源极。阳极与工件之间和阳极与源极之间分别设有一套独立可调的直流电源，当真空室内抽真空并充入氩气保持一定的气压后，接通电源，使阳极与工件和阳极与源极之间分别产生辉光放电，这就是双层辉光放电现象。在稳定的异常辉光放电条件下，整个阴极表面均为辉光所占据，离子受到电场的作用而加速，从而对阴极表面产生强烈的轰击作用，这种轰击可以产生阴极溅射，对阴极和源极表面产生轰击，使阴极表面温度升高和阴极表面缺陷增多。在不等电位阴极放电条件下，电位更负的源极表面，离子轰击的能量也较大，可以实现源极表面上阴极溅射作用占主导地位，使欲渗合金元素被溅射出来，维持较高的合金元素供给量。被溅射出的欲渗合金粒子(离子、原子、电子或粒子团)，在电场和磁场的作用下向工件表面运动。在工件表面电位相对较高，离子轰击的能量也较小。轰击离子的作用体现为：一、加热工件；二、通过离子溅射作用在工件表面产生空位等缺陷。来自源极的欲渗合金元素吸附、沉积到活性较大的工件表面，并在高温下扩散渗入工件内部，形成含有欲渗金属元素的表面合金扩散层。合金层表面合金元素含量、扩散层厚度、浓度梯度等参量，可以通过调整工作气压、源极电位、阴极电位、温度和保温时间等工艺参数加以控制。

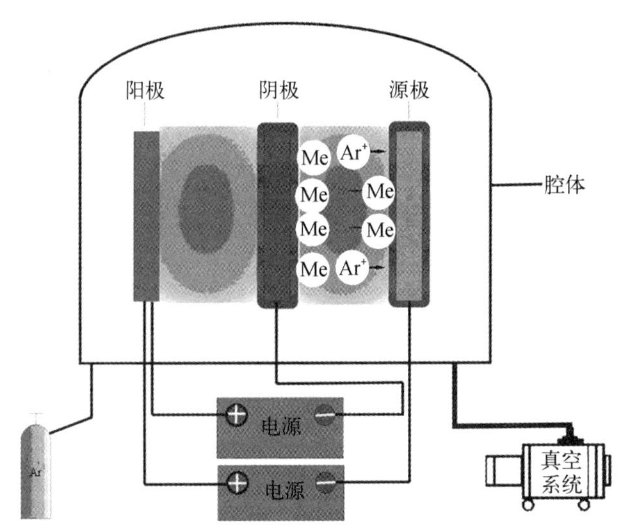

图 7.1　双层辉光等离子渗金属装置示意图

7.2.1　双辉的物理基础

设有如图 7.2 的一个直流气体放电系统，电极之间电动势为 E 的直流电源提供电压 V 和电流 I，并以电阻 R 作为限流电阻。系统中各电参数之间满足关系：

$$V = E - IR \tag{7-1}$$

使真空容器中 Ar 气的压力一定，并逐渐提高两个电极之间的电压。在开始时，电极之间几乎没有电流通过。因为这时气体原子大多仍处于中性状态，只有极少量的原子受到高能宇宙射线的激发产生了电离，它们在电场作用下作定向运动，在宏观上表现出很微弱的电流，如图 7.2 中曲线的开始阶段所示。

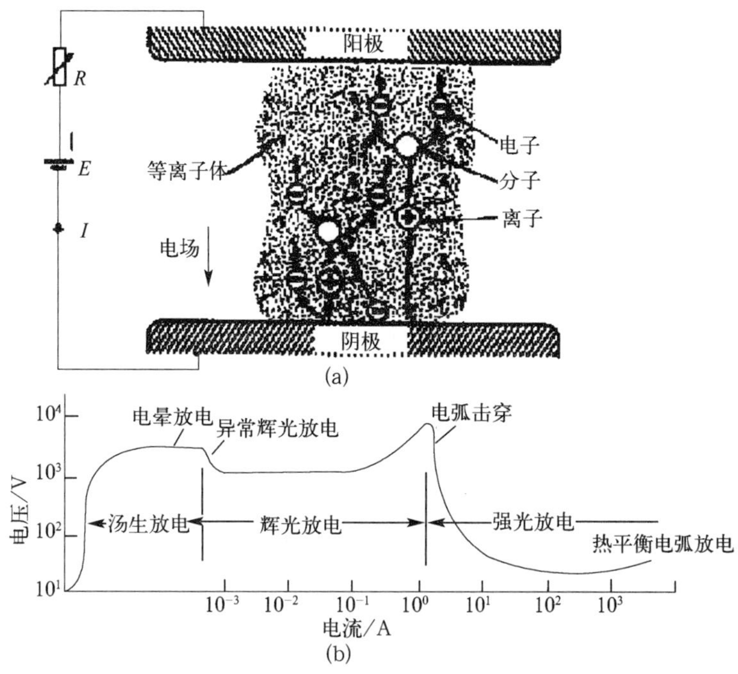

图 7.2　直流气体放电模型(a)和气体放电的伏安特性曲线(b)

随着电压的逐渐升高，电离粒子的运动也随之加快，即放电电流随电压增加而增加。当这部分电离粒子的速度达到饱和时，电流不再随电压升高而增加，即电流达到了一个饱和值，它取决于气体中原来已经电离的原子数。

当电压继续升高时，离子与阴极之间以及电子与气体分子之间的碰撞变得主要起来。在碰撞趋于频繁的同时，外电路转移给电子与离子的能量也在增加。电子碰撞开始导致气体电离，同时离子对于阴极的碰撞也将产生二次电子发射，这些均导致产生出新的离子和电子，即碰撞过程导致离子和电子数目呈雪崩式的增加。这时，随着放电电流的迅速增加，电压变化却不大。这种放电过程被称为汤生放电(Townsend discharge)。

在汤生放电的后期，放电开始进入电晕放电阶段。这时在电场强度较高的电极尖端部位开始出现一些跳跃的电晕光斑，因此，这一阶段被称为电晕放电(Corona discharge)。在汤生放电之后，气体突然发生放电击穿现象(breakdown)。电路的电流大幅度增加，同时放电电压显著下降。这是由于这时的气体已被击穿，因而气体内阻将随着电离度的增加而显著下降，放电区由原来只集中阴极的边缘和不规则处变成向整个电极上扩展。在这一阶段，导电粒子的数目大大增加，在碰撞过程中的能量也足够高，因此会产生明显的辉光。电流的继续增加将使得辉光区域扩展到整个放电长度上，辉光亮度提高，电流增加的同时电压也开始上升。这是由于放电扩展至整个电极区域以后，再增加电流就需要相应地提高外电压。这就是两个不同的辉光放电阶段又常被称为正常辉光放电和异常辉光放电阶段。异常辉光放电(Glow discharge)是一般溅射方法常采用的气体放电形式[7-8]。

随着电流的继续增加，放电电压将再次突然大幅度下降，电流剧烈增加。这时放电现象开始进入电弧放电阶段。在辉光放电时，电极之间有明显的放电辉光产生，其典型的区域划分如

图 7.2 所示。从阴极至阳极的整个放电区域可以被划分为阿斯顿(Aston)暗区、阴极辉光区、阴极(Crookes)暗区、负辉区、法拉第(Faraday)暗区、正柱区、阳极暗区和阳极辉光区等八个发光强度不同的区域。其中暗区相当于离子和电子从电场获得能量的加速区,而辉光区相当于不同粒子发生碰撞、复合、电离的区域。在阴极附近有一明亮的发光层,它是由阴极运动的正离子与阳极发射出的二次电子发生复合所产生的,被称为阴极辉光。

双层辉光放电的模式有两种:一种是独立放电模式,即当工件与源极间距较大或工作气压较高时出现;另一种时空心阴极放电模式,主要产生于工件与源极间距较小或工作气压较低时出现,辉光放电的两个阴极板之间的距离约等于两个极板的阴极位降区宽度时,所产生的辉光放电电流突然增大,发光强度提高,离化率增加的现象。通常为取得较大厚度、良好的渗层组织与表面质量,一般采用不等电位空心阴极放电模式。两种放电模式的具体放电过程如下[9]:当源极电压升至 V_a 时,源极回路发生强烈的异常辉光放电,源极 A 的所发出的辉光亮度及其空间分布如图 7.3 中曲线 1 所示,然后逐步增加电压 V_b,并使阴极表面产生放电。当阴极放电还不太强时,阴极辉光滞留在阴极附近,如图 7.3 中曲线 2 所示,随着阴极放电电压 V_b 的逐步提高,阴极辉光逐渐向源极方向扩展,辉光亮度也逐渐增加,如图 7.3 中曲线 3 所示,此时阴极放电电流 I_b 随 V_b 的变化如图 7.4 中交链前的 I_b 曲线所示,I_a 不受 V_b 影响。此时双辉光互不相交,界限分明放电电流也互不影响,属于双辉光独立放电模式。V_b 的进一步增加,当阴极负辉区进一步往源极负辉区相交并重叠到某一程度后,阴极负辉区突然与源极负辉区浑然一体,充满了两个平行板电极之间的所有空间,辉光亮度也明显增强,如图 7.4 中曲线所示。此时源极电流 I_a,阴极电流 I_b 都有一阶跃上升。在双辉光交链后,随着 V_b 的进一步增加,不但 I_b 以更大的幅度上升,而且 I_a 也以很大的幅度上升(图 7.5 交链后 I_a、I_b 曲线)。这种双辉光交链时 I_a、I_b 阶跃增加,交链后 I_a、I_b 均随 V_b 的增加而大幅度增加的现象叫做不等电位空心阴极放电模式。

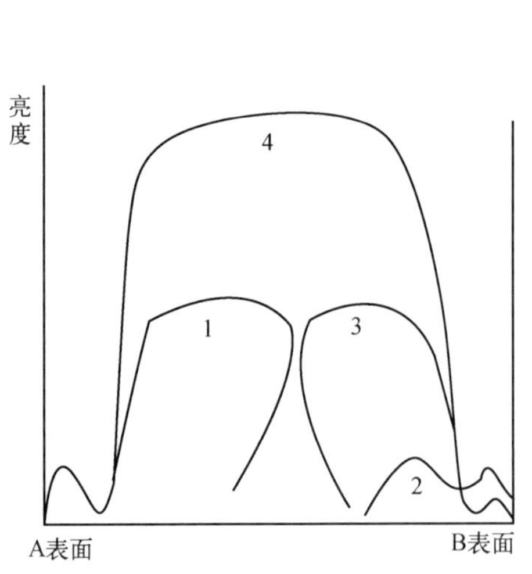

图 7.3 双辉光放电条件下辉光亮度与空间分布

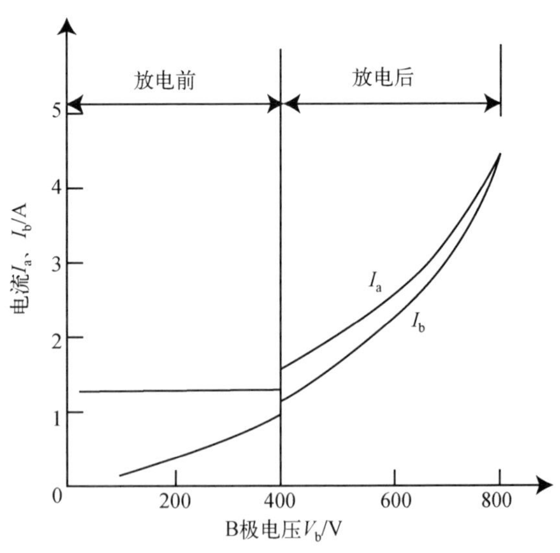

图 7.4 双辉光交链过程中电极电流随电压的变化

7.2.2 双层辉光离子渗金属技术优缺点

双层辉光离子渗金属技术是使材料表面成分发生改变的一种表面处理方法，属于表面合金化方法的范畴，是低温等离子技术与传统渗金属技术的有机结合。由于渗层是依靠扩散方法形成的，合金元素在表面与基体之间呈梯度分布，渗层与基体之间是靠形成合金的冶金结合起来的，因而结合非常牢固，渗层不易脱落，这是金属涂镀技术所不及的突出优点[10]。

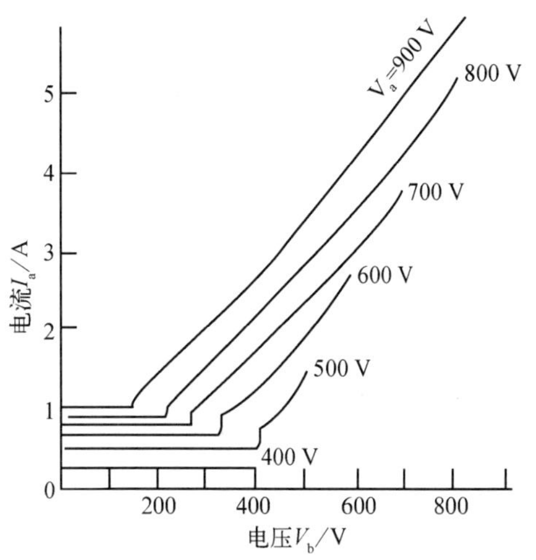

图 7.5　I_a 与 V_a,V_b 之间的关系

目前表面合金化的方法有许多，主要包括传统的固体、液体、气体渗金属方法、离子注入和激光表面合金化等方法。

固体渗金属法：在含有欲渗元素的粉末态混合物中渗入的方法，此法简单易行，只适用于小批量生产，渗入的合金种类较少，对于尺寸较大的工件，采用固体渗金属的方法容易受到设备限制，工件表面易黏结，质量差。渗金属粉末渗剂利用率低，造成较大的资源浪费。渗剂成分配比不易掌握，渗层成分控制困难。

液体渗金属法：在合金液态熔体中渗入，液体渗金属有较严重的环境污染，电力资源浪费大，大工件处理受设备限制，工艺可控性差，仅局限于低熔点合金，液体法消耗合金元素多，对工件表面有侵蚀，故影响表面质量，而且局部渗入困难。

气体渗金属法：在含有欲渗元素的卤化物气氛中渗入，此法卤化物气体制造困难，增加设备成本，且含金属元素的卤化物气体对设备和环境有较大污染。

激光表面合金化方法：用激光束加热的方法使合金元素扩散或熔入工件表面形成合金层，难以大面积处理，合金化层易出现裂纹、偏析和气孔等冶金缺陷，因此对于制备耐蚀性较高的涂层有一定局限。此外，激光合金化层的表面较粗糙，需要对表面处理后的表面进行机加工。

离子注入：金属离子在电场加速下，注入工件表面而形成合金层，离子注入几乎可以注入所有元素，不受合金固溶度限制，其主要缺点是注入层薄(一般小于 0.4 μm)注入效率低，设备昂贵。

双层辉光离子渗金属技术与其他技术相比较，具有以下优点：

(1) 合金靶材(源极材料)选用灵活，如作为合金元素的供给源可以是欲渗金属制成的各种丝状、板状、针状等材料。利用阴极溅射现象不断供给活性强的欲渗金属原子，而且没有环境污染，方便可靠。设备简单可以比较方便地控制渗层中欲渗合金元素的数量和种类。渗入元素多，可以实现多元共渗，合金元素损耗小，有利于节省贵金属，尤其适用于高熔点金属的表面合金化和较高熔点合金元素的表面合金化。

(2) 可处理材料的选用面宽，可以是普通钢、铸铁、有色合金。靠辉光加热，不需要外加热源，可以节省能源且无公害。

(3) 低压低真空，设备费用不高，可以处理大面积工件，现已实现 3 m^2 的钢板的表面处理。通过调整渗金属工艺参数，达到方便控制表面合金层的成分，这是许多传统渗金属方法所难以做到的，合金渗层表面的合金元素总量可在百分之几到 90 %以上的范围内变动。

但双层辉光离子渗金属技术也存在一定的局限性：

(1) 由于要求源极和阴极之间的耦合紧密极间距一般较小，对一些小尺寸和形状复杂的部件的处理很难得到均匀渗层。

(2) 和其他高温处理一样，会产生工件热变形和消除原始热处理状态，不适于精密加工件。

(3) 源极和工件材料受导电性限制，而合金元素能否大量渗入受固溶度限制。

7.3 双辉等离子渗金属技术的研究进展

双层辉光离子渗金属技术从 20 世纪 70 年代末实验室研究成功，至今已发展了近 30 年。大量的基础研究、应用基础研究和工业化应用结果表明：该技术可以在黑色金属材料或有色金属材料表面形成具有特殊物理、化学性能的表面合金层。比如抗腐蚀不锈钢、高速钢、镍基合金层等。目前包括北京科技大学、南京航空航天大学、太原理工大学、沈阳金属所在内，已经有近 20 家高校、企事业单位在研究和利用双辉技术，使得双层辉光离子渗金属技术在今天的发展进入到了一个崭新的阶段。

7.3.1 单元渗

双层辉光离子渗金属技术首先是利用钨丝和钼丝作为源极材料进行离子渗钨和离子渗钼而取得成功。此后进行试验研究的单元素还有 Ni、Cr、Al、Ti、Zr、Pt、Ta 等。在此我们重点介绍利用双辉技术在低碳钢、铜合金、钛合金表面进行单元素合金渗的相关研究工作。

7.3.1.1 钢铁材料表面单元合金渗

图 7.6 T10 渗铬层的显微组织照片

工具钢是制造刀、模、量具的材料，除应具备足够的强度和韧性、良好的加工性和尺寸稳定性等性能之外，还要求有更高的硬度。因此，经常规热处理基体获得良好强韧性之后，工具钢还须通过表面硬化处理，使其表面赋予高硬度、耐磨、抗咬合和低摩擦因数等优良性能。表面渗铬就是工具钢表面硬化处理的手段之一。目前广泛使用的固体粉末扩渗法和硼砂熔盐扩渗法，一般都要在 950 ℃以上的温度下进行渗铬，过高的渗铬温度，造成基体晶粒粗大、性能下降，应用受到限制。杨耀清等人[11]采用双辉等离子渗金属技术，在 T10 钢表面成功地进行了 900 ℃以下的中温渗铬。图 7.6 为 T10 钢渗铬强化层显微组织。表面白亮层就是渗铬强化层的外层和中层。合金层的外层主要是 Cr 与 $(Fe,Cr)_{23}C_6$ 相，中层主要由 $(Fe,Cr)_{23}C_6$ 和 $(Fe,Cr)_7C_3$ 相组成，内层则是铬铁素体和 $(Fe,Cr)_3C$。铬是较强的碳化物形成元素，渗入 T10 钢中的铬与铁不容易形成铬铁素体，而是与碳生成稳定的铬的碳化物。在铬浓度低于 2%的区域形成 $(F\ ,Cr)_3C$ 相，在铬浓度 10%～2%的区域形成 $(Fe,Cr)_7C_3$ 相，在铬浓度高于 10%的区域形成 $(Fe,Cr)_{23}C_6$ 相。铬的碳化物很快构成连续薄层，对铬原子向基体内部进一步扩散形成屏障，造成铬原子的扩散量下降，使铬含量不断下降，等离子体继续传输过来的铬粒子只能堆积在基体最外层上，形成几乎是纯铬的沉积层。这就是铬浓度的3个不同分布区域的形成原因。因此该合金层由外层为沉积层，中层为碳化物层，内层为固溶体层。利用ML210型磨料磨损试验机上，对比研究了经淬火＋回火和双辉等离子渗铬处理的T10钢试样的干摩擦磨粒磨损性能，结果表明：经双辉等离子渗铬强化的T10钢比常规热处理后的耐磨性提高了5～6倍。

7.3.1.2 纯铜表面单元合金渗

纯铜因其优良的导电导热性能，成为工程上一种广泛应用的材料。但纯铜表面耐磨性和抗氧化性较差，严重影响了铜制零部件的服役寿命。整体合金化法虽可提高其表面性能，但同时会削弱铜的高导电导热性能。利用表面改性方法来改善纯铜表面的耐磨性已受到材料工作者的广泛重视[12-19]。袁庆龙等人提出了纯铜双层辉光离子渗Ti、Ni表面合金化，以提高纯铜的耐磨性及抗高温氧化性性能。Cu-Ti合金层截面组织观察发现有三种不同的结果。在880 ℃温度下合金层组织主要由沉积层和扩散层组成，如图7.7所示（左为基体，右为合金层）；在910 ℃、925 ℃和945 ℃温度下，合金层组织由沉积层＋熔合层＋扩散层构成，如图7.8所示（左为基体，右为合金层）。而在965 ℃温度下，合金层组织则由熔合层＋扩散层构成，如图7.9所示（右为基体，左为合金层）。

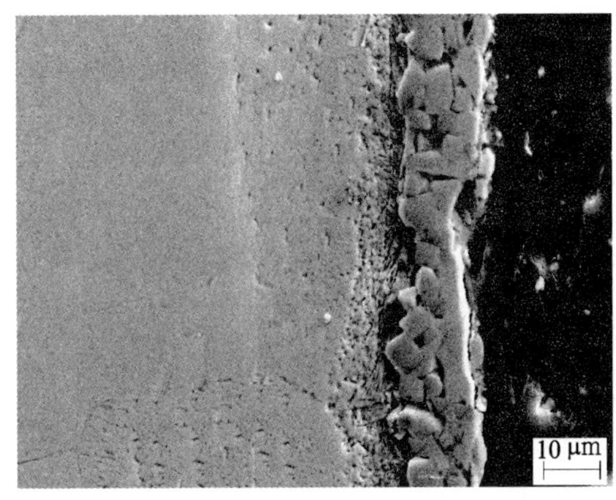

图7.7 880 ℃温度下Cu-Ti合金层截面组织形貌

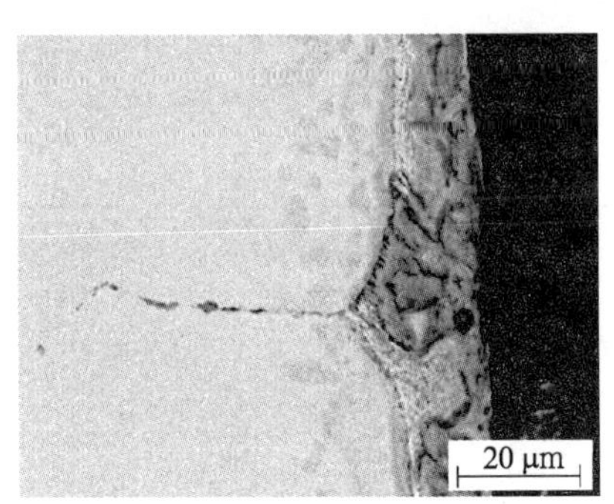

图7.8 945 ℃温度下Cu-Ti合金层截面组织形貌

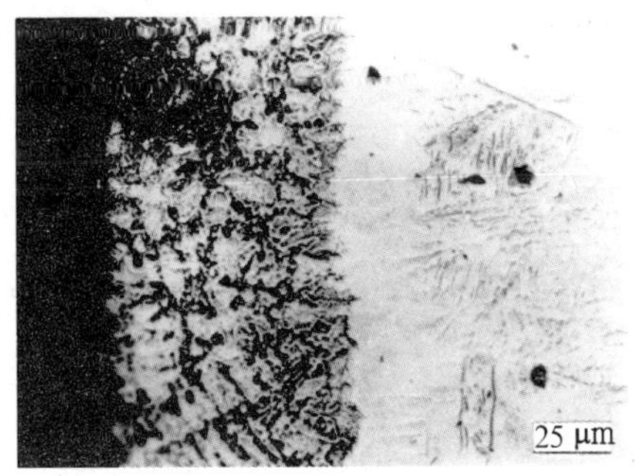

图7.9 965 ℃温度下Cu-Ti合金层截面组织形貌

图7.10为不同渗金属温度条件下，Cu-Ti合金层截面由表及里的Ti成分分布曲线。从图中可以看出，成分沿合金层方向呈下降趋势，表面钛含量最高，越往里钛含量越低，一直到零即接近铜基体。880 ℃温度下的钛成分分布在表面至25 μm之间下降斜率很大，表明这一区域为沉积层，成分变化平缓的为扩散层。在925～945 ℃温度下形成的合金层成分分布特征说明从表面至约20 μm为沉积层，20～30 μm为熔合层，再往里为扩散层。965 ℃温度下的合金

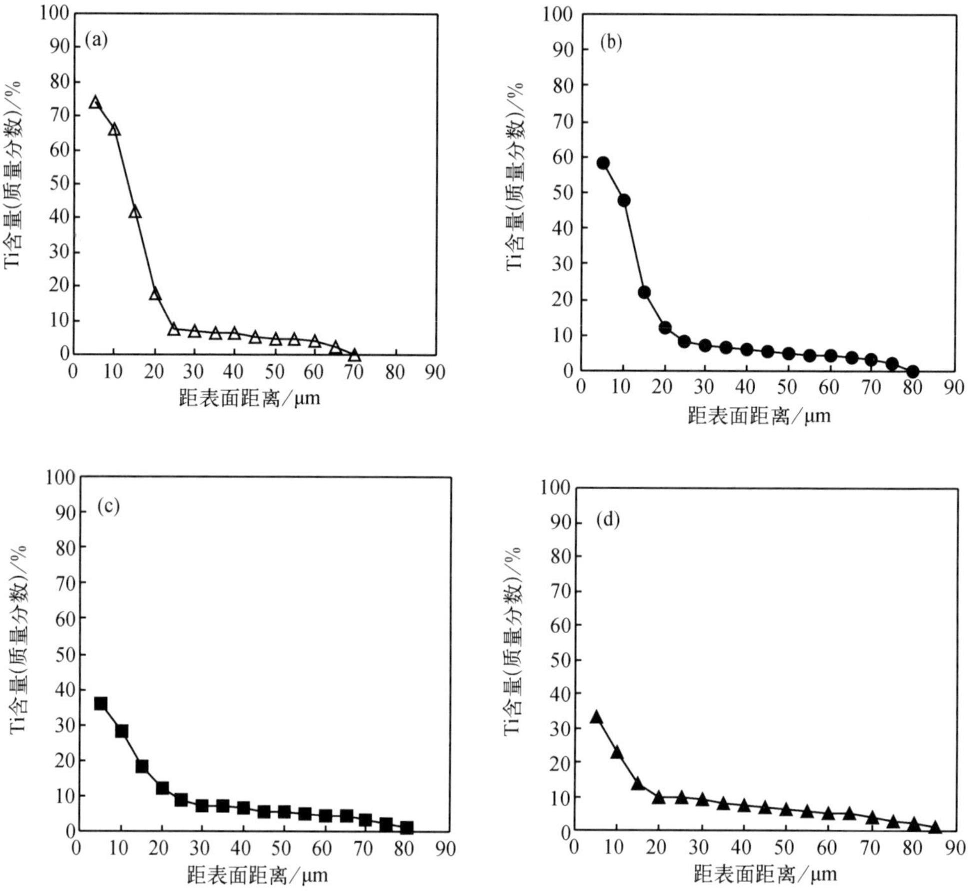

图 7.10　不同温度下 Cu-Ti 合金层截面由表及里的 Ti 成分分布曲线

(a) 880 ℃；(b) 925 ℃；(c) 945 ℃；(d) 965 ℃

层为从表面至约 20 μm 属较高钛含量的熔合层，20 μm 至基体为较低钛含量的熔合层与扩散层。

对 925 ℃和 965 ℃两种温度下形成的 Cu-Ti 合金层 X 射线衍射结果知，二者表面的相构成是一致的(见图 7.11)，均为 CuTi＋Cu_4Ti＋(Cu)组成，证实了 CuTi 相的存在，未发现有 Cu_3Ti_2、Cu_2Ti 及 $CuTi_2$ 化合物，或者说这三种化合物量极少，因而 Cu_4Ti_3、Cu_3Ti_2 及 Cu_2Ti 含量不能给出或不足以产生衍射强度峰值。

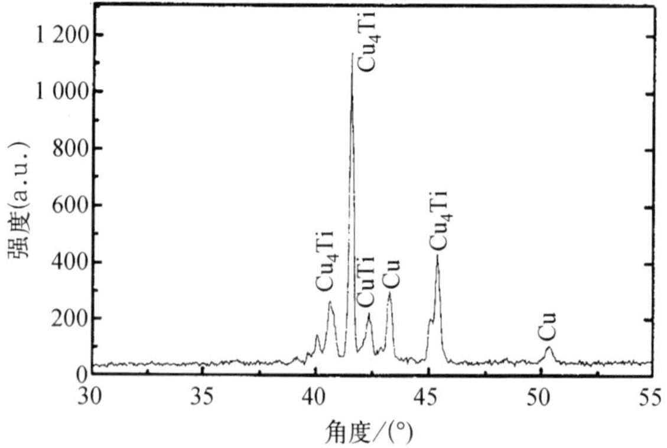

图 7.11　Cu-Ti 合金层表面 X 射线衍射谱

图 7.12 纯铜样品及渗钛试样在保温不同时间(20 h、60 h、100 h)和不同温度条件下的氧化增重。实验结果表明氧化增重随温度增加呈指数关系,在同一温度下纯铜样品的氧化程度比渗钛样品大得多,且随温度的增加这种现象更加明显。换言之,渗钛样品表面氧化增重量相对较低,显示有较好的抗氧化性,这种性能在高温下更加显著。在不同的载荷(分别为 300 N、500 N 和 750 N)油润滑的条件下,对纯铜试样和纯铜离子渗钛试样进行了磨损性能对比实验结果见图 7.13 所示。其中 750 N 压力下纯铜试样的失重量为磨损 40 min 时的值,因其此时已发生了严重的磨损。从图 7.13 可以看出,随着磨损载荷的增大,两种试样的磨损失重均发生增加,相比纯铜试样的磨损失重增加更快。而对于这三种载荷,渗钛试样均有较低的磨损量。

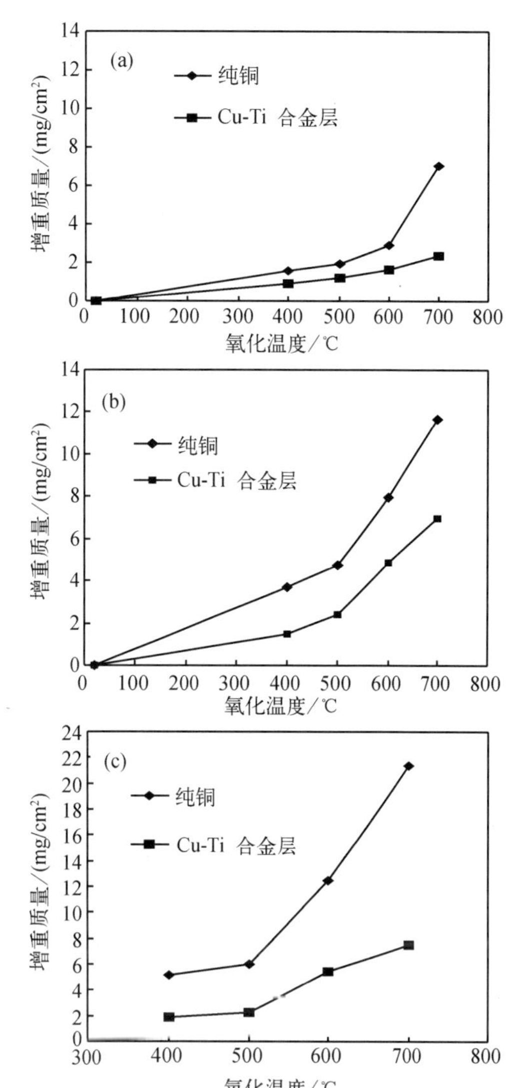

图 7.12　纯铜及渗钛试样在不同温度下的氧化增重

(a) 20 h;(b) 60 h;(c) 100 h

以纯镍板为源极在纯铜表面形成的 Cu-Ni 合金层如图 7.14 所示。由图可见,Cu-Ni 合金层由沉积层(约5～10 μm)和扩散层组成,扩散层与 Cu 基体没有明显的界线,均匀过渡,结合良好。

图 7.15 为纯 Cu 渗 Ni 后由表至里 Ni 元素的成分分布曲线。Cu-Ni 合金层表面有很高的 Ni 含量,从表面至基体有较好的成分过渡,逐渐由以 Ni 为溶剂的固溶体转变为以 Cu 为溶剂的固溶体。(1 000～1 050)℃×3 h 渗层的硬度分布曲线见图 7.16。硬度最高值在合金层中部,反映出 Ni 对 Cu 的固溶强化作用。

纯铜及 Cu-Ni 合金层在上述三种酸中的极化曲线测定结果见表 7.1。由表可见,同纯铜相比,纯铜渗镍后自腐蚀电位、腐蚀电位向正电位方向移动,表明耐蚀性提高。

7.3.1.3　钛合金表面单元合金渗

钛合金以其比强度高、耐蚀性强等显著特性,广泛应用于航空航天材料,钛合金的使用量已经成为衡量一个国家航空航天业发展水平的标准之一。近年来,双辉渗金属技术在钛合金表面开展了表面阻燃、表面抗磨、抗氧化涂层的相关研究工作,取得了许多研究成果。

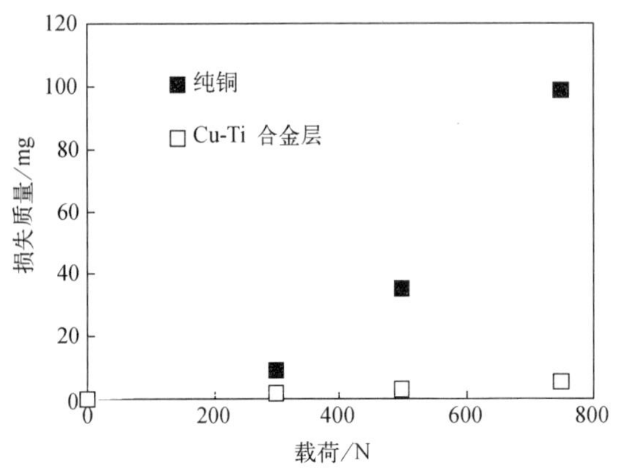

图 7.13　不同载荷下纯铜及渗钛试样的磨损失重

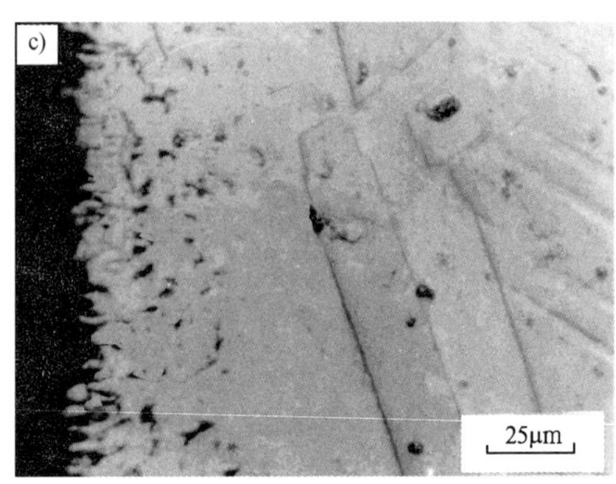

图 7.14　纯铜渗镍合金层的截面组织照片

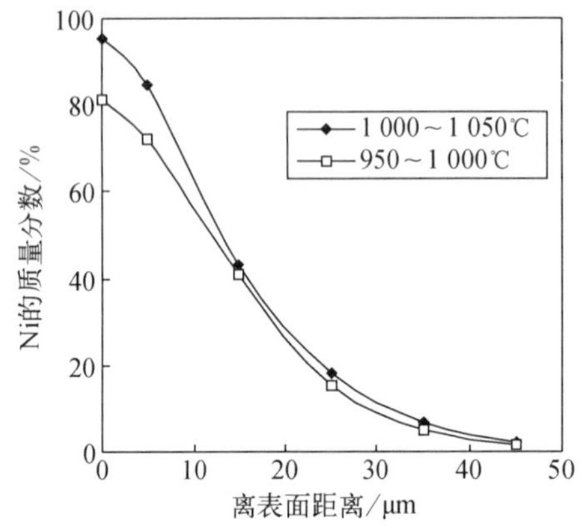

图 7.15　Cu-Ni 合金层中镍含量分布

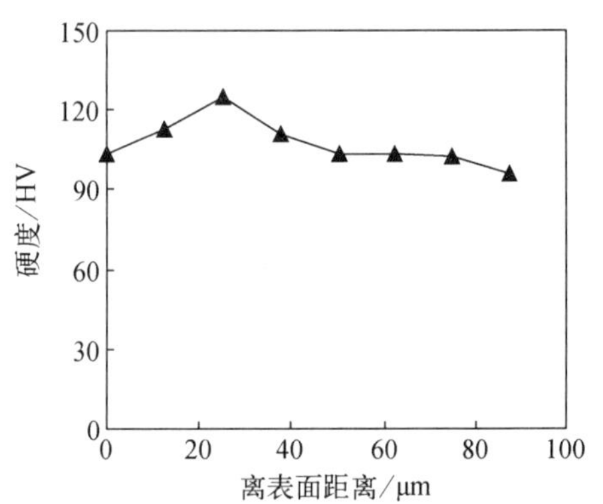

图 7.16　Cu-Ni 合金层的硬度分布

表 7.1　Cu 及 Cu-Ni 合金层在三种酸溶液中电化学腐蚀测试结果

试验材料	Cu				Cu-Ni 合金层			
测定参数 / 溶液	自腐蚀电位 mV	腐蚀电位 mV	腐蚀电流密度 μA/cm²	腐蚀速率 g/(cm²·h)	自腐蚀电位 mV	腐蚀电位 mV	腐蚀电流密度 μA/cm²	腐蚀速率 g/(cm²·h)
1 mol/L H_2SO_4	30	−34.4	31.21	0.369 9	65	10.9	6.075	0.069 2
10% HNO_3	15	11.3	64.24	0.761 3	45	20.6	28.16	0.321 0
1 mol/L HCl	−170	−207	10.43	0.123 6	−80	−185	1.051	0.011 9

使用钛合金 TC4 作为基材，以纯铜为源极，氩气作为工作气体，在经过 870 ℃及 315 h 渗 Cu 处理后，得到的渗层组织为 α+β+ 弥散分布的 Ti_2Cu 相[20]。渗层中弥散分布的 Ti_2Cu 金属间化合物会起到强化作用，另外，高浓度的 Cu 含量会产生一定阻燃作用。阻燃试验采用液滴法进行。将熔化并燃烧的 TC4 液滴滴到 TC4 试样表面，试样很快与液滴一起燃烧，而滴到经渗 Cu 处理的试样表面，直到液滴烧尽，试样均没有燃烧的痕迹。使用 TC4 为阴极，纯 Cr 板为源极，氩气为工作气体，利用洞穴式双辉渗金属方法，在 900 ℃下保温 3 h 对

TC4 进行渗 Cr[21]。X 射线衍射显示表层内含有 Cr_2Ti 相。渗 Cr 合金化层具有良好的阻燃性能。纯钛及钛合金的耐磨性差，特别是 TC4 钛合金对微动磨损敏感的缺点极大地限制了它的广泛使用。为了提高它们的耐磨性，采用双辉无氢渗碳和渗 Mo 取得了良好的结果[22-24]。经过无氢渗碳处理的试样表面呈黑色状，表面没有裂纹和渗层剥落等缺陷。用 X 射线衍射仪测定渗层表面的相结构，结果如图 7.17 所示。由图 7.17 可以看出：在渗层中有 TiC、αTi、βTi 和 V_8C_7 等峰，没有含氢元素的相存在，即在表面生成了 TiC，基体仍然为 α+β 相的钛合金。通过研究渗碳工艺可以发现：渗碳的温度越高，渗碳的时间越长，TiC 峰的强度越强。对试样进行断面电子扫描电镜分析，观察渗碳层断面情况，如图 7.18 所示。从图中可以看出：表面有一层厚度大约为 2 μm 的 TiC 层，在 TiC 层的下面是大约 200 μm 的渗碳层，渗碳层与基体连续过渡，没有明显的分层现象。这说明无氢渗碳能使硬化层与基体很好地结合。通过研究不同工艺条件下的渗碳层深度、渗层的显微硬度和摩擦力矩发现，渗碳层深度大于 200 μm，渗碳层的显微硬度在 4 500～9 000 MPa，同时降低了摩擦系数，因而使耐磨性能得到了提高。秦林等人研究了钛合金 Ti-6Al-4V 表面渗钼层的摩擦磨损性能，结果表明：TC4 经双辉渗 Mo 处理后，比磨损率下降 2 个数量级。Ti-6Al-4V 表面形成渗 Mo 金层硬度较高，渗层致密，可屏蔽氧的渗入，从而抑制并消除严重氧化磨损。

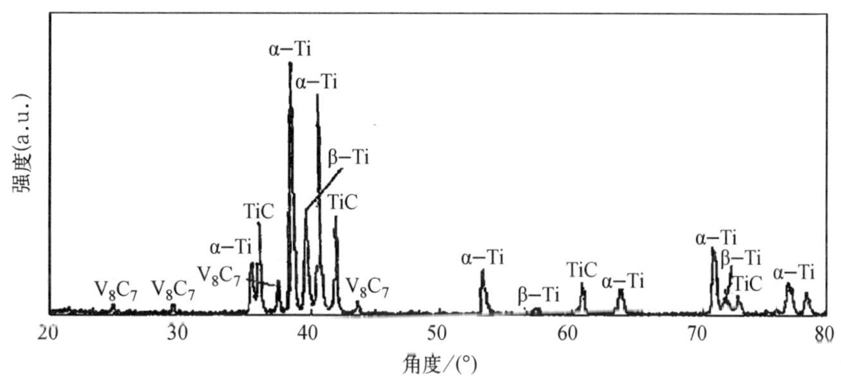

图 7.17　TC4 表面无氢渗碳合金层的 X 射线衍射图

有人[25]采用双辉等离子渗金属技术在 Ti-6Al-4V 表面形成均匀致密连续的渗铌合金层。研究了渗铌的 Ti-6Al-4V 试样分别在 700 ℃、800 ℃、900 ℃进行 100 h 的高温氧化性能。图 7.19 为合金层的成分及 SEM 照片。由图 7.19 可知，合金层表面的铌质量分数最高达 27.14%，且呈梯度分布；当铌质量分数降至 14.16%，合金层厚度达 29.3 μm。合金层厚度均匀、连续且与基体结合很好。由渗铌层的 XRD 分析结果可知，合金层主要形成钛的置换固溶体。图 7.20 为 Ti-6Al-4V 和渗铌后的 Ti-6Al-4V 分别在 700 ℃、800 ℃、900 ℃的氧化动力学曲线。由图 7.20 可知，在各温度条件下，未渗铌比渗铌的 Ti-6Al-4V 合金的抗氧化性能差，且温度越高，其氧化增重越明显。在 700 ℃、800 ℃、900 ℃渗铌后的 Ti-6Al-4V 合金均比 Ti-6Al-4V合金的氧化速率常数小 1 个数量级，并且提高了激活能。氧化是一种热激活的过程，激活能是表征氧化时需越过的能垒，同时也说明氧化进行的难易程度。激活能越大，氧化反应速率常数越小，氧化反应越慢，抗氧化性越高。渗铌合金层改善Ti-6Al-4V的抗氧化性

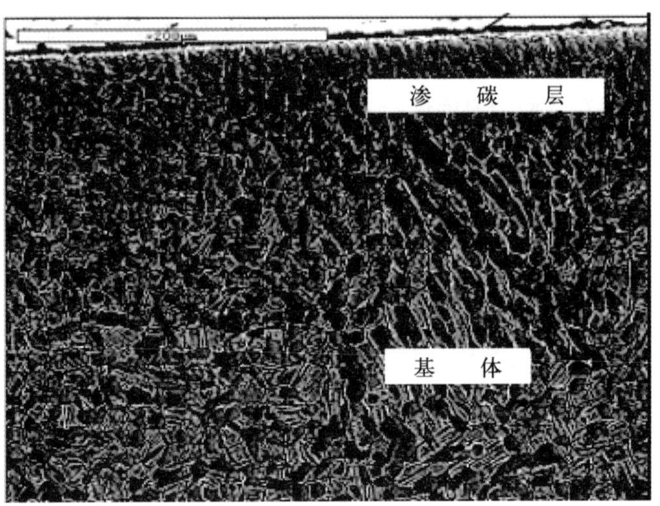

图 7.18　钛合金渗碳层断面 SEM 照片

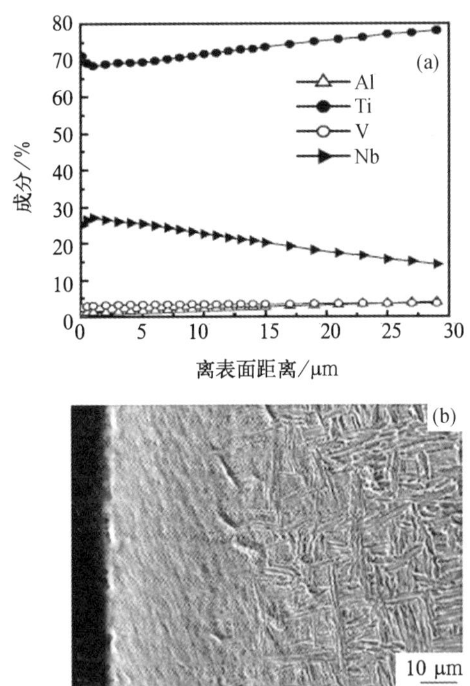

图 7.19　合金层的成分(a)及 SEM 照片(b)

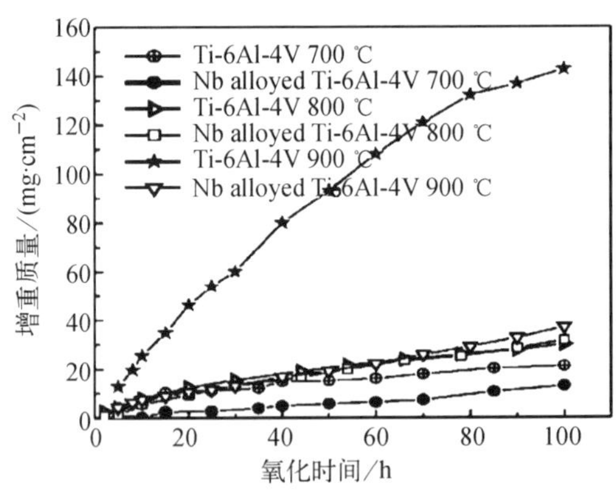

图 7.20　Ti-6Al-4V 渗铌后在 700～900 ℃氧化 100 h 动力学曲线

主要原因为：(1) TiO_2、Al_2O_3 均属于金属过剩的 n 型氧化物，添加比 Ti^{4+} 高的 Nb^{5+}，则氧离子空位浓度或间隙 Ti^{4+} 离子浓度减少，则会降低膜中离子缺陷的浓度，降低氧化反应过程的扩散速率，抑制了 TiO_2 的形成和生长。(2) 形成的 Nb_2O_5，与 TiO_2 和 Al_2O_3 一起形成混合氧化物，提高氧化膜的黏附性并阻塞扩散通道；另外，当氧化达到一定程度时，在氧化层与基体的交界处形成的富铌相进一步阻止氧的扩散，降低氧化速率，从而降低氧在合金中的溶解度。

(3) 合金表面有 TiN 和 Ti_2N 形成，说明空气中的氮在高温下参与表面反应。

7.3.2　两元渗

7.3.2.1　双辉两元工艺研究

考虑到双辉渗金属技术在工业中的应用，在双辉单元渗的基础上，又展开了双辉两元渗如 Ni-Cr[26]（图 7.21）、W-Mo[27]（图 7.22），两元渗金属应用基础工作所获得的初步成功，为双辉技术未来的产业化进程奠定了良好的技术保障。由于双辉渗金属可以采用合金板作为源极材料，比较方便地实现两元或多元共渗。但双辉两元或多元共渗常常会产生成分离析现象，即渗层成分比例偏离源极成分比例。表 7.2 统计了文献中源极成分与渗层成分部分实验结果。表明了成分离析现象在双层辉光离子渗金属技术中普遍存在。研究成分离析现象，如何控制两元或多元共渗层表面成分是今后所要研究的重点。

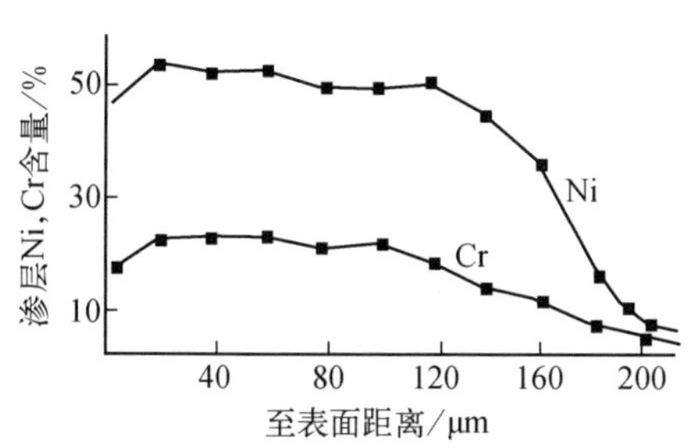

图 7.21　A3 钢板镍铬共渗渗层分布曲线

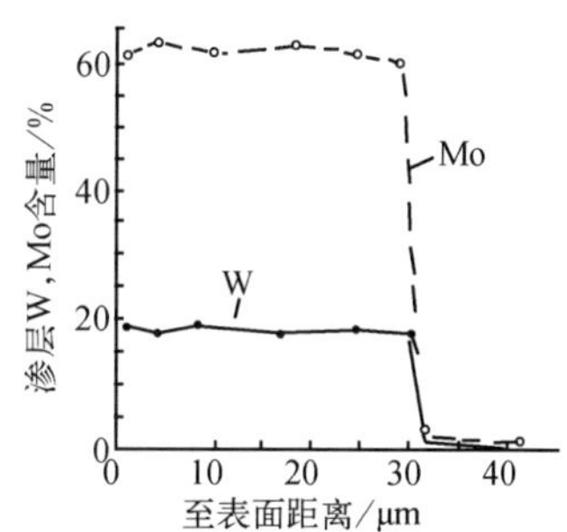

图 7.22　T8 钢 800 ℃钨钼共渗

表 7.2　双辉渗金属的成分离析现象

源极成分	基材成分	渗层成分
70Ni-20Cr	A3 钢	65Ni-19Cr
	A3 钢	57Ni-21Cr
Ni-Cr 4∶1	球铁	38Ni-19Cr
W-Mo 1∶4	球铁	40Mo-30W
	低碳钢	5-7Mo-2-3W
	低碳钢	10-8Mo-3-2.6W
	低碳钢	6-7Mo-2-2.4W
W-Mo-Cr-V9∶3∶1∶1	20CrV	9.7W-3.27Mo-0.8Cr-0.5V

以 Ni-Cr、W-Mo 合金为代表进行了最优化工艺参数的研究，结果表明：源极电位是控制欲渗合金元素供给量大小的重要因素，它直接决定溅射能量，因而源极电压应尽量选择高一些。阴极电压控制着轰击阴极表面离子的浓度和能量，这种轰击有着加速扩散和阴极溅射的双重效应。因而，阴极电压选择要适中才能充分发挥离子轰击的有利作用，使合金元素得到充分的吸收，又不因为过度溅射而造成渗层表面浓度降低。气压对合金的供给量和吸收量都有影响，只有两者较好地配合，才能获得最大的表面浓度和渗层厚度，气压的选择应适中。极间距影响供给量中有效部分的大小，当极间距较小时，较多的合金元素可以达到工件，从而获得较高的表面浓度和较厚的渗层。双辉 Ni-Cr 共渗的最佳工艺参数：气压 40 Pa；源极电压900 V；阴极电压 400 V；极间距 15 mm，而 W-Mo 共渗的最佳工艺参数为：气压 40 Pa；阴极电压 400～600 V；源极电压 900～1 000 V；极间距 15～20 mm。

7.3.2.2 扩散机制的新观点

双层辉光离子渗金属技术中合金元素的扩散速度大于普通渗金属方法，究其原因，早在1978年文献就提出了离子氮化的扩散机制应与离子轰击相联系的观点[28]。近年来离子轰击增强扩散已获得大量的实验支持[29]，文献[30]认为在离子渗碳中，离子轰击在表面层形成的扩散系数沿渗层的变化规律相一致。高能的激光冲击时具有更高的缺陷密度[31]，在加弧辉光离子渗铝和多弧离子渗碳中的扩散系数也显示了同样的变化规律。辉光放电渗硅的扩散激活能，由于离子轰击作用比气体渗硅减少了38%[32]。双层辉光离子渗金属中，自轰击开始直至达到稳态，自扩散和溶质扩散的系数不仅随深度而异，且随时间而变化。文献[33]首次用空位流的增强作用描述渗金属层的扩散和相界推移问题，尽管将同一扩散系数值应用于整个渗层，但考虑了空位在双层辉光离子渗金属中的作用。一方面离子轰击产生了大量过饱和的空位，增加了原子交换的概率；另一方面，扩散激活能中，仅有空位的迁移能，而空位的形成能由离子轰击的能量提供，降低了扩散激活能，提高了扩散系数，增加了扩散速度。文献[34]考虑了溶质原子与空位的相互作用，当溶质原子比溶剂原子的尺寸大或它具有较高的原子价时，则会使溶质原子和空位互相吸引。如果键能非常大，则空位不可能摆脱溶质原子，导致溶质-空位对可以一起在点阵中扩散。因而提出了双层辉光离子渗金属的扩散机制为空位交换机制和溶质-空位复合体机制的组合。试验结果表明，离子钨钼共渗在离子轰击的条件下形成的渗层与无离子轰击时形成的渗层相比，渗层厚度提高26%。文献用多元回归法测定了渗入方程所得的扩散系数[35]，结果表明：双层辉光离子渗钨钼等温扩散系数明显高于普通渗金属方法的扩散系数，钨钼的扩散系数随浓度的提高而提高，在同等浓度条件下，W的扩散系数较Mo大。

7.3.2.3 渗层组织的研究

双层辉光W-Mo共渗是为了提高工件表面的耐磨性，进而提高工件寿命。双辉W-Mo共渗后其组织为含W、Mo的α固溶体和在该基体上的沉淀析出物，在一定的冷却速度条件下，可以形成多种形态的沉淀析出物，可以分为晶内、晶界和胞状析出三大类，条棒状、块状、梅花状、片状、针状等多种形态。分析讨论了析出组织对工件后续处理的影响，提出了改善渗层脱溶析出组织的方法，并研究了析出物的析出条件，测定了其TTT曲线。X射线分析结果表明：高温区析出物为$Fe_3(WMo)_2$，低温区析出物为$Fe_2(WMo)$[36-37]。

双层辉光离子渗W、Mo后，经渗碳等后续处理后，渗层中的碳化物颗粒细小，分布弥散均匀，在透射电镜下呈单一方向或交叉排列的棒、条、粒状。利用电解萃取残渣X-射线物相定量分析结果表明：渗碳后渗层中的碳化物分别为M_6C和M_2C碳化物，物相定量分析结果表明：M_6C型碳化物是其中的主要相，透射电镜电子衍射花样表明：M_6C型碳化物具有面心立方结构，它与基体中的马氏体之间存在明确的晶体学位相关系[38]。

基体含碳量对W-Mo共渗有较大影响，对于不同含碳量的碳钢进行共渗时，如果工件电压较低，电流密度较低时钢中含碳量在0.20%以下时，可以形成合金铁素体渗层，在0.20%以上时，则形成珠光体渗层。当电压和电流密度较高时，各种碳钢都可以形成铁素体渗层，渗层以下有脱碳层，渗层组织与形态取决于表层的实际含碳量，随着表层实际含碳量的提高，渗层形成速度减慢，合金铁素体渗层形成速度较奥氏体快，试样表面的溅射与W、Mo元素的共同作用，可以导致渗层和基体脱碳[39]。

7.3.2.4　Ni-Cr 共渗层的应用

普通碳钢经铬镍共渗处理后，渗层厚度可以在几个至几百个 μm，表面铬镍含量可以在较大范围内变动，最高可以达到 80%以上。对 A3 钢板(1 000×500)进行 Ni-Cr 共渗，共渗层外表面铬镍含量分别达到 15%和 50%以上，渗层与基体结合良好，是一项具有工业前途的应用。4Cr9Si2 钢排气阀经双辉渗铬镍后，提高了耐热性，台架试验表明寿命提高两倍，与 Cr21Mn9Ni4N 钢排气阀相当。维尼纶化工用阀的阀体等经用碳钢制造，再 Ni-Cr 共渗代替不锈钢，成本降低，具有较好的经济价值。

7.3.3　双辉多元共渗技术

前文已经阐述相比其他表面合金化技术，双辉技术具有可实现大面积化、成分基本可控、适用于高熔点金属等特点。从双辉发明的 20 世纪 80 年代初到 90 年代中期，研究双辉技术的学者一直在思索是否能在一些工业重要部件上形成高质量、高附加值的产品。在这方面的研究中，代表性的研究工作是普通低碳钢、不锈钢表面形成镍基合金层。基于多年的双辉单元、两元渗金属的工艺研究工作的积累，为廉价的钢铁材料表面多元共渗镍基表面合金层奠定了良好的基础。业已证明，通过控制双辉工艺参数，可以在低碳钢、不锈钢等廉价的钢铁材料表面形成耐蚀性能优异的镍基耐蚀合金层。

7.3.3.1　工艺研究与数学模型

目前，虽然我们已经对双层辉光的放电特性、工艺因素的影响、双辉渗金属的扩散机制、双辉渗层组织以及双辉的工业应用等方面作了一些研究。然而对合金元素的多元共渗成分控制尚缺乏系统的研究。镍基合金 HastelloyC-2000 成分复杂，合金元素 Ni、Cr、Mo、Cu 的特性(如溅射系数、扩散系数)差别较大，在双辉多元共渗的条件下，往往会出现渗层中合金元素比例与源极合金元素比例不同的现象，即渗层成分离析现象。双辉多元共渗是一个非常复杂的问题，渗层成分不仅受宏观工艺参数的影响，而且还与各种合金元素的溅射特性、表面沉积、等离子传输和合金元素的扩散有关，同时它们之间还存在复杂的相互作用。复杂的影响因素，造成了渗层成分难于控制。以前的工作研究了双辉表面合金渗层的合金成分、渗层厚度等指标与工艺参数之间的关系，但仅停留在定性或者半定量的基础上，而不能综合考虑工艺参数对渗层特性的整体影响，尚不能实现工艺参数与成分对应关系，而达到成分可控的目的。因而我们提出采用神经网络，建立渗金属工艺参数与渗层的表面合金成分、渗层厚度之间定量数学模型，为解决多元共渗成分控制提供了一条新的途径[40,41]。

1988 年，由 David E R 和 James L M 领导的一个并行分布处理研究小组(Parallel Distributed Processing，简称 PDP)，基于多层前馈网提出了一种误差反向传播学习算法，使多层前馈网的发展进入了一个崭新的阶段，从而成为目前应用最为广泛的网络模型之一。人工神经网络理论的提出与发展为研究非线性系统提供了一种强有力的工具，它已成功地应用于许多研究领域，在材料热处理及表面工程方面的应用也越来越受到重视[42-45]。本节内容是以美国 HAYEN 公司生产的 Hastelloy C-2000 镍基耐蚀合金为源极，进行 Ni-Cr-Mo-Cu 多元共渗工艺研究。利用人工神经网络技术，来建立双层辉光离子渗金属工艺与渗层合金成分及合金元素总量、渗层厚度、吸收率之间的预测模型。

在网络学习部分，采用三层 BP 神经网络来完成函数的映射。误差逆传播神经网络，是一种具有三层或三层以上的阶层型神经网络，典型的 BP 网络示意图如图 7.23 所示。上、下层之间，各神经元实现全连接，即下层的每一单元与上层的每一单元都实现全连接，而每层各神经元之间无连接。网络按有教师示教的方式进行学习，当一对学习模式提供给网络后，神经元的激活值从输入层经各中间层向输出层传播，在输出层的各神经元获得网络的输入响应。这以后，按减小希望输出与实际输出之间误差的方向，从输出层经各中间层逐层修正各连接权值，最后回到输入层。

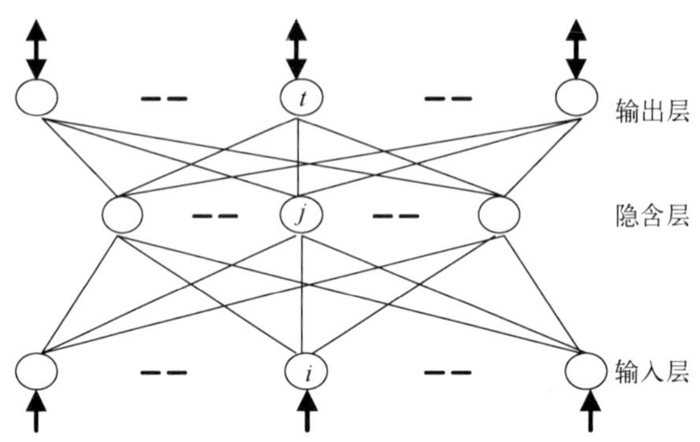

图 7.23 典型 BP 网络示意图

为了改善网络的收敛性能，采用由 Rumelhart，Hinton 和 Williams(RHW)提出的修正表达式，它包括一项冲量项，即：

$$\begin{aligned}\Delta V_{ij}(n+1) &= \eta\delta_j a_i + \alpha\Delta V_{ij}(n)\\ \Delta W_{jm}(n+1) &= \eta\delta_m O_j + \alpha\Delta W_{jm}(n)\end{aligned} \tag{7-2}$$

其中 n 表示迭代次数；α 为动量系数；η 为学习率。此处 n 取1 000 000，α 取 0.05，η 取 0.9。

为检验程序的可靠性与实用性，对双层辉光离子多元共渗工艺参数：源极电压、工件电压、极间距、气压对渗层表面的合金元素总量、渗层厚度、各合金元素含量、吸收率(工件增重/源极增重)的影响进行了网络学习，并与试验结果进行了比较。模型的输入节点数为 4 个工艺参数，隐含层节点数为 5，输出分别为上述各指标项。为保证网络训练准确可靠，同时又具有一定的推广能力，在正交试验 16 组数据中选择 13 组作为训练样本，余下的 3 组以及正交优化工艺作为检测样本。经过1 000 000次训练的试验数据与计算结果见表 7.3 和表 7.4。

表 7.3 人工神经网络训练与预测值

实验编号	源极电压/V	工件电压/V	极间距/mm	气压/Pa	吸收率/%		渗层厚度/μm		元素总量/%	
					试验值	预测值	试验值	预测值	试验值	预测值
1	1	1	1	1	70.9	70.586 8	34.5	34.579 1	87.496	87.437
2	1	2	2	2	61.2	60.870 7	36.5	36.380 1	89.796	89.236 7
3	1	3	3	3	33.33	32.846 5	19	19.244 6	84.895	84.507 5
4	1	4	4	4	44.65	44.401 4	21	20.871 4	77.579	77.321 4

续表

实验编号	源极电压/V	工件电压/V	极间距/mm	气压/Pa	吸收率/%		渗层厚度/μm		元素总量/%	
					试验值	预测值	试验值	预测值	试验值	预测值
5*	2	1	2	3	48.1	47.752 7	25.5	24.949 8	77.546	76.795 5
6	2	2	1	4	62.62	62.307 1	34.5	34.991 1	90.853	90.513 5
7	2	3	4	1	38.61	38.561 4	19	18.929 5	85.562	85.116 1
8	2	4	3	2	26.77	26.519 9	17.5	17.736 6	83.785	83.533 8
9	3	1	3	4	28.4	28.080 9	17.5	17.895 2	84.049	83.216 6
10	3	2	4	3	48.21	47.894	19	19.000 6	82.307	82.138 1
11	3	3	1	2	40.99	40.558 5	18.5	18.546 0	82.896	82.514 7
12*	3	4	2	1	57.94	57.057 9	25.5	24.791 9	82.188	81.723 1
13	4	1	4	2	56.94	56.696 6	25	25.125 5	82.071	82.044 9
14	4	2	3	1	43.71	43.229 9	19	18.908 3	84.895	84.584 9
15	4	3	2	4	25.88	25.641 7	12.5	12.629 3	80.239	79.894 9
16*	4	4	1	3	31.33	30.899 4	15	15.029 9	77.242	76.660 3
17*	1	2	1	1	79.34	80.919 5	38	38.459 3	92.908	92.210 2

* 为检测样本值，试验编号 17 为正交优化工艺

表 7.4　预测渗层表面的成分

编　号	化学成分/%			
	Ni	Cr	Mo	Cu
5	49.881	14.695	11.365	1.605
预测值	51.734 8	16.962 4	11.211 4	1.661 35
12	50.514	16.691	14.071	0.912
预测值	51.171 1	17.509 2	13.047 7	0.415 19
16	50.29	19.164	6.48	1.308
预测值	50.826 1	18.103 6	7.812 7	1.333 43
17	57.168	19.655	14.732	1.353
预测值	59.890 7	20.106 5	12.162 7	1.402 59

从表 7.4 可以看出训练样本和检测样本的网络实际输出值与期望值都很接近，说明应用神经网络数学模型可以很好地预测多元共渗工艺参数与渗层的表面合金成分和合金总量、渗层厚度、吸收率之间的对应关系。

7.3.3.2　Ni-Cr-Mo-Cu 合金渗层的组织[46-53]

图 7.24、图 7.25 为共渗温度为 900 ℃和 1 000 ℃条件下渗层表面形貌。在较低共渗温度下，合金元素扩散速度较慢，源极供给的活性合金粒子量大于合金元素的扩散量，工件表面的

合金渗层具有沉积层葵花状的形貌特征。由于源极溅射出来活性合金原子，易于在工件表面不平处聚集形核，当温度较低时，由于形核数目较少，合金原子在工件表面迁移率低，彼此之间形成空隙。当核心形成后又继续捕获入射合金原子而长大，逐渐形成遍布于工件表面的颗粒膜。它们一边长大，一边互相结合，成为更大的半球。突出于表面的部分由于更容易捕获沉积原子而优先成长，沉浸在“营养丰富”的生长环境中。从图 7.24(b)可见，工件表面有许多个这种葵花(半球)状的突起。随着共渗温度的升高，沉积到工件表面的合金原子迁移扩散能力增强，当达到一定温度时，合金原子在表面扩散充分，形成彼此连续的晶粒，继续接受从源极表面溅射出来的原子而不断向外生长，源极供给量与合金原子扩散量达到平衡。

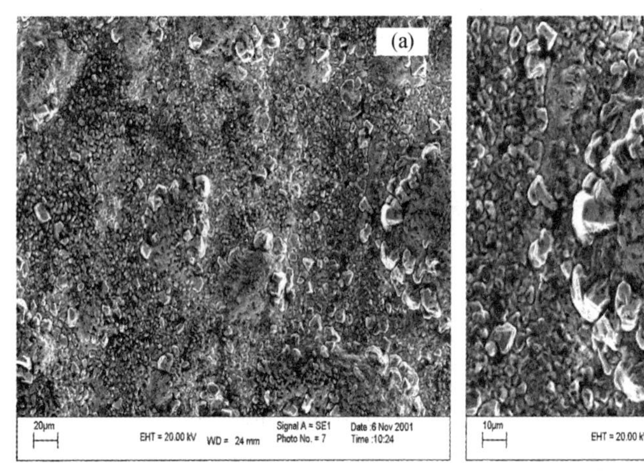

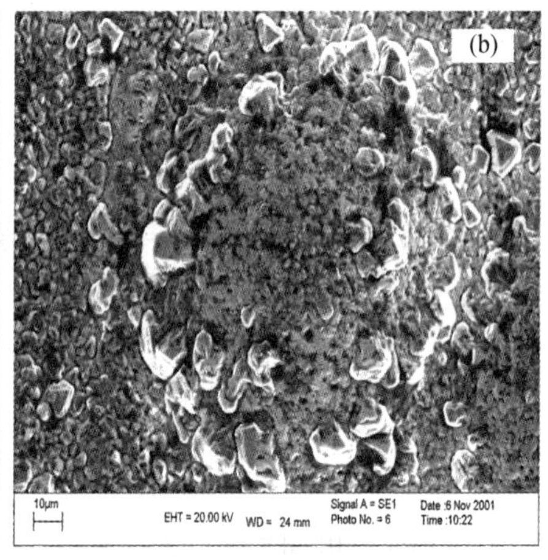

图 7.24　共渗温度 900 ℃下渗层表面形貌

图 7.26 和图 7.27 分别为 20 钢表面、Cr18Ni9 不锈钢基材上形成的双辉表面合金渗层的横断面扫描电镜微观组织照片。结果表明：在两种基材的表面都可以形成镍基表面合金渗层，双层辉光离子渗镍基表面合金渗层比较均匀、连续、致密，没有空洞存在。这一结果表明采用双层辉光离子渗金属技术可以在普通钢材表面形成连续、致密的镍基合金渗层，可以达到隔绝腐蚀介质与基材的接触，从而达到以表面合金化方法来提高材料耐蚀性能的目的。同样发现与 Ni-Cr-Mo-Nb 合金层与基材界面结合的特点一样，观察到渗层合金元素在晶界处的快速扩散而形成的微观突起，这种突起还有利于增加表面合金渗层与基材的结合。

图 7.25　共渗温度 1 000 ℃下渗层表面形貌

图 7.28 为两种不同基材对渗层中析出相影响 X 射线分析结果，结果表明 20 钢基材形成的渗层的相组成为 γ(基体)和析出相，其析出相为 μ 相和 M_6C，而且含量较多。Cr18Ni9 不锈钢基材上形成的渗层的析出相为 μ 相，渗层没有 M_6C 型碳化物的析出，而且 μ 相含量较低，比 20 钢基材上形成的合金渗层中析出量要少。这说明基材的含碳量对渗层中的相组成有影响。从图 7.26 可见，渗层中部和表面存在条状析出相。扫描电镜能谱分析(见图 7.29)结果表明

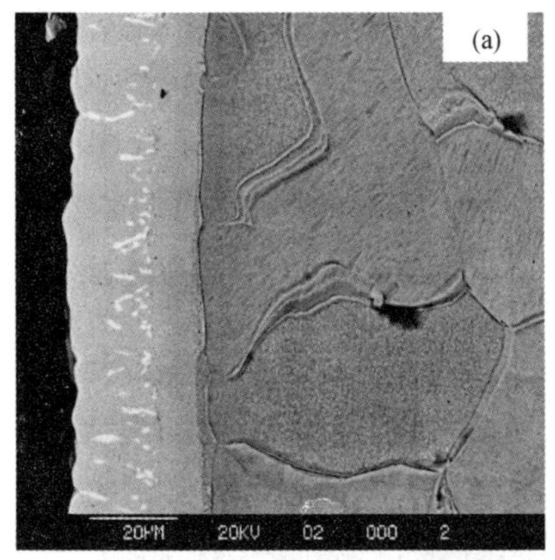

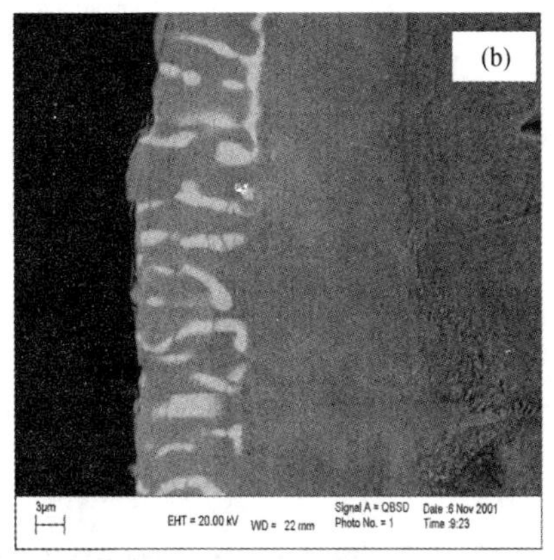

图 7.26　20 钢基材上形成合金渗层的微观组织 SEM 照片

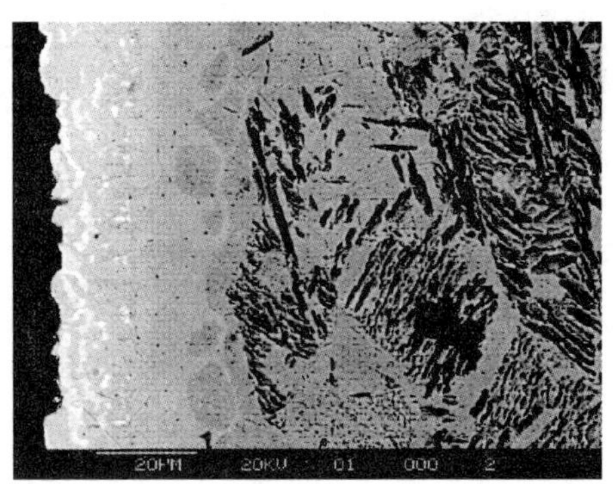

图 7.27　不锈钢 Cr18Ni9 基材上形成合金渗层的微观组织 SEM 照片

该析出物为富 Mo 相。由于 μ 相和 M_6C 都为富 Mo 相,能谱分析只能表明两种相都有可能。μ 相可以近似表示为 $(Ni,Cu)_7(Cr,Mo)_6$,大量文献表明,在形成 μ 相镍基高温合金中,μ 相的形成倾向不仅与 W+Mo 的总量有关,更为重要是与 Mo/(Mo+W)的比值有关。这说明在形成 μ 相方面 Mo 比 W 的含量重要。碳含量是影响 μ 相形成的另一个重要元素。μ 相的形成要求合金碳含量小于 0.07%。含碳量更高时,高 W 和 Mo 合金优先析出 M_6C 型碳化物,从而抑制 μ 相的形成。在双辉多元共渗过程中,由于离子溅射的作用,使工件表面形成大量空位,碳原子不断向工件表面迁移或溅射出表面,从表及里形成负的浓度梯度。因而在表面和表面以下的某个范围内,Mo 含量较高和碳含量较低,有利于 μ 相的形成。渗层析出的 M_6C 碳化物为复杂面心立方结构,该相的析出与 μ 相的具有伴生析出的特点,而且在一定温度条件下,两个相可以相互转变。为了深入了解渗层中出现的富钼的白色析出物的特点,区分渗层中出现的 μ 相和 M_6C 碳化物这两种相,首先利用线扫描对渗层中的白色析出相进行了分析。线扫描结果如图 7.30 所示。从图 7.30(a)中可以看到,扫描方向贯穿 4 个标记为 1、2、3、4 的白色析出物。图 7.30(b)表明沿线扫描方向合金元素 Ni、Cr、Mo、Cu、C 的相对含量变化。1 点:Mo 含量较高,而 C 含量低,因而可以认为 1 点的白色析出相主要为 μ 相。2 点:Mo 含量较高,C 含量也较高,因而可以判定 2 点的白色析出相主要为 M_6C 型碳化物。从 3 点的扫描结果来看,Mo 的含量较高,C 含量略高于基体的 C 含量,可以认为析出物是以 μ 相和 M_6C 型碳化物混合形式存在。4 点的结果类似于点 3,但 C 含量较 3 点的析出物要高,该白色析出物仍可认为以 μ 相和 M_6C 型碳化物混合形式存在,与 3 点的白色析出物相比,M_6C 型碳化物的含量较多。为了进一步考察渗层中 μ 相和 M_6C 型碳化物的成分及形貌,利用透射电镜对这两种析出相作了进一步的分析。图 7.31,图 7.32 为透射电镜下,两种相的能谱图(成分见表 7.5),从表中可见 M_6C 碳化物的 Mo、Cu 元素含量比 μ 相高,而 Ni、Cr、Fe 元素的含量比 μ 相低。但总体上来讲 Ni、Cr、Mo、Fe 几个主要组成元素都非常接近,这就造成确切区分上的困难。

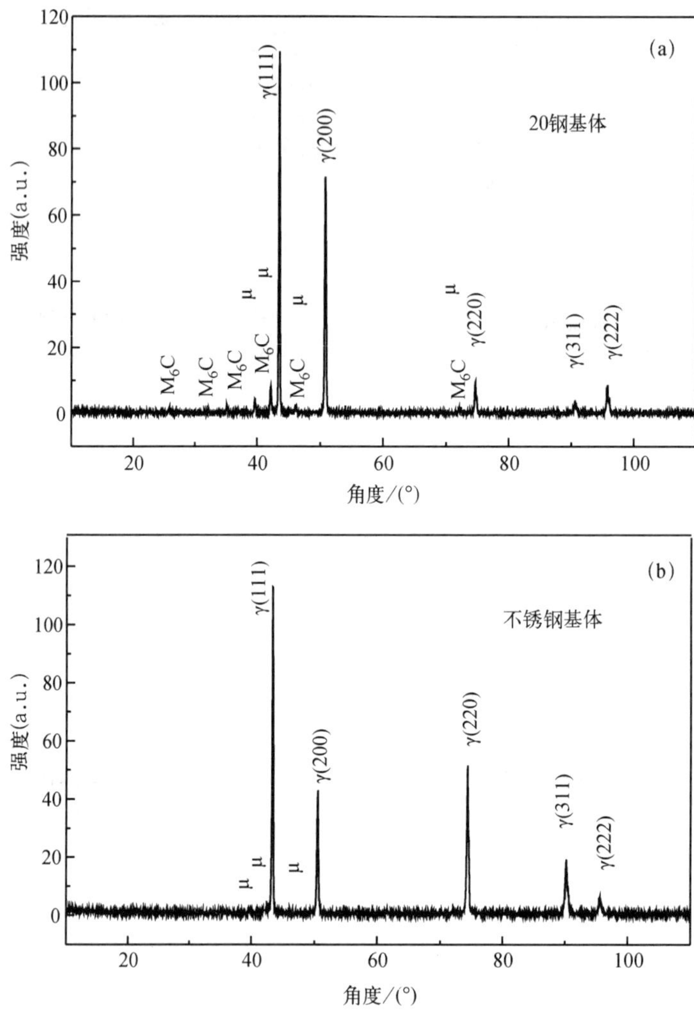

图 7.28 不同基材表面 XRD 衍射结果

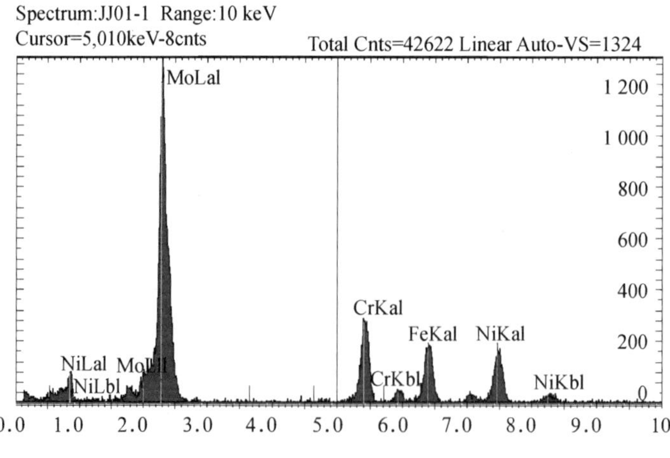

图 7.29 白色析出物扫描能谱图

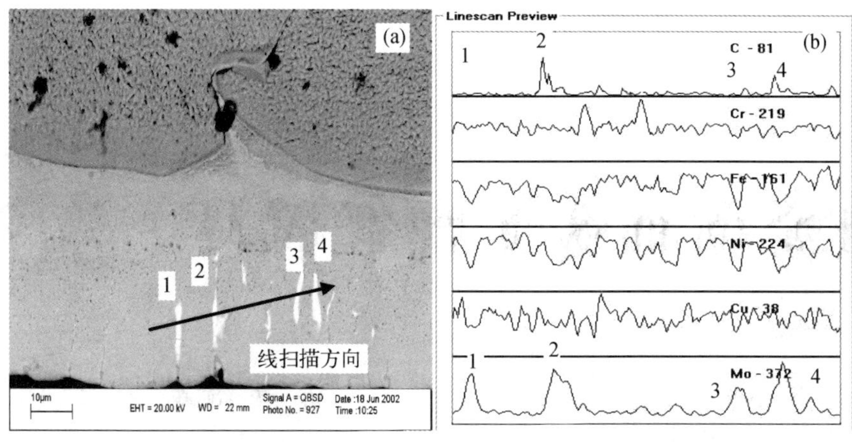

图 7.30　对合金渗层(20 钢基材)白色析出相线扫描

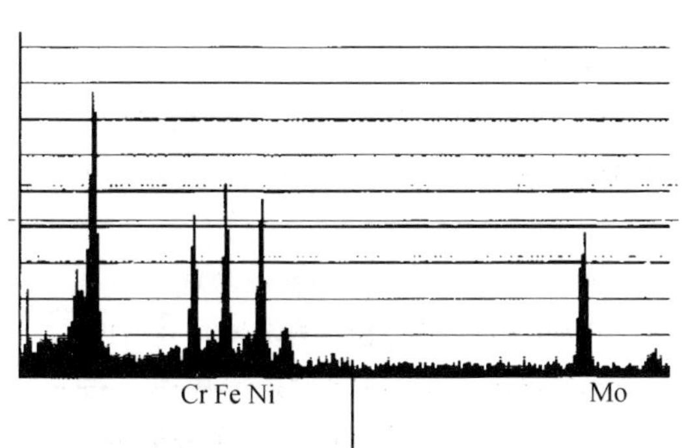

图 7.31　μ 相能谱分析结果

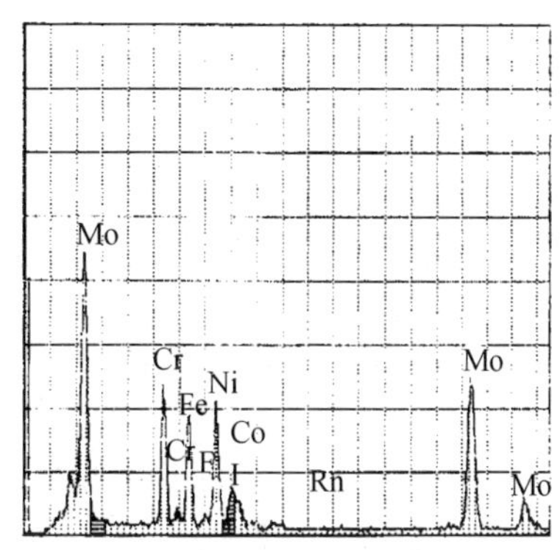

图 7.32　M_6C 碳化物能谱分析结果

表 7.5　M_6C 碳化物和 μ 相的各成分的质量分数(%)

析出相的类型	Ni	Cr	Mo	Cu	Fe
μ 相	19.708	14.264	44.769	1.430	19.829
M_6C 碳化物	14.32	12.47	57.17	5.09	10.94

图 7.33、图 7.34 分别为渗层中析出的 μ 相和 M_6C 型碳化物在透射电镜下的形貌及衍射花样。从图中可见，渗层析出的 M_6C 碳化物的形状为块状，尺寸大约为 2 μm。而 μ 相呈针状。

7.3.4　复合镀渗层

7.3.4.1　复合镀渗层表面合金层的形成[54-57]

通过对渗层的耐蚀性能的评定表明，不同基材对双辉表面合金渗层的耐蚀性能有较大的影响。在不锈钢 Cr18Ni9 表面上形成的合金渗层的耐蚀性能远优于在 20 钢表面上形成的合金渗层的耐蚀性能，这可能与 20 钢基材中的碳含量有关。鉴于以上原因，提出复合表面处理的方法来解决，即试样预先进行电刷镀Ni镀层，然后再进行双辉离子Ni-Cr-Mo-Cu多元共

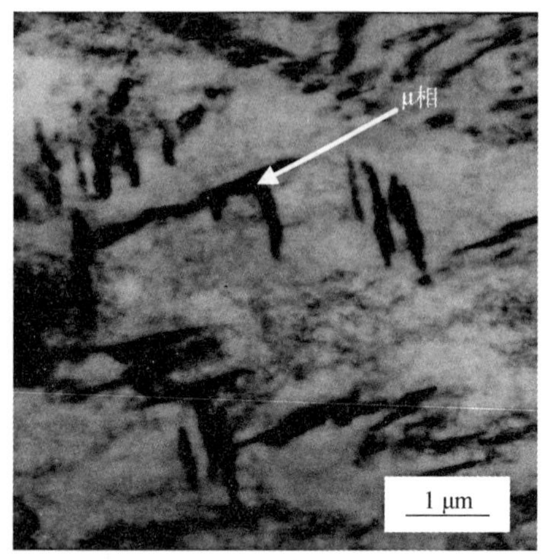

图 7.33 TEM 下 μ 相的形貌

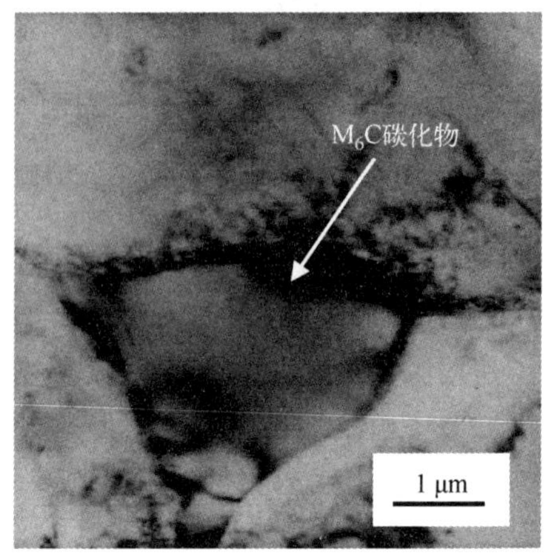

图 7.34 TEM 下 M_6C 型碳化物的形貌

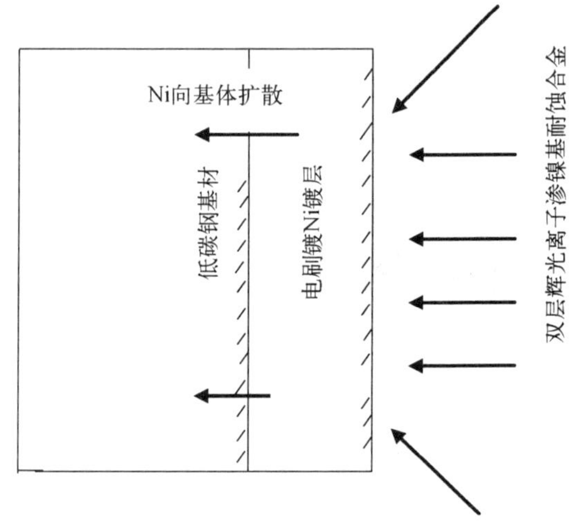

图 7.35 复合镀渗处理工艺简图

渗，工艺简图如 7.35 所示。利用复合渗镀技术解决 20 钢基材上形成的合金渗层耐蚀性能较低的问题，需要解决以下 3 个问题：1）复合镀渗层能否形成，它具有什么特点？2）电刷镀层在多元共渗的过程中会不会脱落，刷镀层与基体的结合状态如何？3）复合镀渗层的耐蚀性能如何？复合渗镀层的研究是一项探索性的研究工作，具有一定的风险性。如果能按预期的研究计划，使不同基材上形成的合金渗层的耐蚀性能接近，将有利于扩大双辉离子渗耐蚀合金的基材的选材范围，降低产品成本，而具有良好的经济效益，并且为探索优质合金表面合金渗层的研究提供了一条新途径。复合镀渗表面处理工艺是将电刷镀工艺和双层辉光离子渗金属工艺相结合的一种新工艺。与单一的电刷镀镀层和双辉离子渗层相比，镀渗层的形成过程非常复杂。在复合镀渗表面处理过程中，一方面电刷镀镀 Ni 层在渗金属的高温条件的作用下与基体材料之间发生互扩散现象；另一方面从源极溅射来的活性合金原子还会吸附于刷镀层表面并向电刷镀镀 Ni 层表面扩散。因而合金元素向刷镀 Ni 镀层（基材 20 钢）表面渗入的情况与原来直接向基材 20 钢渗入的情况完全不同。而多元合金粒子及刷镀的 Ni 镀层的扩散对表面镀渗合金层形成具有重要的意义。为了更加清楚地了解复合镀渗层的形成，我们将其分为两个过程研究：1）将电刷镀 Ni 镀层放入离子渗金属炉，在渗金属温度下（1 000 ℃），分别保温不同时间，研究单一的刷镀层在渗金属条件下的扩散。2）研究复合镀渗条件下渗层的扩散情况。

图 7.36(a)，(b)，(c)，(d)分别为模拟刷镀层（厚度为 26.59 μm）在渗金属温度条件下，保温 0.5 h，1.5 h，2.5 h，5 h 下合金元素的成分分布。图 7.37 为不同保温时间下 Ni 元素的成分分布。从图中可以看到，随着保温时间的延长，刷镀层中 Ni 元素与基体材料的 Fe 元素之间

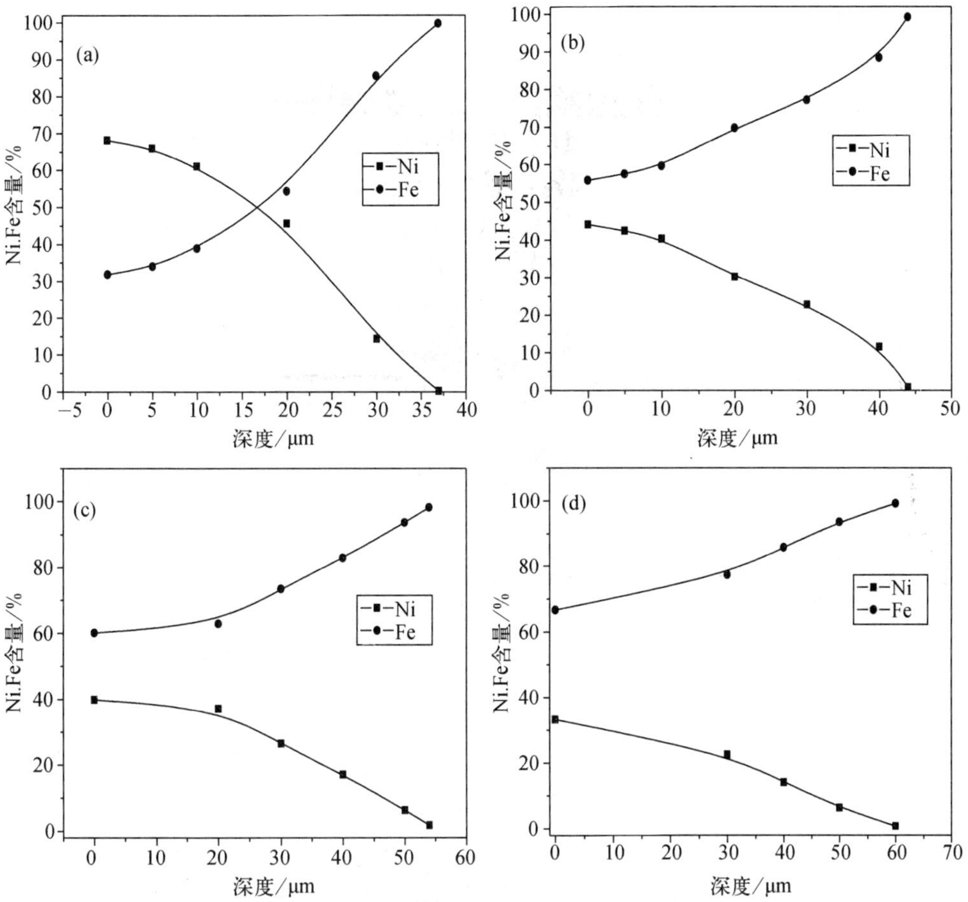

图 7.36　电刷镀 Ni 镀层在渗金属温度(1 000 ℃)下不同时间保温时间

(a) 0.5 h;(b) 1.5 h;(c) 2.5 h;(d) 5 h

发生了互扩散,表面 Ni 含量逐渐降低,扩散深度逐渐增加。

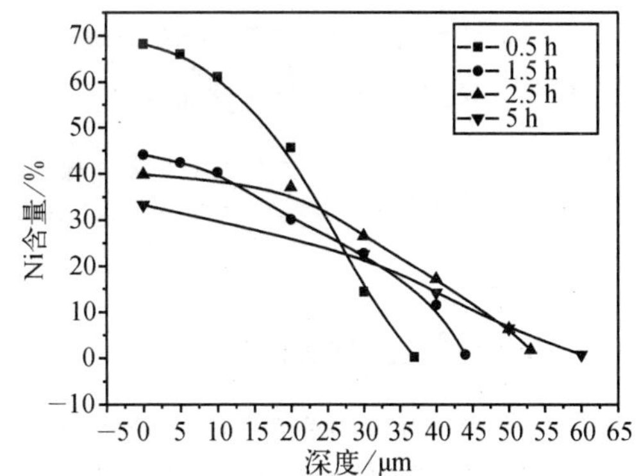

图 7.37　不同保温时间下扩散层中 Ni 元素的成分分布

图 7.38(a)、(b)、(c)、(d)为刷镀试样(同一厚度)进行多元共渗(同一温度)条件下,保温 0.5 h、1.5 h、2.5 h、5 h 下合金元素的成分分布。结果表明复合镀渗层的合金元素分布有以下 3 个特点:(1) 复合镀渗合金层表面由富 Ni、Cr、Mo、Cu 合金元素组成,且 Cr、Mo、Cu 呈梯度分布,合金含量随镀渗层深度的增加,逐渐减小。(2) 复合镀渗层与基体之间的过渡层主要由 Ni 与 Fe 的互扩散区组成。这是由于双辉多元共渗的高温作用,刷镀的镍层与基体间发生了元素的互扩散现象。在共渗时间较短时,互扩散区主要为 Ni、Fe 两种元素。随着共渗时间延长,转变为以 Ni、Fe 两种元素为主,还含少量 Cr、Mo、Cu。(3) 在复合镀渗层表面存在一个

Ni的梯度增加区，随着时间增加，梯度逐渐减小。因为开始渗入时，由于刷镀的镍镀层表面Ni的浓度极高，且远高于源极的Ni含量，使从源极溅射出来的并沉积工件表面的Ni元素很难向内扩散，而从源极溅射出来的Cr、Mo、Cu合金元素相对易于向表面渗入，此时镀层中Ni元素在向基体方向扩散的数量较少，从而造成表层出现的Ni的浓度峰现象。随着渗入的时间延长，表面的Ni含量逐渐降低，原Ni镀层中的Ni元素向基体扩散的数量增加，此时源极所提供的Ni元素不断向试样表面扩散渗入，使Ni的浓度峰继续维持，但浓度峰峰值逐渐降低并逐渐向试样内部推移。

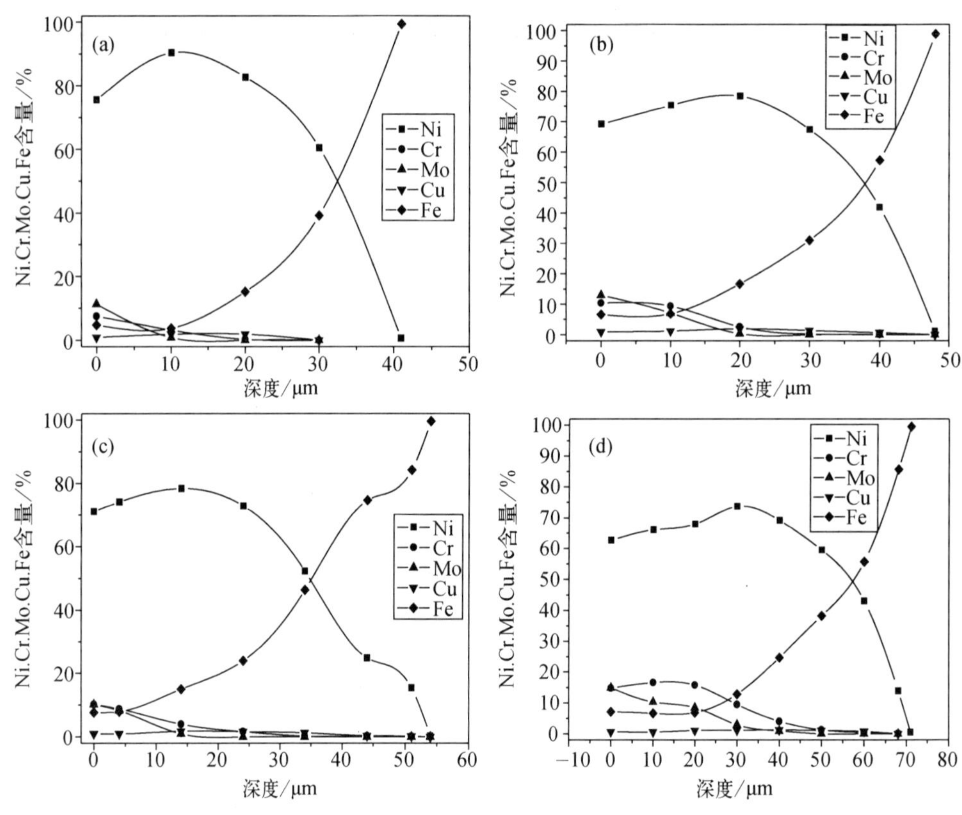

图7.38　不同保温时间下复合镀渗层合金元素分布

(a) 0.5 h;(b) 1.5 h;(c) 2.5 h;(d) 5 h

7.3.4.2　复合渗镀层组织

图7.39(a)，(b)为电刷镀快速镍镀层和复合渗镀层的微观组织SEM照片，图(a)与图(b)相比，可以看到镀渗合金层与基体明显发生互扩散现象，复合镀渗层与基体呈冶金结合。图7.40为镀渗层XRD分析结果，可以看出复合渗镀层为单一的γ相，没有出现析出相。双层辉光放电状态下的离子渗金属过程中，是欲渗入的合金元素向基材表面内沉积和扩散的过程。由于渗入的合金元素性质不同，会造成渗层中碳的化学位的升高或降低，从而碳元素沿截面的均匀分布受到破坏。为了维持化学位的平衡，必然形成渗层中的碳原子向基体或者基体的碳原子向渗层的扩散。对于碳化物形成元素(如Mo、Cr)来说，会使碳元

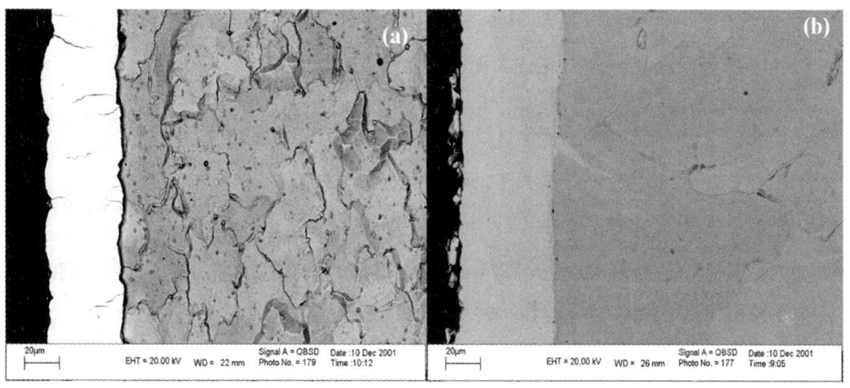

图 7.39　(a) 电刷镀 Ni 镀层的 SEM 照片；(b) 复合镀渗层微观组织照片

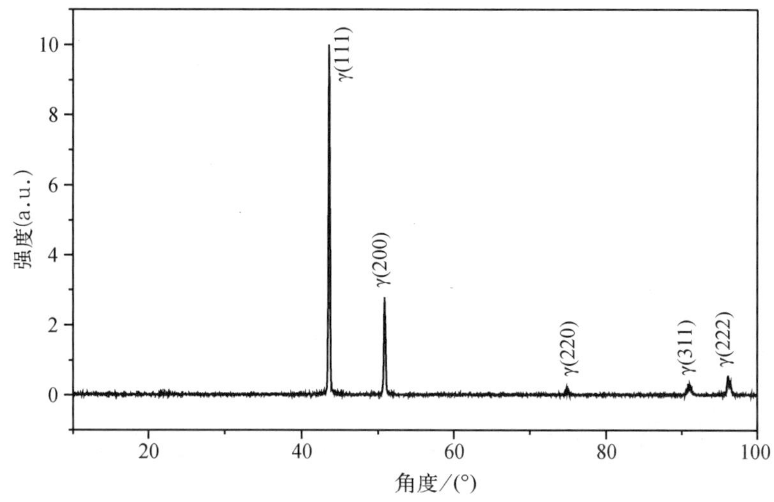

图 7.40　复合镀渗层 X 射线衍射结果

素的活度降低，与之相反非碳化物形成元素(Ni、Cu)的渗入，会提高渗层中碳元素的活度。根据经典热力学理论固溶体的活度与合金元素的化学位成正比。因此，随着渗入的合金元素的特性不同(碳化物形成元素或非碳化物)，会使渗层与基体之间的碳元素的化学位差产生变化。对于双辉离子 Ni-Cr-Mo-Cu 四元共渗过程，由于渗层中 Ni、Cu 的渗入的含量明显要高于 Mo、Cr 的含量，非碳化物元素对渗层内碳元素的化学位起主导作用，使渗层中碳元素的活度与化学位升高，促使渗层中的碳元素向基体扩散迁移，同时 Ni、Cu 的存在能够提高碳在 γ 相中的扩散系数，造成碳在渗层内的扩散比其在基体内的扩散快，渗层与基体交界处堆积较多的碳元素。尽管如此，由于双层辉光离子渗金属时，工件表面存在氩离子的溅射轰击，以及碳化物形成元素(Mo、Cr)的共同作用，导致渗层中还存在少量的碳，X 射线衍射结果也表明单一的双辉多元合金共渗渗层有碳化物的存在。在复合渗镀层中，先刷镀一层厚度为 20 μm 左右非碳化物形成元素，一方面能有效地起到排碳的作用，减少渗层中碳化物形成的可能；另一方面非碳化物形成元素的渗入会造成界面处碳元素的堆积，对合金元素的继续扩散产生阻碍作用。复合渗镀层的碳元素堆积层发生在原刷镀层与基体的结合处，而刷镀层与多元共渗层的双层复合界面处并没有碳元素的堆积，从而有利于合金元素的扩散。

7.3.5 复合渗镀层耐蚀性能

图 7.41 为 20 钢基材上形成的复合渗镀层、20 钢基材上的表面双辉多元共渗 Ni-Cr-Mo-Cu 合金渗层和刷镀 Ni 镀层分别在 5%HCl 溶液中极化曲线。结果表明：在 5%HCl 溶液中，在 20 钢基材上形成的复合镀渗层与不锈钢基材上形成的合金渗层的耐蚀性能相当，接近于 HastelloyC-2000 合金，远优于 20 钢表面形成的合金渗层。

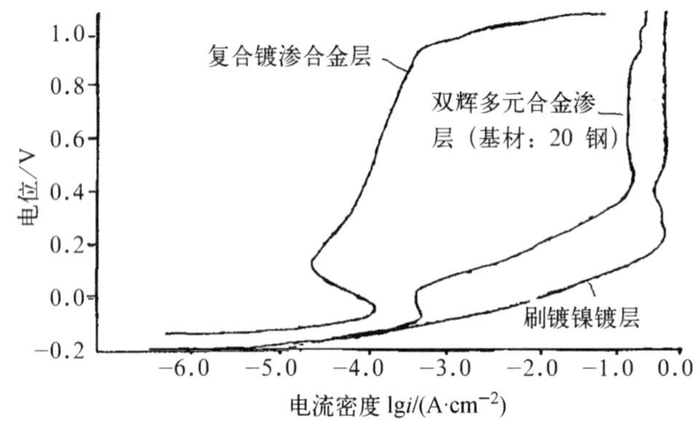

图 7.41 复合镀渗层在 5%HCl 溶液中稳态极化曲线

7.4 双辉等离子金属—非金属共渗技术研究现状

早期的研究工作为实现高速钢合金层，双辉渗金属和非金属工序都是先后分别进行，近年来，随着对辉光放电条件下金属、非金属渗入扩散机制的认识的不断深入，研究人员开展了金属—非金属共渗的相关研究工作。如 Cr-C[58]、Ti-C[59]、Ti-C-N[60]、Ti-N 等。本节重点介绍 Ti-N 两元金属—非金属共渗相关研究工作[61-63]。

该工艺通过先期渗 Ti 对 TiN 层具有有力的支撑作用，然后进行 Ti-N 共渗，在碳钢材料表面一次性渗镀合成 TiN 沉积层+TiN 析出相+Ti、N 扩散层。渗镀层与基体的膜基结合力好内应力小，属于冶金结合，从而有效地解决了涂层结合力差的问题。其与传统的物理气相沉积(PVD)、化学气相沉积(CVD)及离子束辅助沉积(IBAD)等工艺相比较，最显著的特点是，能够在基体表面形成所需厚度、结合强度极佳的渗镀扩散层。且具有节约贵金属，节省能源、无公害，可大面积处理和表面合金成分可控等显著优点，属于绿色环保技术。由于该工艺方法不仅具有优良的结合强度同时又是一种复合涂层，使其具有了更为广阔的应用前景，如用于各种传动件、联结件、耐腐蚀衬里及发动机叶片等构件上。

7.4.1 Ti-N 共渗工艺研究

从图 7.42 能够看出，经渗 Ti 后，渗层为明显的柱状晶粒，在渗层内 TiC 化合物以弥散状质点或小颗粒分布于扩散层中。由此可知，中碳钢渗金属 Ti 后，在渗层内主要形成 Ti 在 α-Fe 中的固溶体和少量的 TiC 等混合相。另外，TiC 相随着渗钛处理时间的延长，其结构在 $TiC_{0.8}$-TiC 范围变化，其点阵常数也从4.254 5 Å增大到4.342 8 Å[7]，这会使渗钛层的脆性增大，所以渗 Ti 保温时间不能太长。因此，根据中碳钢退火工艺及渗 Ti 过程基本原理，确定渗 Ti 温度和时间分别为：温度1 000 ℃，时间 3 h。那么前期最佳渗 Ti 工艺为：工作气压 30 Pa；工作电压 380 V；渗钛温度1 000 ℃；渗钛时间 3 h；试样与源极尖端距离18 mm左右。

图 7.42　1 000 ℃渗钛 3 h 渗层厚度

Ar 气流量的大小和 Ar 气与 N_2气的流量比均会较大地影响渗镀层厚度和合成 TiN 的效果。因为，通入反应气体的量的多少也就对应着辉光等离子渗金属的气压的高低。气压对渗金属的影响主要体现在两个方面：一方面气压较低时，溅射效果差；另一方面气压较高时虽然能够增加溅射离子流的密度，但是背散射效应作用加强。所以，气压对源极的溅射能力和工件表面的吸附能力都发生显著的作用，其既不能过高也不能太低。为达到最佳的合金元素利用率，一般气压在 25～65 Pa。因而，在工艺参数选择如下：Ar 气与 N_2气的流量比(mL/min)分别为 100∶3、100∶6、100∶9、100∶12；工作气压在 30～40 Pa之间变化；试验结果如表 7.6 所示。根据合成 TiN 效果、渗层厚度及表面合金含量，选定 850 ℃的流量比为Ar∶N_2=100∶3；920 ℃的流量比为 Ar∶N_2=100∶6；1 020 ℃的流量比为 Ar∶N_2=100∶9。气压 35 Pa为最佳值。然后对渗镀层进行组织结构、成分分布及性能的分析研究。

表 7.6　温度、流量比与表面颜色的关系

编号	温度/℃	流量比(Ar∶N_2)	表面颜色
1.1	850	100∶3	土黄色
1.2	850	100∶6	黄色
1.3	850	100∶9	浅黄色
1.4	850	100∶12	淡黄色
2.1	920	100∶3	浅黄色
2.2	920	100∶6	金黄色
2.3	920	100∶9	黄色
2.4	920	100∶12	深黄色
3.1	1 020	100∶3	浅黄色
3.2	1 020	100∶6	黄色
3.3	1 020	100∶9	金黄色
3.4	1 020	100∶12	金黄色

在 Ar 气与 N_2气的流量比为 100∶9，加热温度 1 020 ℃时不同保温时间制备的 TiN 渗

镀复合层的微观形貌如图 7.43 至图 7.46 所示，其显示了复合渗镀层 TiN 金相显微组织形貌。经 3 h 渗 Ti 再 2 h 渗镀 TiN 获得 TiN/Ti 复合渗镀层，表面光滑平整，其杂质最少、粗糙度最小，如图 7.44 所示。但随着复合渗镀时间的延长，试样表面会分布愈来愈多和大的黑色杂质，使表面的粗糙度愈来愈大，这样会影响渗镀复合层的使用性能，并且试样表面类似于馒头胞的小胞状物颗粒也会随着保温时间的延长而略有增大，如图 7.45、图 7.46 所示。因此，本试验选择先3 h渗 Ti 再 2 h 渗镀 TiN 获得 TiN/Ti 复合渗镀层。Ar 气与 N_2气的流量比为 100∶9，加热温度1 020 ℃，在不同保温时间制备的 TiN 渗镀复合层的横截面如图 7.47、图 7.48 所示。在相同的加热温度和不同的保温时间下，渗镀层的膜厚在增加。结合渗镀保温时间对渗镀复合层表面形貌的影响，确定制备 TiN 渗镀复合层最佳保温时间为 2 h。

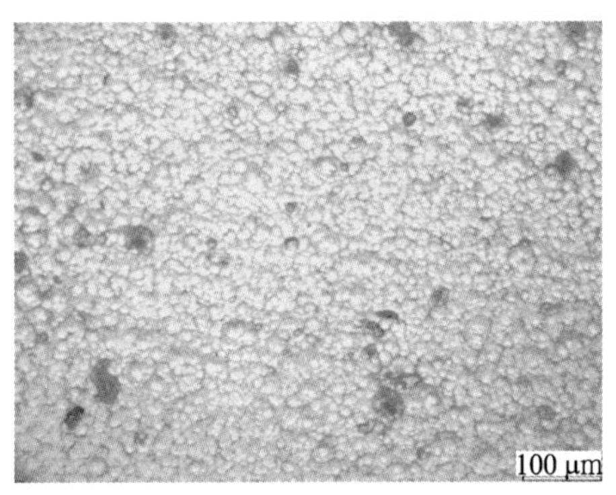

图 7.43 TiN/Ti 渗镀复合层表面形貌(1 h)

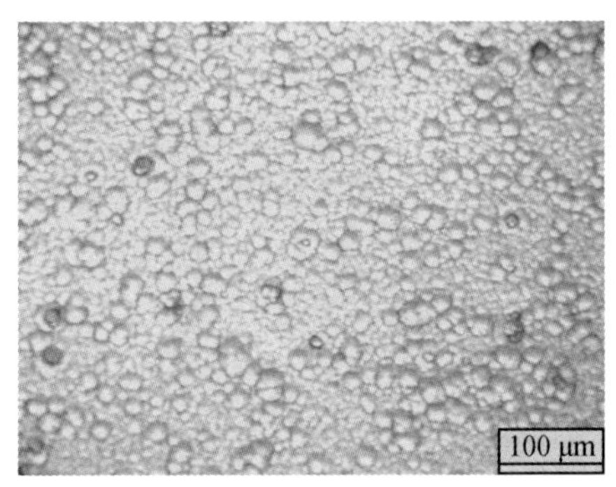

图 7.44 TiN/Ti 渗镀复合层表面形貌(2 h)

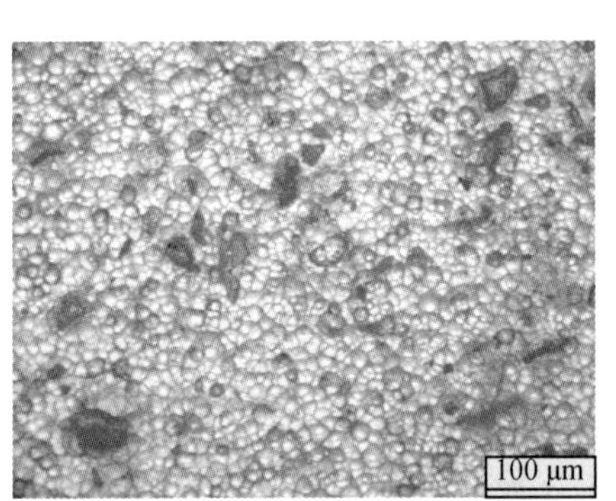

图 7.45 TiN/Ti 渗镀复合层表面形貌图(3 h)

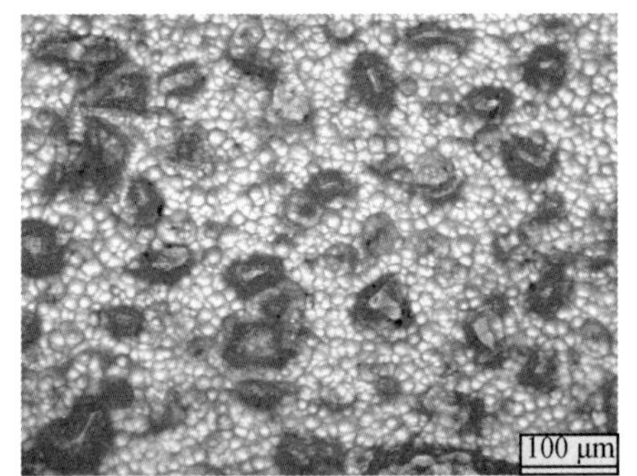

图 7.46 TiN/Ti 渗镀复合层表面形貌(5 h)

由图 7.47 可知，渗镀复合层厚度可达十几微米，在表面扩散层与基体组织之间有一明显的界面。说明在开始渗 Ti 的过程中，由于温度较高，超过相变点，表面成为 γ-Fe。随着 Ti 原子的渗入形成 Ti 在 γ-Fe 的固溶体。由于 Ti 是缩小 γ 区的元素，当其含量超过 α+γ 两相区的最小值(约 0.6%)时，γ-Fe 转变为 α-Fe，这时渗层表面为 α 固溶体，内侧为 γ 固溶体。在这两种晶体结构的分界处，由于原子的排列不同，产生了相界面。随着渗 Ti 时间的延长，渗层表面的 Ti 浓度不断提高，α 固溶体晶粒逐步向内垂直长大，形成柱状晶组织。在随后的冷却过程中，渗层的 α 固溶体内不发生固态相变，而基体发生相变，使得渗层与基体出现了明显的分界线。在随后的 TiN 合成中，由于 N 原子的扩散，一部分 N 原子和离子与试样表面的 Ti 原子形成 TiN，一部分则吸附于试样表面向内扩散。由于 N 原子的原子半径小，且与 Ti 原子之间有较强的结合能，所以，当 N 原子向内扩散进入渗 Ti 层时，立即与 Ti 原子形成 TiN 化合物，使得原渗 Ti 合金层中析出 TiN。因此，所形成的室温组织为：TiN 沉积层＋ TiN 析出过渡层＋Ti 固溶体扩散层＋基体组织。由 Ti-N 共渗形成 TiN 梯度陶瓷渗镀复合层实验结果表明，利用辉光等离子渗金属技术在一定的条件下，可以在碳钢表面形成 TiN 梯度陶瓷合金层。表面成分呈梯度分布、形貌为均匀、致密、连续的胞状物。而且其渗层厚度超过 10 μm，并可以通过控制温度和沉积时间来控制沉积层厚度。在双辉等离子渗金属技术中，利用多重空心阴极效应会使阴极附近的离化率成倍提高。高能量的离子轰击在工件表面造成大量的缺陷，由外向内产生一高密度缺陷层，使得表面能够吸收溶入高浓度的合金元素，并显著降低扩散激活能，使得合金元素向内的扩散速度大大加快。在辉光放电条件下离子的平均能量平均为 20～50 eV，在一般金属材料表面形成空位所需平均能量平均约 20 eV。

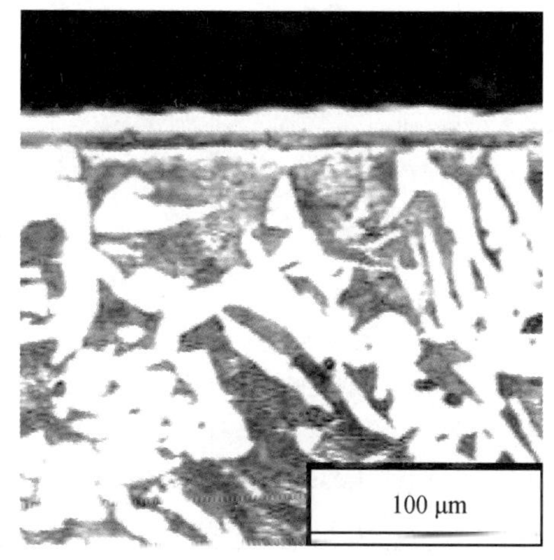

图 7.47　TiN/Ti 渗镀复合层横截面形貌(2 h)

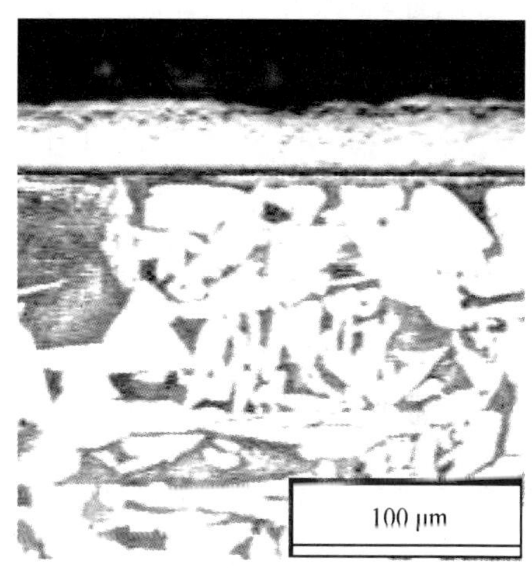

图 7.48　TiN/Ti 渗镀复合层横截面形貌(5 h)

7.4.2　氮化钛渗镀复合层的组织结构

图 7.49 为 1 020 ℃下的 X 射线衍射图谱。衍射角 2θ 分别在 36.662°、42.596°、61.812°、77.962°处附近出现衍射峰，分别显示 TiN(111)、(200)、(220)、(222)晶面，未发现其他氮化物相，这表明 TiN 膜表面具有单晶相结构，(200)晶面的衍射峰最强。同时在图 7.50 所示的 920 ℃时膜层表面不仅有 TiN 相，同时还有 TiC 相和 α-Fe 相。

采用 M-400-H1 显微硬度计测定复合渗镀层的显微硬度，载荷 0.1 N，加载时间 5 s，测试 6 点取平均值作为硬度值。通过对渗镀层进行表面硬度检测，大量的检测结果如表 7.7 所示，其硬度在 1 600～2 400 HV 之间，硬度随着渗镀层厚度增加而增大，随着后期合成 TiN 时间的增加而增高。晶粒细小组织的硬度要比晶粒粗大组织的高。

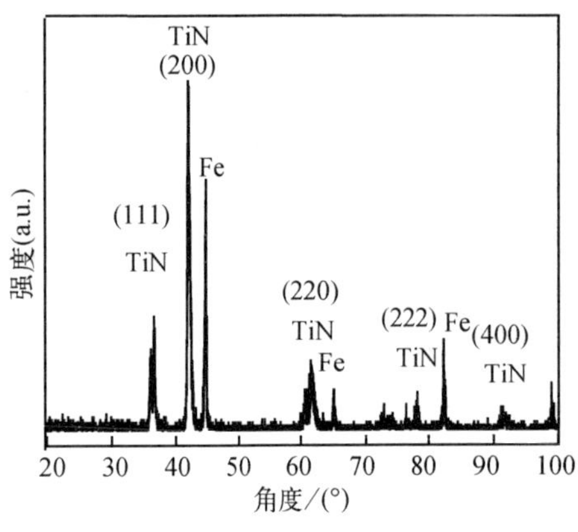

图 7.49　1 020 ℃，Ar∶N_2＝100∶9,XRD 谱线图

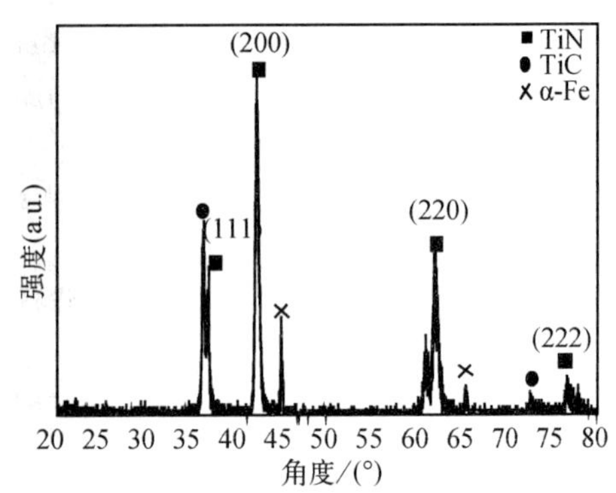

图 7.50　920 ℃，Ar∶N_2＝100∶9,XRD 谱线图

表 7.7　温度、流量比及表面颜色与硬度的关系

编号	温度/℃	流量比(Ar∶N_2)	表面颜色	平均硬度/$HV_{0.1}$
1.1	850	100∶3	土黄色	1 790
1.2	850	100∶6	黄色	1 709
1.3	850	100∶9	浅黄色	1 760
1.4	850	100∶12	淡黄色	1 758
2.1	920	100∶3	浅黄色	1 889
2.2	920	100∶6	金黄色	2 010
2.3	920	100∶9	黄色	1 763
2.4	920	100∶12	深黄色	2 345
3.1	1 020	100∶3	浅黄色	1 980
3.2	1 020	100∶6	黄色	2 013
3.3	1 020	100∶9	金黄色	2 200
3.4	1 020	100∶12	金黄色	2 210

图 7.51 分别为试样的划痕形貌及声发射信号。从划痕图谱可以看出,在 0～100 N 的连续加载载荷范围内,压头滑过渗层表面时,只出现极微弱的背景声发射信号,而未出现发射信号突然增大的现象,没有出现临界载荷 Lc。结合金相划痕形貌检测也能看出来,渗镀层表面划痕的边缘平整,无裂纹无剥落现象产生。因此说明 TiN 渗镀复合层和基体间的结合强度非常好。这是由于利用辉光等离子渗金属时,首先在基体上渗一定厚度的 Ti,使表层基体硬度达到显微硬度1 000以上,其对随后反应合成 TiN 起到强有力的支撑作用,且呈成分梯度分布,使 TiN 渗镀复合层与基体具有很好的结合强度。

由图 7.52 可知,在不同载荷下基体摩擦系数极其不平稳呈波动式分布,载荷愈大开始波动的愈早,当滑动 20 min 时,摩擦系数基本为 0.26。在初期跑合阶段,TiN 复合渗镀层试样在不同载荷下的摩擦系数均随滑动时间的增加而有所上升,然后趋于平稳,摩擦系数保持在 0.06～0.09 之间,明显比基体材料的摩擦系数平稳且低得多,具有很好的减摩效果。由表 7.10 所示,在不同载荷下辉光等离子渗镀 TiN 复合渗镀层的失重量比基体低了一个数量级,与 PVD 制备的 TiN 层的失重基本相当。

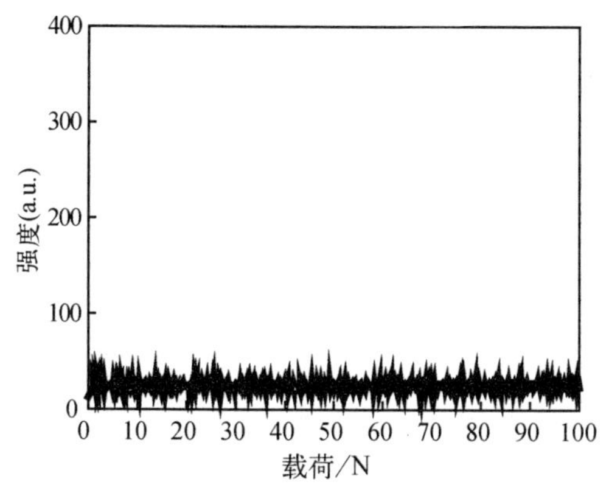

图 7.51 TiN/Ti 渗镀层划痕声发射信号图谱

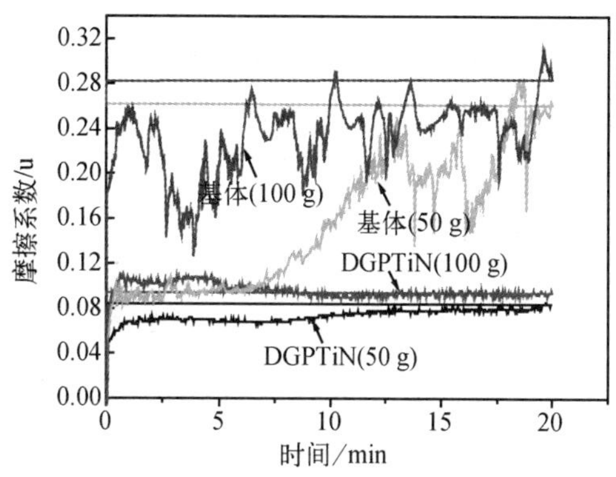

图 7.52 不同载荷下的摩擦系数

表 7.8 各沉积层在不同载荷下的磨损量

载荷/N \ 试样	基体			DGPTiN		
	磨前/g	磨后/g	失重/g	磨前/g	磨后/g	失重/g
400	14.454 0	14.448 1	0.005 9	14.644 3	14.643 8	0.000 5
500	14.460 7	14.454 3	0.006 4	14.643 9	14.643 2	0.000 7
700	14.323 5	14.315 4	0.008 1	14.643 2	14.642 6	0.000 8

载荷/N \ 试样	DGPTiN+PVDTiN			DGPTiN+$PVDTiB_2$		
	磨前/g	磨后/g	失重/g	磨前/g	磨后/g	失重/g
400	14.392 9	14.392 4	0.000 5	14.403 6	14.403 4	0.000 3
500	14.392 3	14.391 6	0.000 7	14.403 3	14.401 9	0.001 4
700	14.391 8	14.390 8	0.001 0	14.401 9	14.400 9	0.001 0

7.5 基于双阴极放电低温沉积技术研究的初探[64-66]

双辉技术从诞生开始，始终是围绕着利用辉光轰击所造成的高温扩散作用展开渗入各种金属或非金属元素，近两年来，作者利用基于双辉技术的双阴极放电低温沉积技术，在低熔点合金表面沉积金属元素方面做了有益的探索，并在镁合金表面沉积耐蚀合金层方面取得了一些突破性的进展。

7.5.1 Al-Mg 合金层

以镁合金 AZ31 为基体材料，以纯铝板为源极，极间距分别为 30 mm、45 mm、60 mm 下制备出表面合金层的 XRD 衍射图谱如图 7.53 所示。由图可知：不同工艺参数都得到了辉光等离子合金化形成的亚稳 β-Al_2Mg(六方晶系，晶格常数：a=11.38 Å，b=11.38 Å，c=17.87 Å)相。其中极间距为 45 mm 时，β-Al_2Mg 相衍射强度最大，衍射角在 40°～47°范围内，呈现漫散的衍射峰，该区间的放大图如图 7.54 所示。故可以推测，采用辉光等离子合金化技术，在镁合金 AZ31 表面形成了非晶态合金。非晶态合金的形成将大大提高合金的耐蚀性能。而极间距

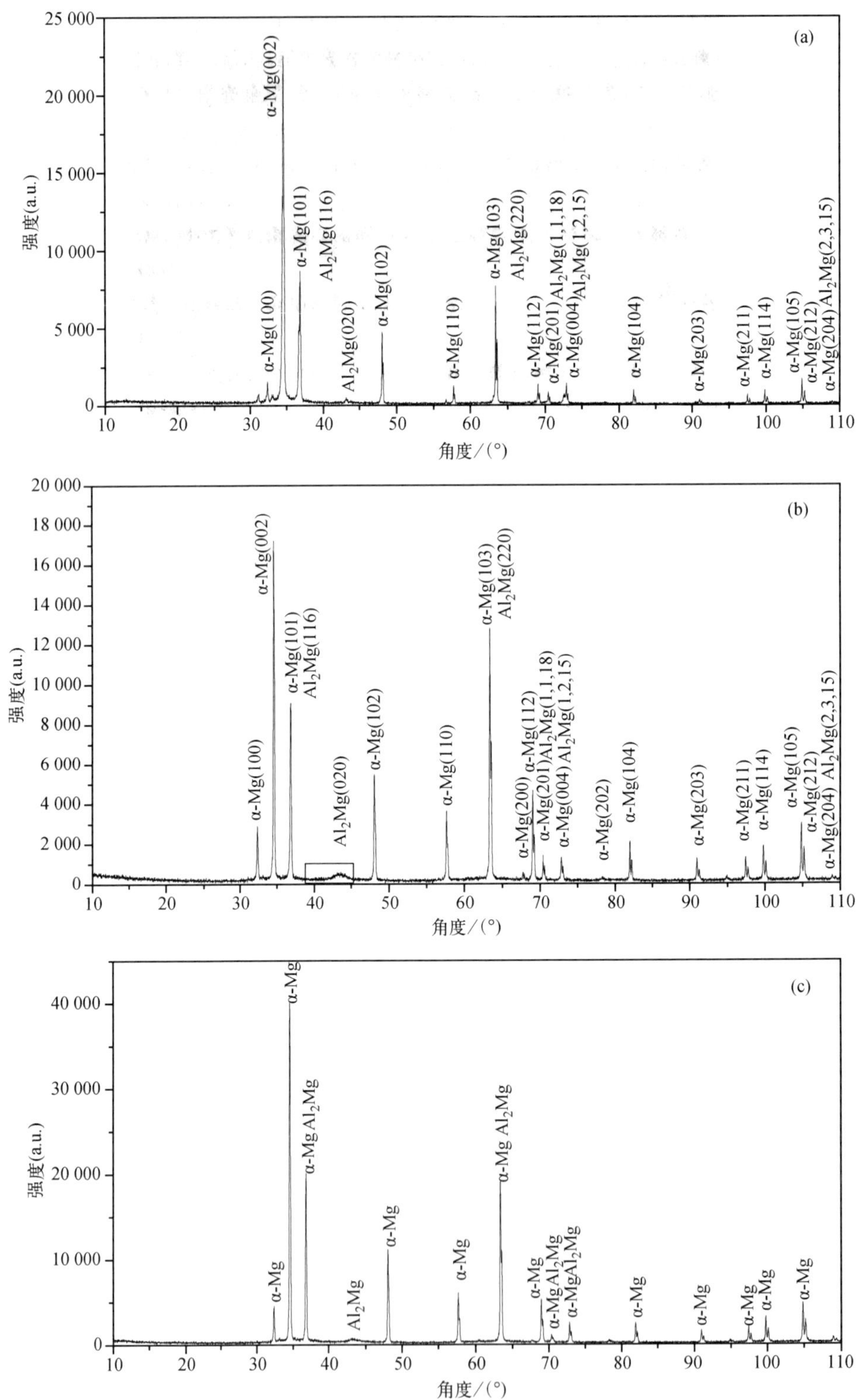

图 7.53 不同极间距制备的 Al-Mg 合金层 XRD 衍射图谱

(a) 30 mm;(b) 45 mm;(c) 60 mm

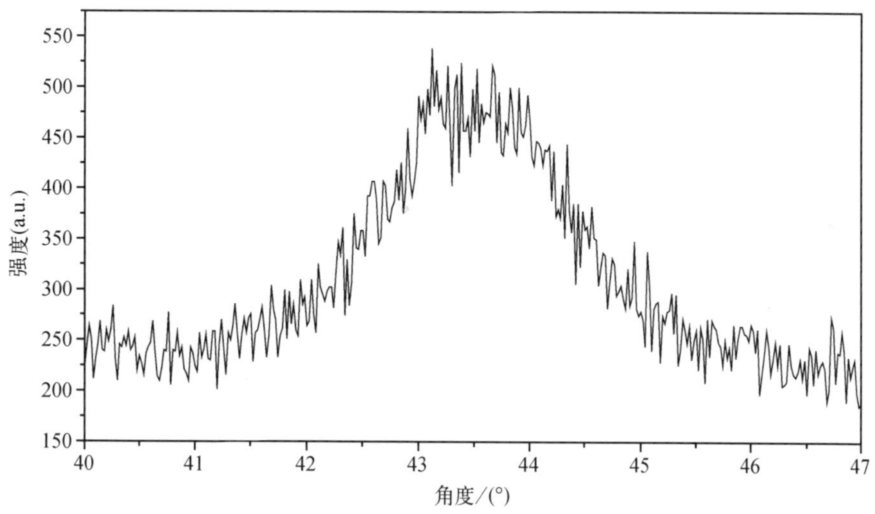

图 7.54　图 7.53(b)中衍射角在 40°～47°时的 XRD 衍射图谱

为 30 mm 时，则没有呈现出漫散的衍射峰，为晶化的 β-Al_2Mg 相。极间距为 60 mm 时，β-Al_2Mg 相衍射强度较小。综上所述，极间距越大，抵达工件表面的金属粒子就少，沉积的速率低；反之，极间距过小则轰击能量太大，引起工件表面温度过高，同时沉积表面的反溅射也加强而不利于高质量的表面合金层的获得。最佳距离为 45 mm。另外，基体 α-Mg的衍射强度很大，说明试样表面合金层比较薄。采用扫描电子显微镜观察非晶态表面合金层的组织形貌，如图 7.55 所示。从图中可以看出，表面合金层平均厚度 10 μm 左右，其中未观察到孔洞、晶界等，从侧面说明了合金层为非晶态合金。合金层与基体结合良好，且具有连续、致密的特点。这有利于表面性能的稳定性，有效隔绝腐蚀介质与基材的接触，从而达到以表面方法来提高材料耐蚀性能的目的。

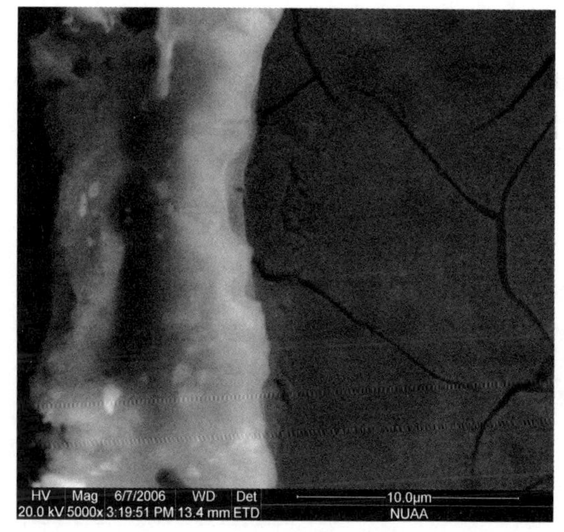

图 7.55　Al-Mg 表面合金层的扫描电镜形貌

为了进一步确定表面合金层的成分、组织结构，对试样进行了透射电镜分析。TEM 样品采用单面减薄的方法来研究合金层的组织分布情况。图 7.56 是表面合金层的 TEM 照片和电子衍射花样。从图 7.56(a)可知，合金层最外层的电子衍射花样为典型的非晶晕环，证明最外层为非晶区。非晶区下的次外层可以清晰地观察到典型的纳米晶，其晶粒尺寸在 5 nm 左右。图 7.56(d)为纳米晶的高分辨照片，其面间距 $d=0.283$ nm，标定为 β-Al_2Mg 的(220)晶面。

图 7.57 为 AZ31 镁合金表面上形成的 Al-Mg 合金层与对比材料 AZ31 在 3.5%NaCl 溶液中的稳态极化曲线。衡量合金腐蚀性能的一个重要指标是自腐蚀电位。从极化曲线可以看

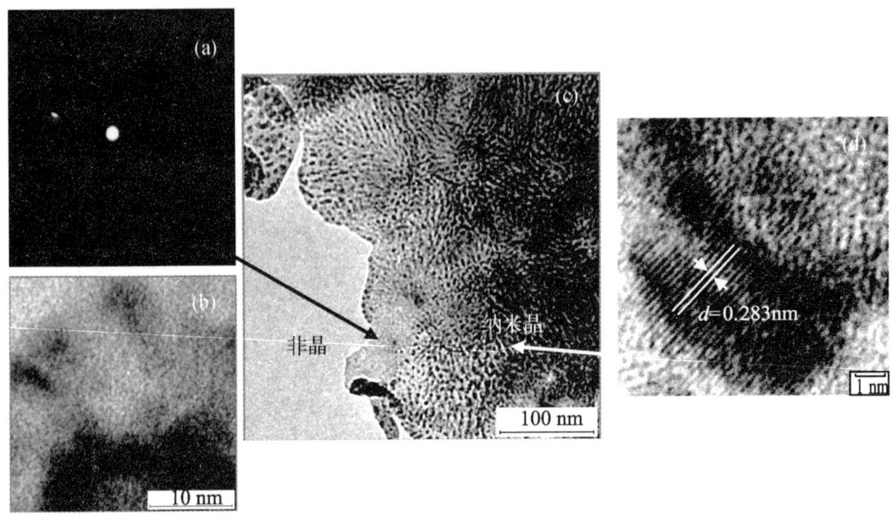

图 7.56 Al-Mg 表面合金层的透射电镜形貌及衍射花样

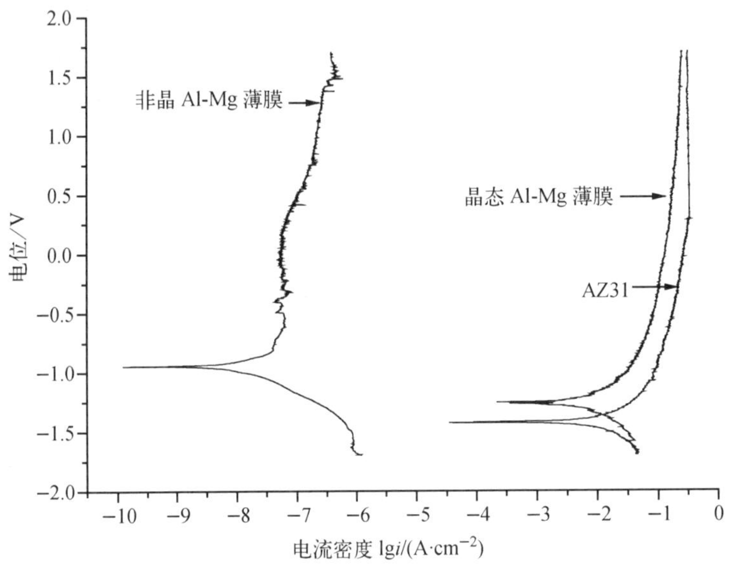

图 7.57 Al-Mg 表面合金层在 3.5%NaCl 溶液中的稳态极化曲线

出，经过辉光等离子表面合金化后非晶态试样的自腐蚀电位为－0.95 V，比表面无非晶层的晶态试样(－1.27 V)提高了 0.32 V，比 AZ31(－1.42 V)提高了 0.47 V，用塔菲尔直线外推法测得非晶态合金层腐蚀电流仅为 0.13 $\mu A/cm^2$，而且随着电位的变化，电流密度仍保持在 1 $\mu A/cm^2$ 以下，表明其钝化膜较稳定，不容易被 Cl^- 破坏，点蚀也不容易发生，说明辉光等离子表面合金化后耐蚀性能有了明显提高。

7.5.2 Al-Cr-Fe 表面合金层

图 7.58 为 Al-Cr-Fe 表面合金层的 XRD 衍射图谱。从图中可以看出，基体 α-Mg 的衍射

强度很大，说明试样表面合金层比较薄，除了基体 α-Mg，主要是 $AlCr_2$（四方晶系，晶格常数：$a=3.004$ Å，$b=3.004$ Å，$c=8.648$ Å）相。采用扫描电子显微镜观察表面合金层的组织形貌，如图 7.59 所示。从图中可以看出，表面合金层连续、致密，厚度约为 2～3 μm，与基体结合良好，这有利于表面性能的稳定性。可以有效隔绝腐蚀介质与基材的接触，从而达到以表面合金化方法来提高材料耐蚀性能的目的。合金层的成分分布曲线如图 7.60 所示，由图可见表面合金层区富含 Al、Cr、Fe 元素。

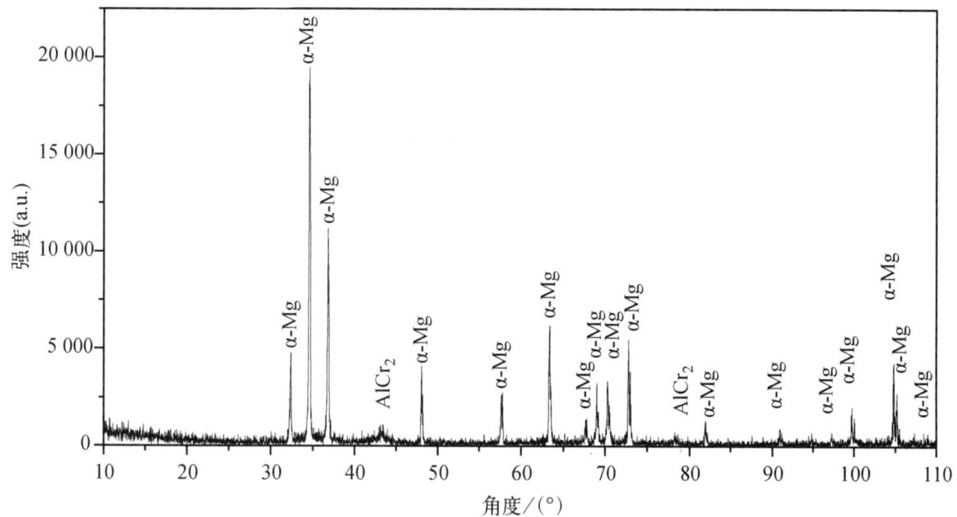

图 7.58　Al-Cr-Fe 表面合金层的 XRD 衍射图谱

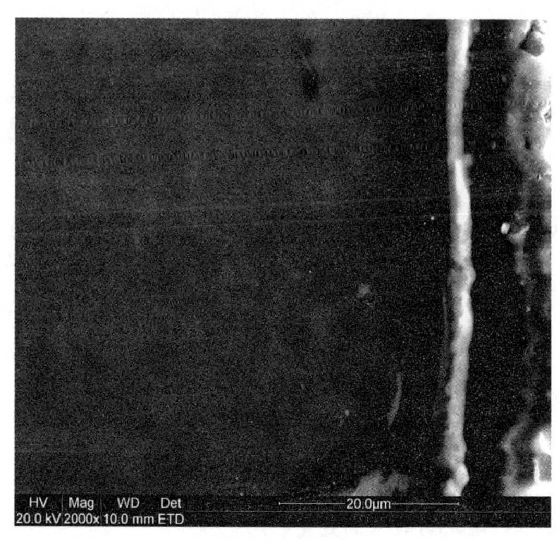

图 7.59　Al-Cr-Fe 表面合金层的扫描电镜形貌

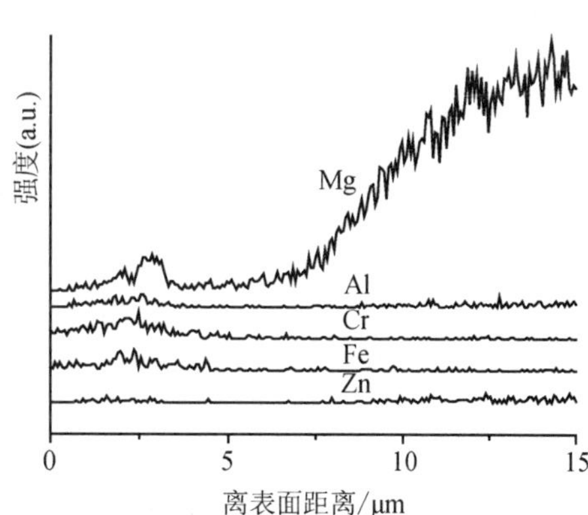

图 7.60 Al-Cr-Fe 表面合金层的线扫描结果

合金层在 3.5％NaCl 溶液中的稳态极化曲线如图 7.61 所示。从图中可以看出，Al-Cr-Fe 表面合金层在阳极极化部分出现了明显的钝化区，随着电位的升高，腐蚀电流密度比 Al-Mg 表面合金层小，保持在 1 μA/cm^2 以下。从自腐蚀电位指标来看，Al-Cr-Fe表面合金层为

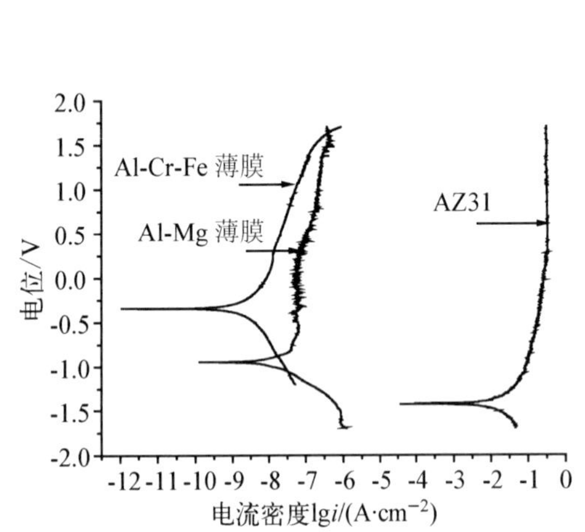

图 7.61 Al-Cr-Fe 表面合金层在 3.5%NaCl 溶液中的稳态极化曲线

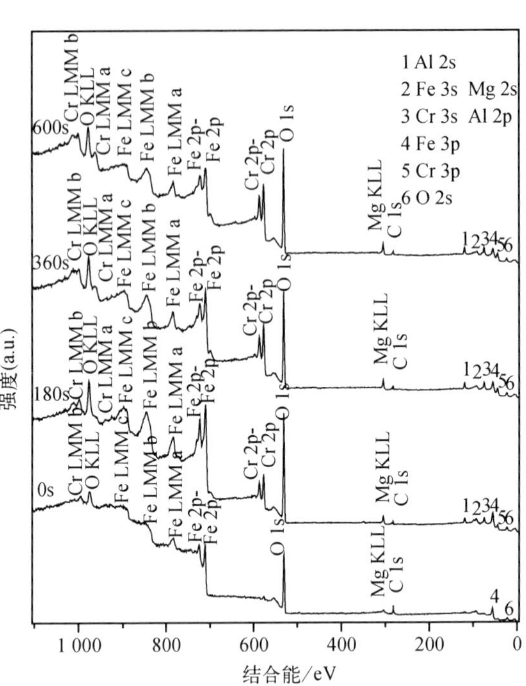

图 7.62 Al-Cr-Fe 表面合金层上形成的钝化膜的 XPS 全谱分析结果

−0.34 V，比 Al-Mg 表面合金层提高了 0.39 V，比 AZ31 提高了 1.08 V，表现出良好的耐蚀性能。

为了对 Al-Cr-Fe 表面合金层的耐腐蚀机理进行探讨，我们利用 XPS 对合金层在 3.5% NaCl 溶液中形成的钝化膜进行了分析。图 7.62 为钝化膜 XPS 全谱分析结果。从图中可知，钝化膜主要元素有 Fe、Cr、Mg、Al、O、C 六种元素，其中 C 主要来自于能谱仪真空室有机污染物。钝化膜中 Fe、Cr、Mg、Al、O、C 六种元素原子分数随溅射时间的变化见表 7.9。结果表明：O 含量在表面达到了 39.44%，而且随深度（溅射时间）的增加缓慢增加，在溅射 10 min 后，其含量达到 41.55%。这就证明了合金层在 3.5%NaCl 溶液中形成的钝化膜中氧化物含量较高，而且较厚。Fe 在钝化膜最外层含量较高，但随溅射时间的增加减少很快。Cr、Mg、Al 的含量在钝化膜最外层含量较低，其中在表面 Cr、Al 两种元素的含量较 Mg 的含量高，随溅射时间的增加 Cr、Mg、Al 的含量逐渐增大，Cr、Al 的含量增加的幅度大于 Mg 的含量增加的幅度。Cr、Al、O 随深度的这种变化有利于保证钝化膜中参与形成有保护性的氧化物的数量以及一定的厚度。

表 7.9 钝化膜中六种元素原子分数随溅射时间的变化(%)

溅射时间/s	Fe	Cr	Mg	Al	O	C
0	53.42	0.79	—	—	39.44	7.35
180	38.50	9.34	1.68	7.82	40.82	1.85
360	29.30	15.15	2.74	10.96	41.29	0.56
600	24.02	18.36	4.77	11.03	41.55	0.26

为了进一步分析钝化膜中主要组成元素的价态及存在形式，分别对钝化膜中的 Fe、Cr、Mg、Al 元素进行了单个分析。图 7.63(a)、(b)、(c)、(d)分别为合金层在 3.5%NaCl 溶液中形成的钝化膜中 Fe2p、Cr2p、Mg2p、Al2p 的谱峰解谱结果。结果表明：Fe2p 在表面以 Fe_2O_3(结合能为 710.90 eV)形式存在，随着溅射时间的增加，分别以 FeO(结合能为 710.00 eV)和单质 Fe(结合能为 707.30 eV)形式存在。Cr2p 的结合能为 577.20 eV，表示以三价氧化物或氢氧化物如 Cr_2O_3、CrOOH 或 $Cr(OH)_3$形式存在。Mg2p 的结合能为 50.35 eV，表示以$Mg(OH)_2$形式存在。Al2p 的结合能为 74.87 eV，表示以三价氧化物 Al_2O_3形式存在，另外在薄膜内层，还有少量以单质 Al(结合能为 72.41 eV)形式存在。这保证了过渡层中有足够的 Al 来完成再钝化，提高了氧化膜内层的稳定性。

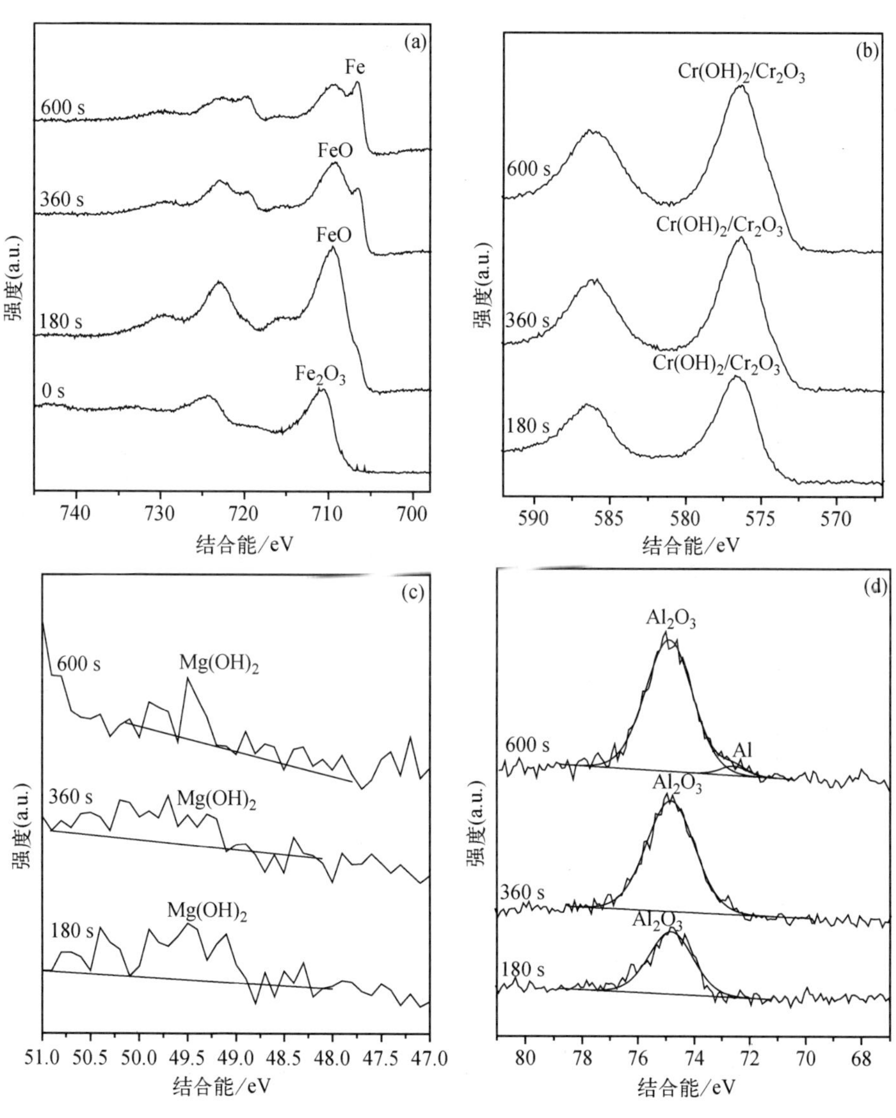

图 7.63　钝化膜中 Fe、Cr、Mg、Al 元素 XPS 价态分析结果

7.5.3 镁合金表面形成 Ni-Cr-Mo-Cu 合金层

为了在低熔点的镁合金表面获得高熔点的镍基合金层，作者采用了先电刷镀一定厚度的 Cu，然后进行双阴极等离子沉积 Ni-Cr-Mo-Cu 合金层的工艺。图 7.64(a)、(b)分别为复合表面处理后试样和直接在 AZ31 镁合金表面多元沉积 Ni-Cr-Mo-Cu 合金试样 XRD 衍射图谱。比较图 7.64(a)与图 7.64(b)，我们发现两者都由 α-Mg 相与 γ-Ni 相组成，但采用复合技术处理后的试样中 γ-Ni 相的衍射强度明显高于直接多元沉积 Ni-Cr-Mo-Cu 合金试样的衍射强度。说明前者得到的合金层比后者厚。这是由于在 Ar^+ 轰击作用下，处于高自由能状态的 Mg 原子很容易从表面溅射出来，在表面附近形成 Mg“气氛”。因此，Ni、Cr、Mo、Cu 等合金元素难以沉积。而在镁合金表面电刷镀 Cu 层，作为“阻挡层”，可以有效降低 Mg 原子向表面迁移或溅射出表面，从而使从源极溅射出来的合金元素很容易吸附于工件表面并沉积下来。另外，Cu 与 Ni、Cr、Mo 等元素有良好的亲和力，在辉光作用下很容易形成合金层。

Ni-Cr-Mo-Cu 表面合金层扫描电镜形貌如图 7.65 所示，其中图 7.65(a)为直接多元沉积

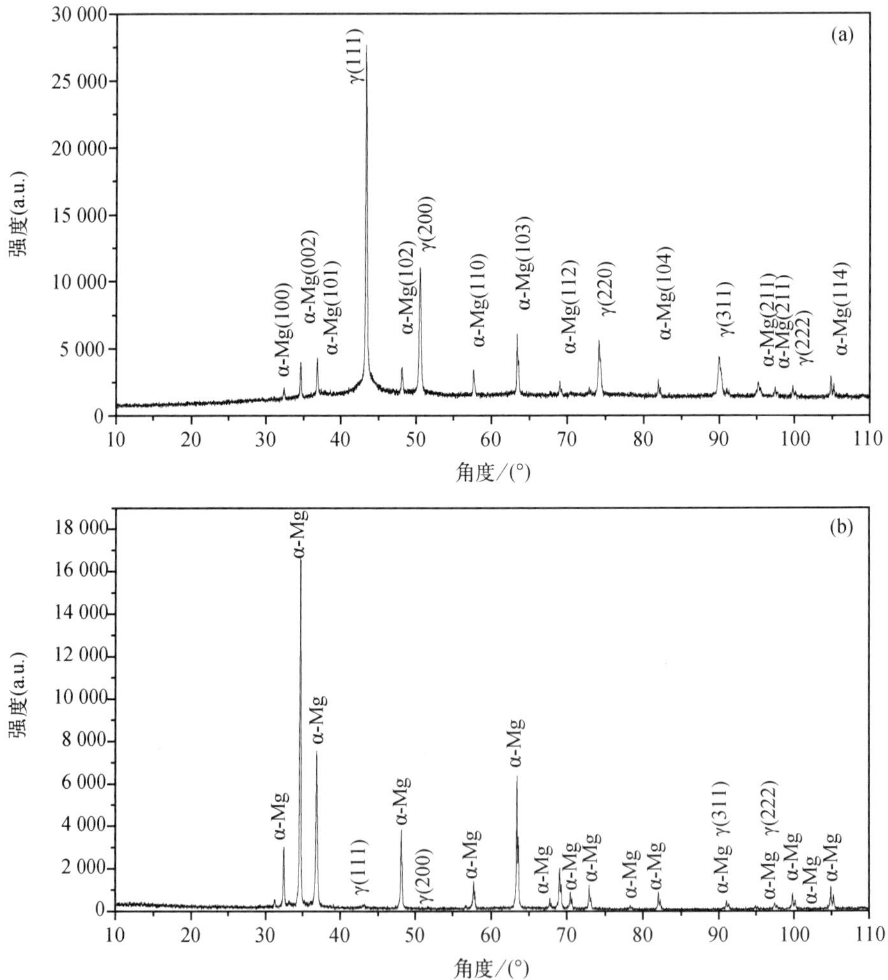

图 7.64 Ni-Cr-Mo-Cu 多元沉积合金层的 XRD 衍射图谱

制备的试样，图 7.65(b)为复合技术制备的试样。可见前者得到的合金层非常薄，且不够均匀，厚度只有约 1 μm。而后者得到的合金层的厚度达到 30～40 μm。图 7.65 中 A、B、C 各点的 EDAX 分析结果列于表 7.10，结果表明：采用复合技术制备的合金层中 Mg 元素的含量明显低于直接多元沉积的合金层的 Mg 元素含量，而 Ni、Cr、Mo 等元素的含量则恰恰相反。证明电刷镀 Cu 镀层作为“阻挡层”有效地抑制了高自由能状态的 Mg 原子从表面溅射出来，提高了 Ni-Cr-Mo-Cu 合金元素的沉积效率。这与 XRD 得到的结论一致。

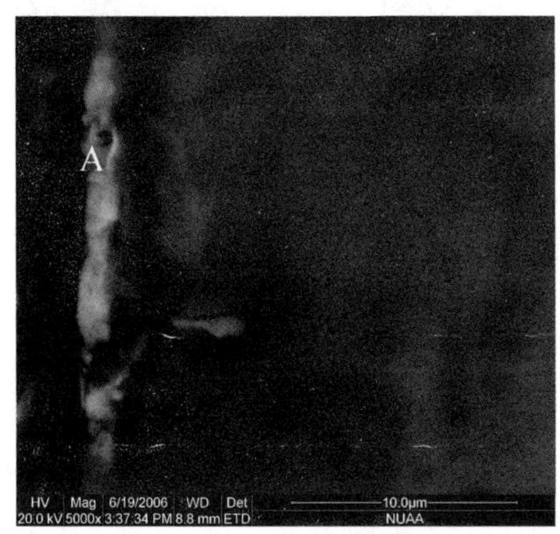

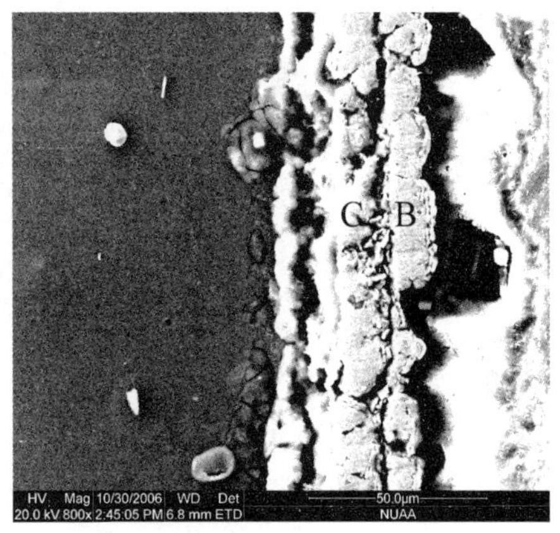

图 7.65　Ni-Cr-Mo-Cu 表面合金层扫描电镜形貌

表 7.10　图 7.65 中各点的 EDAX 分析结果(质量分数/%)

Label	Ni	Cr	Mo	Cu	Zn	Mg	Al
A	7.94	6.32	26.30	—	12.56	42.20	4.60
B	29.02	12.61	19.94	26.92	0.29	10.37	0.83
C	11.84	5.26	11.46	52.81	0.83	5.62	12.10

为了进一步确定表面合金层的成分、组织结构，对试样进行了透射电镜分析。图 7.66 为复合表面处理制备的 Ni-Cr-Mo-Cu 多元沉积合金层的透射电镜形貌及电子衍射图谱。表面合金层的最外层的电子衍射花样[图 7.66(a)]为典型的非晶晕环，说明合金层的最外层[图 7.66(b)黑色箭头所指处]是非晶态区；次外层(白色箭头所指处)由大量纳米晶组成，其晶粒尺寸小于 10 nm。图 7.66(c)为纳米晶的高分辨照片，其面间距 $d=0.208$ nm，标定为 Ni 基合金的(111)晶面。

两种表面合金层在 3.5%NaCl 溶液中的稳态极化曲线如图 7.67 所示。从图中可以看出，直接多元沉积 Ni-Cr-Mo-Cu 合金层的自腐蚀电位(－1.38 V)低于复合表面处理 Ni-Cr-Mo-Cu 合金层(－1.07 V)，与镁合金 AZ31(－1.42 V)相当。两种方法制备的合金层都出现了钝化区，维钝电流密度 i_p 与点蚀击破电位 E_b 见表 7.11。由表可见，复合 Ni-Cr-Mo-Cu 合金层的维钝电流密度低于直接多元沉积 Ni-Cr-Mo-Cu 合金层的维钝电流密度。腐蚀试验结果表明：复合 Ni-Cr-Mo-Cu 合金层的耐蚀性能较直接多元沉积 Ni-Cr-Mo-Cu 合金层有了明显提高。这是由于复合 Ni-Cr-Mo-Cu 合金层相比直接多元沉积 Ni-Cr-Mo-Cu 合金层，合金层的组

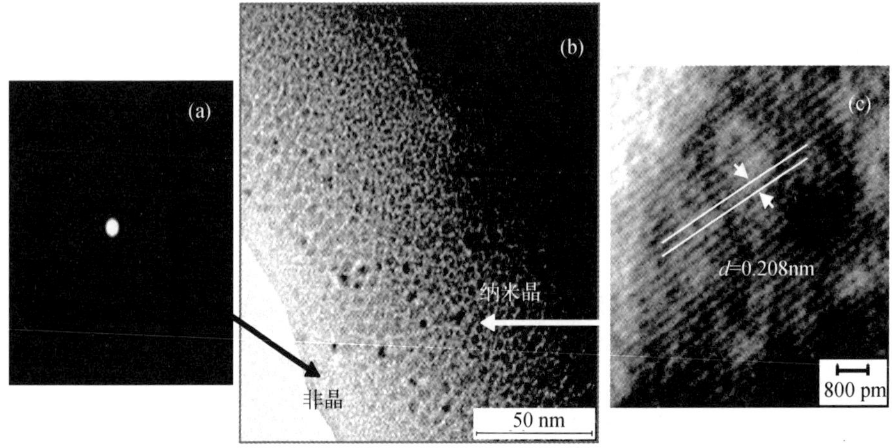

图 7.66 复合技术制备的 Ni-Cr-Mo-Cu 表面合金层的透射电镜形貌及衍射花样

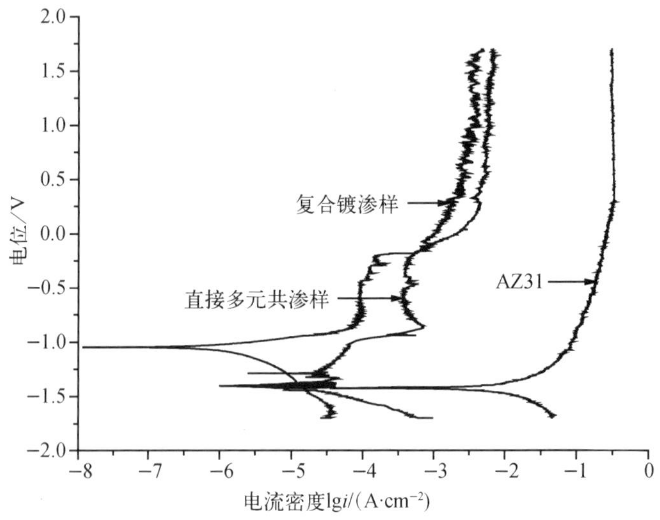

图 7.67 Ni-Cr-Mo-Cu 表面合金层在 3.5%NaCl 溶液中的稳态极化曲线

织更为连续致密，且耐蚀合金元素的含量明显增加。该结果也证实了在低熔点的镁合金表面利用复合工艺沉积高熔点金属的有效性。

表 7.11 Ni-Cr-Mo-Cu 表面合金层在 3.5%NaCl 溶液中的电化学测试结果

试样	维钝电流密度/(μA · cm^{-2})	点蚀电位/mV
直接多元共渗试样	383.34	−185
复合渗镀试样	91.22	−185

参考文献

[1] 孟广耀. 化学气相沉积与无机新材料[M]. 北京：科学出版社，1990.

[2] 董允．现代表面工程技术[M]．北京：机械工业出版社，2000.

[3] Shi Likai. The Progress of Processing Technology of Advanced Materials in China[C]. The Third Pacific Rim International conference on Advanced Materials and Processing, Hawaii, 1998, 6.

[4] 《高技术新材料要览》编委会．高技术新材料要览[M]．北京：中国科学技术出版社，1993.

[5] 徐重．等离子表面冶金技术的现状与发展[J]．中国工程科学，2002，4(2)：36-41.

[6] Marbach W D. A Break through in Making Metal Tougher[J]. Business Week, 1989, 24：16.

[7] 胡志强．气体电子学[M]．北京：电子工业出版社，1985.

[8] 杨津基．气体放电[M]．北京：科学出版社，1983.

[9] 李家全，余萍，袁斌．双辉光离子渗金属——一种新颖的等离子表面冶金技术[J]．物理，1996，25(4)：229-238.

[10] 徐重．双层辉光离子渗金属技术[J]．太原工业大学学报，1993，24：30-35.

[11] 杨耀清，池成忠，曹晓卿．T10 钢表面中温双辉等离子渗铬强化的研究[J]．新技术新工艺，2008，5：83-84.

[12] 池成忠，袁庆龙，高原，等．T10 钢双辉等离子渗铬改性层的形成条件研究[J]．中国表面工程，2003，5：20-26.

[13] 袁庆龙，苏永安，徐重．纯铜双层辉光离子渗镍研究[J]．真空科学与技术学报，2004，24(1)：40-42.

[14] 袁庆龙，梁洪达．Erosion and corrosion of mild steel and stainless steel in alumina particle-containing sodium carbonate/bicarbonate solution[J]．钢铁研究学报英文版，2004，11(4)：52-55.

[15] 袁庆龙，池成忠，苏永安，徐重，唐宾．Surface alloying of Cu with Ti by double glow discharge process [J]. TRANSACTIONS OF NONFERROUS METALS SOCIETY OF CHINA，2004, 14(3), 516-519

[16] 袁庆龙，池成忠，苏永安，等．纯铜双层辉光离子渗钛组织形成机理及性能分析[J]．电子显微学报，2004，23(2)：163-167.

[17] 袁庆龙，池成忠，苏永安，等．纯铜双层辉光离子渗镍层形成及扩散机理分析[J]．金属热处理，2003，11：43-45.

[18] 袁庆龙，苏永安，张跃飞，等．纯铜双层辉光离子临界区渗钛研究[J]．材料热处理学报，2003，3：70-73.

[19] 张跃飞，袁庆龙，陈飞，等．纯铜等离子渗钛层的高温氧化[J]．中国腐蚀与防护学报，2004，24(3)：139-142.

[20] 张平则，徐重，张高会，等．Ti-Cu 表面阻燃钛合金研究[J]．稀有金属材料与工程，2005，34(1)：162-165.

[21] 张平则，李忠厚，贺志勇，等．Ti - 6Al - 4V 表面双层辉光离子渗 Cr 研究[J]．兵器材料科学与工程，2005，28(1)：17-20.

[22] 张平则，徐重，张高会，等．纯 Ti 及 Ti-6Al-4V 双层辉光离子渗 MO[J]．南京航空航天大学学报，2005，37(5)：582-586.

[23] 张高会，潘俊德，徐重，等．钛合金双层辉光离子无氢渗碳的摩擦磨损行为[J]．摩擦学学报，2004，24(2)：111-114.

[24] 李争显，周慧，杜继红，等．钛合金表面辉光无氢渗碳的研究[J]．稀有金属材料与工程，2004，33(12)：1 355-1 357.

[25] 王文波，徐重，贺志勇，等．双辉技术渗铌对 Ti-6Al-4V 合金氧化性能的影响[J]．稀有金属材料与工程，2007，36(5)：869-873.

[26] 范本惠，等．A3 钢板等离子镍铬共渗[J]．金属热处理，1988，9：37.

[27] 徐重，王从曾，苏永安，等．离子渗钨钼手用钢锯条的应用研究[J]．金属热处理，1988，3：21.

[28] 徐重，等．金属钛对氮化过程的强化及其机理探讨[J]．航空工艺技术，1978，7.

[29] 孙东升，等．离子渗氮层的组织形貌和界面结构[J]．金属学报，1993，29(5)：A203-207.

[30] 马欣新，等．离子轰击对钢中碳扩散系数的影响[J]．科学通报，1993，38(8)：763-765.

[31] 刘富荣，等．激光冲击和纯铝的正电子湮没特性[J]．中国有色金属学报，1997，2：122-124.

[32] Boutchokov B. etc. Diffusion Coefficient of Silicon in Glow Discharge Silicon Alloying[C]. 5th Intercongress on Heat Treatment of Material, Budapest Hungary, 1986, 13:1 366-1 370.

[33] Li C J, Xu Z. Diffusion mechanism of ion bombardment[J]. Surface Engineering, 1987, 4:310.

[34] 李成明,等. 离子铬钼共渗的扩散机制[J]. 中国有色金属学报,2000,10(2):185.

[35] 李忠厚,等. 用多元回归法测定 W、Mo 扩散系数[J]. 机械工程材料,1995,2:26.

[36] 古风英,等. 双层辉光离子渗钨钼析出物及其 TTT 曲线[J]. 金属热处理学报,1993,3:16.

[37] 苏永安,等. 辉光离子渗钨钼渗层脱溶沉淀组织[J]. 理化检验(物理分册),1992,1: 3.

[38] 高原,等. 离子渗 W、Mo 层渗碳后碳化物的研究[C]. 材料表面处理新技术学术讨论会论文集,北京,1998,6:1.

[39] 王从曾,等. 钢中含碳量对离子钨钼共渗的影响[J]. 太原工业大学学报,1993,2:7.

[40] 徐江,谢锡善,等. 基于神经网络的双层辉光离子渗金属工艺预测模型的研究[J]. 机械工程学报,2003,2:66-68.

[41] Xu J, et al. Double glow plasma surface alloying process modeling using artificial neural networks[J]. Journal Materials Science and Technology, 2003, 19(5):404-406.

[42] 李延民,潘清跃,黄卫东,等. 应用人工神经网络于激光加工工艺优化[J]. 金属热处理学报,1998,19(4):14-17.

[43] 吴良,钟文锋. 基于人工神经网络的结构钢端淬曲线预测系统模型的研究[J]. 金属热处理学报, 2000,21(4):13-17.

[44] Song R G, et al. Heat treatment technique optimization for 7175 aluminum alloy by an artificial neural network and a genetic algorithm[J]. Journal of Materials Processing Technology, 2001, (117):84.

[45] Tabet F M, et al. Use of artificial neural networks to predict thickness and optical constants of thin films from reflectance data[J]. Thin Solid Films, 2000, (370):122.

[46] 徐江,谢锡善,等. 双层辉光离子渗 Ni-Cr-Mo-Cu 合金的工艺研究[J]. 北京科技大学学报,2002,24(6):623-626.

[47] 徐江,谢锡善,等. 双层辉光多元共渗合金元素吸收率的研究[J]. 特殊钢,2001,22(6):21-23.

[48] Xu J, et al. The Multi-element Ni-Cr-Mo-Cu surface alloying layer on the steel using a Double Glow Plasma[J]. Surface and Coatings Technology, 2003,168 (2-3):142-147

[49] Xu J, Xu Z, Xie X H, et al. Ni-base superalloy surface alloying by double glow plasma surface alloying technique[J]. Vacuum, 2004, 74 (4):489 -500.

[50] 蔡玉林,等. 高温合金的金相研究[M]. 北京:国防工业出版社,1986.

[51] 赵斌,等. 双层辉光离子渗 W-Mo 后球状析出相的研究[J]. 热加工工艺,2000,4:20.

[52] Xu J, et al. Investigation on multi-element Ni-Cr-Mo-Cu alloying layer by double glow plasma alloying technique[J]. Materials Chemistry and Physics, 2005, 92(2-3):340-347.

[53] Ai J H, Xu J, Xie X S. XPS Study on Double Glow Plasma Corrosion-resisting Surface Alloying Layer [J]. Applied Surface Science, 2003, 206(1-4):230-236.

[54] Xu J, et al. Double glow surface alloying of low carbon steel with electric brush plating Ni interlayer for improvement in corrosion resistance[J]. Surface and Coatings Technology, 2003, 168 (2-3):156-160.

[55] Xu J,et al. XPS study of the corrosion resisting composite alloying layer obtained by double glow plasma with brush plating Ni interlayer[J]. Journal of University of Science and Technology Beijing, 2004, 11 (2):151-156.

[56] 徐江,等. 双辉 Ni-Cr-Mo-Cu 多元共渗的渗层组织特征及钝化膜的 XPS 研究[J]. 稀有金属材料科学与工程,2004,33 (6):174-179.

[57] 徐江,谢锡善,等. 双辉多元共渗与电刷镀复合表面耐蚀渗镀层的研究[J]. 金属学报,2002,38(10):

1 074-1 708.

[58] 卢金斌,席艳君,王志新. 45 钢双层辉光离子渗 Cr-C 工艺的研究[J]. 热加工工艺,2006,35(2):46-49.

[59] 李莉平,姚正军,朱晓林,等. 20 钢表面双辉渗镀 TIC 陶瓷[J]. 东南大学学报,37(6):980-984.

[60] 李莉平,姚正军,李振平. 氮气气压对双辉渗镀 Ti(CN)组织及性能的影响[J]. 江苏冶金,2007,35(5):1-4.

[61] 刘燕萍,徐晋勇,隗晓云,等. 等离子辉光 TiN 复合渗镀层结构与性能的研究[J],材料热处理学报,2005,26(6):109-112.

[62] 刘燕萍,徐晋勇,隗晓云,等. 辉光等离子渗镀合成 TiN/Ti 渗镀扩散层摩擦磨损性能的研究[J]. 摩擦学学报,2006,26(2):117-121.

[63] 刘燕萍,徐晋勇,隗晓云,等. 等离子体辉光溅射反应复合渗镀合成 TiN 的研究[J]. 真空科学与技术学报,2005,25(3):47-50.

[64] Xu J, Xu Z, Tao J. A novel synthesis method for large area metallic amorphous/ nanocrystal films by the glow-discharge plasma technique[J]. Scripta Materialia, 2007, 57:587-590.

[65] Xu J, Tao J, Chen Z Y. Preparation of Ni-Cu-Mo-Cr film deposited on AZ31magnesium alloy by double glow sputtering with Cu interlayer[J]. Surface and Coatings Technology, 2007, 202:577-582.

[66] Xu J, ZheyuanChen, Tao J. Corrosion behaviour of amorphous/nanocrystalline Al-Cr-Fe film deposited by double glow plasmas technique[J]. Science in China Series E: Technological Sciences, 2009, 52 (2): 1-9.

第 8 章　双层辉光等离子渗技术制备 Al_2O_3 防氚渗透涂层

8.1　氧化铝涂层概述

氧化铝薄膜具有很多优异的材料特性，特别是高温稳定性、化学稳定性和低导热性[1]。近年来，氧化铝涂层已经被广泛地应用到了医学、核聚变、耐磨性和耐蚀性要求较高的领域。其中，α-Al_2O_3具有刚性大、低的损耗因子、高的介电常数、电阻系数、耐腐蚀性和抗压强度等优异性能，在电子、机械、化工、医学、光学等许多高技术领域具有广泛的用途。

目前国内外用来制备氧化物涂层的方法主要有物理气相沉积、化学气相沉积和等离子喷涂法等[2-6]。等离子喷涂法缺点是不易在形状复杂的工件上获得厚度均匀的涂层。采用化学气相技术，沉积不受工件形状的限制，且涂层的成分、厚度和结构可以通过调节电参数来控制，但沉积温度过高，损伤基材性能。物理气相沉积方法一般制备涂层厚度太薄，很难满足使用要求。另外，在阳极氧化基础上发展起来的微弧氧化技术利用击穿放电所产生的能量可在金属表面原位生长一层高质量的氧化物涂层，但它只适用于铝、镁、钛等阀金属，而且只能获得该金属相对应的氧化物涂层。

8.2　试验设备、材料及方法

8.2.1　试验设备

试验设备为我国自行研制的金属真空炉，设备主要包括炉体、电器柜、真空系统、送气系统、测温系统等。源极、阴极控制电源为武汉首发表面工程有限公司生产的直流电源，源极电压范围 0～1 500 V，电流范围 0～15 A，最大输出功率 23 kW。阴极电压范围0～1 000 V，电流范围 0～20 A，最大输出功率 50 kW。真空炉极限真空度采用 ZDZ-2 型低真空计测量。气体流量通过 D08-2B/ZM 型流量计控制，流量控制范围为 0～100 sccm。其具体设备如图 8.1 所示。实验的真空系统由机械真空泵提供。工作气体选用氩气

图 8.1　双层辉光离子渗金属炉及光学高温计

(99.99%)，并且由质量流量计控制，送入炉内。气压的测定选用真空气压测试仪进行。

8.2.2　试验材料

基体试样为美国北美钢铁公司生产的 316L 奥氏体不锈钢，渗铝前样品经过砂纸打磨，最后进行抛光处理并用丙酮清洗除油。试样尺寸为 60 mm×30 mm×5 mm，成分列于表 8.1。

表 8.1　试验用钢材化学成分

元素	Cr	Ni	Mn	Si	C	Mo	S	P	N	Fe
质量分数/%	16.936	10.128	1.716	0.229	0.027	2.215	0.001	0.032	0.046	余量

以含铝 99.9%的 A00 工业纯铝为源极。将纯铝装入 45 钢坩埚中，因为铝熔点低，在实验过程中会熔化，放入坩埚中能有效限制铝。因此只要将块状的纯铝装入导电埚中就形成了源极。因为 45 钢熔点较高，所以坩埚不会熔化。另外，为了使工件达到较高的温度，渗金属过程要选择在一个相对封闭的空间内进行，因此我们将坩埚放置在一个上端开口的立方 45 钢容器内，底部接电极，工件用钩子吊在另一电极上，以使工件和坩埚保持一定的极间距，在上端的电极上也要盖一块钢板，以保证有一定的封闭空间。

8.2.3　涂层制备方法

首先在 316L 不锈钢表面制备高铝含量渗层，重点摸索气压、源极电压、工件电压、极间距和时间对渗铝层的厚度和渗层的铝含量所造成的影响，在渗铝最佳工艺参数的基础上，分别采用离子渗氧和双辉离子渗氧两种方法对所得到的渗铝层进行氧化。采用离子渗氧时，关闭源极电源而保证一定的工件电压；双辉离子渗氧时，同时保持一定的源极电压和工件电压，在氩气流量为 100 sccm 情况下，采用氧气流量分别为 5 sccm、10 sccm、15 sccm 进行试验。其中双辉炉试验操作过程如下：

(1) 装炉：装炉前首先对炉内壁和炉内所有物件要用砂纸打磨光亮，并用酒精擦洗干净以防止打弧。按工艺方案放置源极、工件，调整好极间距。

(2) 抽真空：首先关闭进气阀开动机械泵及分子泵将炉内抽至极限真空至 2.5×10^{-2} Pa，再充入氩气至 35 Pa。

(3) 启动电源，打开冷却水。启动电源前，炉内充入氩气至气压为 20 Pa，先打开工件电源至 300 V 左右，轰击试样表面 5 min，以达到清洗和活化试样表面的目的。因为纯铝极易与氧反应生成致密的氧化膜，影响渗层的质量。

(4) 打开源极电源至 300 V 左右，轰击源极约 20 min 至不打弧为止，以清洗源极表面及清除纯铝表面的氧化皮。

(5) 预轰击后，将气压调至所需要的气压值，将源极和阴极电压缓慢调整到试验值后，使试样升温到所需温度，并保温进行表面渗铝及渗氧。

(6) 表面改性处理后，关闭源极电源、阴极电源和气源，停止抽真空，继续通水冷却约 3 h，试样冷却到室温后出炉。

8.3 316L不锈钢表面渗铝层的制备及性能表征

8.3.1 渗铝层的制备

利用双辉技术在316L不锈钢表面渗铝时，在一定的气压、阴极电压及源极电压下产生辉光放电，依靠空心阴极效应由氩离子轰击Al源极溅射出Al元素并使源极逐渐升温，由于Al的熔点较低，使得源极融化，呈熔融态，存储在45钢坩埚内。同时辉光放电产生的氩离子轰击试样表面，使试样表面得到清洁、活化升温。由于金属元素在高真空时容易蒸发，蒸发的Al一部分吸附在试样的表面，一部分由于试样和Al源极的电位不同产生的不等电位空心阴极效应进一步被离化，被离化的Al离子在电场的作用下被加速吸附到试样表面，在不锈钢表面沉积扩散，与基体材料形成合金层。

利用双辉技术制备Al_2O_3涂层时，渗铝阶段的铝含量较高，有利于选择性氧化。渗铝层厚度较大，有利于增加涂层的使用寿命。渗层的铝含量和渗层的厚度均受到铝扩散的影响，渗层的厚度主要取决于化合物层与钢界面的向前移动，铝向基体发生扩散，与基体的主要元素铁形成金属间化合物，此过程属于反应扩散过程，其速度的大小与扩散金属和基体金属的性质以及过程的温度等有关。气压、源极电压、工件电压、极间距、时间等对渗层的质量、厚度、渗层表面的欲渗元素的含量影响较大[7,8]。利用双层辉光离子渗金属技术并热氧化制备Al_2O_3涂层过程中，寻找一个最佳的渗铝试验工艺参数无疑对整个研究工作是至关重要的一个基本环节。为了探索渗铝的最佳工艺参数，在做了一系列的摸索试验的基础之上，选择试验的渗铝参数范围如表8.2所示。

表8.2 渗铝参数范围

影响因素	气压/Pa	源极电压/V	工件电压/V	极间距/mm	时间/h
参数范围	20～50	700～950	200～400	15～30	1～5

试验采用脉冲放电模式，其中源极采用直流电源，工件极采用脉冲电源。试验采用的占空比为0.6，试验过程中的温度达到了750～950 ℃。

8.3.2 渗铝层显微观察及能谱分析

对渗铝试样的截面进行机械抛光，同时进行形貌观察。结果表明，利用双层辉光离子渗技术能够制备出厚度为3.13～21.50 μm的渗Al层。渗层的截面形貌如图8.2(a)所示，可见，该试样形成了厚度为4.47 μm的渗层，渗层与基体结合致密、无裂缝和孔洞存在，渗层与基体的界面明显，说明了在渗Al过程中发生了反应扩散[9]；渗层厚度均匀、内部致密；整个试样明显形成两层，左侧部分为渗层，右侧为基体。渗层本身分为了两层，外部呈白亮色的为金属间化合物层，内部颜色与基体相近，为扩散层[10]。

在试验过程中，Ar^+离子轰击致使源极温度急剧升高，源极金属中晶格点阵结点上的原子振动加快，振幅增大，很容易离开点阵位置而被溅射出来。同时离子轰击使得工件表面产生大量的晶体缺陷层，降低了原子的扩散激活能，可以溶解更多的合金元素，加速了欲渗元素的吸

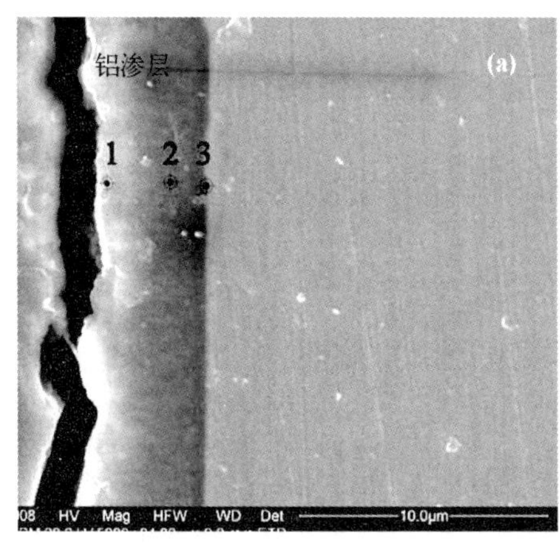

图 8.2 渗铝层截面形貌(a)和表面形貌(b)的扫描电镜照片

附与扩散。早在 1978 年文献[11]就提出了离子氮化的扩散机制应与离子轰击相联系的观点。文献[12]中又进一步提出用空位浓度机制来解释双层辉光离子渗金属过程中合金元素扩散快的原因，认为在离子轰击条件下渗层表面形成了大量的空位缺陷，空位向基体扩散而形成一个空位浓度梯度，使得金属原子有一个向内的作用力，为合金元素向内扩散提供了一条通道。

对所制备的渗层进行了表面形貌观察，结果如图 8.2(b)所示，可见，利用双层辉光离子渗金属技术所制备的渗层表面为颗粒状，颗粒间结合紧密，颗粒大小均匀。

表 8.3 为图 8.2(a)中的 1、2、3 点的能谱检测结果，由此表可看出 Al 元素及基体的主要元素 Fe、Ni 等原子百分含量的变化趋势。Al 元素的原子百分含量在位于扩散层的 2 点处最高，而在表面处较低，这主要是因为渗 Al 过程中温度较高，同时当不锈钢表面被溅射纯 Al 后，Al 浓度梯度很大，使 Al 可以向基体内部扩散，但是在向基体的扩散过程中，受到了基体合金元素，特别是 Ni 的阻碍，这使得 Al 向内部扩散很有限[10,13]，随着扩散层的增厚，Al 元素聚集在了基体与扩散层结合面附近的过渡层中，最终使得表面 1 点处的 Al 含量反而低于内部扩散层内的 2 点处。另外，基体中的元素 Fe、Ni、Cr 等元素在高温环境中，也向渗层方向发生了扩散，由表 8.3 可以看到，这 3 种元素都已到达了表面。在相同的条件下，Fe 的扩散较快，含量也较高。

表 8.3 图 8.2(a)中 1、2、3 点处的成分分析

点号	Al	Fe	Ni	Cr
1	84.88	12.77	1.98	1.30
2	87.50	10.28	0.79	1.43
3	73.09	19.29	2.82	4.80

8.3.3 渗铝层与 316L 不锈钢基体的界面结合

渗铝阶段的界面结合对后续的 Al_2O_3 涂层的界面结合有着重要的影响，只有此阶段的界面结合良好，才能够形成界面结合良好的 Al_2O_3 涂层。为进一步研究渗铝层与基体的结合状况，利用扫描电子显微镜与线扫描观察和检测渗铝层/基体的结合界面，结果如图 8.3 所示。由图 8.3 可知，渗层与基体结合紧密，其结合面平整光滑。从线扫描曲线可看出，渗层中的 Al 已经渗入了不锈钢基体内部，而基体主要元素 Fe、Cr 等也存在于渗铝层中，Al 元素和 Fe、Cr 元素在界面处均为梯度分布，充分说明了在界面结合部分形成了一层反应层，形成了化学结合。

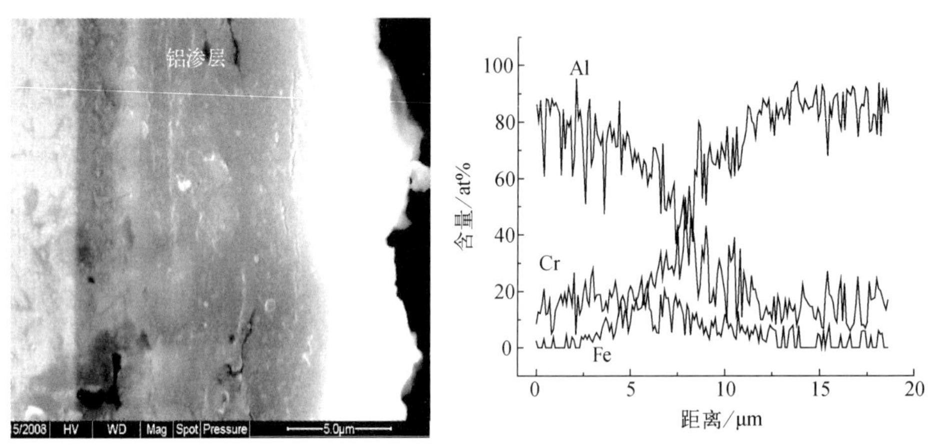

图 8.3 渗铝层与基体的界面照片及线扫描曲线

8.3.4 渗铝层相结构分析

一般情况下，在纯金属表面渗金属时，渗层是由渗入元素的原子同基体中元素的原子相互扩散而形成的合金层，其组织是固溶体、化合物或两者的混合物。由于 Fe 和 Al 之间有较强的化学亲合力，所以渗铝过程中，它们之间容易形成金属间化合物，而不利于形成固溶体。在铝原子饱和状态下，从形成的热力学角度来看，在镀铝反应扩散过程中，最容易形成的铁铝金属间化合物为 $FeAl_3$ 相，其次为 Fe_2Al_5 相、$FeAl_2$ 相、FeAl 相，但 $FeAl_2$ 相为亚稳态，一旦形成即分解为 FeAl 相和 Fe_2Al_5 相，因此形成可能性很小。

对渗铝层进行了 X 射线衍射分析，并结合渗层的 EDS 结果和 Fe-Al 相图进行分析，结果表明：渗 Al 后表面 Al 主要以 3 种相结构存在，即 Fe_2Al_5 相、FeAl 相和 $FeAl_3$ 相。渗层表面 Al 含量较低时，形成了 FeAl 相或者 FeAl 相与 Fe_2Al_5 相的混合相，图 8.4 为低含量 Al 的 XRD 图谱。涂层表面 Al 含量较高时，形成了 $FeAl_3$ 相或者 $FeAl_3$ 相与 FeAl 相的混合相。图 8.5 为渗层表面高含量 Al 的 XRD 图谱。

当铝元素被溅射到不锈钢表面时，首先发生钢表面的液态铝饱和，并形成生成热最低的 $FeAl_3$ 和少量的 FeAl、Fe_3Al，随着 Fe、Al 原子扩散进行，$FeAl_3$ 层厚度不断增加，同时 $FeAl_3$ 相与基体的界面上易出现与 Fe_2Al_5 化合物成分相近的区域，当微小区域范围满足一定形核条件，即形成 Fe_2Al_5 相。利用双层辉光离子渗技术所制备的渗铝层属于内扩散型，以 Al 向基体的内扩散为主，伴随着基体中的 Fe 向渗层的扩散。渗铝时，离子轰击在基体表面造成大量的晶体缺陷层，能够溶解更多的铝元素，同时基体中的铁元素向外进行反扩散，与溅射铝元素结合而形成远远超过固溶度的过饱和 $FeAl_3$ 相和 FeAl 相。

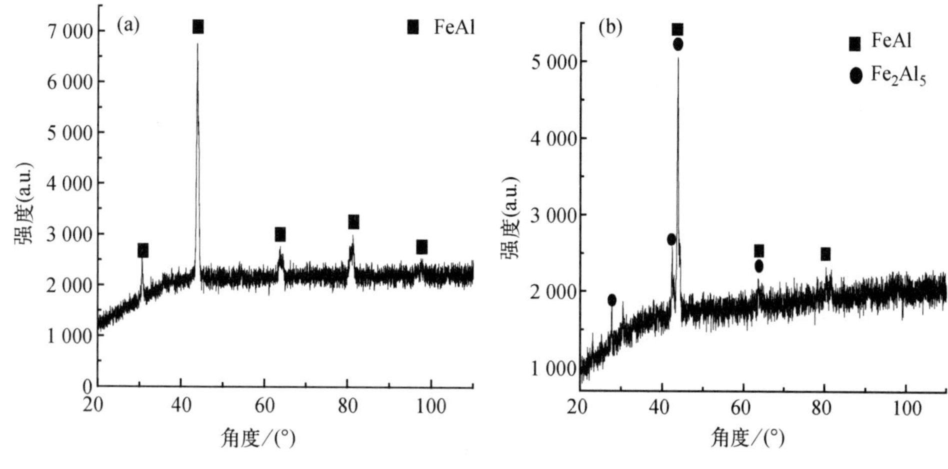

图 8.4　低铝含量渗层的 XRD 图谱

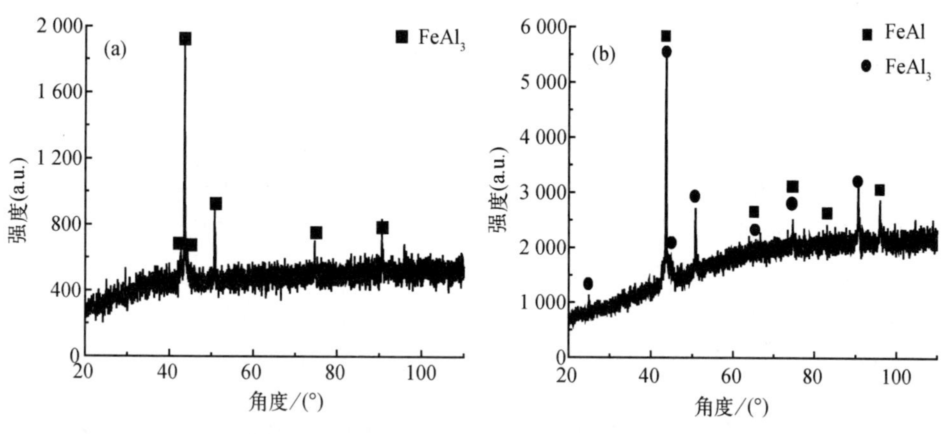

图 8.5　高铝含量渗层的 XRD 图谱

8.3.5　工艺参数对渗铝层的影响

双层辉光离子渗金属技术的主要过程为气体电离(放电)、离子轰击、溅射和吸附扩散，是一个非常复杂的问题，利用该技术制备的渗层其成分和质量受宏观工艺参数的影响较大，如源极电压、阴极电压、工作气压、工件与源极之间的极距离、温度等，并且在一定的工艺条件下，它们之间相互影响，因此，选择适合的工艺参数对于实验的成败起决定作用。

辉光放电电压是双层辉光离子渗金属技术中的一个关键影响因素。要获得良好的渗层，必须在渗层表面有相当的合金元素含量，即尽可能地提高源极合金元素的供给量。在双层辉光离子渗金属中，源极的溅射电压要尽可能高才能获得对源极的充分溅射，而阴极电压起到加速预渗合金元素的扩散并加热工件，使工件在高温下实现冶金结合等重要作用，但是若两者之间电压差过大，工件吸收能力就会相对溅射量较弱，易形成沉积层与基体互扩散而致的高合金层，扩散不足；反之，电压差过小，工件表面溅射过强，不利于合金元素在表面的吸附。

一般情况下，为了加强溅射，均采用较高的源极电压，以提高源极温度，但此时却不能有效地控制试样的温度在工艺温度范围内。为了解决这个矛盾，只能降低源极电压、阴极电压，或者加大极间距、调节气压。显然降低源极电压，不利于溅射，影响活性离子、原子或粒子团的供给量，削弱阴极表面的净化、活化程度，不利于阴极溅射效应产生的促渗作用发挥。

极间距是影响试样温度与不等电位空心阴极效应的重要因素。实验中发现，采用较小的极间距离，容易产生较强的不等电位空心阴极效应，并有利于加速活性离子、原子或粒子团向试样表面迁移；若极间距太大，从源极溅射出来的活性原子、离子、粒子团在向阴极的迁移过程中将可能被更多地复合而失去活性，使到达试样表面的活性粒子减少。由于迁移距离长，各种粒子在定向的迁移中，将会与气体原子、带电粒子等发生多次碰撞，使到达试样表面的粒子的能量降低，不利于源极原子、离子等的吸附及向试样内扩渗。另外，过大的极间距还将减弱源极与阴极之间产生的不等电位空心阴极效应，不利于源极溅射。

气压决定离子轰击效果以及溅射量的大小，是双辉技术中重要的影响因素。在一定的极间距、源极电压、工件极电压、占空比等工艺参数下，气压是影响渗层的重要因素，气压越大时，辉光等离子体密度也增强，到达工件的离子能量也在提高。当等离子体密度比较高时，吸附在工件表面的合金元素会被溅射出来，使工件表面的合金元素含量降低，氩离子、粒子密度高，对源极表面轰击作用强，被溅射出来的粒子多，但离子、粒子、原子之间碰撞几率高，背散射效应增强，源极被溅射出的能到达试样表面的活性粒子总量减少，活性粒子能量降低，不利于合金元素的供给与扩散；而气压较低时，较低的等离子体密度使得到达工件表面的能量降低，炉内真空度较高，氩离子、粒子稀少，对源极表面轰击的总能量降低，不利于源极溅射、试样表面活化与缺陷的产生，形成的试样表面出现少量沉积，沉积层组织疏松，与基体结合松散，虽然可获得表面的高合金成分，但此时易于形成沉积层，而不利于形成渗镀层。

通过试验综合考虑各因素的影响，316L 不锈钢表面渗 Al 的最佳工艺参数确定为：气压：35 Pa；源极电压：850 V；工件极电压：300 V；极间距：15 mm；时间：3 h。

8.4 316L 不锈钢表面 Al_2O_3 涂层的制备及表征

氧化时分别采用离子渗氧和双辉离子渗氧的方法。采用离子渗氧时，关闭源极电压将阴极电压调至 550 V，同时通入氧气进行氧化；双辉离子渗氧时，调整阴极电压至 350 V，源极电压调至 750 V，同时通入氧气进行氧化。氧化条件为，氩气流量固定为 100 sccm，氧气流量分别为 5 sccm、10 sccm 和 15 sccm。试验采用脉冲放电模式，其中源极采用直流电源，工件极采用脉冲电源，试验中占空比为 0.6。试验中渗铝温度为 750～850 ℃，离子渗氧温度为 550 ℃左右，双辉离子渗氧温度为 600 ℃左右。

8.4.1 显微组织

对所制备的氧化物涂层利用扫描电子显微镜，观察涂层的截面形貌、涂层与基体的结合状况及本身的致密性。图 8.6 和图 8.7 为采用离子渗氧和双辉离子渗氧方法，在不同氧气流量下获得的氧化物涂层。由图中可见，氧化物涂层为多层结构，涂层本身外部颜色较深，内部颜色较亮。除图 8.6(c)中涂层最外层较疏松外，其余情况下所得到的涂层质量良好，涂层致密、没有明显的缺陷。除图 8.6(b)外，氧化物涂层均形成了白亮色的内层，结合表 8.4 和表 8.5，白亮层处氧含量较高。

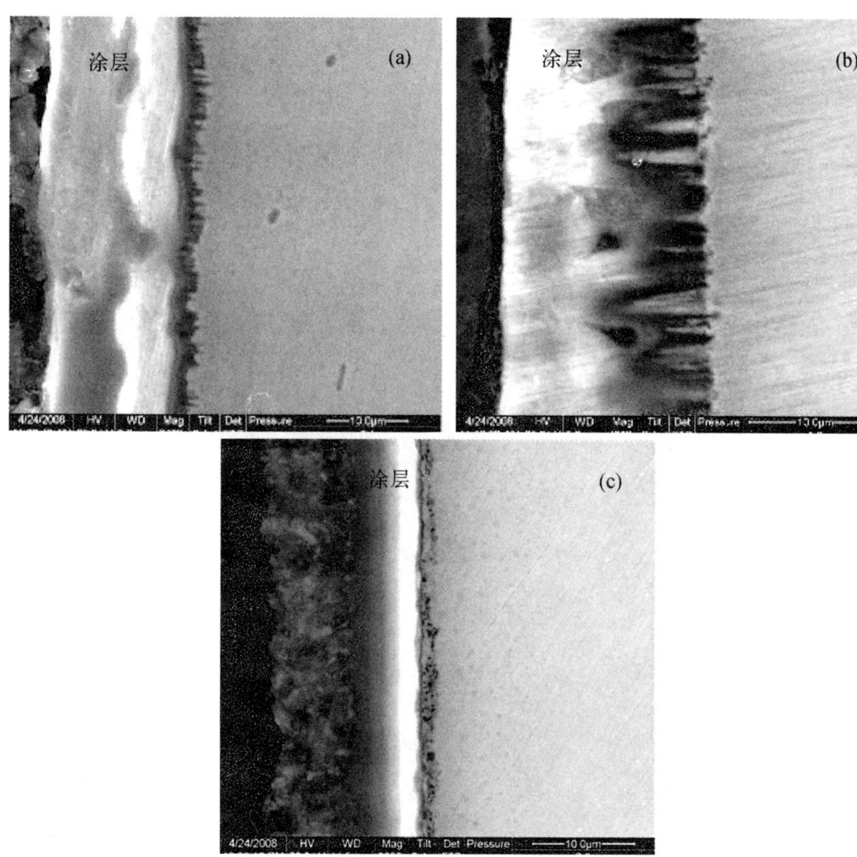

图 8.6　离子渗氧涂层截面形貌

(a) 5 sccm；(b) 10 sccm；(c) 15 sccm

表 8.4　图 8.8(a)处各点处的成分分析(摩尔分数)

元素种类	1/%	2/%	3/%	4/%	5/%	6/%
Al	75.37	68.68	54.47	61.56	0.25	42.38
Fe	6.42	3.71	1.65	6.69	62.57	13.59
O	18.20	27.61	43.88	27.86	09.75	38.14

表 8.5　图 8.8(b)中各点处的成分分析(摩尔分数)

元素种类	1/%	2/%	3/%	4/%
Al	72.91	49.48	54.47	49.52
Fe	5.32	1.29	1.12	2.42
O	21.86	49.23	44.41	46.08

为了分析涂层内元素的分布情况，选取氧流量为 10 sccm 时的离子渗氧和双辉离子渗氧涂层截面进行分析，如图 8.8 所示。可见，氧流量为 10 sccm 时，离子渗氧后，涂层的厚度近20 μm。双辉离子渗氧涂层因为氧化温度较高，涂层厚度局部超过 30 μm，涂层内部均呈多层结构。

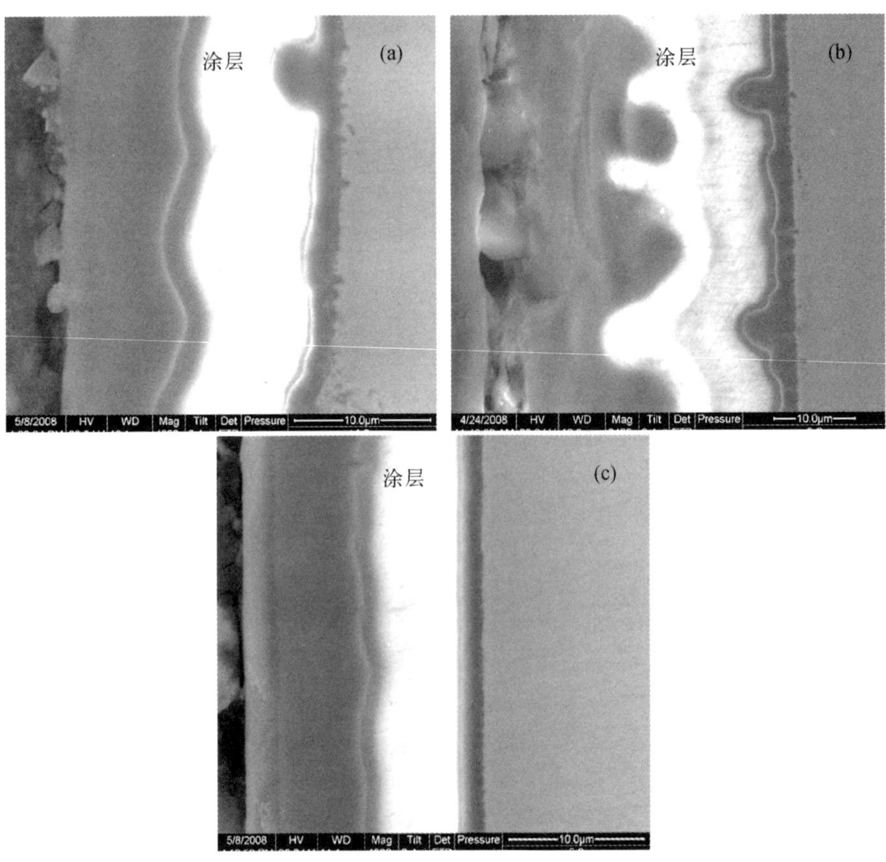

图 8.7　双辉离子渗氧涂层截面形貌

(a) 5 sccm;(b) 10 sccm;(c) 15 sccm

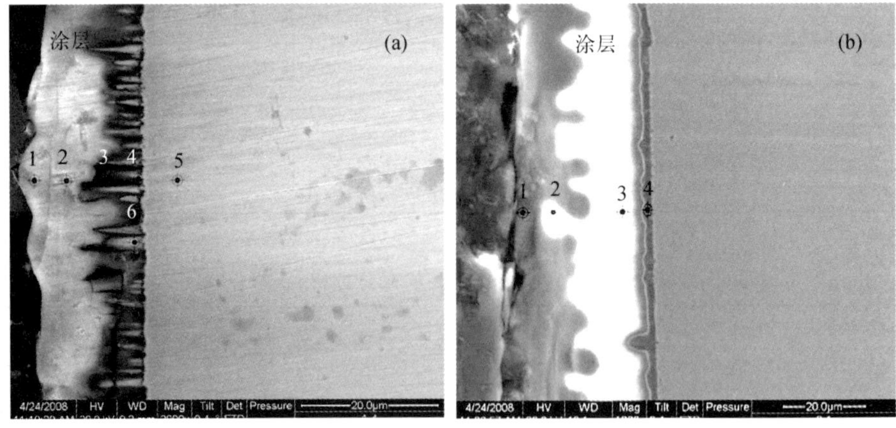

图 8.8　氧流量为 10 sccm 条件下(a)离子渗氧(b)双辉离子渗氧后涂层截面形貌照片

由表 8.4 及表 8.5 可见,铝元素在涂层内部呈梯度分布。涂层与基体结合面处有大量的氧元素存在,说明有氧化铝的生成,该处氧化铝能够阻碍基体元素和涂层元素的互扩散。不论离子渗氧或双辉离子渗氧,整个涂层中均有氧元素的存在,说明氧在铝渗层中扩散充分。在渗氧过程中，氧被氩离子电离成为高能粒子，与普通的氧气气氛下的气体相比拥有更高的能量，这将加速其扩散能力，同时在整个渗氧过程中，高能氩离子不断地轰击渗铝层表面，使得表面处于活化的状态，有利于氧的进一步扩散。

由图 8.6(b)可见，氧化物涂层与基体结合面处出现多个山峰状组织，结合表 8.5 可见，此处的铁铝原子百分含量比值接近 1∶3，可能为 $FeAl_3$ 相。渗铝过程中，$FeAl_3$ 相的生成热最小，因此最容易形成[14]，且不锈钢与铝界面上形成 $FeAl_3$ 相时，呈针状[15]。

8.4.2　Al_2O_3 涂层与基体界面的结合

为进一步表征 Al_2O_3 涂层与不锈钢基体的结合界面，利用扫描电子显微镜进一步观察界面处如图 8.9 所示，并对结合面处进行了线扫描。可见，该涂层致密，与基体结合紧密，界面处无任何的微裂纹和微孔洞出现，界面平整光滑。涂层中无微裂纹、脆断和剥落的现象。涂层与基体之间结合紧密的原因是因为涂层与基体之间发生了化学反应和成分的互扩散，因而属于化学结合，此种结合较一般的范德华力结合以及机械结合要强。这也可以通过线扫描曲线得到证实。涂层中的 Al 和 O 元素已经渗透到了不锈钢基体内部，元素在结合面处呈梯度分布，因而形成了化学结合。

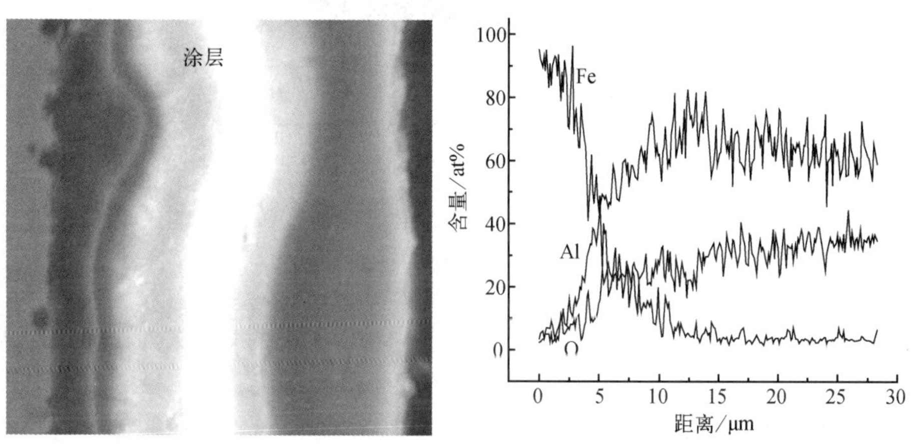

图 8.9　Al_2O_3 涂层与基体的界面照片及其线扫描曲线

8.4.3　Al_2O_3 涂层相结构分析

对在渗铝优化参数基础上得到的氧化物涂层利用 XRD 进行分析，结果如图 8.10 和图 8.11 所示，可见，不论用何种方法制备氧化物涂层，涂层中的铝氧化物均以 3 种形态存在，即：α-Al_2O_3，γ-Al_2O_3 和 θ-Al_2O_3。整个渗氧的过程中温度均较低，远远低于稳定的 α-Al_2O_3 的生成温度 1 000 ℃，因此，涂层中仍有部分非稳定的铝氧化物的存在。同时在远低于稳定相形成温度的情况下仍有 α-Al_2O_3 的存在，充分说明了利用双层辉光等离子技术能够大大提高铝活性，进而降低稳定相 α-Al_2O_3 的生成温度或转变温度。

对于氧化所生成的 Al_2O_3 涂层，当呈 α-Al_2O_3 相时其性能稳定，耐高温和耐腐蚀性能优异，作为氚渗透的第一壁时能够发挥出其优越的阻氚性能，但是形成致密的 α-Al_2O_3 层仍需要有

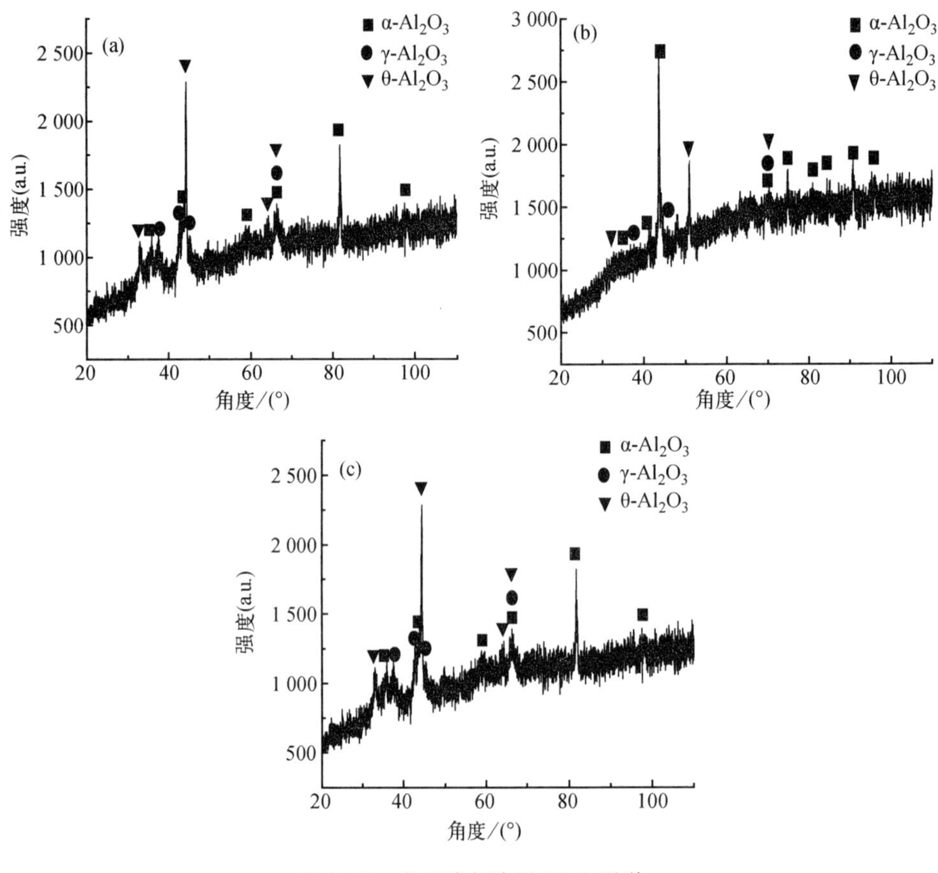

图 8.10 离子渗氧涂层 XRD 图谱

(a) 5 sccm;(b) 10 sccm;(c) 15 sccm

一定的条件,目前的研究认为要形成稳定的 α-Al_2O_3 涂层,需要的几个条件:高的形成温度、一定的铝含量和一定的铝活度等。能够影响非稳定相 γ-Al_2O_3 向 α-Al_2O_3 稳定向转变的温度的因素主要有杂质元素和压力[16]。

对于铁铝涂层表面氧化铝涂层的形成,H. Asteman[17]等在总结前人的基础上得到了如下的结论:对铁铝金属间化合物来说,其 α-Al_2O_3 与 α-Fe_2O_3(其中 α-Al_2O_3 与 α-Fe_2O_3 是不融合的)为竞争生长机制。α-Al_2O_3 与 α-Fe_2O_3 分别成核形成离散的氧化物,较低温度时,α-Fe_2O_3 比 α-Al_2O_3 生长速度快;较高温度时,α-Al_2O_3 与 α-Fe_2O_3 生长速度相当;如果铝聚集度足够高且温度足够高,则 Al_2O_3 将能够形成连续层,这也解释了为什么要形成 α-Al_2O_3 层时需要更大量的铝和更高的温度,且为什么它们倾向于形成亚稳态的 Al_2O_3 而非 α-Al_2O_3。

有研究表明,对于铁铝金属间化合物 Fe_3Al 来说,750 ℃以下氧化时,表面氧化物膜中含有 α-Al_2O_3 和 γ-Al_2O_3 相,当温度上升至 950 ℃时,表面完全转化为 α-Al_2O_3 相,且其 SEM 结果表明,Fe_3Al 金属间化合物的氧化膜高温下以层状方式生长[18]。

已发布的结论认为 Fe_3Al 的氧化机制强烈依赖于其制备方法,因制备方法不同,涂层的微观结构、成分均不同,特别是合金化元素,氧化物分散颗粒细化,碳化物的出现等都将降低或提高 α-Al_2O_3 形核温度和生长速度。有研究利用热均衡挤压制备 Fe_3Al 涂层,然后在 900 ℃、

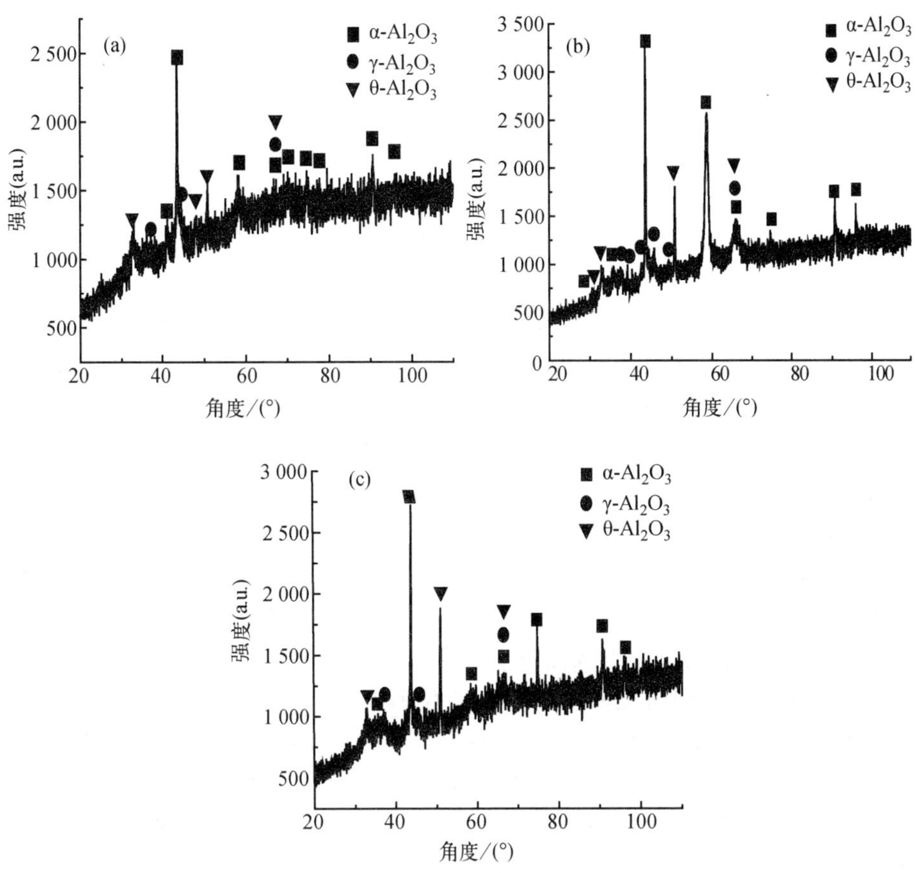

图 8.11　双辉离子渗氧涂层 XRD 图谱

(a) 5 sccm；(b) 10 sccm；(c) 15 sccm

1 000 ℃、1 100 ℃温度下研究该涂层的微观结构与氧化层形成机制之间的关系，结果表明，α-Al_2O_3稳定性在 1 000 ℃形成，而连续的、相对光滑的 Al_2O_3层在 1 100 ℃形成。同时，研究者把 1 000 ℃条件下的氧化分为了 3 个阶段：第一阶段很短，形成了 Al_2O_3非稳态阶段；第二阶段 α-Al_2O_3相占主导，氧化速度减慢，在 α-Al_2O_3开始形核时，氧化速度开始减慢；1 000 ℃是能够提供保护涂性涂层的一个转变温度。但是 1 100 ℃下，仍有可能存在一些非稳定相，随着温度的继续升高，连续致密的氧化膜形成，进一步的生长受控于铝的向外扩散和氧的向内扩散，铝和氧的扩散影响了氧化层的厚度和密度及非稳态到稳态的转换，最终决定了保护性氧化层的形成[19]。

一般认为，亚稳态的 Al_2O_3 在 800 ℃以上主要以 θ-Al_2O_3 相形式存在，氧化温度低于 1 050 ℃，水蒸气及低氧压环境有利于亚稳态 Al_2O_3的形成及存在，亚稳态 Al_2O_3的突出特点是：较高的生长速率，呈晶须状或刀片状的外部形貌，氧原子同位素示踪表明，亚稳态 Al_2O_3主要以向外生长为主，同时亚稳态向稳态的 Al_2O_3转变将产生 8%～13%的体积收缩，稳态的 Al_2O_3 与亚稳态的 Al_2O_3相比生长速率较低，没有规则的外部形貌。同时，说明了氧与铝的扩散的主要通道是晶界，因此，新生的氧化物首先在晶界处优先形成[20]。

由以上的分析可知，一般情况下要形成连续稳定的 α-Al_2O_3层，需要有足够的温度，即

1 000 ℃以上。

杨峥等[21]认为，Fe_3Al 在较低温度(500～750 ℃)下氧化或高温下(1 000 ℃)但是时间较短时，表面氧化膜中会存在一定的 Fe_2O_3 和 γ-Al_2O_3 相，这些相会在较高温度下，较长时间的氧化中被 α-Al_2O_3 所取代。同时认为，铁铝金属间化合物中，当铝的原子分数超过 14%时，才能保证形成连续的 α-Al_2O_3 膜，但是少量的 Cr(原子分数为 2%～5%)能够降低这一临界值，Ni 却提高它。当加入 Cr 时，Fe_3Al 能够在较低的温度下(750 ℃)和较短的时间内(1 h)生成稳定的 α-Al_2O_3 膜。

王永钢等[22]在 1 000 ℃空气氧化 Fe_3Al 未形成单一的 Al_2O_3 膜，表明尽管铝含量很高，但是合金中的铝活度较低，基体氧化膜贫铝富铁严重，说明合金中的铝扩散较慢。同时 Fe_3Al 为长程有序结构，有序结构通常总是伴随着偏离理想固溶度较大和合金组元活度偏差较大。热力学角度来讲，对一般金属，氧化物/金属与氧化物/气体界面处的氧活度足以使铝氧化生成稳定的 Al_2O_3 膜，然而，完整稳定的氧化铝层的形成和保持需要保证铝原子到表面有一最小的扩散通道。有序结构最重要的一个方面就是它对扩散的影响。因此，活度的负偏差就是通过溶质在基体中扩散系数降低表现出来的。由于铝活度的负偏差，因此，Al_2O_3 膜中仍有微量的 Fe_2O_3，温度升高时，铝选择氧化速率较大。

要在铁铝间金属化合物表面形成完整而稳定的 α-Al_2O_3 膜，首先需要有足够的铝含量，而由前面的试验可知，利用双层辉光离子渗金属技术所得到的渗铝层铝含量均较高，远高于报道中生成氧化铝保护膜的最低含量。其次需要有足够高的温度，需在 1 000 ℃以上，而本试验在渗氧过程中的温度较低，温度仅在 550 ℃以下，因此试验中有非稳定性 Al_2O_3 的生成。最后，要生成完整的氧化物膜需要铝元素有足够的活度，在双层辉光离子渗金属过程中，被电离的氩离子不断地轰击渗铝层，保证了铝拥有足够的活度，因此虽然本实验的氧化温度较低，远低于稳定性 Al_2O_3 的生成温度，但是仍有稳定的 α-Al_2O_3 的生成。

综上，在试验中，整个铁铝层氧化过程可以理解为氧化初期活性氧粒子轰击被活化的铁铝金属间化合物表面，部分氧粒子在铁铝表面产生物理吸附和化学键的结合，并产生化学吸附最终形成了氧化铝膜，但是由于不稳定性膜层 γ-Al_2O_3 和 θ-Al_2O_3 的形成更容易，因此最初铁铝涂层表面活化区产生了大量具有缺陷的非稳定性氧化物。Al_2O_3 膜的生长速度较慢，初始阶段还不能形成完整的 Al_2O_3 膜，因此，表面 Al_2O_3 的形成对氧的进一步扩散不造成阻碍作用。由于铝的活性和氧的活性均较大，因此有部分稳定性的 α-Al_2O_3 膜，但是稳定性 α-Al_2O_3 相数量有限；另一部分的活性氧粒子将通过渗层的晶界、微裂纹或是疏松结构的晶格继续向渗铝层内部扩散，与内层的铝或与向外部扩散的铝结合反应生成 Al_2O_3。伴随着试验的进行，形成了整个氧化物涂层中 α-Al_2O_3、γ-Al_2O_3 和 θ-Al_2O_3 的共存。

8.4.4 氧化机理分析与讨论

理论上，对于金属来说，氧化开始阶段，金属与氧反应在金属表面形成一层连续的致密的氧化膜时，氧化膜将金属和氧隔开，氧化的继续进行取决于两个步骤：界面反应，包括金属/氧化物界面和氧化物/氧界面；传质过程，包括金属基体内元素的扩散，反应物质通过氧化膜和气相物质的扩散。因此涉及金属氧化的问题很多，如：初期氧化时，氧在金属表面的化学吸附，氧化物的生核与长大；氧化膜结构的影响；晶界引起的短路扩散；氧在金属内的溶解；内氧化物的生成，内氧化物向外氧化膜的转变；氧化膜中的应力与氧化膜的开裂和剥落等等[23]。

表面纯净的金属初期氧化包括三个阶段：氧在金属表面的吸附；形成氧化物晶核，晶核沿横向生长形成连续的薄氧化膜；氧化膜沿着垂直于表面方向生长。在氧化膜的生长过程中，反应物质在氧化膜内的传输途径根据金属体系和氧化温度的不同而存在以下几种方式：

(1) 通过晶格扩散。常见于温度较高，氧化膜致密，而且氧化膜内部存在高浓度的空位缺陷的情况下。

(2) 通过晶界扩散。在较低的温度下，由于晶界扩散的激活能小于晶格扩散，而且低温下氧化物的晶粒尺寸较小，晶界面积大，因此晶界扩散显得更加重要。

(3) 同时通过晶格和晶界扩散。

而实际过程中的氧化过程要复杂得多，氧化膜中存在多维缺陷，如位错、晶界、孔洞、孔隙、微裂纹等，这些将影响到氧化膜的传输性质，使短路扩散变得重要。其次，氧化膜和金属界面可能产生孔隙，氧化膜上的生成物也非平面生长，氧化膜中的应力可能导致膜的变形和开裂，使得金属的氧化速度大大增加。当金属离子单向向外扩散时，相当于金属离子空位向金属-氧化膜界面迁移。如果氧化膜太厚而不能通过变形来维持与金属基体的接触，这些空位凝聚最后在金属-氧化膜界面上形成孔洞。若金属离子通过氧化膜的晶界扩散速度大于晶格扩散，则晶界地区起到了连接孔洞与外部环境的显微通道作用。这种通道将允许分子氧向金属迁移，并在孔洞表面产生氧化，形成内部多孔的氧化层。王永钢等[22]在 1 000 ℃空气氧化 Fe_3Al，发现氧化膜下的 Fe_3Al 为凹凸结构，其中凹处富铁，而凸处富铝，凸处与氧化膜接触，内氧化发生在凸处，内氧化物以根状向基体延伸，并在周围产生空洞。

致密完整的氧化膜的生长速度由氧化膜中的晶格传输过程控制。其传输过程可分为金属离子单向向外扩散，在氧化膜-气体界面进行反应；氧单向向内扩散，在金属-氧化膜界面进行反应；金属离子向外扩散，氧向内扩散，两个方向同时进行扩散，两者在氧化膜中相遇并进行反应。由于在不同的氧化膜中存在各种不同的点缺陷和电子缺陷，具体的氧化膜中的传输过程并不尽相同。

合金的氧化与纯金属的氧化有相似之处，也有差别。合金的氧化主要有以下的特征[24]：

(1) 发生合金的内氧化。氧化过程中，氧溶解到合金相中，并在其中扩散，与其中的较活泼的组元在金属内部生成氧化物颗粒，此过程即为内氧化。内氧化由金属相内反应的晶格扩散控制。当合金中较活泼的成分的浓度高到某一临界值以上，合金不再内氧化，形成连续的外氧化膜。外氧化物膜的生长速度要比内氧化低。

(2) 合金的外氧化。一般情况下，氧化生成外氧化膜，许多合金还伴随着内氧化。AB 二元合金，氧化膜由 AO 和 BO 两种氧化物组成时，可能有三种情况：AO 和 BO 成为固溶体；氧化膜由互不相溶的氧化物组成；氧化物相互反应生成化合物。

(3) 二元合金的选择性氧化。只有当合金中的活泼元素的浓度超过临界值时，才能发生选择性氧化。

二元合金同时氧化时，往往伴随着活泼元素的内氧化。内氧化的方式与氧的扩散机制有关，一般规律是在较低的温度下晶界扩散较为重要，内氧化沿晶界发展，高温下以体扩散为主，产生较均匀的内氧化颗粒。

对铁铝合金 1 000 ℃氧化形成完整的 Al_2O_3 外氧化膜所需最小铝含量的报道各不相同，9.84 at%、11.69 at%和 30 at%都有报道。还有认为含有 17 at%铝含量情况下，氧化膜中仍含有大量的 α-Fe_2O_3。本实验的条件下，所得到的铁铝层中的铝含量远远超过了所报道的临界铝含量，因此，在试验条件下将产生选择性外氧化，而外氧化膜的生长速度比内氧化低，同时金属的反应速度取决于动力学条件及反应生成的氧化物膜的性质，而对于氧化铝膜来说其氧化速率较低，因此，本实验条件下，铁铝涂层同时发生外氧化和内氧化。

通入氧气后，被活化的渗铝层表面优先生成 Al_2O_3 的薄层，但是形成致密氧化物膜的速度较慢，因此铝、铁、氧元素仍可进行扩散。由以上的分析可知，铁铝渗层内 Al_2O_3 的形成有三种形成机制，即氧的内扩散反应为主、铝的外扩散反应为主和铝与氧共同扩散反应。对于 Al_2O_3 形成目前有不同的看法，有文献表明，α-Al_2O_3 为铝元素和氧元素共同扩散反应的结果，而 θ-Al_2O_3 主要是依靠铝元素的扩散生成的[25]，当此说法成立时，本实验所得氧化层外层即以非稳定相 θ-Al_2O_3 为主，而内层氧化层则以 α-Al_2O_3 为主。也有研究表明，Al_2O_3 的形成主要是依靠氧通过渗层向内部进行扩散，而铁的氧化物的形成主要是依靠铁元素向外进行扩散[26]。双层辉光炉中进行渗氧试验过程中，Ar^+ 离子将不断地轰击渗铝层的表面，使得表面处于高活性状态，同时，氧也被电离为高能量状态，使得氧的能力大大的增加，因此与普通的氧化方法相比，双辉渗氧方法进一步加速了氧的扩散。有研究认为，等离子环境中，铝的氧化将以氧的向内扩散为主，等离子的轰击作用对铝的扩散作用不大[27]。

张伟[28]对 750 ℃、850 ℃和 900 ℃下热浸镀铝钢的涂层进行了抗氧化性能研究，发现 750 ℃时涂层均发生了内氧化，原因为镀铝钢表面含有脆性的 Fe_2Al_5 相，高温下易产生开裂，使得涂层发生了内氧化。本实验条件下，单级渗氧的温度为 550 ℃，双极渗氧的温度为 600 ℃左右，且由渗铝的结果分析可知，渗铝过程中，渗铝层主要形成了铁铝金属间化合物，即 FeAl 相、$FeAl_3$ 相和 Fe_2Al_5 相，这三相均属于硬脆相，因此实验过程中可能产生微裂纹，这些微裂纹将大大加速氧和铝的扩散，因此将加速涂层内部发生内氧化；另外，FeAl 相在发生氧化时，其与氧化物结合面处也易发生裂纹，这些裂纹也为氧和铝的扩散提供了通道[29]。由图 8.8 及图 8.9 可见，氧化物涂层并未出现裂纹，这可能是 Al_2O_3 的生成会伴随着体积膨胀所造成的。

综上，等离子对氧的轰击，铁铝涂层内部的缺陷均将大大增加氧的扩散深度，使得氧的扩散更加充分。

由图 8.6 及图 8.7 可见，经过氧化后，涂层与基体结合面处均出现了白亮色的内层，结合表 8.4 和表 8.5 可知，该白亮层内氧含量较高。有研究对氧化物涂层的形成中氧的分布进行研究，氧的分布显示了与本试验相似的现象[27,30]，但是对该形成机理却并未说明，氧化物内层高氧含量的形成机理还有待进一步的研究。

8.5 Al_2O_3涂层性能表征

8.5.1 划痕试验

图 8.12 为氧流量为 10 sccm 离子渗氧试样的划痕声发射图谱及划痕形貌照片。由图 8.12(a)的完整的划痕形貌来看，涂层表面未划痕处有突起的颗粒，这些颗粒可能造成划痕过程中的磕绊，同时将导致划痕时有小信号产生，这也是划痕开始时涂层虽未划破但是仍有信号被采集的原因。由图 8.12(c)可见，在划痕最后的阶段，仍未有明显的涂层被划破的迹象。对划痕末端进行能谱分析，结果如表 8.6 所示，可见，在划痕末端，其划痕处的铝含量与未划痕处相比有所减少，基体主要元素铁元素含量未见明显增加，说明涂层虽然有划破的迹象，但是并

没有完全穿透，划痕处有更多的氧元素被采集到，说明划痕已经到了一定的深度，到达了氧化物涂层中氧成分较高的部分。

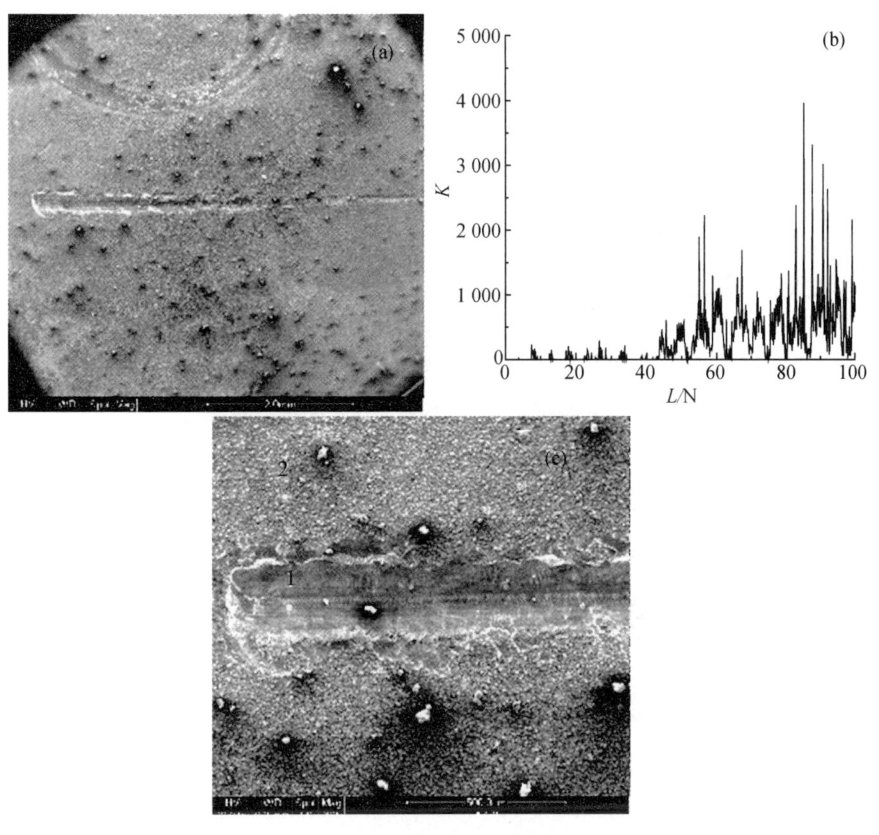

图 8.12 离子渗氧涂层

(a) 划痕整体相貌；(b) 划痕声发射图谱；(c) 划痕末端形貌照片

图 8.12(b)中横坐标为压头连续加载载荷 L(N)，纵坐标为声发射信号强度 K，可以看出，从 0 N 至 45 N 的加载滑动过程中，很少有声波信号被采集到，表明涂层中没有大的脆性断裂、深层裂纹产生或能量的突然释放，仅有微小的脆性裂纹产生。从 45 N 开始，信号连续强度也变大，说明涂层已经发生了较大的裂纹或能量的释放。

表 8.6 图 8.12(c)中 1、2 点处的成分分析

元素	1/at%	2/at%
Al	49.94	75.32
Fe	2.76	4.83
O	45.12	19.85

双辉离子渗氧后涂层的划痕声发射图谱和划痕形貌如图 8.13 所示。同样，在滑动开始阶段就有少量的声发射信号被采集到，这可能是双极氧化条件下生成的铝氧化物较多，因此涂层更加脆。当加载到 38 N 时开始出现大量声发射信号，信号强烈、连续，表明滑动过程中氧化物涂层中有大量的脆性裂纹产生或有许多能量突然释放。

从划痕形貌来看，整个划痕两次有大量的白色物体，对此白色物体的能谱分析结果表明为铝氧化物，说明划痕试验过程中涂层剥落现象较严重，划痕没有纵向条纹。对划痕面上发生脆

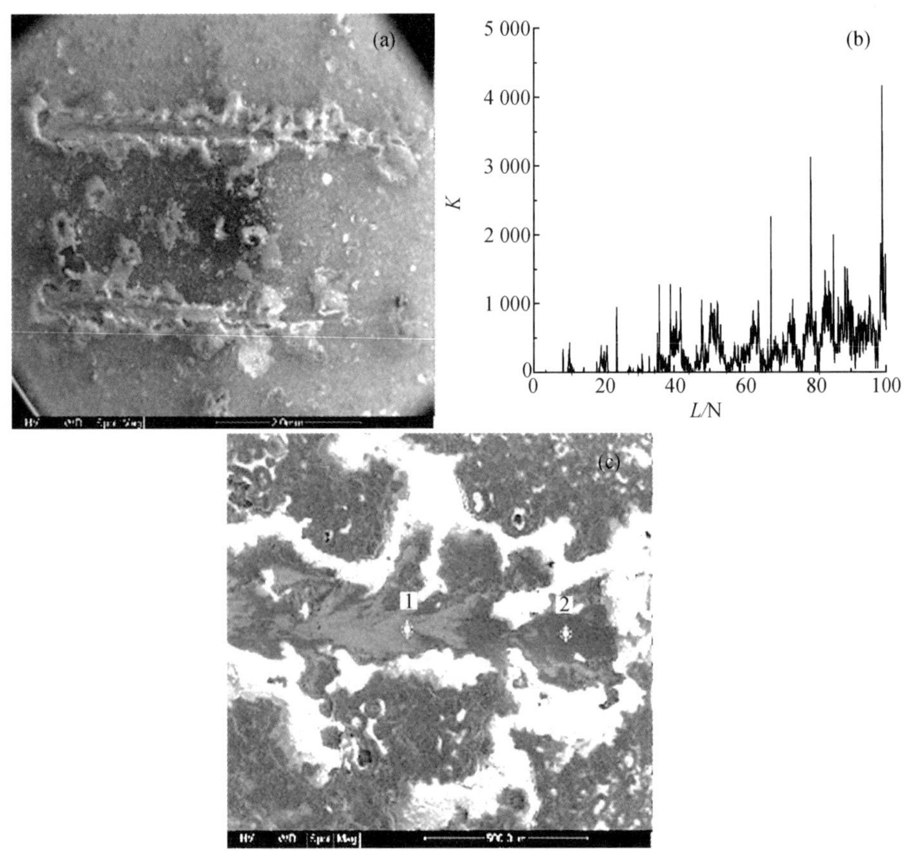

图 8.13 双辉离子渗氧涂层

(a) 划痕整体相貌；(b) 划痕声发射图谱；(c) 涂层被划破处

断处即 38 N 载荷作用处进行能谱分析，结果如表 8.7 所示，可见，在断裂处两侧，铝铁含量差别大，说明涂层发生了脆断。因此，对于双极渗氧得到的氧化物涂层，其结合强度为 38 N。

表 8.7　图 8.13(c)中 1、2 点处的成分分析

元素	1/at%	2/at%
Al	36.11	64.25
Fe	14.37	1.06
O	33.48	34.69

考察整个划痕过程，当载荷较低时，压头下端的应力尚达不到最弱抗拉压强度或造成的应变场仍然解析平滑，不会产生裂纹或声发射，划痕内部光滑。随着载荷的增加，分为两种情况，一种是表面合金硬度不高、比较柔软，就像软膜一样被划入，留下连续的犁削痕迹，没有声发射；另一种是表面合金层硬度高、基体硬度低，随着应力场不断扩大加深，在一些薄弱部位支持不了拉压应力开始破裂，划痕内开始出现裂纹，边缘出现剥落。氧化物涂层硬度均较大，属于后者的情况。

由划痕试验结果可以看出，不论是用离子渗氧的方法还是双辉离子渗氧的方法，所得的涂层均存在脆性，但其结合力可达 38 N 以上，在工程应用中，结合力满足 30 N 即可满足要求[31]，因此，利用此方法所制备的涂层其结合性能良好。

8.5.2 抗热震性能测试

为了验证 Al_2O_3 涂层与基体之间热膨胀系数是否匹配及匹配的程度，对氧气流量为 10 sccm时，离子渗氧和双辉离子渗氧条件下所制备的 Al_2O_3 涂层分别进行了热震试验。试验方法与渗铝层的热震试验相同，首先将制备有离子渗氧涂层和双辉离子渗氧涂层的试样放入已升温到 550 ℃的电阻炉中保温 5 min 后，淬入水中快冷至室温，观察涂层是否有开裂和剥落的现象，如果没有，则升高电阻炉的初始温度至 700 ℃继续重复此过程直至涂层失效，同时记录次数。试验结果为在电阻炉温度为 550 ℃的情况下，离子渗氧涂层经 150 次热震后仍未出现失效，双辉离子渗氧涂层经历了 72 次热震后出现了失效，涂层内部出现了热腐蚀孔。离子渗氧涂层试样放入温度为 700 ℃的电阻炉中继续热震的过程，结果发现经过了 31 次热震后涂层开始出现裂纹和剥落，涂层的失效从所取试样的边缘开始，逐步向内部扩展。图 8.14 为离子渗氧和双辉离子渗氧涂层热震试验后的表面形貌。试验结果表明 Al_2O_3 涂层的耐热震性能良好。

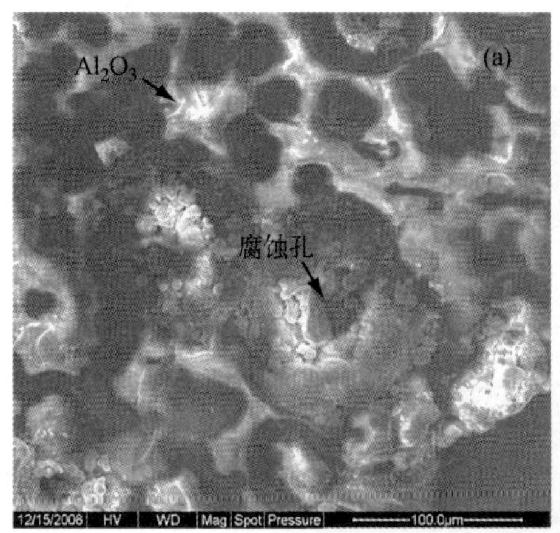

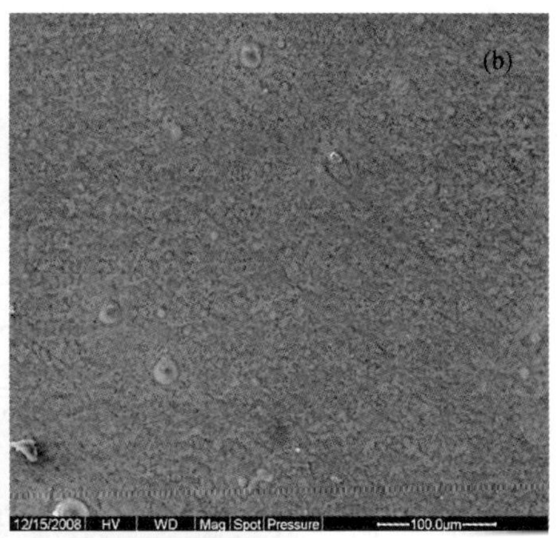

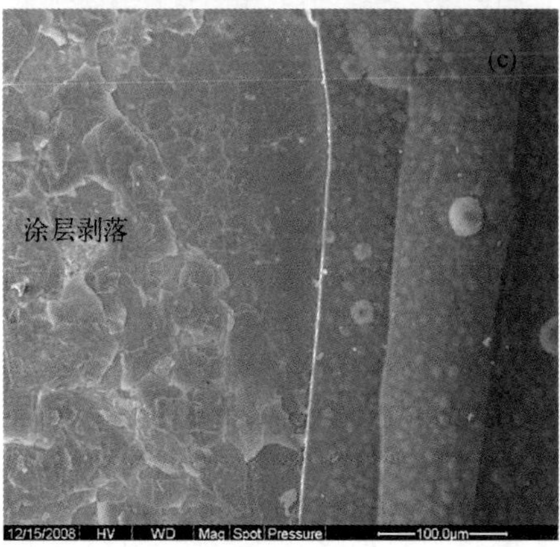

图 8.14　(a) 双辉离子渗氧涂层 550 ℃；(b) 离子渗氧涂层 550 ℃；(c) 离子渗氧涂层 700 ℃热震后的表面形貌照片

8.5.3 耐腐蚀性能表征

陶瓷涂层用作金属的保护层时，重要的是考察涂层与基体的结合力以及涂层的致密性。通过对涂层耐腐蚀性的测量，在很大程度上就是检验涂层的致密程度和在此测量条件下的结合能力。本实验即利用 CHI660b 电化学工作站检验所得到的 Al_2O_3 涂层不锈钢的耐腐蚀性能。结果示于图 8.15 和表 8.8，可见不论离子渗氧或者双辉离子渗氧所得到的氧化物涂层，其自腐蚀电位均比基体高，自腐蚀电位高，说明其耐腐蚀性能好，在相同条件下越不易遭受腐蚀，因此，从这方面来看，氧化物涂层的耐腐蚀性能优于基体。由腐蚀电流可见，离子渗氧涂层与基体相比，其腐蚀电流减小了 1 个数量级，双辉离子渗氧涂层与基体相比，腐蚀电流减小了 3 个数量级，氧化物涂层的腐蚀电流低于基体，说明氧化物涂层非常致密，能够对基体起到保护作用，而双辉离子渗氧得到的氧化物涂层耐腐蚀性能最优。Cl^- 半径很小，对缺陷很敏感，很容易诱发点腐蚀，而在此环境下，氧化物涂层仍能够对基体起到充分的保护作用，充分说明了此种方法所制备的涂层，其表面致密性良好。

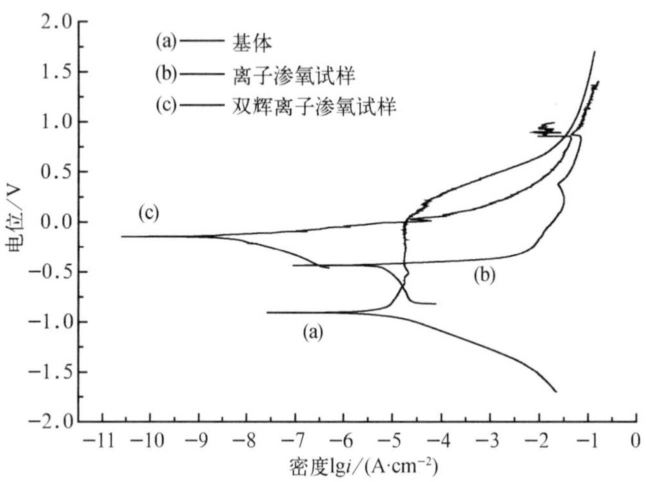

图 8.15 Al_2O_3 涂层和基体的塔菲尔极化曲线

表 8.8 图 8.15 中曲线的数据处理结果

分压比	316L 不锈钢基体	离子渗氧试样	双辉离子渗氧试样
Ecorr/V	−0.907	−0.167 0	−0.145 2
Icorr/A	$9.3e^{-6}$	$1.309e^{-7}$	$2.958e^{-9}$

对于利用双层辉光等离子渗技术制备的氧化物涂层，其耐蚀性能良好，主要有几个原因：首先，此种方法所制备的涂层致密均匀，涂层内无裂纹和孔洞出现，这是其耐蚀性能良好的主要原因；其次，氧化物涂层中包含了一定量的 α-Al_2O_3 强耐腐蚀氧化物，α-Al_2O_3 相性能稳定，耐强酸和强碱腐蚀，其存在也能大大提高涂层的耐蚀性；再者，双辉离子渗氧涂层比离子渗氧涂层耐蚀性能更加优异，结合图 8.6、图 8.7 和表 8.4、表 8.5 可知，双辉渗氧涂层内部形成了

更厚的白亮色高氧含量层，此白亮色层氧含量与涂层表面相比更高，说明其氧化物含量尤其是 α-Al_2O_3 含量更高，因此即使 Cl^- 能够穿过涂层表面进入涂层内部，也会受到内部高含量氧化物层的阻碍，从而更好地保护了基体。

8.5.4　摩擦学性能表征

试验时摩擦球固定，相对于试样做圆周滑动。小球对试样施加恒定垂直压力 P，试样受到摩擦力 f 作用。摩擦试验配副：直径 4 mm 的 Si_3N_4 球（硬度 HV15～17 GPa）；载荷：$P=280$ N；摩擦的时间为 10 min；磨痕轨迹半径 3 mm；电机频率：10 W；试验温度：27±1 ℃。本实验利用称重法测定其磨损量，试样每次磨损的时间为 10 min，之后试样和摩擦球配副分别清洗干净并用电吹风吹干，用精度为 0.1 mg 的分析天平称量试样磨损前后的重量，两者之差即为被检试样的磨损量。

8.5.4.1　摩擦系数

图 8.16 为在 280 N 载荷下，Al_2O_3 涂层和基体的摩擦系数图，可见，离子渗氧、双辉离子渗氧试样和基体的摩擦系数分别为 0.885、0.759 和 0.753，涂层经过渗铝并氧化后，其摩擦系数略有增加，可能是因为氧化后的涂层表面具有氧化物颗粒，这些颗粒在整个摩擦过程中，对摩擦副产生了羁绊作用，最终使得摩擦系数与抛光后的光滑的基体相比稍大。

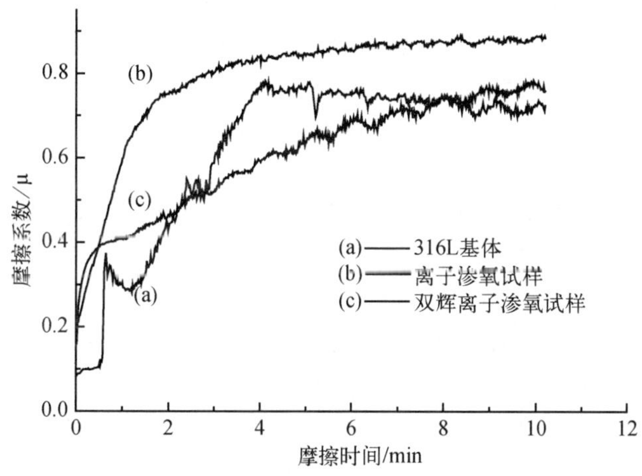

图 8.16　Al_2O_3 涂层和基体在 280 N 载荷下的摩擦系数

8.5.4.2　磨损性能

对制备 Al_2O_3 涂层试样和基体分别进行了磨损性能检测，其磨损量如图 8.17 所示。试样 1 即离子渗氧试样其磨损量与基体相比减少了三分之一，试样 2 即双辉离子渗氧试样与基体相比，其磨损量减少了三分之二。可见，本实验条件下所制备的 Al_2O_3 涂层其耐磨损性能优异。

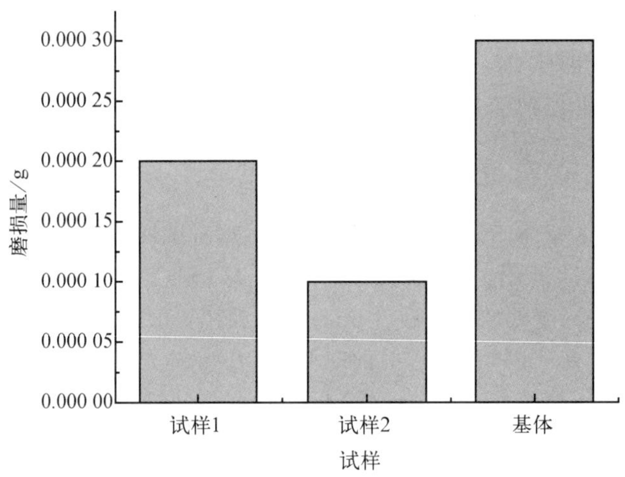

图 8.17 Al_2O_3涂层和基体的磨损量

8.5.4.3 磨损机理

Al_2O_3是耐磨性能良好的陶瓷材料，但其脆性大，在一定基体上镀陶瓷材料特别是梯度分布的陶瓷材料，将有利于发挥陶瓷材料耐磨性能，同时更好地避开其脆性易脱落的弱点。而陶瓷的致密性对其摩擦学性能影响很大，有研究在弧光喷涂铝的基础上利用等离子电解氧化的方法对渗铝层进行氧化，得到了 Al_2O_3涂层，整个涂层包含 3 层：即多孔的外层，致密的中间层和薄内层。对其进行摩擦试验时，涂层需要经过一定的滑行距离后才具有较好的耐磨性能，而开始阶段其磨损量较大，主要是因为其多孔的结构影响了其耐磨性能的发挥，而只有内部的致密涂层才能发挥其优异的耐磨性能[32]。

对所得到的 Al_2O_3涂层和基体在 280 N 载荷下进行摩擦试验，其摩擦形貌示于图 8.18。由图 8.18(a)可见，离子渗氧得到的涂层经摩擦后，表面层被磨去，与未摩擦部分相比，其磨痕处更加光滑，同时，磨痕处有大的颗粒存在。对磨痕和未摩擦面分别进行能谱检测，结果示于表 8.9。可见，磨痕处的铝含量有所减少，而氧含量大大增加，结合图 8.8 和表 8.5 分析，因表面的氧化物数量较少，所形成的 Al_2O_3涂层不致密，导致了其耐磨性能稍差，经过一段时间的摩擦后，表面低氧化物层被磨去，显出内部高氧化物层，此处耐磨性能更好，可以对基体起到较好的保护作用。由图 8.18(b)可见，双辉离子渗氧涂层经过摩擦后，表面未见磨损或失效，摩擦的痕迹与离子渗氧涂层相比更不明显，结合表 8.10 可见，磨痕处的铝和氧含量均与未摩擦处相当，说明了该涂层在整个过程中磨损轻微。其良好的耐磨性能与双辉离子渗氧涂层表面的高 Al_2O_3含量和其良好的致密性及结合性有关。由图 8.18(c)可见，与氧化物涂层相比，基体在该载荷下磨损严重，基体表面不断受到循环载荷的作用，导致温度的升高和疲劳使得基体发生了疲劳磨损和黏着磨损。

综上，Al_2O_3涂层在整个摩擦试验的过程中，虽然摩擦系数与基体相比稍大，但是磨损程度与基体相比大大减小，磨痕表面只有被摩擦过的痕迹，未见 Al_2O_3涂层的失效，表明了在摩擦试验中，Al_2O_3涂层能够对基体起到保护作用，其良好的耐磨性能与涂层良好的致密性和结合性有关。

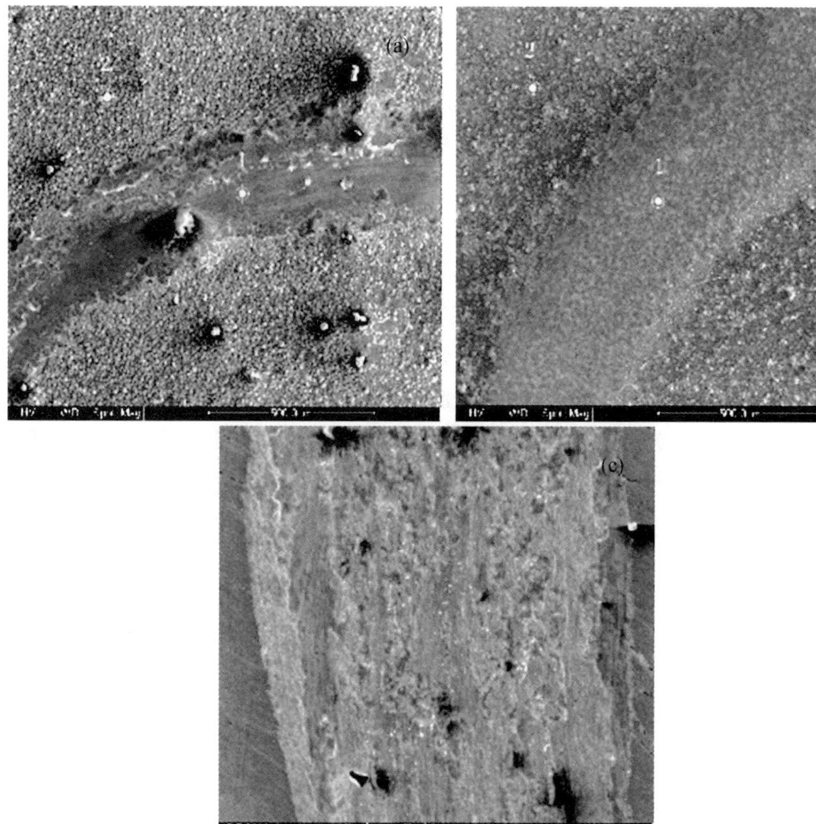

图 8.18　280 N 载荷下的摩擦形貌照片

(a)离子渗氧涂层;(b) 双辉离子渗氧涂层;(c)基体

表 8.9　图 8.18(a)中 1、2 点处的成分分析

元素	1/at%	2/at%
Al	56.16	75.32
Fe	3.21	4.83
O	40.63	19.85

表 8.10　图 8.18(b)中 1、2 点处的成分分析

元素	1/at%	2/at%
Al	46.57	55.66
Fe	5.32	5.87
O	44.06	32.67

8.6　本章小结

在前期利用有限元技术对制备涂层结构进行优化的研究基础上[33-37]，利用双层辉光等离子渗技术在 316L 不锈钢基体表面获得质量优良的渗铝层，通过离子和双辉离子渗氧的方法制备了 Al_2O_3 涂层，并对所得到的渗铝层和 Al_2O_3 涂层形貌、相结构组成、界面结合力、抗热震性和耐腐蚀性进行观察、检测和分析，最终得到了如下结论[38-42]：

(1) 在 316L 不锈钢表面可以得到 Al 渗层，其厚度最大可达到 21.5 μm，渗层表面 Al 最高质量百分含量为 95.46%。渗 Al 层中 Al 以 3 种相的形式存在：Fe_2Al_5 相、FeAl 相和 $FeAl_3$

相。渗层表面 Al 含量较低时，渗层中形成了 FeAl 相或者 FeAl 相与 Fe_2Al_5 相的混合相；渗层表面 Al 含量较高时，形成了 $FeAl_3$ 相或者 $FeAl_3$ 相与 FeAl 相的混合相。

(2) 在氩气流量为 100 sccm，氧气流量分别为 5 sccm、10 sccm 和 15 sccm 的情况下，制备出了 Al_2O_3 涂层。涂层致密无裂纹和孔洞，与基体的结合良好，涂层内部分为多层结构，涂层中的铝氧化物以 3 种相结构存在，即：α-Al_2O_3、γ-Al_2O_3 和 θ-Al_2O_3。

(3) Al_2O_3 涂层与基体的结合性能良好，离子渗氧涂层结合力超过了 45 N，双辉离子渗氧涂层结合力为 38 N。离子渗氧涂层在 550 ℃条件下经过 150 次热震仍未出现裂纹和剥落，在 700 ℃的条件下经过 31 次热震后开始出现脱落；双辉离子渗氧涂层在 550 ℃条件下经过 72 次热震开始出现剥落现象。Al_2O_3 涂层耐腐蚀性能优异，离子渗氧涂层在试验条件下能够使基体的腐蚀电流减小 1 个数量级，而双辉渗氧涂层可以使基体的腐蚀电流减小 3 个数量级。Al_2O_3 涂层优异的耐腐蚀性能来源于其致密的结构，充分说明了所制备的 Al_2O_3 涂层致密。对 Al_2O_3 涂层进行了摩擦学性能表征，在 280 N 载荷下，离子渗氧涂层磨损量与基体相比减少了三分之一，双辉离子渗氧涂层磨损量减少了三分之二。其中离子渗氧所制备的氧化物涂层经摩擦后表面只有少量磨损的痕迹，双辉离子渗氧涂层经摩擦后表面磨损程度极轻，仅有轻微被摩擦过的痕迹。

参考文献

[1] 谭训彦，王昕，尹衍升，等. α-Al_2O_3 的晶体结构与价电子结构[J]. 中国有色金属学报，2002，12(1)：18-23.

[2] 邓畅光，邓春明，刘敏，等. 大气和低压等离子喷涂氧化铝涂层[J]. 材料工程，2008，5：48-56.

[3] 郭智慧，黄群英，宋勇，等. CLAM 钢基体上大气等离子喷涂制备氧化铝涂层工艺研究[J]. 核科学与工程，2008，28(4)：295-299.

[4] 邓春明，周克崧，刘敏，等. 低压等离子喷涂氧化铝涂层的特性[J]. 无机材料学报，2009，24(1)：117-121.

[5] 罗新华，花国然，居志兰. 等离子喷涂氧化铝陶瓷涂层组织[J]. 南通大学学报(自然科学版)，2007，6(1)：63-66.

[6] 王喜娜，敬承斌，赵修建. 溶胶-凝胶法制备致密的 α-Al_2O_3 涂层的研究[J]. 材料科学与工艺，2005，13(1)：1-3.

[7] 徐江，谢锡善，徐重. 双层辉光离子渗 Ni-Cr-Mo-Cu 合金的工艺[J]. 北京科技大学学报，2002，24(6)：623-626.

[8] Liang W P, Xu Z, Miao Q, et al. Double glow plasma surface molybdenizing of Ti_2AlNb[J]. Surface and Coatings Technology, 2007, 201(9-11):5068-5071.

[9] 李凌峰，沈嘉年，李谋成，等. 不锈钢表面粉末包埋渗铝过程及渗铝层表征[J]. 腐蚀科学与防护技术，2004，16(2)：79-82.

[10] Li Z H, Zhang Y M, Zhang P Z, et al. Effect of carbon content of substrate on alloying layer in double glow plasma surface alloying[J]. Vaccum, 2006, 80(6):568-573.

[11] 徐重，王振民. 金属钛对氮化过程的强化及其机理探讨[J]. 航空工艺技术，1978，7：1-4.

[12] Li C J, Xu Z. Diffusion mechanism of ion bombardment [J]. Surface Engineering, 1987, 4: 310-312.

[13] 罗新民，陈康敏. CrNiNRE 奥氏体耐热钢的电解活化热浸扩散渗铝研究[J]. 材料热处理学报，2007，28(1)：118-122.

[14] 夏原，姚枚，李铁藩. 热浸镀铝层的微观结构及形成机理[J]. 中国有色金属学报，1997，7(4)：154-158.

[15] 郭琴，罗新民，陈康敏，等. 奥氏体耐热钢的热浸渗扩散渗铝研究[J]. 中国表面工程，2006，19(4)：16-20.

[16] Ito S, Umehara N, Takata H, et al. Phase transition of under γ-Al_2O_3 hot isotatic pressure [J]. Solid State Ionics, 2004, 172(1-4):403-406.

[17] Asteman H, Spiegel M. A comparison of the oxidation behaviour of Al_2O_3 formers at 700-oxide Solid solutions acting as a template for nucleation[J]. Corrosion Science, 2008, 50:1 734-1 743.

[18] 杨王玥,黄原定,孙相庆. B2 型 Fe_3Al 金属间化合物的高温氧化行为[J]. 腐蚀科学与防护技术,1994,6(2):143-148.

[19] Fedotova J, Bannet G, Pedraza F, et al. Effect of lamellar microstructure on oxidation kinetics of Fe_3Al sintered by hot isostatic pressing[J]. Corrosion Science, 2008, 509(6):1 693-1 700.

[20] 杨松岚,王福会. Ni-Al 金属间化合物高温氧化的研究进展[J]. 腐蚀科学与防护技术,2002, 14(2):109-112.

[21] 杨峥,方玉城,王焱. Fe_3Al 基合金高温环境下的氧化和腐蚀抗力及应用前景[J]. 高科技通讯,1999,1:54-57.

[22] 王永钢,王亚,何亚东. Fe_3Al 高温氧化中的内氧化[J]. 中国民航学院学报,1999,17(4):1-4.

[23] 王永贵. K4104 合金渗铝涂层抗高温氧化性能研究[D]. 哈尔滨:哈尔滨工程大学硕士论文,2006.

[24] 高丽. K438 合金渗铝涂层抗高温氧化性能的研究[D]. 哈尔滨:哈尔滨工程大学硕士论文,2004.

[25] Pint B A, Martin J R, Hobbs L W. The oxidation mechanism of θ-Al_2O_3 scales[J]. Solid State Ionics, 1995, 78(1-2):99-107.

[26] Rao V S ,Baligidad R G, Raja L S. Effect of Al content on oxidation behaviour of ternary Fe-Al-C alloys [J]. Intermetallics, 2002, 10(1): 73-84.

[27] Baier-Saip J A, Avila J I, Tarrach G, et al. Deep oxidation of aluminium by a DC oxygen plasma[J]. Surface & Coatings Technology, 2005, 195(2-3): 168-175.

[28] 张伟. 热浸镀铝钢的扩散工艺研究[J]. 特种铸造及有色合金,2007,27(10):799-801.

[29] 吴振强,夏原,张春杰,等. 钢基铝镀层转化为陶瓷层的演变规律[J]. 无机材料学报,2007,22(3): 534-538.

[30] Vesel A, Mozetic M, Drenik A, et al. High temperature oxidation of stainless steel AISI316L in air plasma[J]. Applied Surface Science, 2008, 255(5):1 759-1 765.

[31] Hogmark S, Jacobson S, Larsson M. Design and evaluation of tribological coatings [J]. Wear, 2000, 246(1-2):20-33.

[32] Gu W C, Shen D J, Wang Y L, et al. Deposition of Duplex Al_2O_3/aluminium coatings on steel using combined technique of arc spraying and plasma electrolytic oxidation[J]. Applied Surface Science, 2006, 252(8):2 927-2 932.

[33] 刘红兵,陶杰,张平则,等. 316L 不锈钢基材防氚渗透 Al_2O_3 涂层残余热应力分析[J]. 核科学与工程, 2007,27(2):126-132.

[34] 刘红兵,陶杰,张平则,等. 316L 不锈钢基材功能梯度 Al 涂层残余热应力分析[J]. 核技术,2008,31(2):105-110.

[35] 刘红兵,陶杰,张平则,等. 功能梯度 Al_2O_3 涂层残余热应力分析[J]. 机械工程学报,2008,44(8):26-32.

[36] Liu H. B. , Tao J. , Zhang P. Z. , et al. Modeling of Residual Stresses in Functionally Gradient Al_2O_3 Coating on 316L Substrate[J]. Journal of Computational and Theoretical Nanoscience, 2008, 5: 1-4.

[37] Liu H. B. , Tao J. , Gautreau Y. , et al. Simulation of thermal stresses in SiC-Al_2O_3 composite tritium penetration barrier by finite element analysis[J]. Materials and Design, 2009, 30:2 785-2 790.

[38] 李转利,陶杰,刘红兵,等. 316L 不锈钢表面双层辉光等离子渗技术制备 Al_2O_3 涂层[J]. 原子能科学技术,2008,42:217-223.

[39] 蒋利,骆心怡,陶杰,等. 316L 不锈钢表面氧化铝梯度涂层的制备[J]. 机械工程材料,2008,32(12):

40-43.

[40] Liu H. B. , Tao J. , Xu J. , et al. Microstructure characterization of oxidation of aluminized coating prepared by a combined process[J]. Journal of Nuclear Materials, 2008, 378:134-138.

[41] 陶杰,徐江,刘红兵. 在钢铝复合管材表面制备 α-Al_2O_3涂层的等离子氧化装置[P]. 中国专利,发明专利,申请号 200810024848.2.

[42] 陶杰,刘红兵,徐江. 在铝材表面获得高含量 α-Al_2O_3 涂层的制备方法[P]. 中国专利,授权号:ZL200810024868.X.

第 9 章　双层辉光等离子渗技术制备 Cr_2O_3 防氚渗透涂层

9.1　概述

9.1.1　Cr_2O_3 涂层简介

氧化铬涂层是近年来开发出来并受到重视的一种薄膜材料之一，它具有极好的化学稳定性、抗高温性能、摩擦系数小等特点，可作为微电子器件的阻挡层和磨损器件的保护层。同时它具有高硬度，熔点很高，抗磨蚀能力强，与基体结合力强，脆性低，内应力较小(压应力)，可沉积较厚的镀层等优点[1,2]，因此被用于数字磁记录读写头保护层，并称为超级保护层，以及用于气体轴承[3]汽车的汽缸内壁等。

现行制备 Cr_2O_3 薄膜的方法主要有溅射法[4]、CVD 法[5]、脉冲激光沉积法[6]、蒸发[7]以及等离子喷涂热分解法[8]。纪爱玲[9]等采用电弧离子镀技术制备出 200 nm 厚的氧化铬薄膜，其硬度达到 36 GPa；Wang D[10]等人用光发射仪来控制氧分压制备出氧化铬涂层，发现不同的氧分压并没有改变 Cr_2O_3 薄膜的晶体类型，只是影响了它的晶体取向；Hone P 等[11]采用射频磁控溅射法制备氧化铬薄膜，发现在 $CO_2=10\%$ 时能够观察到 α-Cr_2O_3 结构，此时其他相也是能够观察到的，而当 CO_2 大于 10% 时，只能观察到 α-Cr_2O_3 结构。

9.1.2　渗铬、渗氧技术概述

渗铬是通过加热扩散将铬元素渗入工件表面的一种化学热处理方法，利用该技术在钢表面渗入 Cr 元素以形成高铬化合物层，可以提高材料表面的硬度、耐磨性、抗氧化性以及抗高温性能[12]，同时，形成的铬合金层具有致密无孔隙、与基体结合牢固等优点。自从渗铬工艺出现以来，至今已开发出了多种渗铬方法，常用的渗铬技术包括固体粉末渗铬、气体渗铬、盐浴渗铬和等离子体渗铬[13]。

在氧化研究方面，如何让高温下使用的合金生成高度保护性的氧化膜，以及对此过程进行正确的预测，一直是高温腐蚀研究的重要前沿。合金氧化的过程中，其内容主要涉及内氧化、外氧化及其转变问题。有关合金选择性氧化的理论主要有：Wagner 提出的内氧化向外氧化转变理论[14]和扩散控制稳定生长的选择性外氧化膜理论[15]，也有国内学者在对 Ni-Cr 合金的氧化行为进行了系统研究后，认为合金的氧化遵循由外至内的过程，并提出了外内氧化转变的理论模型[16]。

张长军等[17]利用氧和钛之间的亲和力较高的特性，采用激光处理法获得了外层为氧化钛，内层为 Ti 的氧固溶强化层，排除了表面氧化膜/空气界面处的氧化物的分解过程的氧化机理，而认为氧化过程受氧化物/界面处存在的氧化物分解控制；马红岩等[18]结合固态渗氧处理和高温扩散固溶处理，采用 α 型钛合金为研究对象，研究了一种新型复合处理工艺，可以获得较深的氧固溶硬化层，并且形成涂层的表面无氧化膜存在；郑传林等[19]利用双层辉光离子技术形成表层为 TiO 和内层为若干微米的渗氧层，进而发现等离子渗氧过程中由于有离子轰击作用，所形成的氧化层结构特点为：渗氧层较厚，氧化物层较薄，且氧化物主要以低价态的形式存在；英国的 Bell T[20,21]等人依据氧扩散（Oxygen diffusion，OD）和热氧化（TO）的工作基础发展了一种新的渗氧强化技术——氧促进扩散技术，并成功应用到低强度的钛合金上，发现氧促进扩散过程主要包括空气中的热氧化和随后的真空扩散处理两个过程：首先将钛合金放在空气中进行热氧化以获得一定厚度的氧化膜，随后将具有一定厚度氧化膜的钛合金放在真空室中进行扩散处理。

双层辉光离子渗金属技术不仅具有渗速快、无污染、节约能源等优点，而且该技术在材料表面所形成的合金层成分随表面深度的变化呈梯度分布，这在一定程度上减少了涂层与基体之间由于膨胀系数上的差异所引起的涂层剥落，能使渗层的化学成分平缓地呈梯度过渡到涂层表面，减少基体与涂层间的成分差别，使涂层的组织和性能连续过渡，可避免基体到涂层的组织、性能的突变，缓解界面处的应力集中，改善涂层界面的结合状况，利用该方法制备出的涂层与基体间具有结合牢固，无微裂纹等优点。

因此，本文提出利用双层辉光离子渗金属技术渗铬后再进行双层辉光离子渗氧处理的方法制备氧化铬涂层，这能保证在双层辉光离子渗氧过程中铬元素的有效供给，有利于氧和铬的充分反应。首先，通过渗铬处理，一定量的铬扩散到金属基体材料表面并产生一个含铬的浓度梯度，从而形成一个过渡层，该过渡层的存在弥补了基体与涂层材料之间不同的热膨胀系数差异造成的剥离，提高了涂层与基体之间的结合强度。同时，经过后续的渗氧处理，在表面形成均匀致密、热稳定性能良好的氧化铬涂层。

9.2 双层辉光离子渗铬及渗氧工艺设计

9.2.1 实验材料及设备

实验用源极材料为含铬 99.9%的高纯铬靶，工件材料及实验设备详见第 8 章的 8.2 节。

9.2.2 工艺参数的选择

参考前人经验[22,23]，我们选择双层辉光离子渗铬的工艺参数为：源极电压为 900 V，工件极电压为 350 V，气压为 35 Pa，极间距为 10 mm，占空比为 0.82；渗铬后进行双层辉光离子渗氧工艺为：源极电压为 650 V，工件极电压为 350 V，气压为 35 Pa，极间距为 10 mm，占空比为 0.82。

9.3 渗铬层组织结构与结合性能研究

双层辉光离子渗金属过程中，试样温度是决定改性层形成及性质的最重要的参数之一。

金属渗入基体主要是依靠热扩散原理，因此温度越高越有利于扩散[24]。然而，渗铬工艺一般都要在950 ℃以上的温度下进行，过高的渗铬温度，会造成基体晶粒粗大，力学性能下降，应用受到限制。基于铬与铁无限互溶且扩散系数较大等特点[25]，本章采用双层辉光离子渗金属技术在316L不锈钢表面在850 ℃中温度下渗铬。

9.3.1 渗铬层的形貌

渗铬时间分别为1 h、2 h、3 h和4 h下制备出的渗铬层截面形貌和表面形貌如图9.1所示。从外观上看，渗铬时间为1 h时，渗层较薄，但表面平整光滑，且没有裂纹、孔洞和漏渗现象。随着渗铬时间的增加，涂层表面颗粒粗糙度明显增大，渗层厚度有明显的增大现象。其中，渗铬时间为4 h时，在渗层表面出现具有空洞的疏松结构。

渗入合金元素在基体中的固溶度是制约渗层表面合金元素含量的内在条件。从Fe-Cr相图上看，铬和铁几乎是无限互溶的，故铬元素在不锈钢基体表层中会有很高的溶解度。渗铬过程中，Cr原子首先被活化的基体表面吸附，随着吸附量的增加，Cr原子一方面沿空隙和晶界向内扩散，另一方面它本身也聚集长大，形成(Cr，Fe)相[26]。此外，由于渗铬过程属于反应扩散，在此过程中渗入的铬元素首先溶于不锈钢基体中，当随着铬含量的增大，涂层中就会形成铁在铬中的固溶体新相[27]。

为观察涂层组织致密性与界面结合情况，本章对渗铬1 h和3 h涂层试样界面结合处在扫描电镜下进行局部放大实验，如图9.2所示。渗铬1 h时，涂层较为致密；渗铬3 h时，涂层的外表层较为致密，而次表层相对较为疏松。对界面结合处较小范围内进行线扫描发现，涂层表面到基体铬元素成梯度递减分布，这可避免基体到薄膜的组织、性能的突变，在一定程度上减少了涂层与基体之间由于膨胀系数上的差异所引起的涂层剥落。

有研究表明[28]，渗铬过程中会出现不锈钢基体中的碳元素向外层扩散迁移的现象。由于铬元素的渗入会造成奥氏体基体中碳化学位的下降，且表面铬含量越高，碳活度的降低越多，碳化学位降低也越多。因此，沿渗铬合金层深度呈递减的铬浓度分布导致了奥氏体基体中碳化学位从基体指向表面的逐渐降低，渗铬合金层的奥氏体变成了碳化学位由表面向基体逐渐升高的奥氏体。可见，铬的渗入必然导致不锈钢基体中的碳原子由基体向表层上坡扩散，且铬浓度越低，碳的迁移量越大，这就是渗铬时引起碳向外迁移的热力学原因。

与普通渗金属技术法相比，形成相同厚度的渗层，双层辉光离子渗金属技术所需时间明显要短，这主要是离子轰击的效果所致。渗金属过程中，辉光等离子体在向工件表面持续提供高浓度的渗剂元素的同时，阴极溅射效应也为铬原子的吸附与渗入创造了一个高度活化的表面。同时，高能粒子的轰击，使试样表面出现高密度位错区，导致铬原子既沿晶界扩渗又向晶内扩散，特别是沿位错沟扩散，从而大大提高了铬的扩散速度[29]。

9.3.2 渗铬层的铬浓度分布

图9.3为涂层表面铬含量随渗铬时间的变化示意图。可以看出，随时间的增加，1 h到3 h内涂层表面的铬元素含量急速增加，其中1 h时表面铬含量只有30%左右，2 h时铬含量快速上升，达到85%左右，渗铬时间为3 h时，渗层表面铬含量明显增加，达90%左右，而时间为4 h时涂层表面的铬含量有所降低。

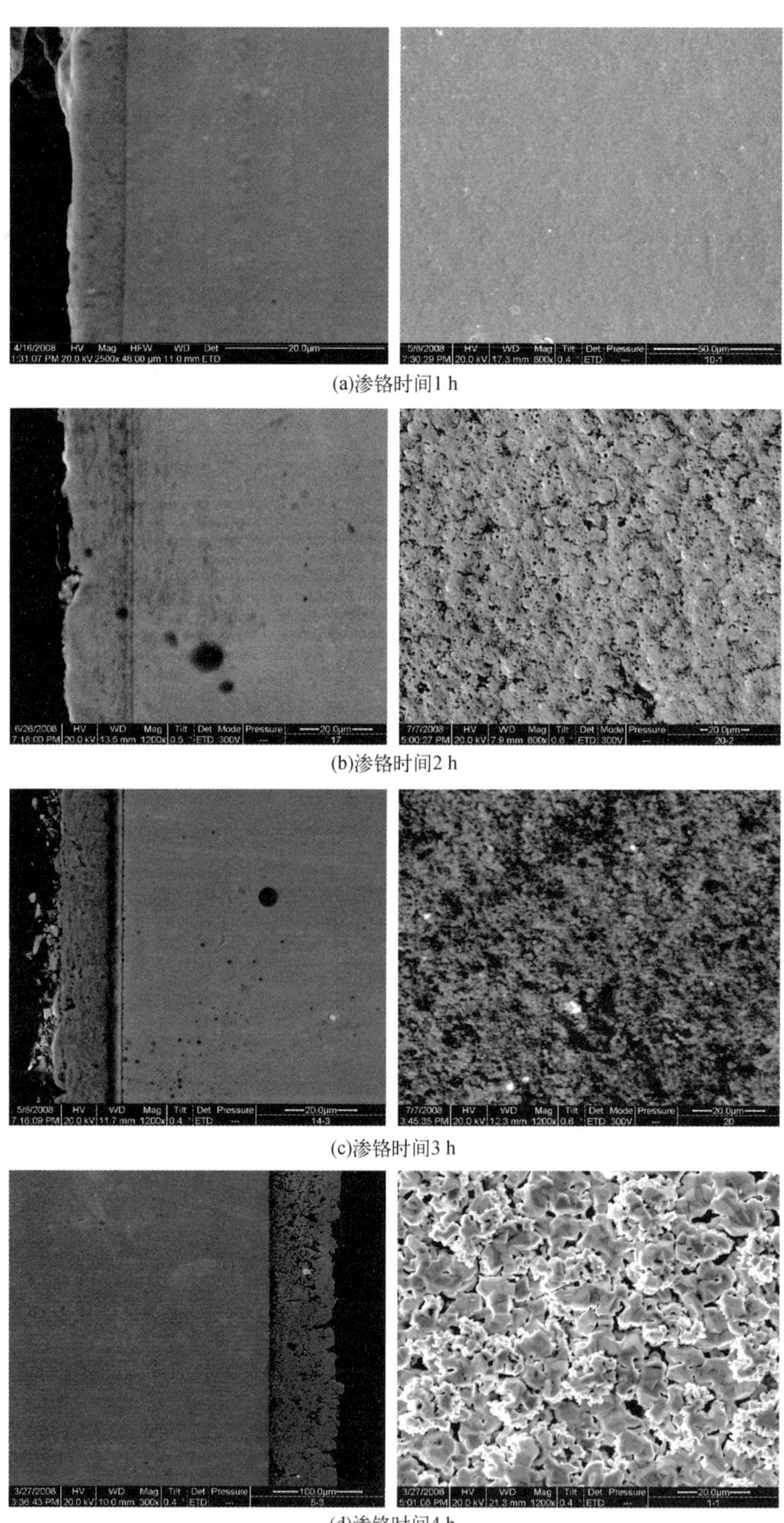

(a)渗铬时间1 h

(b)渗铬时间2 h

(c)渗铬时间3 h

(d)渗铬时间4 h

图 9.1 不同渗铬时间下形成的渗铬层截面形貌和表面形貌

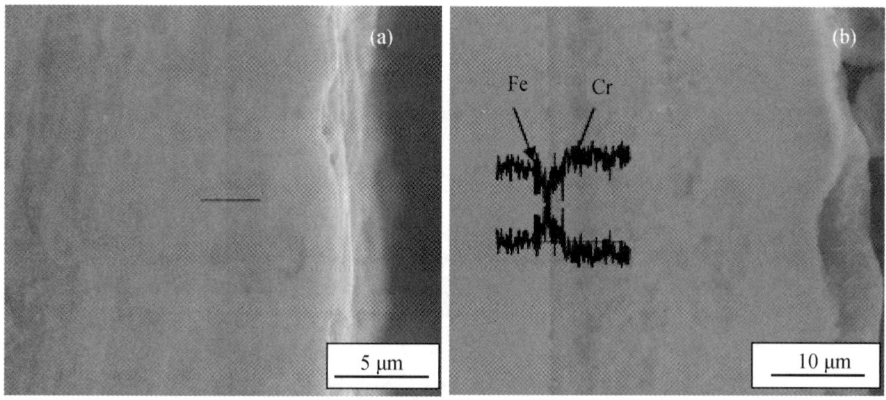

图 9.2　渗铬层截面放大照片

(a) 渗铬时间为 1 h;(b) 渗铬时间为 3 h

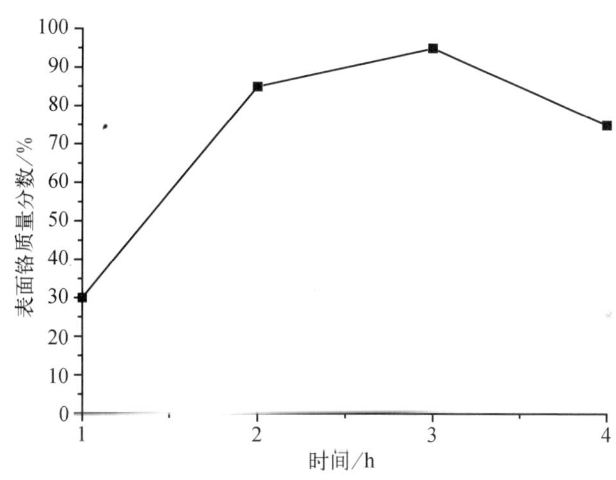

图 9.3　不同渗铬时间下涂层表面铬含量变化曲线

9.3.3　渗铬层的物相分析

图 9.4 为渗铬时间分别为 1 h、2 h、3 h 和 4 h 下渗铬层表面 XRD 图谱。由图可见，渗铬时间为 1 h 时，涂层表面主要由 Cr 相和 Cr 在 α-Fe 中的固溶体相组成。随着时间的延长，Cr 峰表现得越来越强，说明涂层表面形成纯铬的沉积层，并且这种沉积作用越来越明显。

9.4　Cr_2O_3 涂层的制备及表征

通过对前一节中制备出的渗铬层组织和性能对比分析，本节选择渗铬时间为 3 h 时制备出的渗铬层作为等离子渗氧的对象，在渗铬层基础上采用不同的氧流量对试样进行双层辉光离子渗氧，从而制备出氧化铬涂层。实验过程中，氩气流量固定为 100 sccm，氧气流量分别取 5 sccm、10 sccm、15 sccm 和 20 sccm（sccm 为氧气和氩气流量比，如氧气和氩气流量比为

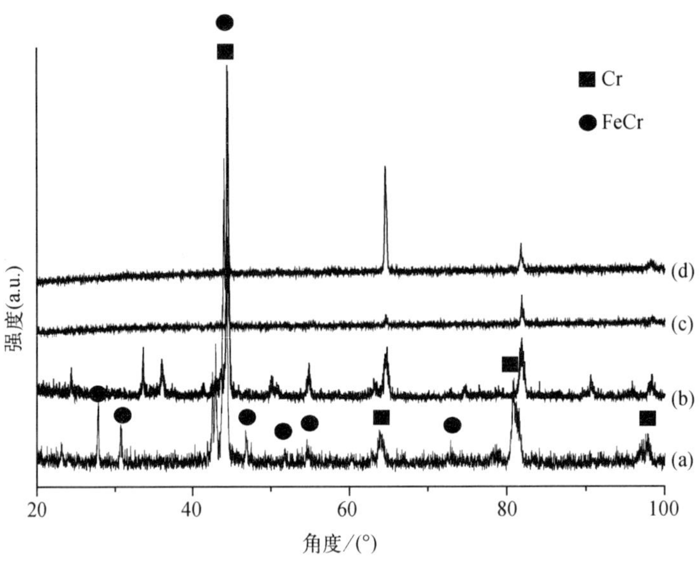

图 9.4 不同渗铬时间下涂层表面 XRD 图谱

(a) 1 h;(b) 2 h;(c) 3 h;(d) 4 h

100：5时，则实验中称氧流量为 5 sccm)。

9.4.1 Cr_2O_3涂层的形貌

图 9.5 为不同氧流量下渗铬渗氧层截面形貌和表面形貌对比图。可以看出，不同氧流量下所形成的涂层表面形貌差别很大：氧流量为 5 sccm 时涂层表面较为疏松，表现出凸凹不平的粗糙结构，出现部分的择优生长现象，Pulugurtha S R 等人[30]在采用磁控溅射制备 CrN 涂层时发现了这种表面的粗糙结构，被命名为 Cauliflower appearance。随氧流量的增大，氧流量为 15 sccm 时试样比 10 sccm 时试样表面粗糙度明显增大，涂层表面颗粒沿截面方向生长较快，择优生长现象越来越明显。而在氧流量为 20 sccm 情况下，涂层表面出现沿截面方向和垂直截面方向同时生长的现象[31]，并出现少许剥落。

在等离子渗氧过程中，离子轰击作用下形成的氧化层结构特点是外层为氧化物层，内层为渗氧层，渗氧层较厚，氧化物层较薄，且氧化物主要以低价态形式存在[32]。Stierle Aand Zabel H[33]的研究表明，Cr_2O_3在单晶 Cr 表面氧化生长导致 Cr/Cr_2O_3界面产生一定粗糙度，而只有当氧化温度低于 725 K 时，Cr 通过氧化膜向外生长的速率远远不能满足表面氧化需要，氧化物才呈层状生长，使得表面比较平坦。本实验在进行等离子渗氧时温度远远高于 725 K，温度导致的织构紊乱有利于短程扩散，氧流量为 5 sccm 时，氧离子的供给量明显不足，Cr^{3+} 向外扩散的速率大于表面的氧化速率，致使部分铬来不及氧化，从而导致涂层表面出现凹凸不平现象。氧流量为 10 sccm 时，氧离子的供给速度与铬的向外生长需求达到平衡，所形成的涂层组织较为致密平整。随着氧流量的增大，氧离子的轰击作用增强，其向基体的溅射速率大于 Cr^{3+} 向外扩散的速率，铬离子和氧离子充分反应，使得涂层中 Cr_2O_3沿截面方向加快生长，并且这种生长随氧流量的增大而加快，所以导致 15 sccm 氧流量下形成的涂层表面颗粒明显大于10 sccm氧流量下形成的颗粒。在氧流量为20 sccm的情况下，一方面氧化物形成核后，氧

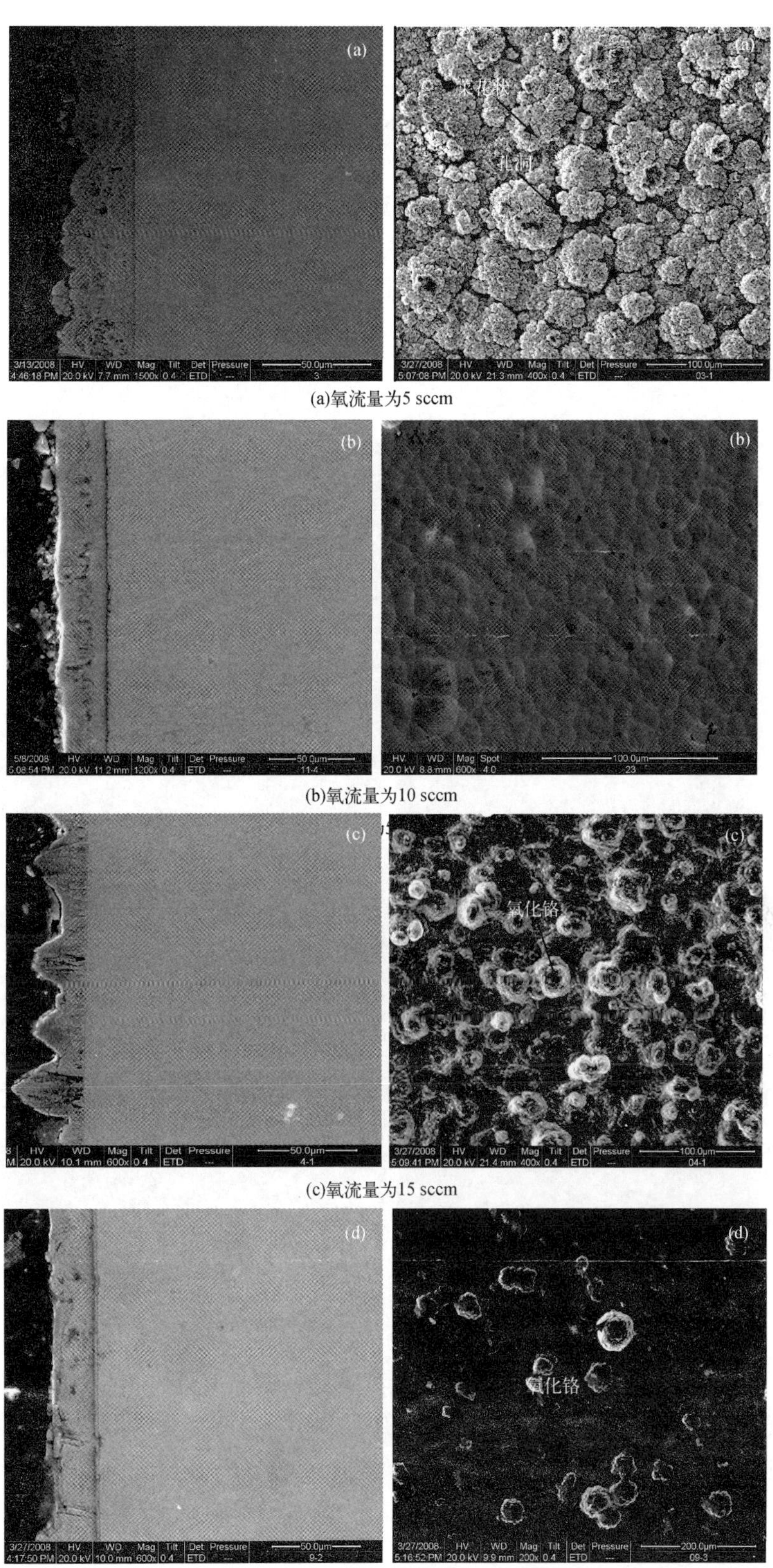

(a)氧流量为5 sccm

(b)氧流量为10 sccm

(c)氧流量为15 sccm

(d)氧流量为20 sccm

图 9.5　不同氧流量下 Cr_2O_3 涂层的截面及其表面形貌

化物涂层向四周均匀生长，以使表面能最小，另一方面氧离子溅射靶材与 Cr^{3+} 直接结合生成 Cr_2O_3 所形成的沉积作用加强，对 Cr_2O_3 沿截面方向的生长起到一定的限制作用，所以在 20 sccm氧流量下涂层表面出现了少许剥落和不明显的择优生长现象。

对不同氧流量下制备出的涂层界面处进行电镜下局部放大，如图 9.6 所示。氧流量为 5 sccm 时，涂层内层较为致密，而外层相对疏松；其他三种氧流量下涂层相对较为致密，10 sccm 氧流量下界面结合处偏基体位置出现少许微裂纹；15 sccm 氧流量下涂层与基体结合较好，出现很明显的择优生长现象；而氧流量为 20 sccm 时，涂层与基体结合处有明显较粗的界线存在。对界面结合处局部放大后进行线扫描发现，涂层中都存在过渡层，这有利于提高涂层与基体之间的结合力。

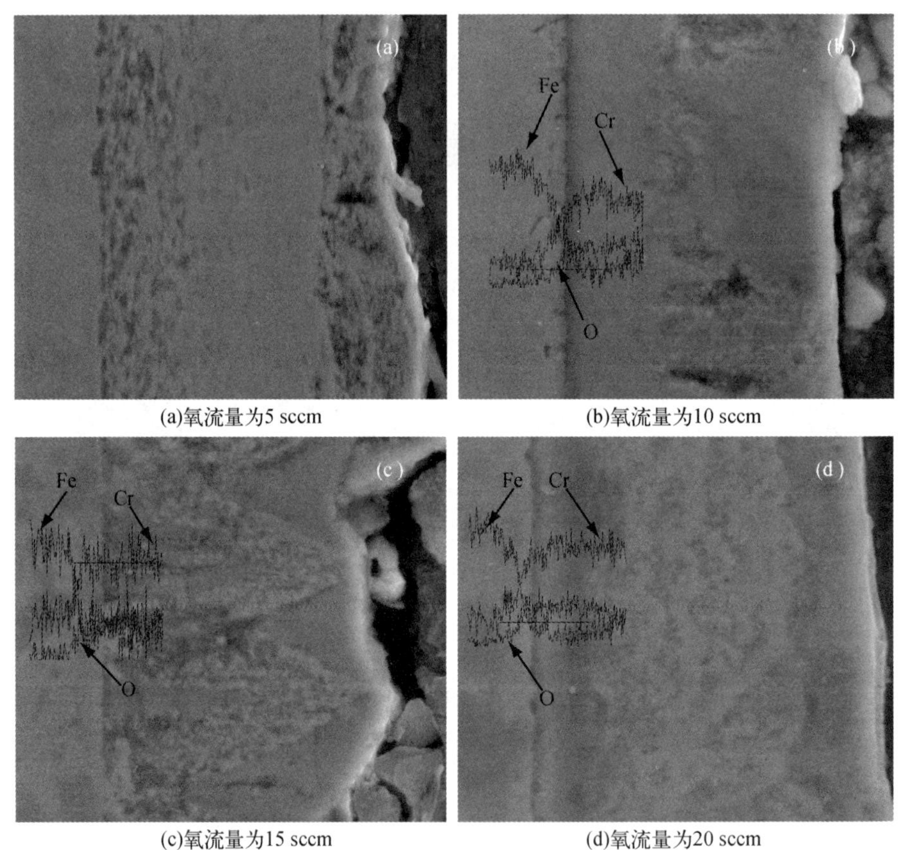

(a)氧流量为5 sccm　(b)氧流量为10 sccm
(c)氧流量为15 sccm　(d)氧流量为20 sccm

图 9.6　不同氧流量下涂层界面放大照片

在 Cr_2O_3 膜的生长过程中，既有 Cr 的向外扩散又有氧的向内扩散，且晶界扩散起了很大作用。新的氧化物通常在晶界处生成。此外，Cr 的向外扩散作用相对较大，致使新的氧化物通常形成在氧化膜内靠外表面、而氧向内扩散的作用随着氧压的升高而增加由于新的氧化物在氧化膜内形成，导致氧化膜既向垂直于合金表面方向生长又向平行于合金表面方向生长。

9.4.2 Cr_2O_3涂层的铬氧浓度分布

图 9.7 为不同氧流量下涂层截面各主要元素含量示意图。可以看出，氧流量为 5 sccm 时，由于氧的流量较低，氧铬共渗初始过程中，很难在试样表面形成氧化铬阻挡膜，氧的等离子体有机会扩散并渗入基体，同时铬的碳化物(铬是很强的碳化物形成元素，渗铬时，不锈钢基体中的 C 向表面迁移与铬结合形成碳化物)的阻碍作用，使得氧在距离表面约 40 μm 处很难继续向基体扩散，随后聚集起来，达到了较高的含量。在随后的氧铬共渗过程中，渗入的氧直接与溅射沉积的铬元素结合形成氧化铬，所以在涂层中约 23 μm 处出现氧的最低值。

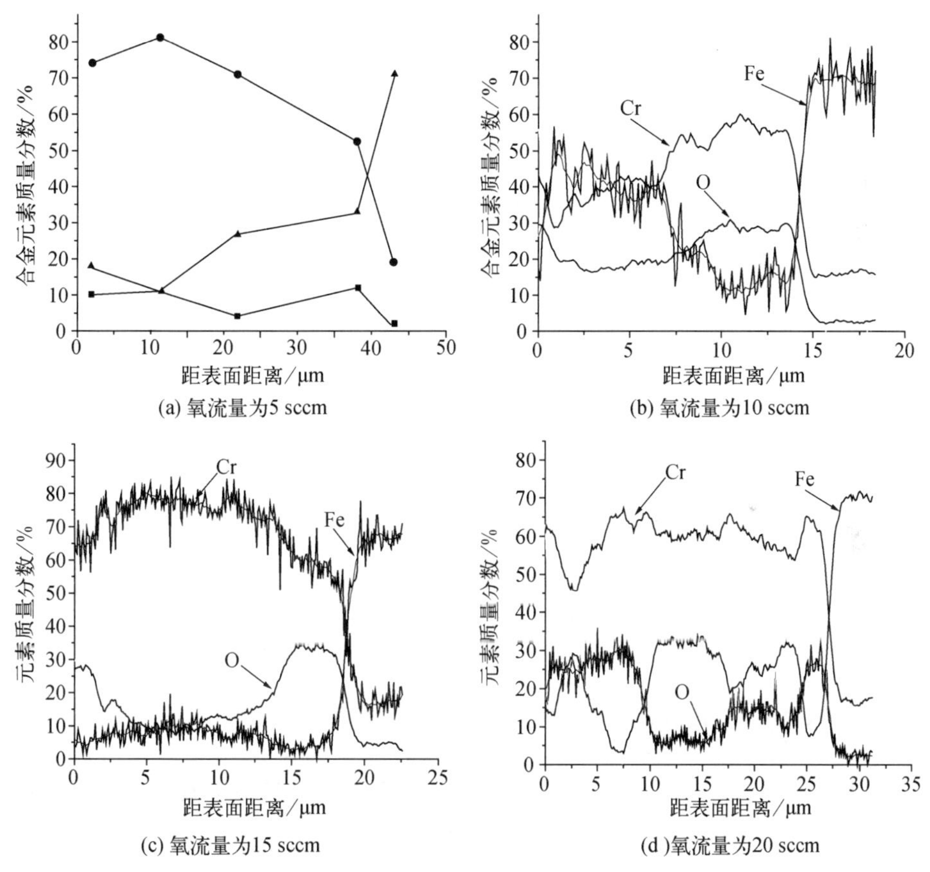

图 9.7 不同氧流量下涂层截面氧、铬和铁含量示意图

氧流量为 15 sccm 和 20 sccm 时，涂层表面的铬元素明显增大，而氧含量则在距离表面的一定深度出现最高值。由于铁和铬几乎是无限互溶的元素，同时铬还是很强的碳化物形成元素，所以，铬元素在形成铁的固溶体的同时还与基体向外迁移的碳原子形成铬的碳化物。铬的碳化物很快构成连续薄层，对铬原子向基体内部进一步扩散形成屏障，造成铬原子的扩散量下降，随后溅射出来的铬粒子只能堆积在基体外层上，形成铬在铁中的固溶体。同时，铬浓度的提高会降低碳在奥氏体中的极限溶解度，当铬浓度超过一定数值后，便析出 $Cr_{23}C_6$ 型等碳化物。由于铬的碳化物膜和氧化物膜的阻碍而使得铬元素不能有效扩散进去而出现聚集，因而，

在距离表面一定深度出现了铬的最高含量。同时后续溅射的铬发生了沉积作用，故在涂层表面出现了 Cr 的峰值。

图 9.8 为 5 sccm、10 sccm、15 sccm 和 20 sccm 氧流量下涂层表面氧和铬元素含量的变化趋势。可以看出，随氧流量的增大，涂层表面氧的含量逐步增加，而铬含量则逐步减少。这与氧流量不同所造成的氧离子轰击强度和氧离子的供给量有很大关系。氧流量较低时，氧离子溅射铬靶的过程中直接与 Cr^{3+} 结合生成 Cr_2O_3 所形成的沉积作用较弱，Cr^{3+} 向外扩散的速率大于表面的氧化速率，表面形成的主要是纯铬和少量铬的氧化物，所以铬元素含量较高；而随着氧流量的增加，氧离子轰击作用增强，导致基体表面氧化速率大于 Cr^{3+} 向外扩散速率，同时氧离子的溅射铬靶所形成的沉积作用明显增强，涂层表面生成的氧化物含量随氧流量的增大而增大。

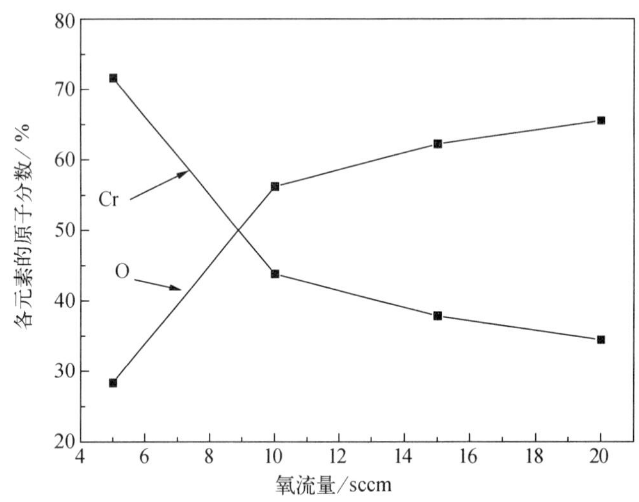

图 9.8　不同氧流量下涂层表面氧、铬含量示意图

9.4.3　Cr_2O_3涂层的物相分析

图 9.9 为 5 sccm、10 sccm、15 sccm 和 20 sccm 氧流量下渗铬渗氧涂层表面 XRD 图谱。可以看出，氧流量为 5 sccm 的涂层表面出现明显的纯 Cr 衍射峰，而另外三种氧流量下涂层表面则多表现为 Cr_2O_3 峰值，并且随氧流量的增加，Cr_2O_3 峰值有明显强化的趋势。这主要是由于随氧流量的增大，氧离子的溅射沉积作用逐步增强的结果。

Lian J S[34] 认为，渗氧初始过程中，较低的氧流量下，Cr_2O_3 沿 Cr 的(110)方向呈孤岛状形核生长，表现出各向异性。Stierle Aand Zabel H[35] 通过氧化动力学计算得到，Cr 通过氧化膜向外扩散所需激活能为 1.4 eV，远远小于其间隙原子扩散激活能的 2.9 eV，所以，氧化膜形成后 Cr 主要是以晶格扩散形式通过氧化膜向外扩散与氧结合生成 Cr_2O_3。

与普通渗氧相比，采用双层辉光离子渗金属技术所形成的渗氧层较厚，这是由于氧原子是半径很小的间隙原子，渗氧时离子轰击所造成的反溅射要小得多，同时离子轰击对氧的离子化加剧，造成很高的氧势，使大量的氧原子吸附在活性表面上继而向内扩散形成较厚的渗层。

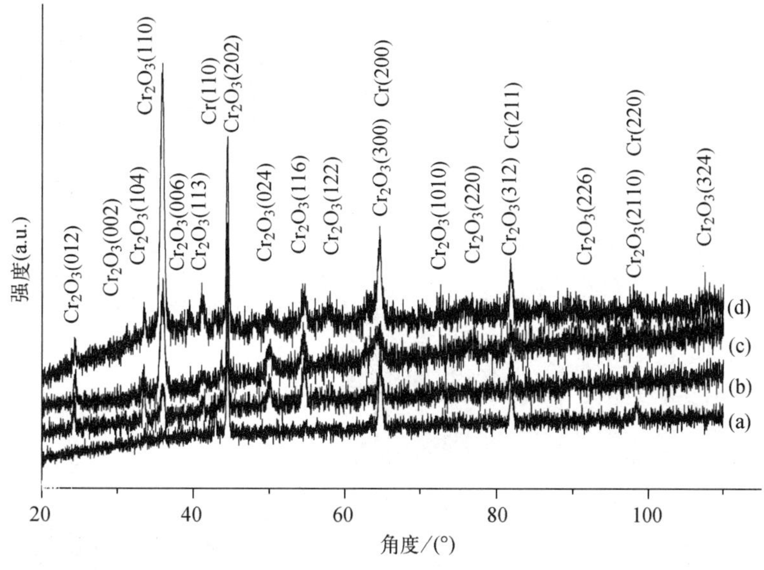

图 9.9　不同氧流量下涂层表面 XRD 图谱

(a) 5 sccm；(b) 10 sccm；(c) 15 sccm；(d) 20 sccm

9.4.4　Cr_2O_3涂层表面微观结构分析

在进行双层辉光离子渗氧的过程中，通过 XRD 图谱发现，氧流量为 5 sccm 时，涂层表面并没有出现 Cr_2O_3 相。为此，作者对氧流量为 5 sccm 时制备出的涂层进行透射显微分析。图 9.10 即为氧流量为 5 sccm 时涂层的 TEM 照片，通过对电子衍射斑点进行标定可以确定涂层中既有 Cr_2O_3 相的存在，又有纯铬相的存在。这很可能是由于氧流量较低情况下，涂层表面的 Cr_2O_3 层过薄使得 X 射线很容易穿透，从而 XRD 图谱没有出现 Cr_2O_3 相。

9.4.5　双层辉光离子渗氧机理研究

渗氧过程中，关于高温下合金氧化与固溶的理论有几种观点：一种认为[36]氧在基体中先固溶，而当固溶的氧含量超过溶解度极限时才依次生成各种氧化物；另一种认为[37]先生成氧化物，而后由于氧的向内扩散才开始形成氧的固溶体；还有一种认为氧到达金属-氧化物界面时，一部分氧以固溶体的形式进入金属，另一部分则形成了新的氧化物且使膜的厚度增加。

本实验在双层辉光离子渗氧过程中，由于辉光放电产生的氧离子轰击作用，试样表面会形成很高的氧势，同时形成大量的空位群，使得大量的氧离子吸附在基体表面继而向基体内扩散形成较厚的渗层。首先，氧化膜通过铬和氧在晶界的互扩散行为进行生长，新的氧化物在晶界处生成。当氧流量较低时，辉光放电所提供的氧离子不能满足铬的氧化需要，基体中铬元素的向外扩散比氧元素的向内扩散更为重要，加上荷能离子的轰击作用，所形成的氧化物层较薄，且存在的相对量较少，而以固溶形式存在的渗氧层厚度较大，所以以氧的固溶为主要原理；随着氧流量的增大，氧离子的供给量明显增加，由于膜/气体界面与膜/合金界面之间存在着元素化学势梯度，因此氧通过氧化膜向内扩散，氧的向内扩散的重要性增加，涂层表面出现了氧化膜垂直金属表面优先生长的现象。当氧流量达到一定值时，渗氧过程中的氧化速率明显大于

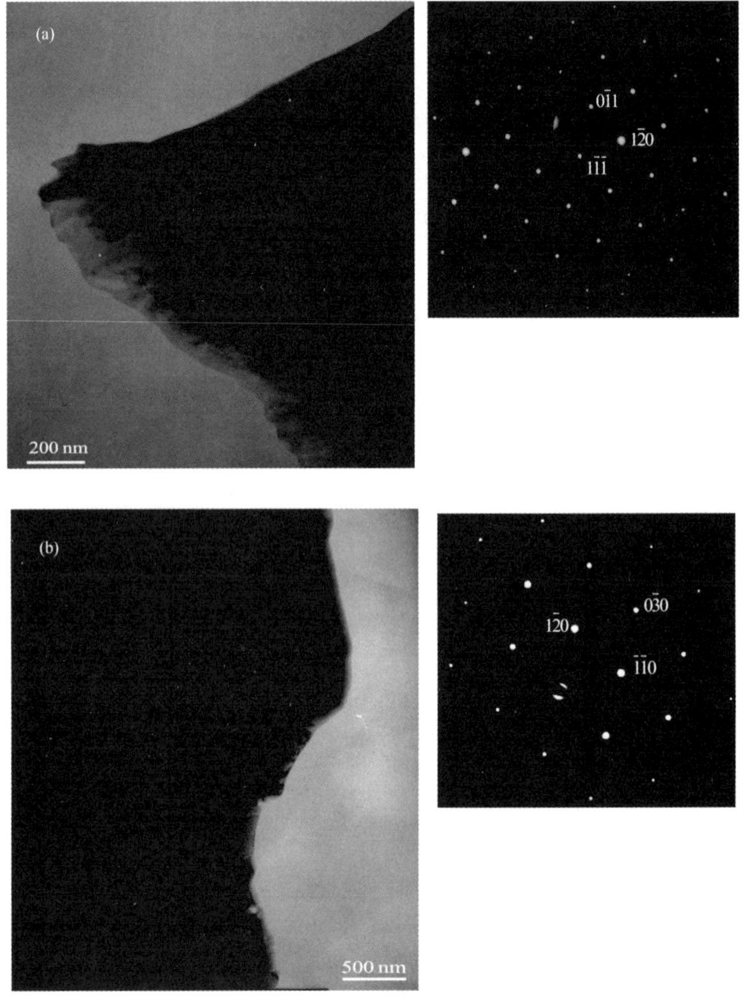

图 9.10 (a) Cr 的形貌和电子衍射斑点；(b) Cr_2O_3 的形貌和电子衍射斑点

铬的向外扩散速率，铬的向外扩散的重要性逐步减小，铬和氧的互扩散及新的氧化物在氧化膜内生成，固溶的氧含量超过溶解度极限时便生成各种氧化物，加上沉积作用形成的氧化物使得涂层表面氧化膜除了垂直金属表面生长之外而横向生长。

9.5 Cr_2O_3涂层的性能研究

9.5.1 不同氧流量下 Cr_2O_3涂层的电化学腐蚀性能研究

图 9.11 为 316L 不锈钢和不同氧流量下 Cr_2O_3 涂层在 3.5%NaCl 溶液中的极化曲线。由图可见，与 316L 不锈钢基体相比，渗铬渗氧后，涂层的腐蚀电位均得到较大提高，涂层和不锈钢基体都有明显的钝化现象，并且涂层的钝化区间要明显大于 316L 不锈钢基体。

表 9.1 为 316L 不锈钢基体和不同氧流量下涂层在 3.5%NaCl 溶液中的极化参数。由表可见，与不锈钢基体相比，涂层的点蚀电位 E_p 都有大幅度的提高（至少一个数量级以上），氧

流量为 5 sccm 和 15 sccm 时涂层的 E_p 相对较低，而 10 sccm 流量条件下获得涂层的 E_p 最高，为 0.892 V。点蚀电位越高，表明材料的抗腐蚀能力越强，所以氧流量为 10 sccm 条件下获得涂层的耐蚀性能最优。I_{corr} 为极化时的腐蚀电流，与不锈钢基体相比，涂层的 I_{corr} 降低了 2 个数量级左右，其中氧流量为 10 sccm 时的 I_{corr} 最低，说明在此条件下，涂层的腐蚀速度最小，表现出最好的耐腐蚀性能。

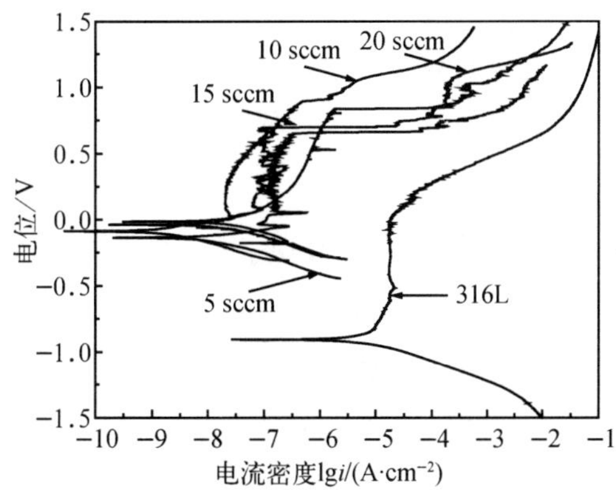

图 9.11　不同氧流量下基体和涂层的极化曲线

表 9.1　316L 不锈钢基体和不同氧流量下涂层在 3.5% NaCl 溶液中的极化参数

样品	E_{corr}/V	E_p/V	I_{corr}/($\mu A/cm^2$)
316L 不锈钢	−0.907	0.031	9.3
5 sccm	−0.137	0.651	0.016 1
10 sccm	−0.088	0.892	0.013 2
15 sccm	−0.038	0.708	0.016 8
20 sccm	−0.015	0.838	0.032 4

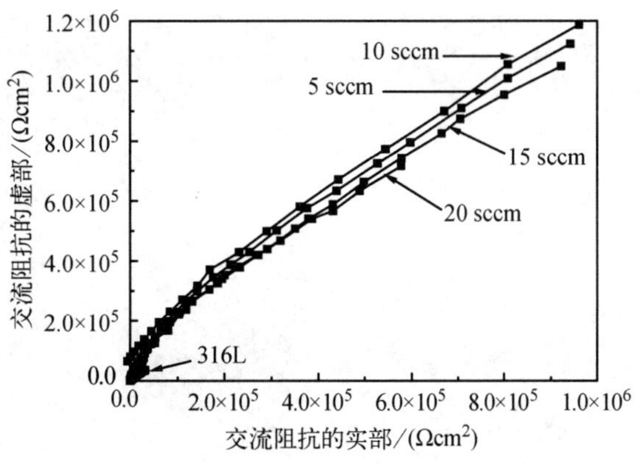

图 9.12　不同氧流量下涂层的阻抗曲线

图 9.12 为不同氧流量下涂层的阻抗曲线。很明显，氧流量为 20 sccm 时阻抗最小，10 sccm氧流量下涂层的阻抗最大，氧流量为 5 sccm 和 15 sccm 时介于上述两者之间，其中氧流量为 5 sccm 较 15 sccm 时的阻抗要大。阻抗越大，表明涂层的耐蚀性能越好。

Cr_2O_3涂层有较强的耐腐蚀性能可能由于其有致密的组织结构、较小的晶粒尺寸和较差的电导率。Cr_2O_3涂层相对于不锈钢基体较差的电导率决定了其耐腐蚀性能优于不锈钢基体。而由涂层的组织可以看出，氧流量为 5 sccm 时较为疏松的结构导致较大的空隙率和 15 sccm表面 Cr_2O_3生长过快形成较大的晶粒尺寸与粗糙结构为腐蚀溶液的进入提供了通道，以及氧流量为 20 sccm 时表面出现部分微裂纹，故均表现出相对较差的耐腐蚀性能，而氧流量为 10 sccm 时适中的离子轰击作用和沉积作用形成的较为致密的组织结构有利于其耐腐蚀性能的提高。

9.5.2 不同氧流量下 Cr_2O_3涂层的抗热震性能研究

如上所述，采用同样的方法对不同氧流量下制备出的涂层试样进行热震实验。图 9.13 为 550 ℃下对四种试样进行 150 次热震实验后的表面形貌。可以看出，氧流量为 5 sccm 时，试样表面依然保持其菜花状，只出现少量不明显的裂纹；10 sccm 氧流量下涂层表面无任何裂纹

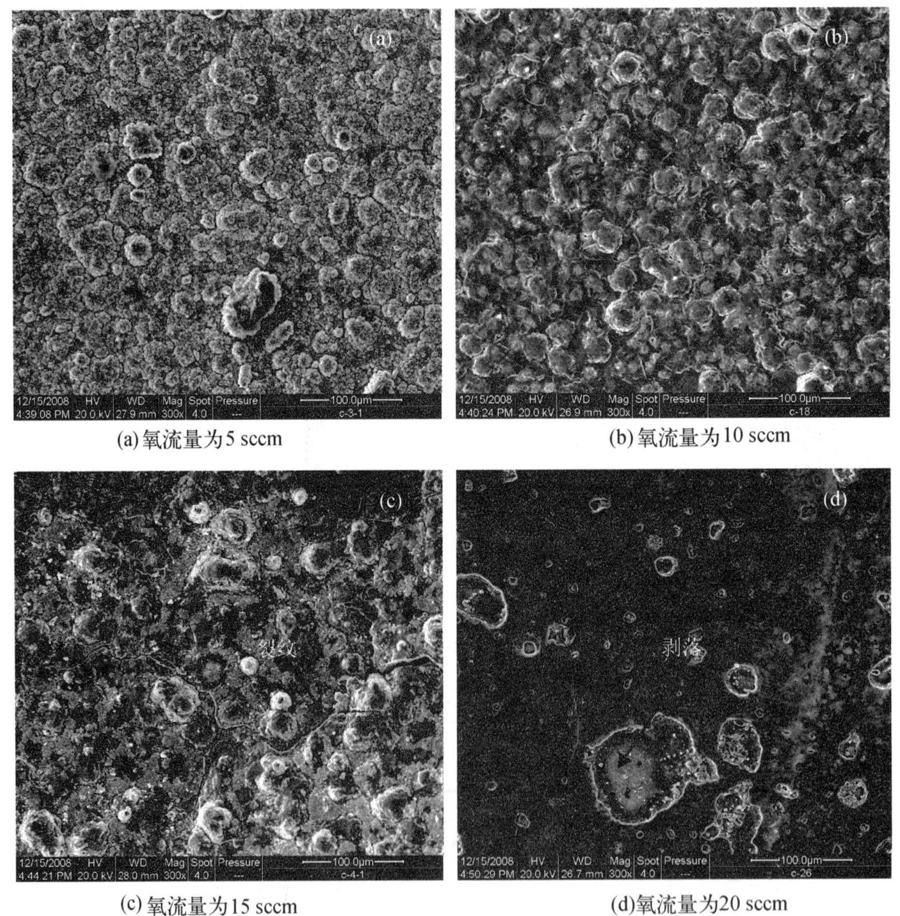

(a) 氧流量为5 sccm　　(b) 氧流量为10 sccm

(c) 氧流量为15 sccm　　(d)氧流量为20 sccm

图 9.13 不同氧流量下涂层于 550 ℃下 150 次热震后表面形貌

和剥落，表现出极强的抗热震性能；而氧流量为 15 sccm 时，涂层表面出现很深的裂纹，表明涂层开始失效，这可能与氧流量为 15 sccm 时，涂层生长过程中形成较大颗粒状组织导致的内应力较大有关，20 sccm 氧流量下涂层表面出现较大面积的剥落现象，抗热震性能较差。

针对氧流量为 10 sccm 涂层在 550 ℃下进行 150 次热震实验后仍无任何剥落现象，本章于 700 ℃下对其进行热震实验。结果发现，涂层于 24 次热震后出现边缘大面积剥落现象，可视为涂层失效，如图 9.14 所示。

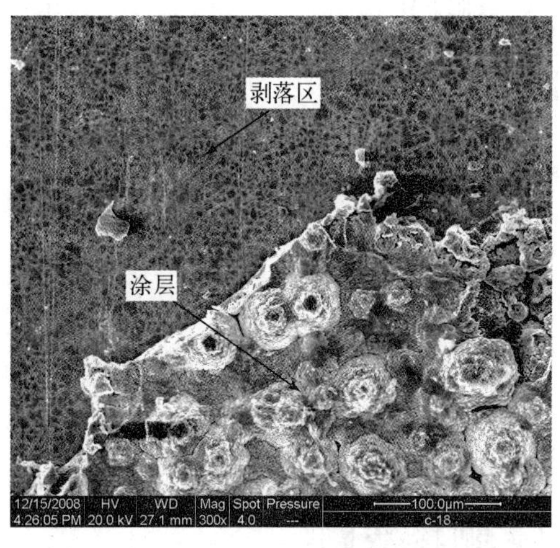

图 9.14　氧流量为 10 sccm 涂层于 700 ℃下 24 次热震后的表面形貌

9.5.3　不同氧流量下 Cr_2O_3 涂层的划痕性能研究

薄膜和基体的黏结强度是评价薄膜质量最关键的指标之一，是保证薄膜满足机械、物理和化学等使用性能的基本前提。渗铬合金层中，铬沉积层硬度不高，脆性大，容易剥落。为此，采用划痕法，对沉积层与铬碳化合物层间的结合力进行测定。采用中国科学院兰州化学物理研究所研制的 WS-2005 型划痕仪，其操作过程由计算机控制，采用标准压头(R=0.2 mm)划痕，加载速度 100 N/min，终止载荷 100 N。以渗铬合金层从基体剥落的临界载荷来表征沉积层结合力。

图 9.15 分别为不同氧流量下表面涂层的划痕曲线示意图。可以看出，氧流量为 5 sccm 时，表面合金层分别在 36 N 和 32 N 时出现声信号强度突然增大的现象，可以认为涂层被划破，此载荷即为临界载荷值。氧流量为 15 sccm 时，由于涂层表面择优生长所形成的表面颗粒较大，所以刚开始加载时标准压头由于碰到较大的颗粒从而出现较为强烈的声信号；而氧流量为 20 sccm 时，涂层表面颗粒在向四周生长的同时在次表面有部分颗粒相的存在，导致出现较强声信号之前有相对较弱的声信号存在。

9.5.4　不同氧流量下 Cr_2O_3 涂层的摩擦磨损性能研究

摩擦磨损实验于室温下在 HT-500 型球-盘式摩擦磨损试验机上进行，对磨材料为氮化硅，粒珠直径为 4 mm，载荷为 280 g，时间 10 min。

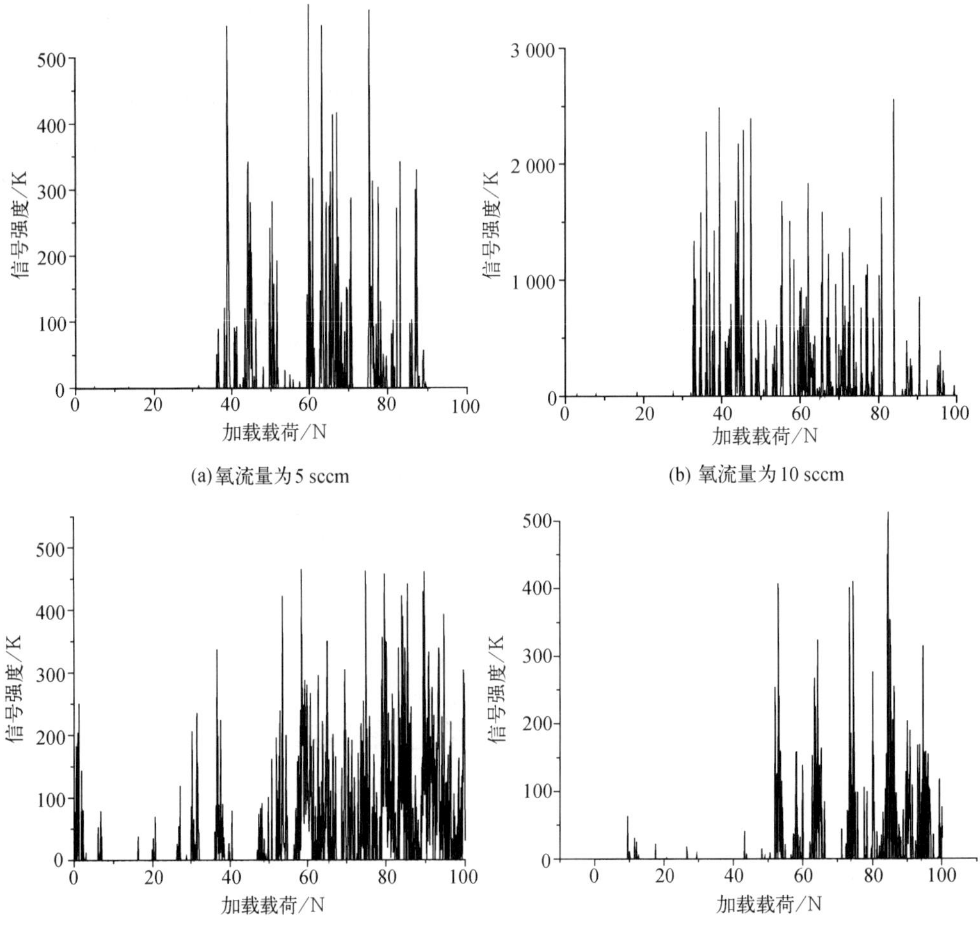

(a) 氧流量为 5 sccm　　(b) 氧流量为 10 sccm

(c) 氧流量为 15 sccm　　(d) 氧流量为 20 sccm

图 9.15　不同氧流量下涂层的划痕曲线

图 9.16 为不同氧流量下制备出的涂层摩擦系数示意图。可以看出，渗铬渗氧后涂层的摩擦系数明显小于 316L 不锈钢基体的摩擦系数，涂层耐磨性相对于不锈钢基体有明显的提高。其中氧流量 5 sccm 时涂层的摩擦系数小于 10 sccm 的试样，氧流量为 20 sccm 时试样的摩擦性能介于 5 sccm 和 10 sccm 之间，而 15 sccm 的试样的摩擦系数最高，耐磨性能最差。这与涂层的组织形貌有很好的对应关系。分析认为，双层辉光离子渗金属技术中由于等离子体的强烈轰击作用，涂层近表面的晶格缺陷增加，使得表面被强化，涂层近表层在摩擦过程中起到一种骨架作用，同时，涂层表面形成的是高强度氧化铬膜，所以相对于 316L 不锈钢基体表现出较小的摩擦系数，耐磨性较好。四种流量比下，15 sccm 的涂层表面由于 Cr_2O_3 生长过快而形成的颗粒最大，凸起最为明显，在磨损

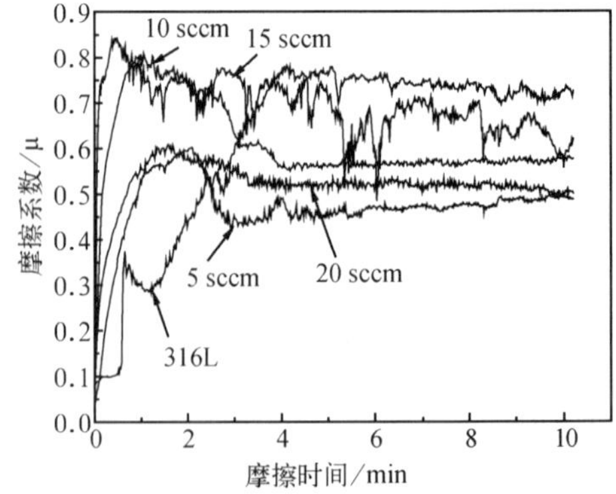

图 9.16　不同氧流量下涂层的摩擦系数

过程中易发生被压碎、脆断及剥落现象，表现出相对较差的耐磨性能；氧流量为 5 sccm 时，由于氧离子供给不足，涂层外层为较薄的纯铬层和极少量的氧化物层，内层为较厚的渗氧层，所以摩擦时，外层出现磨损后内部渗氧层表现出较好的耐磨性能。

图 9.17 为 316L 不锈钢基体和不同氧流量下涂层表面磨损形貌，其很好地说明了摩擦系数的变化：316L 不锈钢基体表面出现很深且宽度较大的犁沟，表现出较差的耐磨性能；氧流量

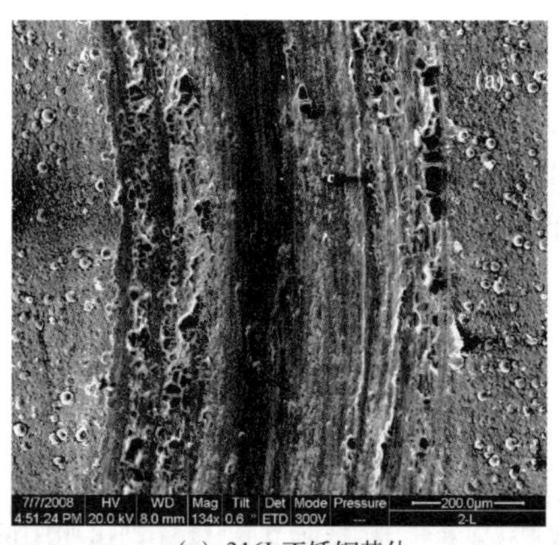

(a) 316L不锈钢基体

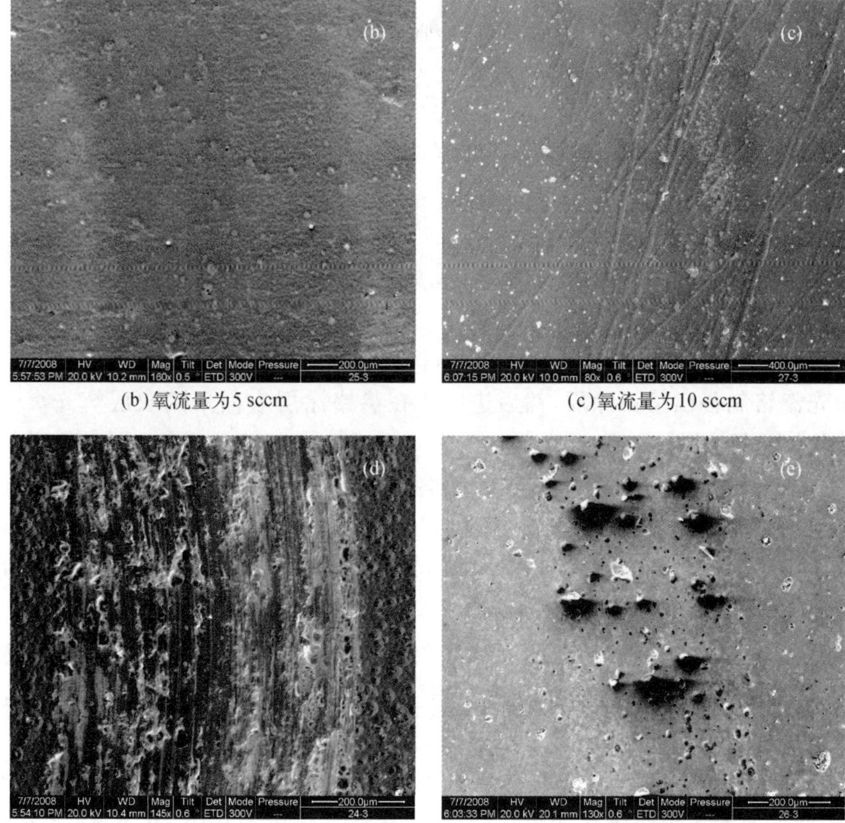

(b) 氧流量为5 sccm　　(c) 氧流量为10 sccm

(d) 氧流量为15 sccm　　(e) 氧流量为20 sccm

图 9.17　不同氧流量下涂层的磨损形貌

为 15 sccm 涂层表面由于存在较大的氧化铬颗粒,摩擦过程中出现了磨粒磨损,切削现象较为明显;氧流量为 5 sccm 和 10 sccm 时磨损较小;而氧流量为 20 sccm 时,沿磨损痕迹中出现颗粒凸起现象,对该颗粒点扫描发现,其主要成分为 Si,这说明该磨损为软磨损,涂层的硬度明显高于对磨材料 Si_3N_4,所以磨损中出现 Si_3N_4 被涂层磨损掉的现象。针对磨损较小的氧流量为 5 sccm 的试样,我们对磨损横截面进行线扫描,如图 9.18 所示,可以看出,表面少量的氧化膜被磨损后出现明显的渗氧层。

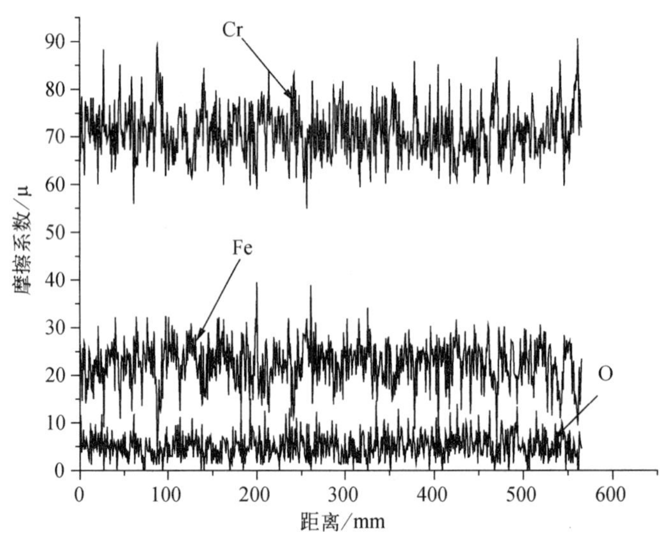

图 9.18 氧流量为 5 sccm 时磨痕横截面线扫描示意图

9.6 本章小结

本章在综合阻氚涂层研究进展的基础上,提出了采用双层辉光离子渗金属技术在 316L 不锈钢表面先渗铬制备出渗铬涂层,然后进一步在渗铬涂层表面采用双层辉光离子渗氧的方法制备出氧化铬涂层[38,39]。

(1)通过分析双层辉光离子渗金属技术中各工艺参数对涂层制备的影响,确定了渗铬的工艺参数为:源极电压 900 V,工件极电压 350 V,气压 35 Pa,极间距 10 mm,占空比 0.82,渗铬时间分别选用 1 h、2 h、3 h 和 4 h;渗铬后渗氧的工艺参数为:源极电压 650 V,工件极电压 350 V,氩气流量固定为 100 sccm,氧流量分别为 5 sccm、10 sccm、15 sccm 和 20 sccm。渗铬时间较短时,表面主要形成的是铬在铁中的固溶体和少量的纯铬层,组织均匀致密。随着渗铬时间的增加,渗铬层厚度逐步增大,且涂层的外表层主要为纯铬的沉积层,内表层为铬在铁中的固溶体层和铬碳化合物层。此外,渗铬过程中出现了基体中的碳元素向外迁移的现象。

(2)渗铬层表面进行双层辉光离子渗氧后发现,较低的氧流量下氧的供给量不能满足铬的氧化需要,表面形成的主要是纯铬的疏松结构;氧离子的供给量在 10 sccm 时与铬的氧化速率达到基本平衡,形成的氧化铬涂层均匀致密;随着氧流量的增大,涂层外表面都出现氧化铬的沉积层,并且出现沿截面方向的择优生长现象,氧流量为 15 sccm 时,择优生长最为明显,涂层表面颗粒最大；20 sccm 氧流量时，氧化铬颗粒向四周生长，涂层表面粗糙度增加。

(3)双层辉光离子渗氧后制备出的氧化铬涂层的耐磨性和耐蚀性都比不锈钢基体有明显的提高，其中氧流量为 10 sccm 时涂层形成的组织结构较为致密，表现出最好的耐蚀性能；而氧流量为 5 sccm 时，涂层外层为较薄的纯铬层和极少量的氧化物层，内层为较厚的渗氧层，涂层的摩擦系数最小；同时对涂层膜基结合力进行测试发现，随氧流量的增加，涂层的综合承载能力有所提高，而氧流量为 15 sccm 时，由于表面出现较大颗粒相，表现出很强的脆性。对氧化铬涂层在 550 ℃进行热震实验发现，氧流量为 10 sccm 时，涂层的抗热震性能最好，循环 150 次后仍无任何剥落现象；15 sccm 氧流量时，由于涂层表面氧化铬生长过快形成的较大颗粒导致的内应力使得涂层在 150 次热震实验后表面出现较大的裂纹；而氧流量为 20 sccm 时，涂层在 150 次热震后出现很明显的剥落现象。

参考文献

[1] Hones D, Iserens M, Levy F. Characterization of sputter-deposited chromium oxide thin films[J]. Surface and Coating Technology, 1999, 120-121: 277.

[2] Bhushan B, Theunissen G S A M, Li X D. Tribological studies of chromium oxide films for magnetic recording applications[J]. Thin Solid Films, 1997, 311: 67-69.

[3] Sourty E, Sullivan J L, Bijker M D. Chromium oxide coatings applied to magnetic tape heads for improved wear resistance[J]. Tribology International, 2003, 36: 389.

[4] Contoux G, Cosset F. Celerier A Machet [J]. Thin Solid Films, 1997, 292: 75-78.

[5] Bermudez V M, Desisto J. Journal of Vacuum Science and Technology, 2001, 19: 576.

[6] Stanoi D, Socol G. Chromium oxides thin films prepared and coated in situ with gold by pulsed laser deposition[J]. Marerials Science and Engineering, 2005, 118: 74-78.

[7] Priyantha W, Waddill G D. Structure of chromium oxide ultrathin films on Ag(111) [J]. Surface Science, 2005, 578: 149-161.

[8] Hyo Sok A, Oh Kwan K. Tribological behaviour of plasma-sprayed chromium oxide coating[J]. Wear, 1999, 225/229: 814-824.

[9] 纪爱玲，汪伟. 电弧离子镀氧化铬涂层的组织结构及硬度[J]. 金属学报，2003，39(9)：979-983.

[10] Wang D, Lin J, Wei Y. Study on chromium oxide synthesized by unbalanced magnetron sputtering[J]. Thin Solid Films, 1998, 332: 295-299.

[11] Hones P, Diserens M, Levy F. Characterization of sputter-deposited chromium oxide thin films[J]. Surface and Coatings Technology, 1999, 120/121: 277-283.

[12] Lee J W, Duh J G, Tsai S Y. Surface and Coating Technology, 2003, 153: 59-62.

[13] 利霍维奇. 金属和合金的化学热处理手册[M]. 上海科学技术出版社，1986，262-271.

[14] Wagner C. Reaaktionstypen beider oxydation von legierungen [J]. Zeitschrift fur Elektrochemie, 1995, 63: 772-782.

[15] Wagner C. Theoretical analysis of the diffusion processes determining oxidation rates of alloys [J]. Electrochem Soc, 1952, 99: 369-373.

[16] 李正伟. 金属高温氧化中的一些基础问题研究[D]. 博士学位论文，北京：北京科技大学，2000.

[17] 陈长军，张敏，马红岩，等. BT20 钛合金表面渗氧研究[J]. 功能材料，2008，3 (39)：439.

[18] 马红岩，王茂才，魏政. 钛合金的高温固态渗氧-扩散固溶复合处理[J]. 稀有金属材料与工程，2007 (36)：686.

[19] 郑传林，徐重，谢锡善，等. 钛等离子渗氧研究[J]. 北京科技大学学报，2002(1)：44-46.

[20] Bell T，Dong H. Surface engineering of titanium-the metal for the 21st century[A]. Proceedings of 12th IFHTSE Congress[C]. Australia：Melbourne，2000，1-10.

[21] Boettcher C. Deep case hardening of titanium alloys with oxygen[J]. Surface Engineering，2000，16(2)：148-152.

[22] 池成忠，双辉低温(560 ℃)等离子渗铬的工艺研究[J]. 太原理工大学学报，2003，31(3)：275.

[23] 池成忠，高原. T8 钢的低温双辉等离子渗铬研究[J]. 太原理工大学学报，2003，34(3)：285.

[24] 贺志勇，高原，古凤英，等. 双层辉光离子渗金属技术中的离子轰击行为[J]. 真空学报，1995，5(1)：29-35.

[25] 郑英，高原. 碳素工具钢 560 ℃双辉等离子渗铬硬化的研究[J]. 真空科学与技术，1995，5(1)：35-38.

[26] 范本惠，潘俊德，徐重，等. 20 钢复合渗铬中的相变[J]. 金属热处理，1999(5)：13-15.

[27] 倪宏昕，单丽云，王超，等. 预先氮碳共渗对渗铬和渗钒的影响[J]. 金属热处理，1999，6：13-15.

[28] 池忠成，表面渗铬 T8 钢中碳迁移的热力学分析[J]. 金属热处理，1988，3：23.

[29] 池忠成，碳素工具钢表面低温双辉等离子渗铬硬化的研究[J]. 真空科学与技术，1995，5(1)：23.

[30] Pulugurtha S R，Bhat D G，Gordon M H. Shultz. Effect of substrate orientation on film properties using AC reactive magnetron sputtering[J]. Surface & Coatings Technology，2007(22)：755 - 761.

[31] 王德仁，何业东，李顺华，等. Ag-In 合金在不同氧分压下的氧化现象[J]. 中国腐蚀与防护学报，2002(22)：25-34.

[32] 郑传林，徐重，谢锡善，等. 钛等离子渗氧研究[J]. 北京科技大学学报，2002，24(1)：44-46.

[33] Stierle A，Zabel H，Kinetics of Cr_2O_3 growth during the oxidation of Cr(110) [J]. Surface Science，1997，385(1)：167-168.

[34] Lian J S，Dong Q Z，Guo Z X，etal. Surface oxidation kinetics of Cr film by Nd-YAG laser[J]. Materials Science and Engineering，2005，391：210-220.

[35] Dong Q Z，Hu J D，Lian J S，etal. Oxidation behavior of Cr films by Nd:YAG pulsed laser [J]. Scripta Materialia，2003，48：1373-1377.

[36] 蒙继龙，吴护林，邹敢锋，等. 钢的离子渗铬层组织及表面应力研究[J]. 华南理工大学学报，1995，23(2)：15-16.

[37] 孙成文，陈深. 碳钢与不锈钢表面高浓度渗铬法[J]. 材料科学与工艺，1997，5(3)：84-85.

[38] 高强，陶杰，骆心怡，等. 316L 不锈钢表面双层辉光离子技术制备 Cr_2O_3 涂层[J]. 原子能科学技术，2008，9：219-224.

[39] Liu H. B.，Tao J.，Xu J.，et al.，Corrosion and tribological behaviors of chromium oxide coatings prepared by the glow-discharge plasma technique [J]. Surface & Coatings Technology，2009，204：28-36.

第 10 章　防氚渗透涂层阻氚机理研究

防氚渗透涂层应该具有几个基本的特征：氚无或少渗透性、与基体结合强度大、抗磨损、在服役的环境中有较强化学稳定性、为使其有效需有自修复性来保证表面的完整、在热循环过程中不应该破裂出现裂纹的性能等[1-3]。归纳起来目前的防氚渗透涂层主要有：铁铝系涂层；氧化物涂层如 Cr_2O_3、SiO_2、Al_2O_3 等；硅化物涂层如 SiN、SiC 等；钛基陶瓷涂层如 TiN、TiC 等以及由这些涂层组成的复合涂层[4]。

由于氚价格昂贵、对人体和环境的高度危害、实验周期长等因素，给这方面的研究带来了诸多困难。然而氢、氘作为氚的同位素，其原子的电子结构相同，化学性质相似，因此，用氢或者氘来模拟氚的研究既可行又经济安全，实际的实验室实验中通常都采用氢或氘代替氚进行扩散渗透试验。

10.1　氚同位素分子的扩散渗透模型

10.1.1　氚同位素分子在金属中的扩散渗透模型

从动力学角度来讲，氢在金属中的渗透是分为几个步骤进行的，概括起来主要包括：吸附（物理吸附和化学吸附）、分解（即原子化溶解于金属中）、扩散、再结合及解析。氢在金属中做间隙原子扩散，具有很高的渗透率，氢气及其同位素分子在金属中进行扩散渗透时，其渗透率与气体的压力复合关系式如式(10-1)所示：

$$J \propto P^n, n = 1 \tag{10-1}$$

其中，J 为渗透率；P 为气体的压力；n 代表了指数，其数值与气体在材料中的扩散方式有关，当 $n=1$ 时，代表气体在材料中以原子形式扩散。

10.1.2　氚同位素分子在防氚渗透涂层中的扩散渗透模型

氢气通常是以类分子的形式溶解于非金属材料（包括陶瓷材料）之中，并在材料中进行扩散渗透。其扩散的动力学模型可归纳为：氢在涂层表面的吸附、涂层内的扩散（分子或离子的形式）、界面处与基体金属的融合、基体内的扩散渗透、向基体反面的解析[5]。氢气分子在有涂层的材料中进行扩散渗透时，其渗透率与气体压力的关系符合关系式如式(10-2)所示：

$$J \propto P^n, 0.5 < n < 1 \tag{10-2}$$

其中，J 为渗透率；P 为气体的压力；n 代表了指数[6]，当 $n=0.5$ 时，代表气体以分子形式扩散，当 $0.5<n<1$ 时，代表气体在材料中以介于分子和原子之间的形式进行扩散。

10.1.3 防氚渗透涂层的阻氚机理模型

(1)复合阻氚模型：将氚渗透率不同的材料复合在一起，各层的氚渗透率差别很大，此模型中氚的阻碍作用主要是缘于氚在涂层中的扩散渗透受到了阻碍，氚的渗透量由涂层的氚阻挡效果来决定。

(2)面积缺陷模型：运用此模型的前提是假定氚在阻挡层中完全不能通过，渗透主要通过缺陷处进行短路扩散，扩散和渗透量主要由裸露于气体的面积决定，此种模型下氚渗透的表面激活能和基体材料的表面激活能相同。

(3)表面解析模型：渗透量由氚原子在下游表面的再结合过程或其他表面效应来控制，即所谓的表面限制机制；此时再结合系数是表征表面解析模型的一个重要参数，涂层的再结合系数低时，释放的气体就少，氚气体在样品中的滞留就多，将影响到气体的进一步扩散渗透。

对于三种模型，其示意图如图 10.1 所示[5]：

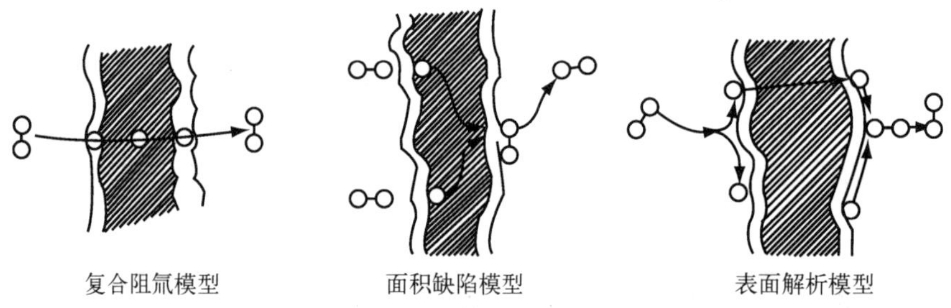

图 10.1 氚在材料中的扩散模型示意图

10.2 防氚渗透涂层的阻氚机理

防氚渗透涂层的种类、质量、表面再结合系数都影响其阻氚性能的发挥，且阻氚机理也不相同。

10.2.1 不同材料体系防氚渗透涂层的阻氚机理

10.2.1.1 铁铝系涂层

铁铝系涂层的阻氚效果主要归因于固溶体或金属间化合物因晶格畸变对氚渗透造成的阻碍作用，但最终的原因还是处于最外层形成的氧化物膜，其阻氚机理主要是氧离子对氚及其同位素的捕获作用。

10.2.1.2 氧化物涂层

氧化物涂层中研究较多的是 SiO_2、Al_2O_3、Cr_2O_3、Y_2O_3、Zr_2O_3 涂层。目前认为氧化物涂

层的阻氚机理主要是氧离子对氚及其同位素的捕获作用[7]。

山常起等[9]认为,氚气体通常以分子的形式溶解于非金属材料(包括陶瓷材料)之中,并在材料内进行扩散渗透,氚及其同位素分子进入陶瓷材料氧化物膜中可能被氧化成离子(OH^-、OT^-)而呈离子扩散,氚的继续扩散需要破坏离子键,从而导致了氚气渗透率的降低。

沈嘉年等[8]在一种不锈钢表面渗铝,形成富铝表层,再原位生长 Al_2O_3 膜层,并以氢气来模拟氘、氚气体在材料中的渗透行为,结果表明从膜层 0.2 μm 起,氢原子很难渗透进去,作者分析其原因认为氢在氧化物膜中,呈离子扩散状态,氢离子的迁移需要破坏与氧的结合键,克服一定的势垒,迁移比较困难,从而导致了氢及其在氧化物膜中的渗透率降低。

10.2.1.3 硅化物涂层

目前硅化物涂层主要有 SiN 和 SiC 涂层,阻氚机理为 C-悬挂键对氚及其同位素的捕获作用。

山常起认为碳化物的阻氢机理为:在碳化物陶瓷材料中,可能由于晶格中存在大量甲烷负离子(CH_4^-),氢的迁移受到了强烈的制约。王佩璇等[9]在 316L 表面用离子束辅助沉积和溅射与沉积法加上离子注入方法制备 SiC 薄膜,测量渗透率,结果表明,改性膜使不锈钢的渗透率降低了近 5 个数量级,改性膜中形成了 Si-C 化学键,作者认为缺陷处的 Si-和 C-悬挂键可以与氚形成强化学键,使氚的扩散激活能提高,最终导致了氚渗透率的减小。

在文献[10]中,王佩璇用离子束辅助沉积和离子注入法在 316L 表面沉积 2 μm 厚的 SiC 涂层,在 308～320 ℃测量了氚气体的渗透率,与未镀涂层的材料相比,渗透率降低了 5 个数量级,利用透射电镜发现涂层表面呈非晶状态,部分地区呈良好的晶体状态,且发现了 SiC 化学键的形成,同时形成了部分 Si-O 键,作者推断缺陷和晶粒边缘的悬挂键可能是氚捕获和氚扩散速度减小的原因。

关于硅化物的阻氚及同位素机制,其他的文献里面也有涉及[11],其重点也集中在了 Si-和 C-悬挂键对氚及其同位素原子的捕捉。

10.2.1.4 钛基陶瓷涂层

目前阻氚及其同位素的钛基陶瓷涂层主要有 TiN、TiC,阻氚机理为陷阱对氚及其同位素离子的捕获。

姚振宇等[12]利用物理气相沉积法在 316L 不锈钢表面分别镀微米量级厚的 TiN+TiC+TiN、TiN+TiC+SiO_2复合膜,在 200～600 ℃范围内,镀有 TiN+TiC+SiO_2膜的 316L 的氚渗透率比镀钯 316L 降低了 4～6 个数量级,镀 TiN+TiC+TiN 膜的材料的渗透率降低了 4～5个数量级,作者主要分析了复合镀层中 TiC、SiO_2的阻止氢及其同位素分子的机理,运用二次离子质谱仪结合红外吸收光谱分析发现,TiC 涂层中渗氢后形成了 C-H 化学键,运用红外光谱分析 SiO_2涂层在渗氢后形成了 O-H 化学键,作者认为因为氢在碳化物、氧化物中呈离子扩散状态,氢离子迁移需要破坏与碳、氧的结合键,克服一定的能量势垒,迁移较困难,从而导致了氢在碳化物、氧化物膜中的渗透率降低。

不同的材料的阻氚机理可综合为基团的作用导致氚渗透率的降低。

10.2.2 不同表面结构涂层的阻氚机理

涂层表面可具有非晶体、晶体、纳米晶体结构,涂层表面的结构可影响氚及其同位素在涂层中的扩散渗透路径，最终影响到扩散渗透率。

当涂层表面为晶体时，气体可沿三条路径进行扩散，即晶体内扩散(或称体扩散)、晶界扩散和自由表面扩散，其扩散系数分别用 D_L，D_B和 D_S表示，其大小关系可表示为 $D_L < D_B < D_S$，而晶界和表面及位错都可视为晶体中的缺陷，缺陷产生的畸变使原子迁移比完整晶体更容易。

文献[13]研究了氢在镍中的沿晶界扩散，结果表明，30 ℃时，多晶体镍中氢的沿晶扩散系数为 3×10^{-12} m^2/s，此扩散系数为晶格扩散系数的 40 倍，沿晶扩散的激活能为 30 kJ/mol，此激活能为单晶体扩散激活能的四分之三，这个结果充分说明了沿晶扩散对氢扩散的重要性。

任大鹏等[14]用高温气相充氚技术，对抗氢脆的不锈钢充氚后的微观组织进行研究，发现氚可使透射样品晶界产生腐蚀行为，氚使晶内位错密度增加，利用氚自照相法，研究了氚在抗氢脆不锈钢中的分布特征，结果发现氚在晶界、位错处聚集，这说明了晶界或位错等缺陷能够吸引进入材料中的氢及其同位素原子；对于烧结材料的样品，经过实验表明氚主要是沿晶界和孔隙扩散的，因此这些晶界和位错是氚扩散的重要通道，如果减少晶界和位错的话则相当于减少了氚扩散的通道，能够达到降低氚渗透率的效果。

杨瑞鹏等[15]采用电刷镀工艺在紫铜表面制备了厚度<1 μm 的钯膜，AFM 和 SEM 观测表明钯膜由半球形的纳米晶簇构成，晶簇尺寸在 20～30 nm 之间，薄膜中没有发现裂纹和气孔，利用电化学剥离方法测定了氢在薄膜中的扩散系数(298～328 K)，结果表明扩散系数比相同温度下体材料的扩散系数低 1 个数量级，作者认为纳米薄膜能够阻止氢扩散的原因是因为该薄膜由纳米晶簇构成，与普通材料相比含有更多的晶界，从而具有更多的低能位置即氢陷阱，因为晶界处的能量比其他地方低，因此氢在扩散过程中将优先占据晶界位置，使晶界成为捕获氢原子的陷阱。

结晶的 β-SiC 膜的防氚渗透性能最好，而非晶体的 SiC 的防氚性能不好，因为 β-SiC 具有闪锌矿晶体结构，易于形成氚陷阱，阻碍氚渗透[16]。文献[17]研究了 Ti-Al 合金表面的微观结构和氢渗透率之间的关系，最终发现，涂层的结构不同，对氢渗透影响不同。

10.2.3 不同表面质量涂层的阻氚机理

涂层中含有裂纹、孔洞等缺陷时，氚及其同位素将通过缺陷进行短路扩散，直接影响涂层的阻氚效果[18-20]。此时的渗透率和氢压将成直线关系，氚渗透率将大大的增大，很多情况下氚及其同位素分子通过缺陷处进行的短路扩散对涂层的阻氚性能有决定性的影响；而在液态 Pb-Li 共晶合金中，这些裂纹和缺陷还会导致涂层从基体上脱落，使氚及同位素渗透率急速升高[21]。

Forcey 等[22]在不锈钢管上用化学气相沉积的方法制备了 TiC+Al_2O_3涂层及包埋铝层，并在气相氚中进行渗透试验，结果表明在无 Pb-17Li 的情况下，化学气相沉积法所得涂层可以减小 1 个数量级的氚渗透率，铝涂层可以减小 2 个数量级氚渗透率；化学气相沉积法制得的涂层使氚渗透效果减小的原因是涂层表面的裂纹缺陷，因此涂层通过减小暴露于气体的面积来减小氚气体的渗透率。

宋文海等[23]曾经在 Al 合金上用不同的方法制备了 Al_2O_3涂层，在上游气压为 10^4～10^5 Pa 压力下进行气相氢试验，结果显示了氢在 Al_2O_3涂层中的渗透率比基体 Al 合金小了 100～2 000倍，而用阳极氧化法制备的涂层阻氢效果最差，作者分析这可能与用其多孔结构有关。

以上的研究均表明了涂层表面致密度对气体通过材料的渗透有着重大的影响，某些情况下成为其渗透率的决定性因素。

10.2.4　具有不同表面吸附系数和解析系数涂层的阻氚机理

氚分子通过材料进行渗透，材料的表面吸附系数和解吸附系数对氚渗透率有较大的影响[24-27]。

氚在渗透时，首先将在涂层表面发生解离，使氚分子成为氚离子，然后进行扩散渗透，而解析的氚离子多少受到了氚分子在材料表面黏附系数的制约，如果黏附的氚分子足够多，则扩散渗透的几率将增加，而如果黏附的分子很少，则表面的空位没有达到饱和，此时扩散渗透就将减少；涂层表面吸附氚分子数量的多少以及吸附的氚从表面层向次表面层扩散速度和数量都控制着氚的渗透率[28]。当气体分子在另一面脱附时，解析系数也将控制气体分子解离的速度，这也是控制渗透率大小的因素[29]，这即是通常文献里提到的表面控制模型，发生这种情况时，一般气体的压力比较小，有研究针对氢的吸附和解吸附与材料表面之间的关系[33]。当这种作用发生在涂层的表面时，将对涂层的氚渗透率产生一定的影响。

10.2.5　复合涂层的阻氚机理

复合涂层因为与基体优越的结合力、良好的阻氚性能而得到了良好的应用。阻氚机理方面，复合涂层增多了异类材料的界面，增加了氚陷阱；同时，复合涂层内还可能存在大量的悬挂键，这将进一步减小氚的渗透率。

不同材料的结合面处，对氚及其同位素都有捕获的作用，这种捕获作用可能和氚在界面两侧的涂层和基体中的溶解度不同相关，也可能与界面处的杂质相关[28]。如在用电化学渗透技术研究传统高强钢和贝氏体/马氏体复相高强钢中氢的扩散和氢陷阱的研究中，发现两种材料中均因为界面的存在而对氢有阻碍的作用，这些氢陷阱存在于弥散分布的贝氏体/马氏体板条界和薄膜状残留奥氏体中，另外还有铁素体/渗碳体界面[30]，这充分说明了异质界面可以充当阻氢渗透的陷阱。

在力学上，复合涂层可以缓解热力学膨胀系数差异过大；复合涂层还可以减少涂层的孔隙和裂纹的数量，因为下一层的涂层可以填补上一层涂层产生的孔洞和裂纹，最终使阻氢效果大大增加。

R. G. Song 等[31]在 21Cr-6Ni-9Mn 奥氏体不锈钢基体上面利用等离子喷涂技术镀 Al_2O_3 和 Al_2O_3-13wt% TiO_2 陶瓷涂层，氢渗透测试结果表明，两种涂层均能够提高基体材料的阻氢性能，其原因归结为两种涂层材料的氢的溶解度都高于基体奥氏体不锈钢材料；而前者的阻氢效果较后者效果更好，这主要是因为前者的涂层质量与后者相比更均匀、更致密，因此其阻氢效果也更好。而氢主要通过裂纹、孔洞等缺陷进行扩散和渗透；为了解决氢通过孔隙进行扩散的问题。对不锈钢基体上的纯铝涂层进行激光重熔或熔凝处理，可以使热喷涂涂层表面的孔隙减少，氢渗透性相对于只经过热喷涂的纯铝涂层有所提高[32-33]。

对 Si/SiC 复合材料利用等离子喷涂沉积共晶 Al-Si 涂层，可大大地减小其渗透率，因复合材料为多孔结构，这些孔互相连接，成为气体扩散渗透的通道，将发生毛细血管现象，此时，气体的渗透率已经远远大于测量的范围，通过镀涂层封锁部分的孔洞来减小其气体扩散渗透率，取得了良好的效果[34]。

因此，复合涂层可以减少因涂层与基体的热膨胀失配而造成的裂纹数量，也可以增加界面对氚的捕获作用,同时,下一层的涂层填补了上一层的涂层产生的孔洞和裂纹,减少了氚的扩散路径,这都说明复合涂层具有优越的阻氚性能。

10.3 总结和展望

综上所述,涂层的种类、质量、表面微观结构、表面的再结合系数等因素对阻氚有较大影响,决定着涂层的阻氚效果。对于涂层的种类、质量、表面再结合系数对涂层的阻氚性能造成的影响可通过选择合适的涂层种类和制备方法来解决,而通过控制涂层表面微观结构和相结构组成对氚渗透造成的影响难度较大。由以上的分析可知,要制备出厚度合适、涂层致密、结合力好、涂层表面又具有不同的微观结构和相结构的涂层具有很大的难度。

防氚渗透涂层的制备已经有了较大的进展,但机理方面的研究还比较滞后,目前还没有专门针对机理进行的研究,对于将来机理方面的发展趋势,应该在以下几个方面重点研究:

首先是不同环境下的阻氚机理;不同种类的阻氚渗透涂层有着不同的阻氚机理,而相同的阻氚渗透涂层因为制备方法的不同,阻氚机制有可能发生变化,或者相同种类相同制备方法的涂层在不同的使用环境中,其阻氚机制也可能发生变化,因此研究具体环境下何种阻氚机制起主要作用应该是研究的一个重点。

其次,复合涂层将是将来研究的热点。目前复合涂层的阻氚机制主要集中在涂层结合面处对氚原子的捕获,复合涂层的一个重要的特点是复合涂层的叠加效应,而针对复合涂层因迭加效应而对阻氚效果产生的影响目前还没有研究,应该成为今后研究的重点。

参考文献

[1] 李建刚. 我国超导托卡马克的现状及发展[J]. 学科发展,2007,22(5):404-410.

[2] 许增裕. 聚变材料研究的现状和展望[J]. 原子能科学技术,2003,37(增刊):105-110.

[3] Perujo A, Forcey K S. Tritium permeation barriers for fusion technology [J]. Fusion Engineering and Design, 1995, 28(2): 252-257.

[4] 常华,陶杰,骆心怡,等. 不锈钢表面氚渗透涂层研究现状及进展[J]. 机械工程材料,2007,31 (2): 1-4.

[5] Hollenberg G W, Simonen E P, Kalinin G, et al. Tritium/hydrogen barrier development [J]. Fusion Engineering and Design, 1995, 28(2): 190-208.

[6] 宋文海,杜家驹. 陶瓷-金属复合体系氢同位素渗透模型[J]. 核聚变与等离子体物理,1998,18 (3): 9-17.

[7] 刘庆生,秦丽娟,常英,等. CO_2反应法制备氢化锆表面氢渗透阻挡层的研究[J]. 表面技术,2005,34 (2): 32-34.

[8] 沈嘉年,李凌峰,张玉娟,等. 不锈钢表面包埋法渗铝-热氧化处理制备氧化铝膜及其对氢渗透的影响[J]. 原子能科学技术,2005,39(增刊):73-78.

[9] 王佩璇,王宇,史宝贵. 不锈钢表面沉积 SiC 作为氢渗透阻挡层的研究[J]. 金属学报,1999,35 (6): 654-658.

[10] Wang P X, Liu J, Wang Y, et al. Investigation of SiC films deposited onto stainless steel and their retarding effects on tritium permeation[J]. Surface and Coatings Technology, 2000, 128-129(1): 99-104.

[11] 王小英,邹觉生,黄宁康. 注入氮离子的 SiC 涂层阻氢性能研究[J]. 材料保护,2002,35(2): 23-25.

[12] 姚振宇,郝嘉琨,周长善,等. 复合膜对 316L 不锈钢氚渗透性能的影响[J]. 原子能科学技术,2000,34 (1): 65-70.

[13] Harris T M, Latanision M. Grain boundary diffusion of hydrogen in nickel[J]. Metallurgical Transactions A, 1991, 22(2): 351-355.

[14] 任大鹏,邹觉生,陈锡瑶,等. 不锈钢充氚后的微观组织研究[J]. 机械工程材料,2002,26 (8): 15-17.

[15] 杨瑞鹏,蔡珣,陈秋龙. 氢在钯纳米晶薄膜中的扩散[J]. 中国有色金属学报,2001,11 (4): 558-561.

[16] 姚振宇,严辉,谭利文,等. 用 SiC 薄膜作防氚渗透阻挡层的研究[J]. 核聚变与等离子体物理,2002,22 (2): 65-70.

[17] Brill R, Koch F, Mazurelle J, et al. Crystal structure characterization of filtered arc deposited alumina coatings: temperature and bias voltage[J]. Surface and Coatings Technology, 2003, 174-175: 606-610.

[18] 谭云,丰杰,周德惠,等. 热喷涂纯铝激光重熔涂层的阻氢性能与组织[J]. 材料科学与工程,2000,18 (1): 32-35.

[19] Bruzzoni P, Bruhl S P, Gomezb J A, et al. Hydrogen permeation modification of 4140 steel by ion nitriding with pulsed plasmas[J]. Surface and Coatings Technology, 1998, 110(1-2): 13-18.

[20] Fazio C, Stein-Fechner K, Serra E, et al. Investigation on the suitability of plasma sprayed Fe-Cr-Al coatings as tritium permeation barrier[J]. Journal of Nuclear Materials, 1999, 273(3): 233-238.

[21] Aiello A, Ciampichetti A, Benamati G. An overview on tritium permeation barrier development for WCLL blanket concept[J]. Journal of Nuclear Materials, 2004, 329-333(2): 1398-1402.

[22] K. S. Forcey, A. Perujo. Tritium permeation barriers in contact with liquid lithium-lead eutectic(Pb-17Li)[J]. Journal of Nuclear Materials, 1995, 218(2): 224-230.

[23] Song W H, Du J J, Xu Y L, et al. A study of hydrogen permeation in aluminum alloy treated by various oxidation processes[J]. Journal of Nuclear Materials, 1997, 246(2-3): 139-143.

[24] Cermak J, Rothova V. Surface barrier for hydrogen permeability in Ni_3Al-influence of Cr, Fe and Zr [J]. Intermetallics, 2001, 9(5): 403-408.

[25] Davenport J W, Dienes G J. Surface effects on the kinetics of hydrogen absorption by metals[J]. Physical Review, 1982, 25(4): 2165-2174.

[26] Perujo A, Douglas K, Serra E. Low pressure tritium interaction with Inconel 625 and AISI 316L stainless steel surface: an evaluation of the recombination and absorption constants[J]. Fusion Engineering and Design, 1995, 31(2): 101-108.

[27] 王雪芬,吴秋允,孙秀魁,等. 表面层对材料氢渗透的影响[J]. 腐蚀科学与防护技术,1997,9(1): 83-86.

[28] Checchetto R, Bonelli M, Gratton L M, etal. Analysis of the hydrogen permeation properties of TiN-TiC bilayers deposited on martensitic stainless steel[J]. Surface and Coatings Technology, 1996, 83(1-3): 40-44.

[29] Kuo H S, Wu J K . Passivation treatment for inhibition of hydrogen absorption in chromium-plated steel [J]. Journal of Materials Science, 1996, 31(22): 6095-6098.

[30] Evard E A, Gabis I E, Voyt A P. Study of the kinetics of hydrogen sorption and desorption from titanium[J]. Journal of Alloys and Compounds, 2005, 404-406: 335-338.

[31] Song R G. Hydrogen permeation resistance of plasma-sprayed Al_2O_3 and Al_2O_3-13wt. %TiO_2 ceramic coatings on austenitic stainless steel[J]. Surface and Coatings Technology, 2003, 168(2-3): 191-194.

[32] Song R G, He W Z, Huang W D. Effects of laser surface remelting on hydrogen permeation resistance of thermally-sprayed pure aluminum coatings[J]. Surface and Coatings Technology, 2000, 130(1): 20-23.

[33] 宋仁国,何望昭,王天民. 激光表面熔凝改善热喷涂纯铝涂层的抗氢渗透性[J]. 材料保护,1999,32 (10): 6-16.

[34] Racault C, Serra E, Fenici P. Reduction of deuterium permeation through Si/Si composites by plasma-spray deposited eutectic Al-Si[J]. Journal of Nuclear Materials, 1995, 227(1-2): 50-57.